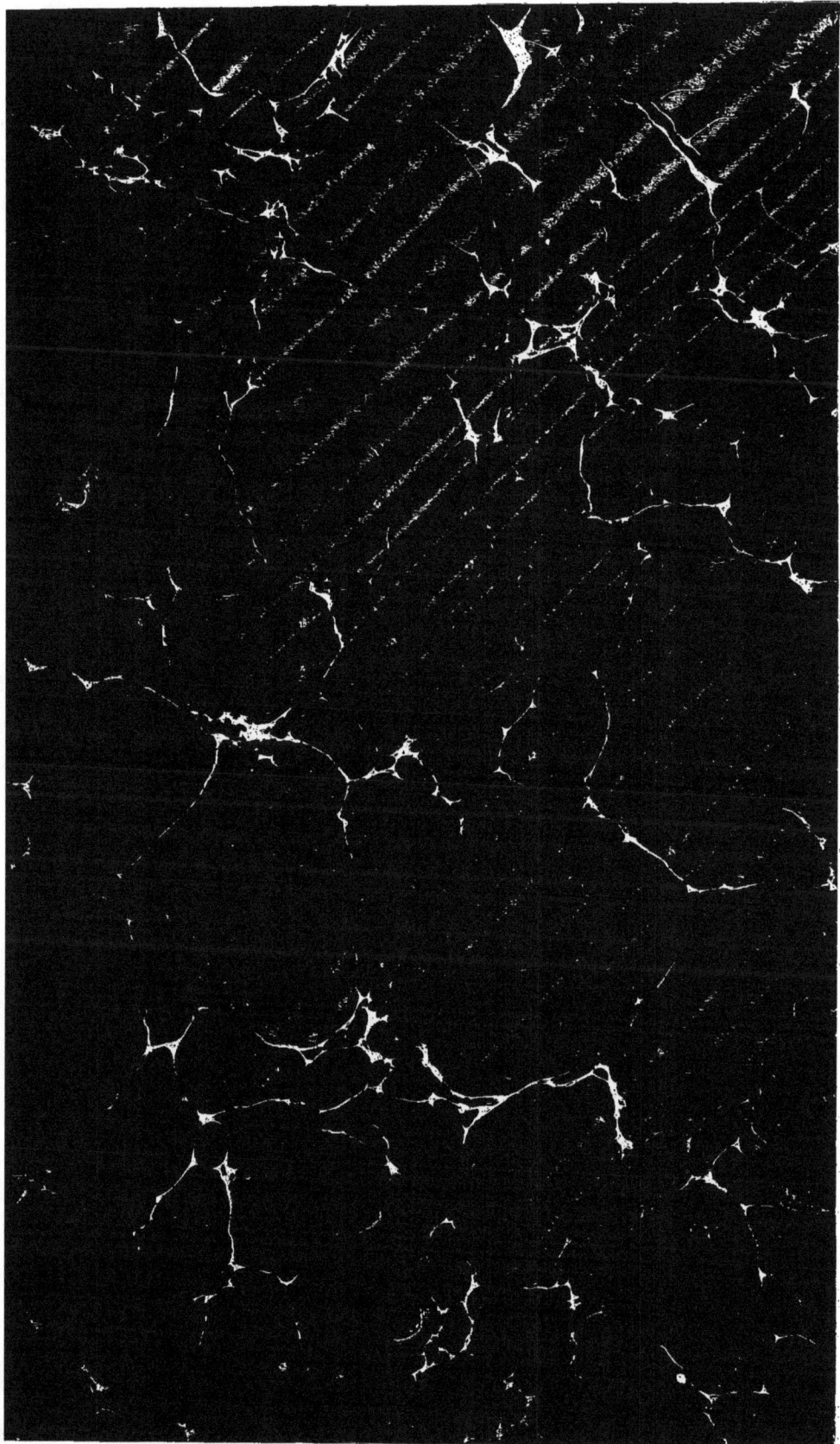

75813 .

GUIDE

THÉORIQUE ET PRATIQUE

DE

L'AMATEUR DE TABLEAUX

IMPRIMERIE J. CLAYE
RUE SAINT BENOIT 7

PARIS

GUIDE

THÉORIQUE ET PRATIQUE

DE

L'AMATEUR DE TABLEAUX

ÉTUDES

SUR LES IMITATEURS ET LES COPISTES

DES MAITRES DE TOUTES LES ÉCOLES

DONT LES ŒUVRES FORMENT LA BASE ORDINAIRE DES GALERIES

PAR

THÉODORE LEJEUNE

ARTISTE PEINTRE

Restaurateur des tableaux, par suite de concours, des Musées impériaux, du Ministère d'Etat
et de la Maison de l'Empereur,
Conservateur des Galeries Duchâtel, B. Fould, de Mornay, Soult de Dalmatie, etc.

TOME PREMIER

PARIS

GIDE, LIBRAIRE-ÉDITEUR

RUE BONAPARTE, 5

—

M DCCC LXIII

1863

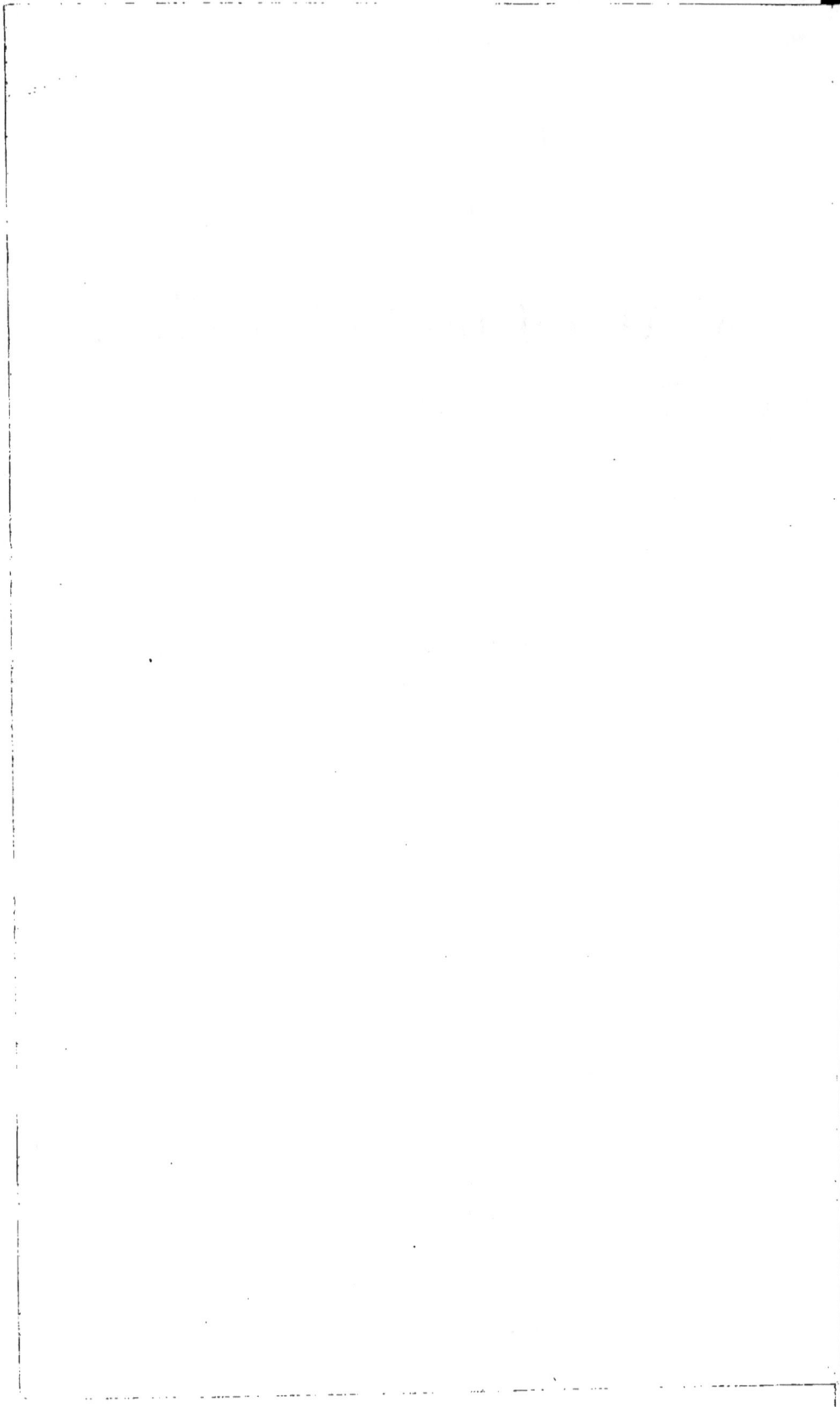

OUVRAGE DÉDIÉ

A

S Exc. ACHILLE FOULD, de l'Institut . . . . *ÉCOLE FRANÇAISE.*

M. L. VITET, de l'Institut. . . . . , . . . *ÉCOLE ITALIENNE.*

S. Exc. le maréchal NARVAEZ, duc de Valencia. . . . *ÉCOLE ESPAGNOLE.*

M. GUIZOT, de l'Institut. . . . . *ÉCOLE ALLEMANDE.*

M. le Cte DUCHATEL, de l'Institut. . . . . *ÉCOLE FLAMANDE.*

S. Exc. le Cte PROSPER DE CHASSELOUP-LAUBAT. *ÉCOLE HOLLANDAISE.*

Sir Ch L. EASTLAKE, B^{te}, président de l'Académie royale

    de Londres, directeur de la National Gallery. . . . . *ÉCOLE ANGLAISE.*

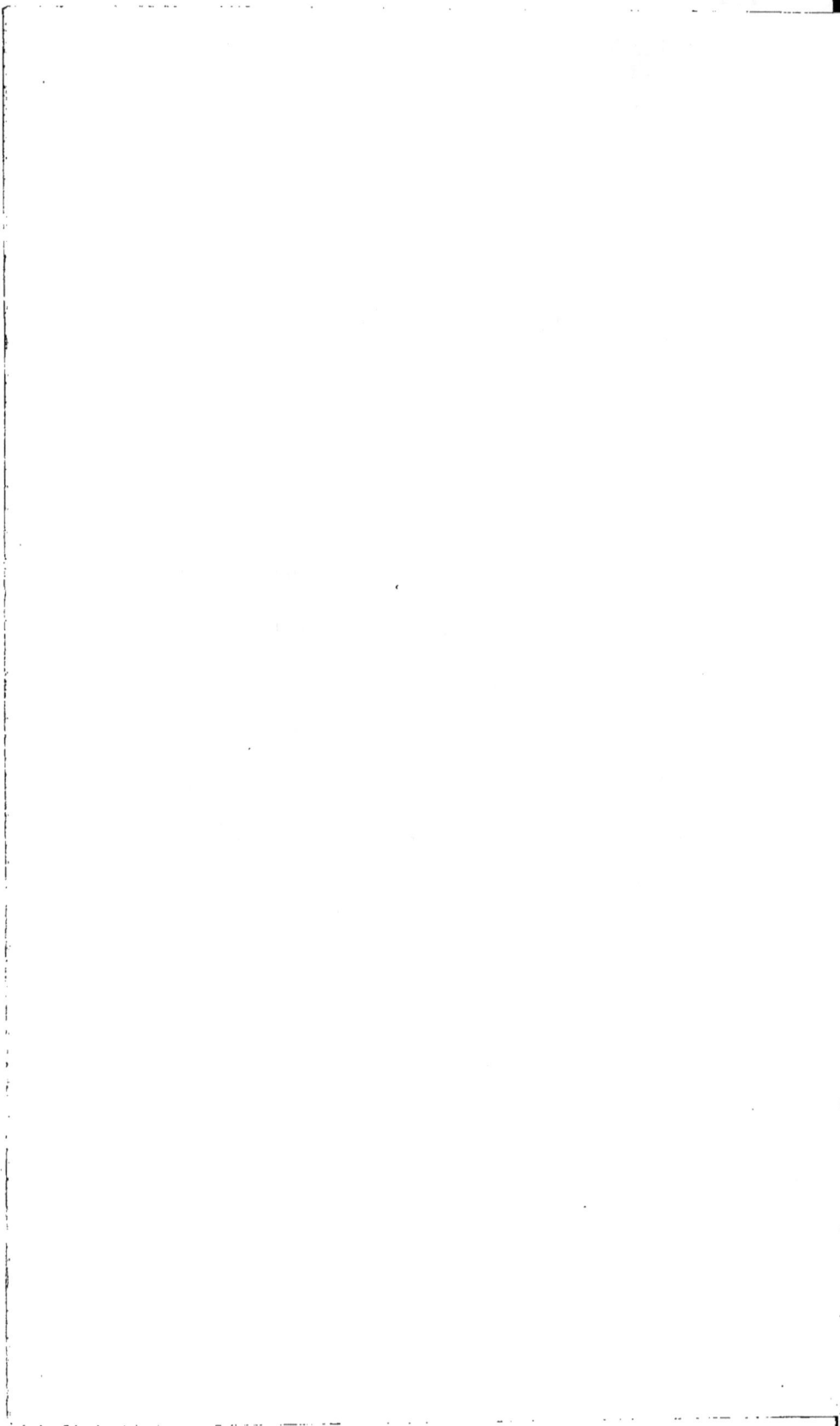

LISTE

DES SOUSCRIPTEURS[1]

SA MAJESTÉ L'EMPEREUR DES FRANÇAIS.

SA MAJESTÉ GUILLAUME III, ROI DES PAYS-BAS.

SA MAJESTÉ FRÉDÉRIC VII, ROI DE DANEMARK.

SA MAJESTÉ GUILLAUME, ROI DE WURTEMBERG.

SON ALTESSE ROYALE FRÉDÉRIC GUILLAUME, GRAND-DUC DE BADE.

SON ALTESSE ROYALE LOUIS III, GRAND-DUC DE HESSE-DARMSTADT.

AA (Van der), de Saint-Nicolas.

ACADÉMIE royale des Beaux-Arts de Copenhague.

ANGELI (J.).

ASHBURTON (lord).

AUSSANT (J.), de Rennes.

BAER (Antoine), de Francfort.

BAKKENÈS (Van), d'Amsterdam.

BALLESTEROS (Francisco Mérino).

BALLESTEROS (Ramon Mérino).

BARNEL (J.-B.), d'Avignon.

BARTÉS et LOWELL, de Londres.

BAUFFREMONT-COURTENAY (le prince de).

BAUME PLUVINEL (le marquis de la).

BEDFORD (Sa Grâce le duc de).

BEGAERT DE FOORT, à Bruges.

BERGIER (A.), de Tain (Drôme).

BETZ (de), président de la Société des Amis des Arts du département de la Somme.

BIBLIOTHÈQUE de Bourges (la).

BIGILLION (Émile), de Grenoble.

BLANCHARD JERROLD, publiciste anglais.

1. On peut souscrire chez l'auteur, 2, impasse Sandrié, à Paris, jusqu'à l'impression du troisième volume, qui contiendra une seconde liste de souscripteurs.

BOILEAU (Sir John).

BOITELLE, préfet de police.

BOUCOIRAN, conservateur du musée de Nîmes.

BOURGEOIS, de Cologne.

BOUTEILLER (J.), de Rouen.

BRIMONT (le baron Roger de).

BRISSY (A.), d'Arras.

BRISSART-BINET, de Reims.

BROESE (J.-G.), d'Utrecht.

BROW (Francis).

BURAT (Jules).

CAMPHAUSEN (Auguste) de Cologne.

CARLE (Adolphe), de Marseille.

CASTIAUX, de Lille.

CHARROPPIN (Ad.), président de la Société des Amis des Arts de Bordeaux.

CHASSELOUP-LAUBAT (Son Exc. le comte Prosper de).

CHAUTARD, de l'Institut historique.

CHEVALIER.

CHEVRIER (Jules), de Châlons s/S.

CHWATAL (Charles-Victor), de Naples.

CLÉMENT SAINT-JUST, d'Avignon.

COINDARD (Ch.).

COMMEGNIES (de).

CONSERVATEUR (le) du musée de Rouen.

COOPMAN (Joseph), d'Aix-la-Chapelle.

COSTA DE BEAUREGARD, président de l'Académie impériale de Chambéry.

COURCY (de).

COURT, peintre d'histoire.

COURTOIS, directeur du musée départemental de Seine-et-Marne.

CULLING EARDLEY (Sir).

D'ARGENCE.

DEBONS (Eugène), l'un des secrétaires de la Société des Amis des Arts de Rouen.

DECAUX (A.), rédacteur au *Courrier du Dimanche*.

DECQ (A. de), de Bruxelles.

DELONG (le baron).

DELPIT (Jules), de Bordeaux.

DESCHAMPS DE PAS, conservateur du musée de Saint-Omer.

D'ESPIÉS (le marquis).

DESVERNOIS, chancelier à la Haye.

DODUN DE KEROMAN (le comte).

DODUN DE KEROMAN (le marquis).

DOUMENJOUX (Amédée), de Carcassonne.

DOÙMET, député de l'Hérault.

DUBUSE (Madame), de Rouen.

DUCHATEL (le comte), de l'Institut.

DUCHATEL (le vicomte Napoléon).

DUTROU, fils.

EASTLAKE, Bᵗ (Sir Charles Lock), président de l'Académie royale de Londres, directeur de la National Gallery.

EGMONT MASSÉ, conservateur du musée de Strasbourg.

EUDE.

FAURE.

FÉRONI (Paolo), directeur du musée de Florence.

FLEURY-LEMAIRE, de Saint-Omer.

FLEURY (Prosper), de Harfleur.

FLORÈS (Son Exc. le señor Antonio).

FOA (David), de Marseille.

FORD (Mrs), de Londres.

Foucart, de Grasse.

Fould (Mme veuve Benoît).

Fould (Son Exc. Achille), de l'Institut.

Furtado.

Gagneux (Émile).

Gergerès, bibliothécaire de la ville de Bordeaux.

Ginat (Eugène).

Goetals (le général, baron de).

Gower (Robert), de Marseille.

Grancy (le baron de).

Grégory (J.-F.), de Bruxelles.

Gudin (Théodore), artiste peintre.

Gué (Oscar), directeur de l'École de dessin de la ville de Bordeaux.

Guéronnière (le baron Charles de La).

Guidon, de Marseille.

Guiot, conservateur du musée de Chaumont (Haute-Marne).

Guillard (A.), conservateur du musée de Caen.

Guizot, de l'Institut.

Haubersaert (le comte d').

Hellot, de Malines.

Heussner (F.), de Bruxelles.

Hilpert (J.), de Courcelles.

Hollender (J.), de Bruxelles.

Houyet, de Bruxelles

Acquet (Victor).

Acquier, de Grenoble.

ulien (Eugène), rédacteur en chef de la Chronique de Rouen, l'un des secrétaires de la Société des Amis des Arts.

Jullien (Auguste).

Kiewert (Paul).

Kolk, pour le Musée royal de Bruxelles.

La Bastida (Eugène de).

Labbé, de Gorcy.

Laborde (comte de), de l'Institut.

Lair, de Rouen.

Lamme, directeur du musée de Rotterdam.

Landreville (le marquis de), d'Amiens.

Lansdowne (le marquis de).

Laqueuille (le marquis de).

La Société Arti et Amicitiæ, d'Amsterdam.

Laurent, conservateur du musée d'Épinal.

Lebas, de Rouen.

Le Borne, directeur du musée de Nancy.

Le Brun Dalbanne, secrétaire de la Société des Amis des Arts de Troyes (Aube).

Lecesne, de Blois.

Lefebure, de Bruxelles.

Lefebvre (l'abbé), curé de Saint-Sever, à Rouen.

Le Fèvre (Ernest), président de la Société des Amis des Arts de Rouen.

Le Guillou (l'abbé), de Courcelles.

Lelarge, de Rouen.

Leleu (Alexandre), de Lille.

Lemaire.

Lepinois (E. de).

Le Roy, de Cany.

Le Roy (Étienne), expert du musée royal de Bruxelles.

THÉNARD (la baronne).

THIERRIAT (Augustin), conservateur-directeur des musées et du palais des Beaux-Arts de Lyon.

TILLETTE D'ACHEUX, d'Amiens.

TOPPIN (H.), de Livourne.

TOWNLEY (Charles, Esq.), de Londres.

TURNER (James, Esq.).

VALETTE, de Londres.

VERGAUVEN (l'abbé), de Ninove.

VERGER, de Saint-Omer.

VERLINDE, d'Anvers.

VERSAVEL (l'abbé), de Bruges.

VIGNE (de), de Bruxelles.

VILLIERS (de).

VISCONTI (Léon).

VITET (Ludovic), de l'Institut.

VOS (J. de), vice-président de l'Académie des Beaux-Arts d'Amsterdam.

WALTER (John, Esq.), de Londres.

WEBER (Albert), de Bruxelles.

WERSCHAFFEL, de Bruxelles.

WEYER (P.-J.), de Cologne.

WILHORGNE, de Buchy.

WILSON (Thomas), de Londres.

WILLIAMS et NORGATE, de Londres.

WILLOUGHBY (l'Honorable Albéric Drummond).

ZUILEN (Désiré Van), d'Anvers.

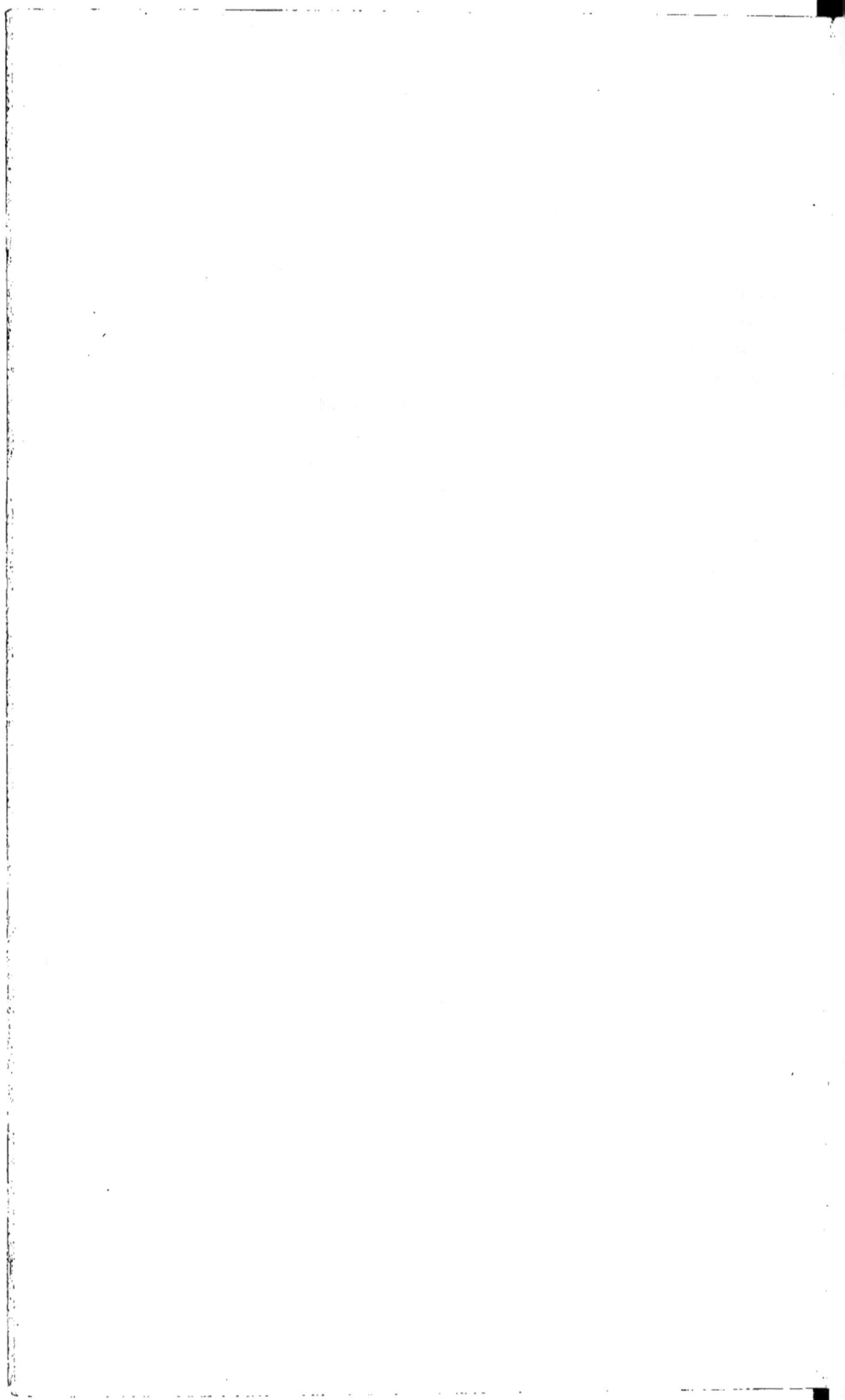

SOMMAIRE

CHAPITRES CONTENUS DANS LES TROIS VOLUMES

PRÉFACE.

CHAPITRE PREMIER

DE L'ORDRE QU'IL FAUT OBSERVER DANS LES ÉTUDES.

Dissertation sur la connaissance en peinture. — Ce qu'un amateur doit apprendre. — Ce dont
il doit bien se garder. — Ce qui distingue les bons connaisseurs des mauvais. — Baptême des
tableaux. — Signes distinctifs des grands maîtres. — Éclectisme nécessaire. — Locutions
adoptées dans les arts.

CHAPITRE II

DÉFINITION DES DIFFÉRENTES COPIES, ET MANIÈRE DE LES RECONNAÎTRE.

Examen des locutions adoptées dans les arts.— Qualités que doivent posséder les œuvres capitales.
— Les bonnes et les fausses couleurs. — Les bonnes et les mauvaises touches. — Mérites que
doit posséder un tableau original.— Des provenances et des peintures anonymes. — Caractère
distinctif des copies et des répétitions. — Copies d'étude et discipléennes.

CHAPITRE III

DE LA FABRICATION DES FAUX TABLEAUX ANCIENS, DITS TABLEAUX A TOURNURE.

Les jongleries du brocantage. — Les ateliers secrets. — Les deux méthodes. — Manière de faire
des Claude le Lorrain et des tableaux de genre et d'histoire.—M. Tardieu et les marchands
de tableaux. — Le trompé est souvent le trompeur.

CHAPITRE VIII

DE LA NÉCESSITÉ DE CRÉER UNE ÉCOLE D'EXPERTS.

CHAPITRE IX

APERÇU GÉNÉRAL ET PARTICULIER DES DIVERSES ÉCOLES DE PEINTURE.

CHAPITRE X

SUITE DE L'APERÇU GÉNÉRAL ET PARTICULIER DES DIVERSES ÉCOLES DE PEINTURE.

CHAPITRE XI

SUITE DE L'APERÇU GÉNÉRAL ET PARTICULIER DES DIVERSES ÉCOLES DE PEINTURE.

CHAPITRE XII

SUITE DE L'APERÇU GÉNÉRAL ET PARTICULIER DES DIVERSES ÉCOLES DE PEINTURE.

ÉCOLE FRANÇAISE

PREMIÈRE DIVISION

Peintres français dont les œuvres ont été copiées ou imitées, ou dont on rencontre des analogies.
Signes distinctifs de leurs imitateurs et copistes.

DEUXIÈME DIVISION

Peintres français non cités dans la nomenclature précédente, et qui n'ont eu ni imitateurs ni
copistes avérés ou compromettants.

TROISIÈME DIVISION

Peintres étrangers classés à tort dans l'École Française.

ÉCOLE ITALIENNE

Peintres italiens avec leurs imitateurs et leurs copistes.

ÉCOLE ESPAGNOLE

Peintres espagnols avec leurs imitateurs et leurs copistes.

ÉCOLE ALLEMANDE

Peintres allemands avec leurs imitateurs et leurs copistes.

ÉCOLE FLAMANDE

Peintres flamands avec leurs imitateurs et leurs copistes.

ÉCOLE HOLLANDAISE

Peintres hollandais avec leurs imitateurs et leurs copistes.

ÉCOLE ANGLAISE

Peintres anglais à partir de 1542 jusqu'en 1856.

RÉPERTOIRE contenant les prix de ventes, les expertises officielles ou privées, qui n'ont pu trouver place dans les tableaux synoptiques.

TABLE ANALYTIQUE de tous les peintres dont il a été question dans le cours de l'ouvrage, et renseignements sur les artistes qui n'ont pas été étudiés particulièrement.

DICTIONNAIRE GÉNÉRAL des signatures, monogrammes et marques figurées des peintres de toutes les Écoles.

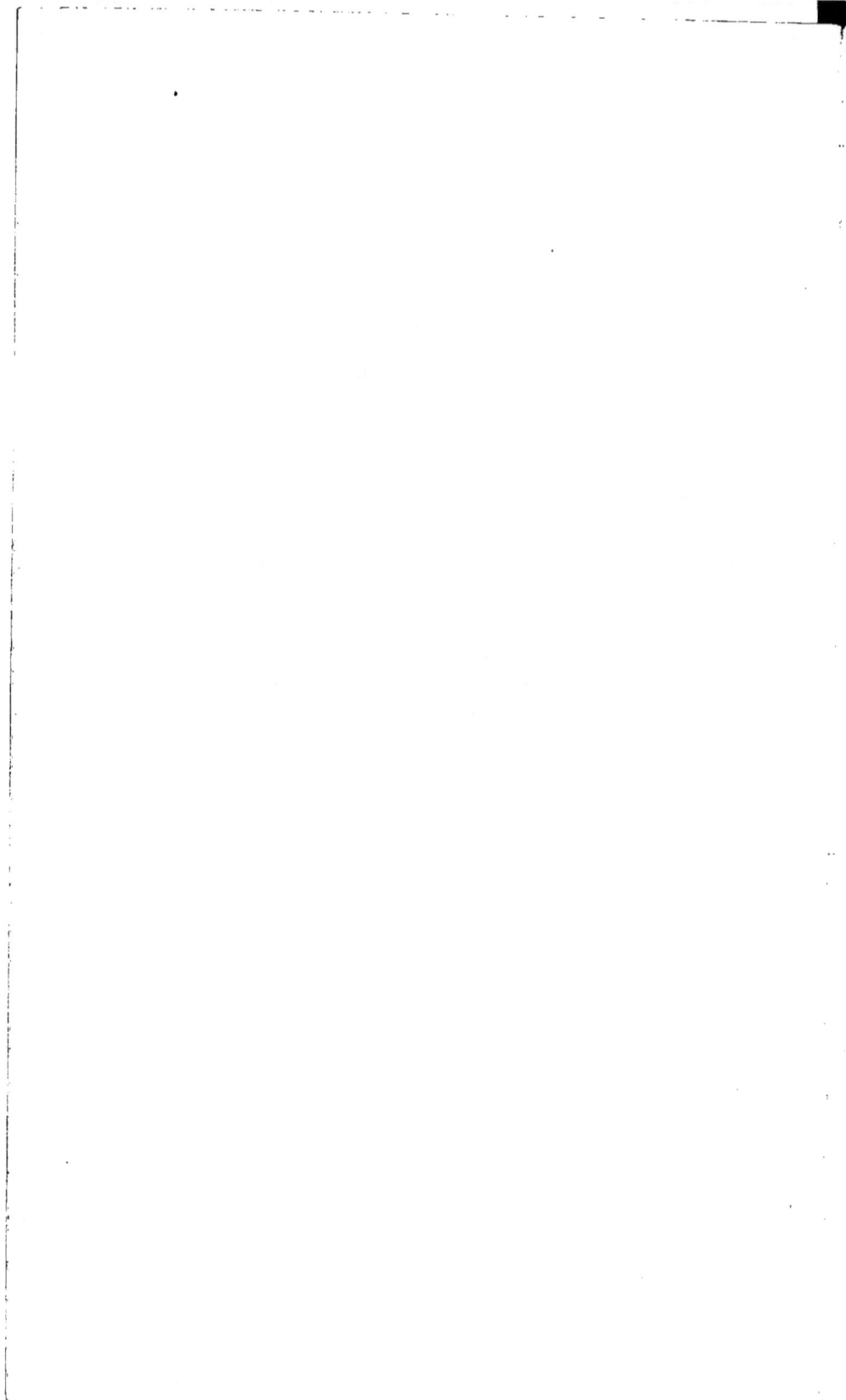

PRÉFACE

Je ne sache aucun ouvrage, sur la peinture, sur
les peintres, qui traite sciemment des imitations, des
dégénérations, des copies : objets très-essentiels aux
amateurs, aux marchands (peut-être fort désobli-
geants pour quelques-uns), mais en général d'un
grand intérêt pour l'histoire de la curiosité.

GAULT DE SAINT-GERMAIN.

J'ai souvent entendu regretter l'absence d'un livre donnant
la classification exacte des bons, des véritables peintres en tous
genres et de toutes les Écoles, accompagnée d'une énumération
de leurs copistes et imitateurs; classification qui viendrait en
aide aux amateurs et faciliterait les recherches nécessaires à la
constatation, aussi irrécusable que possible, de ce qu'on nomme
les attributions et les provenances.

J'irai plus loin, je dirai que l'homme pratique, l'expert lui-
même, quelque habile, quelque éclairé qu'il soit, est fréquemment contraint de recourir aux autorités qui ont écrit sur la
peinture, et de retremper, au courant d'idées confuses ou contradictoires, l'opinion touchant tel ou tel maître, dans laquelle il
s'était complu jusque-là. Le plus difficile, pour ce praticien, est
de saisir d'un coup d'œil les analogies qui peuvent le tromper et

les points différentiels qui mettent à même de distinguer la copie de l'original, ou l'imitation originale, de la manière d'un chef d'École ou de genre.

L'embarras résulte de l'éparpillement produit par l'ordre alphabétique et qui n'a pas permis aux annalistes des beaux-arts de classer les copistes et les imitateurs à la suite de chaque fondateur de genre. Ce n'est donc que de loin en loin seulement que les chroniqueurs de l'art vous apprennent que tel peintre a reproduit, à s'y méprendre, les qualités ou les allures de tel autre; si bien que ces innombrables remarques n'ayant entre elles aucune corrélation précise, il en résulte un surcroît d'obstacles qu'il faut écarter pour parvenir à se former une idée exacte.

Un autre inconvénient surgit à la fois, et des appréciations différentes qu'il n'est pas rare de rencontrer chez les écrivains de la même période, et du pêle-mêle causé par la multitude des peintres obscurs dont ils parlent. Ces nomenclatures, utiles, sous certains rapports, dans une appréciation d'ensemble, sont inopportunes, deviennent gênantes lorsqu'il faut classer dans sa mémoire les faits et les indications concernant les supériorités admises de préférence dans les collections d'amateurs.

Mon but, dans cet ouvrage, est d'établir un classement analytique d'où seront exclus tous les peintres inférieurs, traditionnellement proscrits des cabinets.

Pour accomplir cette tâche, j'ai puisé à toutes les sources, j'ai coordonné, en les vérifiant, les assertions de chaque critique ou panégyriste, parmi lesquels je citerai : DESCAMPS, FÉLIBIEN, DE PILES, SANDRART, CARLE VAN MANDER, FLORENT-LE-COMTE, D'ARGENVILLE, CORNILLE DE BIE, ARNOLD HOUBRAKEN, CAMPO WEYERMANS, JOHAN VAN GOL, L'ABBÉ DE FONTENAY, PAPILLON DE LA FERTÉ, DOM

PERNETTY, ANTOINE COYPEL, DUFRESNOY, SIRET, XAVIER DE BURTIN, ROHEN, HUART, GAULT DE SAINT-GERMAIN, THÉOPHILE GAUTIER, F. VILLOT, CHARLES BLANC, GEORGES ARMINGAUD, HORSIN DÉON, GABET, FILHOL, LANDON, PALOMINO VÉLASQUEZ, QUILLET, BRULLIOT, CHRIST, BARTCH, ROBERT DUMÉNIL, LÉPICIÉ, L'ABECEDARIO DE MARIETTE, WAAGEN, SMITH, W. BURGER, LOUIS VIARDOT.

Ces écrivains, de mérites inégaux, m'ont fourni les éléments nécessaires à mon travail, où je n'ai admis, toutefois, que ce qui m'a paru authentique et exempt de parti pris. Le lecteur trouvera bon que je groupe ici, afin de faire voir combien ma défiance était fondée, l'argumentation pour et contre des différents auteurs.

Suivant GAULT, CARLE VAN MANDER est un des premiers artistes hollandais qui aient écrit la *Vie des Peintres*. C'est le narrateur le plus judicieux et le plus exact pour les dates; mais il est à regretter que la partie essentielle, le récit principal, soit trop souvent noyée dans des digressions qui ne présentent d'attraits qu'aux familles des artistes. Le livre de CARLE VAN MANDER sera néanmoins consulté comme un des plus utiles documents de son siècle.

JOACHIM SANDRART est moins scrupuleux sur les dates; mais il est plus élégant, plus instruit, plus savant quand il parle du talent d'un peintre. SANDRART n'est cependant point exempt de partialité. Guidé par l'intérêt matériel et l'amour propre, il s'est souvent plus préoccupé de lui-même que des artistes dont il avait à parler.

Continuateur de VAN MANDER, le peintre hollandais ARNOLD HOUBRAKEN est d'une diffusion, d'une prolixité sans pareilles; mettant presque toujours l'esprit de rancune au-dessus de la justesse des idées, il n'intéresse les lecteurs que parce qu'il a connu beaucoup de choses des maîtres dont il s'occupe, et qu'il a vu ce qu'il décrit. — CAMPO WEYERMANS, compilateur de HOUBRAKEN, mériterait, sous beaucoup de rapports, le titre d'historien, s'il n'avait pas gâté son style, compromis ses recherches et ses leçons par un cynisme de forme qui fait monter le rouge au front des gens les moins rigides.

Le poëte hollandais, CORNEILLE DE BIE, encense indistinctement le talent et la médiocrité; tous les artistes auxquels il accorde les flatteries de sa plume sont des talents *universels*. — Émule de CORNEILLE DE BIE, mais bien inférieur à son confrère, DE PILES commet presque à chaque page d'impardonnables erreurs. — En copiant d'une manière servile leurs devanciers, D'ARGENVILLE et PAPILLON DE LA FERTÉ sont souvent tombés dans des fautes graves. — Ce qui distingue FLORENT-LE-COMTE, c'est l'abondance de ses biographies artistiques; mais, au dire d'appréciateurs impartiaux, il pèche par une absence totale de goût et de jugement. — Le travail de JOHAN VAN GOL est tout au plus bon à consulter comme un catalogue de tableaux connus.

Après tous ces écrivains critiques se présente DESCAMPS, lequel, maniant lui-même la brosse, a tranché du Plutarque dans sa publication intitulée : *Vies des peintres flamands, allemands et hollandais*, illustrées d'environ deux cents portraits. Les titres de l'auteur, le luxe de son ouvrage et l'attrait nouveau dont il avait su revêtir une matière jusque-là presque inexplorée en France, ne pouvaient qu'inspirer une grande confiance. Ce livre, écrit en français par l'auteur, obtint un légitime succès, et, sauf celui que publie depuis quelques années M. CHARLES BLANC, aucun travail analogue ne l'avait encore dépassé dans notre langue, quoique distancé par une infinité de notices, de critiques et de fragments épars dans divers bons ouvrages. Néanmoins, le baron d'Heneken, qui avait visité les grandes collections de l'Europe, et, par cela même, s'était familiarisé avec toutes les histoires relatives aux richesses qu'elles renferment, ne considérait l'œuvre de Descamps que comme un indigeste plagiat.

Sans accepter en tous points l'opinion du baron d'Heneken, j'admets que Descamps est fréquemment diffus autant que suspect. Il s'évertue à grossir le chiffre des pages de son texte, se livre à de longues investigations dans les bouquins, prend de toutes mains, s'appesantit sur des réputations contestables et commet d'inexcusables lacunes. Wynants, Hobbema, Asselyn, dont les amateurs riches et instruits se sont de tout temps disputé les œuvres, ne paraissent point à Descamps dignes des bienveillantes sympathies de sa plume. Wan der Heyden et d'autres peintres placés au même rang que ces maîtres cités obtiennent à peine quelques lignes : encore sont-elles en désaccord complet avec l'habituelle faconde de l'auteur.

Il me reste quelques mots à dire d'un ouvrage qui a eu un retentissement légitime et en quelque sorte européen : je veux parler du *Catalogue raisonné* de Smith, écrivain anglais.

Malgré quelques appréciations passionnées, quelques estimations exagérées, provenant, il faut le dire, d'un excès d'amour-propre national, ce n'est pas moins un livre dont on aimerait à voir une traduction dans notre langue, et surtout d'un prix moins élevé pour le mettre à la portée de toutes les fortunes.

On pourrait ajouter à ce travail quelques annotations ou rectifications sur les estimations exagérées qui s'y rencontrent, et peut-être alors ne verrions-nous plus certains industriels, peu scrupuleux sur les moyens, se servir des erreurs du catalogue anglais, et, au besoin, s'abriter derrière l'honorabilité de son auteur.

Comme on voit, il était difficile d'accorder une pleine confiance à chacun de ces anciens biographes et appréciateurs. Ce que j'avais de mieux à faire était donc d'extraire des travaux du passé ce qui, rapprochement fait des dates et des textes, me semblait être le plus authentique. Quant aux auteurs modernes dont j'ai cité les noms, j'avoue qu'ils m'ont été d'une grande utilité, chacun dans sa spécialité, et abstraction faite de tout parti pris. Si dans quelques-uns j'ai reconnu des erreurs et souvent des jugements passionnés, j'ai pensé qu'il me suffisait de ne pas les reproduire, surtout lorsqu'ils ne me paraissaient pas conformes à l'opinion la plus accréditée. Telle est la route que j'ai suivie : prenant la bonne foi et l'éclectisme pour guides.

Mon choix s'est fixé, pour ce qui regarde la marche de cette étude, sur l'ordre chronologique comme étant le plus clair et le plus simple. Il en est résulté l'union, la liaison immédiate du créateur d'un genre à ses imitateurs ou à ses copistes ; et j'ai continué ainsi pour chaque peintre, afin de mettre le lecteur à même de saisir du premier coup d'œil l'ensemble et les traits distinctifs du talent de chacun. Grâce à ce moyen, l'amateur qui douterait de l'authenticité d'un tableau, pourra, immédiatement, se rendre compte des particularités propres à chaque maître, et reconnaître ce qui le distingue de ses imitateurs.

Comme appendice à ces études particulières, j'ai dû y joindre une table analytique des peintres de toutes les Écoles, depuis les temps les plus reculés jusqu'à nos jours. Cette table, contenant près de neuf mille noms, se compose de renseignements concis, il est vrai, sur chaque artiste, mais suffisants pour servir de base aux recherches ultérieures.

Loin de craindre qu'on m'accuse d'avoir composé un livre avec des livres, il convient peut-être que j'aille au-devant de ce reproche; quelques mots suffiront, je pense, pour le prévenir.

Prétendre parler art en s'appuyant de la seule autorité de son expérience, c'eût été montrer par trop de présomption. Bien que, m'occupant depuis trente ans de peinture et de restauration de tableaux, je me sois ainsi trouvé à même d'acquérir quelques connaissances spéciales, je ne m'en suis pas fié à mes propres forces, appréhendant de faire du mauvais sous prétexte d'imaginer du nouveau; mais, c'est en combinant les vues et les idées des apologistes ou des détracteurs auxquels on doit des monographies dans la sphère exclusive de la peinture et dans la généalogie des Écoles; c'est en recueillant les méthodes successivement mises en usage par mes devanciers pour le classement, l'appréciation et l'estimation des œuvres du pinceau; c'est enfin en dégageant ces méthodes de tout ce qui pouvait charger inutilement la mémoire, que j'ai consacré mes études et les connaissances spéciales que j'ai acquises à la rédaction de ce *Guide* dont le plan seul m'appartient.

Il m'a paru que les différentes phases de la valeur commerciale des tableaux de chaque maître, à la suite de l'examen qu'on en a fait, ne serait pas sans profit pour le lecteur; mais je n'ai pu m'en occuper que dans une certaine limite, n'ayant que le musée du Louvre à offrir pour point de comparaison accessible à tous. J'ai dû nécessairement aussi restreindre mon travail, à cause des graves fluctuations qui se produisent journellement, soit dans les ventes publiques ou privées, soit par suite d'expertises officielles. Mais, quelque circonscrite qu'elle soit, j'ai lieu de croire que cette statistique sera parfois curieuse, qu'elle pourra surtout servir à l'amateur, lorsqu'il s'agira de l'achat d'œuvres capitales.

J'ai pris la même détermination au sujet d'un grand nombre

de peintres classés parmi les imitateurs, les analogues et quelquefois même les copistes, en réunissant méthodiquement dans un *Répertoire général* une immense quantité de prix d'achats tant anciens que récents, des expertises officielles et privées, enfin tout ce qui, à un moment donné, peut devenir utile aux collectionneurs.

Comme complément à cette statistique, j'ai ajouté l'énumération des toiles hors ligne disséminées dans les musées et les galeries particulières de l'Europe, mais à titre de *simples renseignements*. Outre qu'il m'eût été impossible d'apprécier ces œuvres séparément, au double point de vue de leur originalité et de leur valeur commerciale, je n'aurais pu le faire sans répéter ce qui a été si bien dit par MM. CHARLES BLANC, LOUIS VIARDOT, PAUL MANTZ, BURGER, THÉOPHILE GAUTIER, WAAGEN, dans leurs excellents ouvrages et *Catalogues raisonnés*. Je me suis donc borné à donner le titre des principales œuvres de chaque maître, avec l'indication du lieu où elles se trouvent.

J'ai pris la même détermination au sujet de l'ancienne collection Campana, actuellement le musée *Napoléon III*. Je ne pouvais mieux faire pour cette intéressante réunion de tableaux presque tous archaïques, où l'on peut suivre pas à pas les développements et les progrès de l'art de peindre, où l'on trouve les spécimens de maîtres qui nous manquaient ou que nous ne possédions qu'en qualité inférieure.

Prenant en considération des observations maintes fois réitérées, je n'ai pas hésité, dans l'intérêt de mon livre, à m'imposer une forte dépense de temps, pour visiter, avec l'attention qu'elles méritent, les belles galeries de la Grande-Bretagne, si riche en œuvres hors ligne, et surtout en productions de ses maîtres nationaux.

J'avais à cœur de me convaincre si c'était avec raison que
les peintres anglais étaient considérés comme une simple réunion
de talents supérieurs, n'offrant aucune corrélation, aucune
tendance particulière, alors que plusieurs écrivains affirmaient
qu'ils forment réellement une École distincte.

J'avoue, en toute franchise, que je dois à cette excursion,
où toutes les facilités d'étudier m'ont été prodiguées, où toutes
les portes m'ont été ouvertes avec la plus grande courtoisie,
la connaissance nécessaire pour contribuer au redressement
d'une erreur que l'on peut appeler, à bon droit, une hérésie
artistique.

Oui, je n'hésite pas à le reconnaître, une École anglaise
existe réellement. Elle existe avec tous ses caractères distinctifs, avec ses traditions et ses nuances; en un mot, avec tout
ce qui constitue une École nationale.

Dans l'article spécial que je lui consacre, j'ai dit les raisons qui m'ont conduit à l'admettre comme telle; heureux si
l'empressement que je mets à le reconnaître, peut contribuer
à la faire classer comme École nationale et à lui accorder le
rang qu'elle mérite parmi celles de l'Europe.

Le *Vade-mecum* que j'offre au public, est complété par le
Fac-simile des signatures, monogrammes et marques figurées que
les artistes en renom apposaient d'habitude sur leurs tableaux.
Ce dictionnaire, unique dans son genre, reproduit environ deux
mille cinq cents signatures des maîtres de toutes les Écoles,
c'est-à-dire dix fois plus que n'en contiennent les dictionnaires existants.

En effet, quels que soient le nombre et le mérite des
ouvrages concernant les signatures, monogrammes et marques
figurées des peintres, qui ont été publiés jusqu'à ce jour, j'y

ai reconnu, non sans peine, des lacunes qu'il était important de combler. Les uns ne contiennent que quelques signatures et beaucoup de monogrammes; les autres ne renferment aucune signature et se bornent à reproduire les hiéroglyphes ou marques figurées adoptés par d'anciens graveurs, et, huit fois sur dix, ces signatures sont exécutées en caractères romains.

Cette façon de les exprimer enlève incontestablement beaucoup d'intérêt à leur reproduction; de plus, elle n'offre pas l'authenticité nécessaire à l'amateur qui veut procéder par comparaison pour s'assurer de leur vérité.

Qui n'a pas remarqué que, lors même que la signature d'un peintre-graveur est exécutée de sa propre main, à l'aide de la pointe, elle emprunte à cette dernière une liberté, un sans-gêne que n'obtient presque jamais le pinceau? Aussi me suis-je dispensé, adressant spécialement mon travail aux collectionneurs de tableaux, de reproduire une foule de monogrammes, marques figurées, etc., qui ne peuvent intéresser que les amateurs d'estampes, et qu'ils trouveront, d'ailleurs, dans plusieurs ouvrages faits avec un soin consciencieux et jouissant, à bon droit, de la faveur publique, tels que les dictionnaires de MM. Brulliot, Siret et autres. Je n'ai adopté que les monogrammes auxquels j'ai reconnu un caractère complémentaire ou une certaine analogie avec la signature en toutes lettres exécutée au pinceau, ou lorsqu'une construction particulière indiquait une pensée originale de la part de son auteur, et non un banal assemblage de lettres en caractères romains.

Comme on le voit, ma principale préoccupation a été de rechercher et de reproduire les signatures exécutées *au pinceau*. Ce travail présentait de grandes et nombreuses difficultés, mais elles n'ont pas toujours été insurmontables. La persévérance de

mes recherches et ma bonne volonté me sont souvent venues
en aide, et le soin que j'ai mis à le composer me fait espérer
que ce nouveau *Dictionnaire des signatures et monogrammes* sera, du
moins, exempt de ces interprétations erronées, de ces inexactitudes qu'on rencontre souvent dans les meilleurs ouvrages de
ce genre, non que ces fautes proviennent de l'incapacité de leurs
auteurs, mais bien plutôt de leur manque de pratique.

Quelles que soient l'abondance et la richesse des matériaux
que je suis parvenu à recueillir en suivant cette voie, ils eussent
été incomplets sans le puissant concours qui m'a été si généreu-
sement prêté. Je me plais à le reconnaître et je saisis avec empressement l'occasion qui m'est offerte aujourd'hui d'exprimer
toute ma reconnaissance envers les amateurs et possesseurs
d'œuvres hors ligne de tous les pays, qui, répondant à la demande
que je leur avais adressée et qui a été reproduite par la presse
française et étrangère, ont bien voulu me fournir une grande
partie de renseignements et de *fac-simile* de signatures authentiques.

C'est ainsi, je le répète, que, à l'aide de ces divers éléments,
coordonnés avec un soin scrupuleux, il m'a été donné de composer la collection la plus complète de signatures qui ait paru
jusqu'à ce jour, et qui, je ne crains pas de l'avancer, n'a aucune
ressemblance avec les publications antérieures. La plupart de
ces signatures ont été calquées ou copiées avec la plus grande
exactitude; j'ai même été jusqu'à reproduire leur moindre va-
riante, ainsi que leurs diverses combinaisons de lettres. Si un
certain nombre d'entre elles ont dû être réduites, soit en lon-
gueur, soit en hauteur, suivant les exigences typographiques, je
ne l'ai fait qu'avec un soin minutieux, une réserve extrême,
tenant compte de toutes les sinuosités et même des défauts

calligraphiques existant dans les calques ou les dessins originaux, la pureté d'exécution flattant souvent l'œil aux dépens
de la vérité.

En effet. n'est-il pas évident que l'artiste. en se servant
du pinceau, ne reproduit presque jamais sa signature avec cette
pureté de contours et de formes qui est habituelle à la plume
ou à la pointe du graveur? Sauf quelques peintres, comme Ph.
Wouwerman. N. Berghem. L. Backhuisen, dont l'exécution calligraphique défie presque celle du graveur en taille-douce, on
rencontre fort souvent des incohérences de traits et de pleins
dues à la difficulté qu'offre le maniement du pinceau et qui ne
peuvent être imputées à l'inhabileté du signataire.

Toutefois. les éliminations que j'ai fait subir à cette longue
nomenclature de signatures, dès que le moindre doute se for-
mait dans mon esprit, n'ont d'autre valeur, qu'on veuille bien
le croire, que celle que je leur donne moi-même. Elles ne doivent
être envisagées que comme le résultat fidèle de mes observations,
et je serai toujours prêt à profiter des découvertes ou des rectifications que d'autres pourront faire ou avoir faites dans l'examen
des nombreux tableaux qui me sont restés inconnus, quelque
grande que soit la quantité de ceux que j'ai étudiés, ou qui me
sont passés par les mains dans ma longue pratique.

Certes, j'aurais abandonné une tâche aussi ingrate que sté-
rile. si j'eusse été persuadé qu'on en était arrivé à ce point de
saine notion de n'apprécier un tableau que d'après son vrai mérite, sans se préoccuper du nom de son auteur; mais. tant que
les vrais connaisseurs seront rares, tant que, dans la crainte de
se tromper, on n'osera louer une peinture avant d'être assuré
qu'elle est d'un maître bien connu et généralement estimé, mon
travail aura sa raison d'être; il pourra être de quelque utilité.

Ainsi rien n'a été épargné pour accroître l'intérêt de ce livre, fruit des recherches de dix-neuf années. Le *Guide de l'Amateur de tableaux* n'est certainement pas exempt de taches, mais il sera du moins de bon conseil pour les amateurs jusqu'au jour où lui succédera un rudiment plus parfait, que les progrès du temps mettront à même d'élaborer.

La clarté, la simplicité, la division méthodique étant les conditions premières d'une œuvre didactique, je me suis abstenu de citer les sentences, de reproduire les anecdotes, les aperçus généraux que m'offraient en abondance DESCAMPS, DE PILES, D'ARGENVILLE et d'autres écrivains. De semblables lieux communs sont seulement acceptables lorsqu'il s'agit d'une individualité ; mais quand le génie, le talent de l'artiste est en cause, les généralités d'ordre secondaire sont insupportables ; elles déplaisent aux esprits éclairés. Un exposé succinct et net convient mieux à l'enseignement que des commentaires hors de propos qui détournent l'attention et sont tout au plus à leur place dans les biographies.

Par ces mêmes raisons, je n'ai pas cru devoir suivre l'exemple de ces auteurs qui, pour dissimuler l'inanité d'un sujet, se plaisent à parler longuement sur la question, et non de la question, agissant ainsi plutôt en rhéteurs qu'en experts. Je me plais à croire que l'indulgence de mes lecteurs approuvera, en faveur du fond, la simplicité de la forme que j'ai adoptée.

THÉODORE LEJEUNE

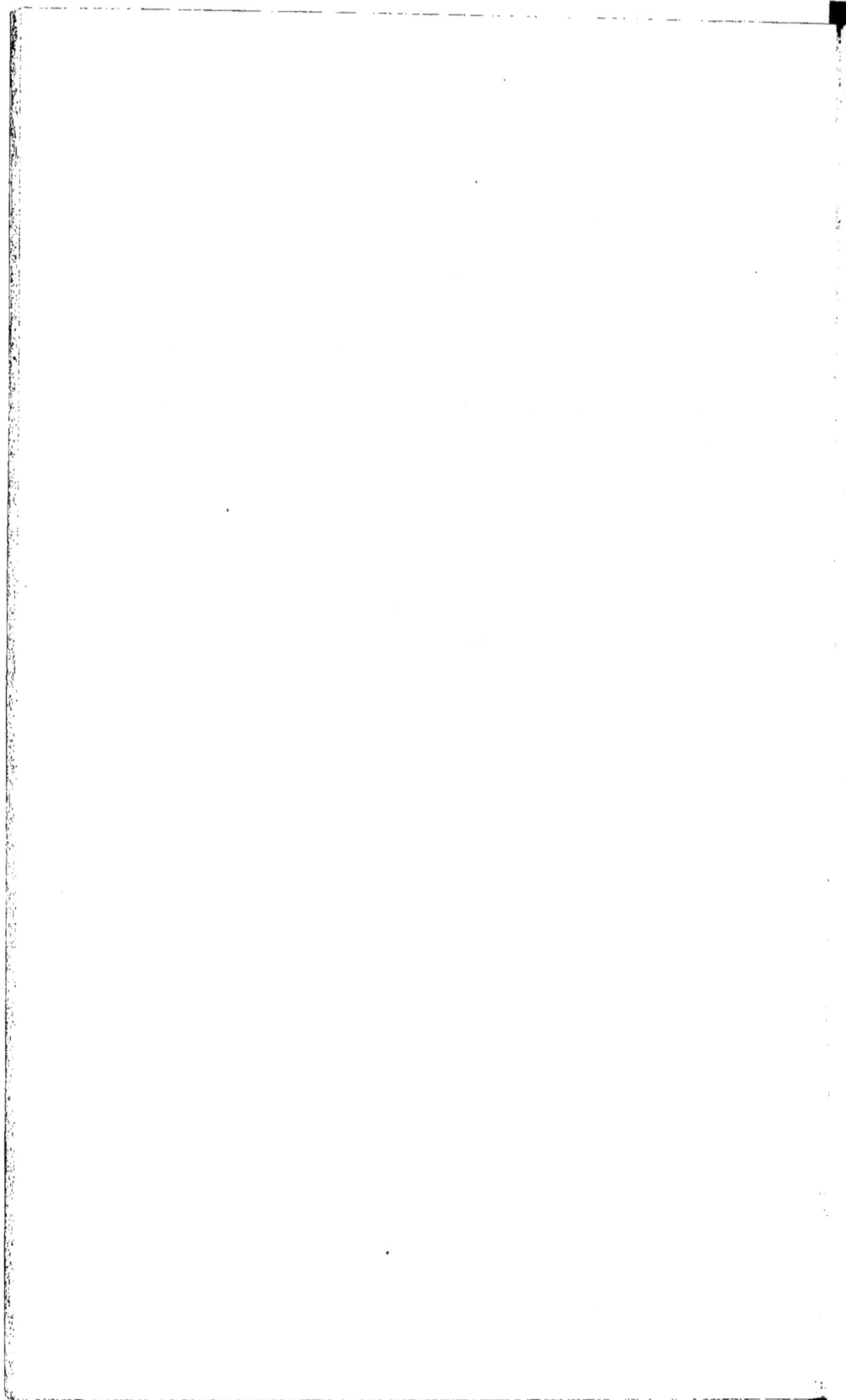

GUIDE

THÉORIQUE ET PRATIQUE

DE

L'AMATEUR DE TABLEAUX

CHAPITRE PREMIER

DE L'ORDRE QU'IL FAUT OBSERVER DANS LES ÉTUDES

Dissertation sur la connaissance en peinture. — Ce qu'un amateur doit apprendre. — Ce dont il doit bien se garder. — Ce qui distingue les bons connaisseurs des mauvais. — Baptême des tableaux. — Signes distinctifs des grands maîtres. — Éclectisme nécessaire. — Locutions adoptées dans les arts.

Bon nombre d'amis des arts déplorent chaque jour la facilité avec laquelle leur bonne foi est surprise, quand il s'agit de l'authenticité d'un tableau ; ils devraient penser cependant qu'ils ont en eux le moyen d'éviter le sort que ces supercheries leur occasionnent. En effet, être amateur suppose une certaine instruction, jointe à un goût éclairé par le sentiment artistique, n'ayant besoin que de la réflexion et du parallèle des œuvres hors ligne pour développer en soi ce qu'on appelle la *connaissance*.

Le premier soin d'un amateur, avant de se risquer dans les périlleuses voies de la collection, devrait être de s'appliquer à retenir les règles générales, ainsi que les préceptes de la peinture, afin de pouvoir saisir et classer dans son cerveau les différents caractères de chaque maître. Par malheur, il est aussi bon nombre de collectionneurs qui accueillent souvent avec un inexcusable empressement des opinions formulées parfois par l'intérêt et l'ignorance.

Il arrive fréquemment que des esprits très-superficiels passent pour des profonds connaisseurs; mais il ne faut pas les regarder de trop près, car alors :

> Le masque tombe, l'homme reste,
> Et le héros s'évanouit !

C'est ainsi que parmi ces amateurs, les uns, plus ou moins au fait des manières, sont très-peu en état de bien juger du mérite ou de l'originalité d'une peinture; tandis que les autres se prononceront sur les qualités d'une œuvre avec un certain tact, mais manqueront absolument de l'expérience qui parfois caractérise leurs contradicteurs : de là d'étranges disparates. Je n'hésite pas à reconnaître qu'un expert, tout érudit qu'il soit, puisse être d'une certaine faiblesse lorsqu'il s'agit de la généralité des écoles; je pense même qu'un tel estimateur n'a jamais existé, surtout dans notre siècle où la division du travail ne permet pas d'allier l'étendue à la profondeur du savoir. Il serait cependant à désirer qu'il y eût moins de divergence sur un certain nombre d'œuvres capitales, et que le premier venu ne s'arrogeât pas le droit de juger, s'il n'a pas les aptitudes requises pour distinguer l'excellent du bon, le bon du médiocre, s'il n'est pas à même d'établir la différence qui constitue l'originalité ou la copie d'un ouvrage, et d'affirmer enfin que l'œuvre est sortie du pinceau de tel maître plutôt que de tel autre, en raison des analogies qu'elle offre avec la manière, la couleur et le dessin de l'auteur présumé.

Pour arriver à un pareil résultat, il faut un goût épuré, un esprit dégagé de tout parti pris pour ou contre une école, et de bons yeux. Il faut aussi savoir s'élever jusqu'à cet éclectisme qui accepte, dans les hautes sphères de l'art, les supériorités, quel que soit le point d'où elles rayonnent. Les gens sensés n'ont garde de prêter l'oreille aux déclamations des détracteurs fanatiques qui s'acharnent sur quelques peintres, dont ils scrutent impitoyablement les travaux et les biographies, tandis qu'ailleurs de forcenés panégyristes, poussant leur enthousiasme jusqu'à l'idolâtrie, livrent, sans la moindre pudeur, à l'admiration du monde, ces gloires anonymes, imitant en cela ces peuples de l'antiquité qui érigeaient des autels aux dieux inconnus : *Diis ignotis.* Hors du giron de ces immortalités de contrebande, point de salut.

Ainsi jadis le sentiment national poussait à la fois les artistes et les amateurs à une aveugle partialité. Sans remonter bien loin dans les annales de la peinture, telles étaient, aux grands siècles de François Iᵉʳ et de Léon X, les injustifiables préventions des Romains, qui ne prisaient que Raphaël, des Florentins, qui lui préféraient Michel-Ange, tandis que l'école de Venise se confondait en formules laudatives à l'adresse du Titien, triste exemple suivi un peu plus tard par l'école de Bologne pour les Carrache. L'abus de cet enthousiasme exclusif n'a eu et ne devait avoir pour conséquence que l'amoindrissement de la véritable *connaissance,* ainsi que de la perspicacité naturelle ou *acquise* qui ne laisse rien échapper et considère de sang froid, libre de toute préférence, ce qu'il y a à voir dans un tableau par les yeux du corps et ceux de l'esprit, dégageant l'expression de sa pensée des fastidieuses épithètes : *incomparable ! merveilleux ! divin !* et autres exclamations habituelles aux marchands et aux compilateurs de catalogues. Cette facilité à prodiguer indistinctement les paroles louangeuses aux uns et à dénigrer outre mesure les autres, sans plus de motifs fondés pour l'éloge ou la critique, est le cachet du connaisseur superficiel, lequel, neuf fois sur dix, serait incapable de motiver son arrêt si, dans la discussion, les convenances n'interdisaient pas de le pousser jusque dans ses derniers retranchements.

En revanche, l'éloge et le blâme du véritable estimateur sont aussi modérés l'un que l'autre. Chez lui, la louange est plutôt une manifestation calme et savante qu'une approbation exagérée ; il comprend que le devoir lui commande de dire pourquoi il loue, tandis que les *parleurs,* qui ne sont pour la plupart que des ignorants, éclatent en transports, mais ne raisonnent jamais. Un autre signe caractéristique de l'expert éprouvé est la répugnance qu'il éprouve à blâmer : s'il n'est point satisfait, il garde le silence ; au pis aller, s'il est forcé de prendre la parole, ses remarques n'ont rien qui ressemble au dénigrement ; il se borne d'ordinaire à énoncer son regret de n'être pas en présence de ce qu'il espérait trouver. L'arbitre modèle est celui qui ne se fie pas à son impression immédiate, lorsqu'il s'agit de décider si le panneau ou la toile soumis à ses regards sont originaux ou douteux ; mieux que personne il sait que les meilleurs juges s'égarent quelquefois dans l'estimation des maîtres. Il est si facile, en effet, d'être pris à quelques touches particulières, à la force ou à la faiblesse du coloris, à certains airs de tête que plusieurs grands artistes ont affectionnés, à des réminiscences de draperies, à des façons d'habiller et de coiffer les figures! Mais l'intelligence d'élite est au-dessus de *ce je ne sais quoi* qui frappe de telle sorte *à priori* que maintes fois il est advenu qu'une production de l'école d'un maître a été attribuée au chef même de cette école; un examen attentif lui révèle ce qui est, et, sur des indices à peine sensibles, il finit par découvrir le nom de l'auteur.

La science des manières a ses obstacles, comme je l'expliquerai ailleurs ; ce n'est qu'à force de parallèles que l'on parvient à juger une composition, en scrutant la touche, le dessin, l'ordonnance et le coloris; pour tout dire enfin, en pratiquant. Au demeurant, la lecture n'a jamais compensé l'absence de la pratique. En général, la vie des peintres ne captive que la curiosité ; ce que la mémoire conserve des particularités biographiques a peu de contact avec les parties substantielles qui, trop divisées alors, sont impuissantes à établir de fructueux rapprochements. On ne retient guère qu'une froide nomenclature d'artistes, d'œuvres et d'apologies.

Le public est assez enclin à admettre que les théoriciens sont des puits de science, entraîné qu'il est par la hardiesse et la promptitude avec lesquelles ces prétendus érudits jettent des noms à l'aventure, et *baptisent* un tableau. En somme, cette prétendue connaissance, cette jonglerie, se réduit à emmagasiner dans leur cerveau des noms de peintres qu'ils prodiguent, sans aucun scrupule, aux ouvrages qui, de près ou de loin, reviennent à leur souvenir.

Loin de penser qu'il faille renoncer à désigner l'auteur d'un tableau, quand le nom s'est perdu au courant des âges ou par suite d'avaries, je déclare qu'il est possible, avec beaucoup d'attention, de parvenir à le rétablir. Les peintres se reconnaissent à leur *manière*, comme on distingue, après avoir vu plusieurs manuscrits de la même personne, l'écriture de la main qui les a tracés. La lecture d'un certain nombre d'ouvrages du même écrivain donne aussi la connaissance de son style : pour les manuscrits, le mot de l'énigme se trouve dans le caractère des lignes tracées par la plume ; pour les œuvres de l'écrivain, dans les formes favorites à l'expression et au développement de la phrase ; pour les artistes et les praticiens, le problème se résout par la réflexion et par l'usage. A bien prendre, la peinture accepte volontiers les deux signes caractéristiques que je viens d'indiquer : celui de la main est le *faire* que chaque artiste a contracté dans sa touche et sa gamme de couleurs ; celui de l'esprit est le talent du maître, c'est-à-dire sa façon de composer, ses airs de tête, la disposition des masses, finalement le dessin plus ou moins correct.

L'artiste se crée, en quelque sorte malgré lui, un moyen d'inventer, de concevoir, de rendre une chose, dans le seul but de refléter fidèlement la nature. Cette tendance, inhérente à l'instinct de celui qui manie le pinceau, constitue tôt ou tard son cachet distinctif, son *style*, que l'intelligence et la direction imprimée à l'éducation première rendent mauvais ou bon. Les uns s'accommodent un genre qu'ils empruntent à leur idée ou à leur façon de voir[1] et d'interpréter la vie réelle ; les autres puisent leurs inspirations aux meilleures sources, sans préférence de l'une à l'autre ; et ceux que leur initiative restreinte empêche de s'approprier une manière

1. Je ne veux pas parler des prétendues infirmités attribuées à tort au *rayon visuel* et qui, suivant bon nombre de personnes, amènent certains peintres à *voir* la nature verte ou jaune, rouge ou bleue. Ce défaut, je l'attribue tout simplement à une mauvaise manière de peindre contractée dans la jeunesse. En effet, si l'œil d'un artiste lui fait paraître vert ce qui est bleu, il est évident que, pour reproduire ce vert, il prendra du bleu ; ses yeux devant tout aussi bien le tromper dans l'appréciation des couleurs de sa palette que dans celle des couleurs de la nature.

qui leur soit personnelle, choisissent parmi les chefs d'école le maître le plus à leur convenance ; ils le copient, le traduisent servilement, trait pour trait, et aggravent de leurs propres défauts les imperfections du modèle. Il en résulte qu'un bon praticien, mûri par l'étude, saisira à première vue le *faire* d'un maître ; de même qu'il est bien rare que l'on se méprenne sur une écriture qu'on a vue plusieurs fois. Ce n'est donc, en résumé, qu'une question de temps et d'application ; toutes les mains varient dans la conduite de la plume, comme elles diffèrent dans le maniement du crayon et du pinceau. S'il est impossible de tracer un A ou un B qui se ressemblent de tous points, à plus forte raison est-il interdit aux facultés humaines de tomber d'accord, lorsqu'il s'agit de dessiner un doigt, une main entière, malgré toutes les souplesses de l'imitation.

Je dois convenir que la majorité des peintres ne s'élève pas d'emblée à la perfection ; s'ils ont leur apogée, ils subissent aussi leur déclin. En dehors de ces phases principales, ils modifient quelquefois leur manière au point de mettre en défaut la perspicacité la plus exercée. Mais si toutes les compositions d'un artiste ne se décèlent pas en principe par la similitude du point de départ, qui est à certains égards une garantie de parenté ; si les ouvrages qu'il a faits dans un âge avancé se ressentent des infirmités de la vieillesse, les signes caractéristiques de son talent se retrouvent toujours et les variations de son pinceau ne dissimuleront pas aux regards compétents la main de l'auteur, non plus que sa pensée et ses habitudes de la traduire.

Un abus dans lequel il importe de ne point tomber est celui qui consiste à faire bon accueil aux préjugés et à ne pas bannir loin de soi les préventions contre les morts ou les vivants, de même que les sympathies préconçues en faveur de l'une ou l'autre des écoles existantes ou anciennes. Le juste appréciateur est, sans nul doute, libre d'avoir son goût pour celle de ces écoles qui flatte plus directement son imagination, mais, en thèse générale, il ne doit aimer que l'art et ne voir que par lui. De là l'obligation d'examiner avec soin comment les préceptes de la théorie prédominent dans les œuvres d'élite, et de s'entretenir souvent avec les serviteurs de l'art cités comme les plus impartiaux, sans trop ajouter foi, cependant, à leur capacité, afin de prévenir en toute occurrence les envahissements de la routine par le choc régulier des opinions assises sur le libre débat.

L'occasion me semble opportune pour aborder et analyser quelques expressions acceptées dans les arts, et qui, souvent, servent de passe-partout aux faux connaisseurs. En vulgarisant ces diverses phases de la *connaissance,* j'espère mettre chacun à même de discuter et de ne plus accepter aveuglément des opinions souvent aussi fausses qu'intéressées. Les locutions dont il s'agit sont : *morceau capital,* — *original,* — *copies,* — *copies discipléennes,* — *copies-répétitions.* — Elles feront le sujet du chapitre suivant.

CHAPITRE II

DÉFINITION DES DIFFÉRENTES COPIES, ET MANIÈRE DE LES RECONNAITRE

Examen des locutions acceptées dans les arts. — Qualités que doivent posséder les œuvres capitales. — Les bonnes et les fausses couleurs. — Les bonnes et les mauvaises touches. — Mérites que doit posséder un tableau original. — Des provenances et des peintures anonymes. — Caractères distinctifs des copies et des répétitions. — Copies d'étude et discipléennes.

Ce qui constitue au suprême degré le tableau *capital* dans tous les genres, c'est que de prime abord il révèle la pensée créatrice, le goût et l'excellence du choix, la parfaite entente de la composition. Il importe que l'expression convienne au sujet et aux caractères particuliers des personnages qui occupent la scène; en un mot, que la force et la netteté de l'œuvre permettent de reconnaître, sans le moindre tâtonnement ou la plus légère équivoque, les intentions du peintre. Il est encore de première nécessité que les attitudes, le coloris, surtout les airs de tête, les draperies elles-mêmes, concourent à l'expression restreinte ou générale de l'ordonnance artistique. Ce n'est pas tout. La règle veut que les différentes parties contrastent entre elles dans une juste mesure et que réciproquement elles se soutiennent et se fassent valoir. L'usage, qui souvent s'érige en principe, exige qu'il n'y ait qu'un jour principal, lequel, uni aux jours subordonnés, aux reflets, aux clairs et aux bruns, détermine *le tout ensemble*, qui impressionne l'esprit et l'œil, de même que l'oreille subit les enchantements de la musique véritablement harmonieuse.

La loi du dessin, la correction, les proportions et les lignes physionomiques doivent être variées et rendues ainsi que le réclament l'âge et le sexe des figures. Il est d'obligation que le coloris soit en rapport avec l'heure de la journée où se passe l'action ; gai, brillant, sombre ou triste, suivant le sujet ; mais, sans aucune exception, naturel, séduisant et dispensé d'une manière intelligente. Pour ce qui est des couleurs, le mérite à rechercher de prime abord, c'est qu'elles soient couchées ou fondues d'une façon délicate et suave, ou bien épaisses, brutes et fermes, mais de telle sorte, cependant, que l'on remarque en tous points l'assurance de la touche.

Le mérite du peintre se mesure à l'excellence dont il a fait preuve dans toutes les parties de son art analysées ci-dessus ; ce mérite, on le voit, peut ressortir de pratiques diamétralement opposées. C'est pourquoi la sèche exactitude et la correction rigoureuse d'Albert Dürer ne peuvent entrer en lutte avec ce qu'il y a de divin, de gracieux dans la brosse et la sublime ordonnance du Corrège. Cependant le génie de ces deux maîtres est égal, eu égard aux périodes durant lesquelles ils ont vécu. Il s'agit donc de se placer au point de vue du Corrège et d'Albert Dürer pour les admirer chacun individuellement, en toute impartialité.

On appelle *original*, tout ouvrage fait d'invention ou d'après nature, suivant les règles exposées plus haut. Pour se prononcer sur l'originalité d'un tableau, le connaisseur a besoin de toute sa perspicacité, de toute son expérience, principalement lorsqu'il est en face d'une œuvre douteuse, sortie de la main d'un maître habile. Le nom du maître est souvent aussi une énigme plus ténébreuse encore que celle du sphinx ; mais s'il est agréable de savoir discerner le nom de l'auteur d'un tableau d'élite sans signature, il faut reconnaître que ce détail n'a rien d'essentiel, la véritable *connaissance* consistant, ainsi que je crois l'avoir démontré, à être en état de juger si une peinture est bonne ou mauvaise, à démêler ce qui est excellent de ce qui n'est que médiocre, et enfin d'être apte à discuter et à faire triompher son opinion.

Il en est de même de l'abus dans lequel tombent beaucoup de connaisseurs superficiels au sujet des provenances, des anciens classements et des préventions qui en découlent presque toujours. Qu'un tableau ait été ou soit encore estimé de certains experts passés ou présents. si cette opinion n'est fondée que sur l'engouement et non sur une véritable et sévère investigation, peu importe qu'il ait coûté cher, qu'il soit italien, flamand ou français, ancien ou moderne. Ces particularités ne sont que des considérations de second ordre. puisque dans l'ancien temps. comme dans le moderne, dans les écoles d'Italie comme dans celles des autres pays, il y a eu de mauvais peintres, et partant de mauvais ouvrages. Les plus illustres maîtres eux-mêmes n'ont-ils pas été inégaux? Supposer qu'un travail est supérieur ou de second ordre, parce qu'on l'attribue à tel ou tel pinceau, est une hypothèse équivalant à une erreur grave. Les travaux artistiques se mesurent ou se pèsent à l'élévation ou au poids de leurs mérites intrinsèques, et non à leurs provenances et à des classements antérieurs qui peuvent être plus ou moins soupçonnés de partialité ou d'intérêt personnel.

Loin de nous la pensée, toutefois, d'ériger en principe ce qui précède relativement aux provenances et aux noms d'auteurs ; c'est seulement l'abus que nous voulons attaquer en démontrant que quelquefois ces détails sont accessoires. Le nom d'un grand maître authentiquement tracé du bout de son pinceau, au bas de son œuvre, en augmente l'importance et le prix pour beaucoup d'amateurs et de curieux. Les réserves sont cependant permises si l'on convient avec moi que nombre de dessins et de peintures reconnus et généralement proclamés comme des originaux, ont pour auteurs des anonymes. En résumé. l'originalité s'établit sur l'idée créatrice, la sûreté de l'expression, les libres allures du crayon ou de la brosse et la franchise de la touche ; ces signes caractéristiques indiquent mieux que tous certificats, signatures ou dissertations. l'originalité d'une œuvre.

La dénomination de *copie* s'applique à la reproduction d'une peinture, exécutée elle-même d'après nature ou de pratique; de là l'emploi de la locution : *travailler d'après nature*, et non : copier d'après nature. La création d'un original réclame une profonde étude des merveilles et des richesses naturelles que l'art, malgré tout son prestige, n'a jamais égalées. On a le champ libre en ce qui regarde la touche. le coloris, les attitudes, les dispositions et l'aspect lorsque l'on crée, mais on est si astreint, si à l'étroit quand on copie, que l'ouvrage reproduit ne reflète jamais l'air dégagé et l'esprit qui sont les marques indélébiles de *l'original*. Admettant l'hypothèse que *l'original* et la *copie* seraient le travail du même artiste, cet artiste, si exercé qu'il fût, n'accorderait pas des soins identiquement semblables à l'une et à l'autre de ses productions. Le copiste, au contraire, eût-il plus de talent que celui dont il retrace l'œuvre, ne la saisira pas sous la forme complète du *fac-simile*; cela seul explique comment il est presque impraticable que la main traduise, sans rien omettre, ce que l'imagination n'a pas conçu.

En dépit de l'axiome qui veut que la copie soit toujours inférieure à l'original, il ne serait pas hors de vraisemblance que dans certains cas elle surpassât le modèle. Voici comment : qu'un peintre d'un ordre subalterne soit, comme d'autres mieux doués que lui, exceptionnellement capable de concevoir une grande pensée, alors, et selon toute probabilité, il restera au-dessous de sa tâche, impuissant à reproduire les effets et les conséquences de son idée. Mais, d'autre part, qu'un très-adroit praticien saisisse cette pensée dans tout ce qu'elle a de sublime et de beau, il en améliorera la touche, le coloris, l'animation, et il résultera de là que la *copie libre* sera préférable à l'original, et pourtant ce ne sera qu'une copie, comme une traduction est toujours une traduction, quoique n'étant pas et ne pouvant être un servile mot à mot.

Les *copies-originaux* ou *répétitions*, ainsi que les *copies discipléennes* et *d'étude* sont autant de labyrinthes où s'égarent les amateurs. La différence est souvent si imperceptible, surtout dans les écoles italiennes, qu'ils ne sauraient être trop circonspects, soit dans leurs achats, soit dans leurs jugements, attendu que l'on rencontre fréquemment des copies faites avec une franchise, une hardiesse et une facilité si surprenantes, qu'il faut beaucoup d'attention et de connaissance pour arriver à une quasi-certitude.

Les originaux, comme on le sait, brillent invariablement par la hardiesse du pinceau, la vigueur des touches et l'élégance des contours. En revanche, les qualités essentielles qui les caractérisent sont de la catégorie de celles qui échappent à la copie comme à l'imitation ; remarque qui se fonde sur cette règle générale : « Toujours les contours des personnages ou des objets principaux sont *chantournés*, ou, pour être plus clair, se détachent en relief sur le fond ; » principe que M. Huart a exposé et démontré jusqu'à la dernière évidence. Les écoles italienne, espagnole, allemande et française offrent si souvent ce point de repère qu'il est pour ainsi dire impossible d'être induit en erreur. Les écoles hollandaise et flamande ne présentent point, ou presque point, un signe pareil, bien que le défaut dont il s'agit soit assez apparent pour y être découvert lorsqu'on apporte à l'examen une attention soutenue.

Peut-être semble-t-il étrange que les copistes se décèlent par une faiblesse que je soutiens leur être particulière ; mais quiconque a observé attentivement la pratique des copistes soit dans les musées, soit ailleurs, demeure convaincu que cet inévitable repère provient des procédés que mettent en usage neuf copistes sur dix. A l'opposé des maîtres créateurs, lesquels, leur esquisse préparée, crayonnent un dessin arrêté, peignent les fonds, et sur cette valeur de tons définitive agencent le sujet principal d'après le modèle vivant, les copistes, sûrs en quelque sorte de trouver l'ensemble des couleurs toutes en leur lieu, dessinent leur tableau, laissent les derniers plans en blanc, ou n'y passent qu'un léger frottis, peignent leur groupe dominant, puis abordent leur fond quand les figures sont presque finies. Avec un semblable système, il n'est pas rare que, l'harmonie disparaissant des contours, les travailleurs les tourmentent de telle sorte qu'ils élargissent personnages et objets environnants, et que force leur est, en terminant, de ramener les fonds sur les contours, procédés qui, joints à ceux que j'ai antérieurement mentionnés, accroissent le relief peu sensible dans les originaux, où, malgré leur saillie, les contours sont faits d'inspiration et ont un cachet de spontanéité inimitable à un tel point, qu'une copie exécutée par Raphaël lui-même ne dérogerait pas à cette règle [1].

---

1. Les exemples suivants viennent à l'appui de cette opinion. Le *Denier de César*, copié par

Les *copies-originaux*, vulgairement appelées *répétitions*, ce qui signifie copie par un auteur d'après son propre ouvrage, diffèrent du premier jet lorsqu'on les rapproche les unes des autres. Les reproductions s'assimilent à la besogne de l'ouvrier, du manœuvre ; les productions primitives jaillissent de l'imagination et des reflets de l'âme. Les copies en question contrastent avec les originaux en cela que les touches sont moins hardies, les expressions plus cherchées et la lumière moins vive. Une teinte cotonneuse enveloppe le tableau qui, la plupart du temps, a reçu des rectifications, soit dans la pose, la composition, l'ensemble, soit dans l'entente du jour.

Si la répétition ne s'offre pas en mal, ce sera en mieux, car, lorsqu'un peintre se reproduit, il peut lui surgir de meilleures idées touchant son sujet ; l'expression aura plus d'énergie, le coloris sera plus lumineux et plus vrai dans le second, conséquences diamétralement opposées et découlant du même fait. Témoin les répétitions de l'école romaine constamment plus gracieuses, plus moelleuses que les originaux. Suivant le même ordre d'examen dans les autres écoles, les *copies-originaux* sont bien inférieures aux répétitions des artistes latins. Ils tombent donc dans une profonde erreur ceux qui prétendent qu'il est impossible de distinguer les *copies discipléennes* et *anciennes* ; ils seraient dans le vrai, s'ils disaient que ces constatations sont entourées d'obstacles ; mais non, ils préfèrent mettre à couvert leur sagacité, en s'appuyant de l'exemple de Jules Romain, qui prit pour un original le portrait de Clément X fait par André del Sarto, d'après Raphaël, quoiqu'il eût travaillé lui-même aux draperies lorsqu'il était l'élève de Raphaël. D'après le sentiment presque unanime, il est certain que les touches sèches de ces portrait, se détachant sans aucune liaison dans les fonds obscurs, son jour

Rubens d'après le Titien ; la *Vierge au rocher*, de Lorenzo di Credi, d'après Léonard de Vinci ; la *Vierge de la maison de Lorette*, d'Il Fattore, d'après Raphaël ; le *Saint Jean-Baptiste*, d'André del Sarto, d'après Pierre de Cosimo ; le *Concert champêtre*, de Lorenzo di Credi, d'après le Giorgion ; la *Sainte Famille*, de Bondinello, d'après Jean Bellin. Toutes ces copies, quoique faites par des peintres habiles, ont les caractères énoncés plus haut.

assombri, sur lequel des tons lumineux ont été répandus, attesteraient que ce n'est qu'une copie d'après Raphaël, si les fonds, qui, à l'opposé des originaux, forment relief sur les contours, ne donnaient gain de cause à la première opinion. En admettant cette supposition, de telles *copies* sont si rares, que la règle subsiste dans toute sa vigueur. La méprise de Jules Romain n'est point un argument : un excellent peintre peut fort bien n'être pas un connaisseur infaillible.

Je ne suis pas au bout du sujet que je traite : d'autres *copies* courent le monde, se prélassent dans les collections publiques ou les cabinets privés, joignant à leur vrai mérite l'avantage de leur primordialité ; autant de richesses artistiques qui ouvrent un large champ aux studieuses investigations ainsi qu'au discernement des amateurs ! Je veux parler des *copies d'étude*, émanant des peintres déjà passés maîtres lorsqu'ils voyageaient en Italie. On rencontre de ces bonnes aubaines, exécutées avec tant de soin et d'intelligence qu'il est difficile de ne pas les confondre avec les créations. Les copies d'Annibal Carrache d'après le Corrège, celles du Dominiquin d'après les compositions d'Annibal Carrache, et celles de Rubens et d'autres illustres peintres d'après les tableaux des princes de l'art italien, doivent pourtant être rangées sous la rubrique de *copie*, véritable épouvantail pour l'amateur. Cependant, dans l'hypothèse où l'imitateur serait parvenu, secondé par un pinceau magistral, à produire une minutieuse ressemblance, les clairvoyants risqueraient encore de tomber dans le piége. L'unique ressource alors serait de mettre les ouvrages en présence et de décider en suprême ressort après la comparaison. Si le reproducteur, pourvu des aptitudes requises, n'a voulu que faire un bon tableau d'après un modèle qui l'aura captivé, vraisemblablement il aura poursuivi sa tâche avec ardeur, et le coup de brosse qui lui est habituel y trahira sa main.

En somme, sauf pour les *copies discipléennes* et pour les *copies d'étude*, la majorité de ces objets de contrebande se décèle, outre les points déjà cités, par l'absence du luisant d'émail que la vétusté imprime aux couleurs. Certaines *copies* ont si peu le degré requis de résistance et de sécheresse, que l'on croit sentir encore l'huile [1]. D'autres signes concourent efficacement à dévoiler tout le mystère, à rendre la vérité palpable : empâtement lourd, faux ton général, absence d'harmonie et de transparence, effet ne correspondant pas à l'intention du *tout ensemble* ; puis les caducités hors nature, les ombres trop tranchantes ou dures, le clair-obscur manqué, la touche timide, peinée, tremblante, uniforme, malpropre, barbouillée, ou non pareille à celle du maître.

Ici je clos la série des remarques générales relativement aux différences notoires que présentent les *originaux* et les *copies*. Maints incidents particuliers trouveront leur place mieux que dans ce chapitre, lorsqu'il s'agira de l'analyse des merveilles des maîtres et des réminiscences de leurs principaux imitateurs et copistes. Le chapitre suivant complétera cette étude par l'examen des divers procédés mis en usage pour la fabrication des tableaux *anciens*.

---

1. Ce n'est pas, au surplus, une question bien ardue à résoudre. Il suffit de promener la pointe d'un canif sur le premier empâtement venu. Si la pâte est friable, c'est qu'elle a au moins soixante ou quatre-vingts ans d'existence. Ce procédé certain pour le *moins* ne peut l'être pour le *plus*, car un empâtement de deux cents ans n'est pas plus friable que celui d'un siècle.

CHAPITRE III

Les jongleries du brocantage. — Les ateliers secrets. — Les deux méthodes. — Manière
de faire des Claude le Lorrain et des tableaux de genre et d'histoire. — M. Tardieu
et les marchands de tableaux. — Le trompé est souvent le trompeur.

La contrefaçon, étendant son funeste empire sur les œuvres d'art
en général, a donné naissance à deux genres de fabrication distincte :
l'un comprend les tableaux modernes, l'autre, les tableaux anciens. Le
plan que je me suis tracé ne me permettant pas de m'occuper de la contrefaçon des tableaux modernes, je passe aux jongleries du brocantage,
ce commerce aussi illicite qu'immoral, qui, loin de porter préjudice aux
artistes qui lui prêtent leur concours, est malheureusement pour eux
une source abondante de bénéfices.

Il serait difficile de dire la quantité de tableaux anciens qui se
fabriquent annuellement en Belgique, en France et surtout en Italie.
Cette contrée, jadis si florissante, la reine des beaux-arts, est aujour-
d'hui le centre de la contrefaçon. Ses enfants dégénérés ne s'occupent
plus, la plupart, qu'à pasticher les grands modèles qui firent la gloire de
leurs pays. Chaque ville a ses ateliers secrets, chaque atelier, sa spécialité.

Il n'est pas de piége que l'on ne tende à la crédulité des touristes.
De vils courtiers, se prétendant accrédités par de grands seigneurs,
honteux, disent-ils, de se défaire eux-mêmes de l'héritage paternel,

viennent offrir aux amateurs étrangers les fausses productions qu'on leur a soi-disant confiées, et les leur vendent ou plutôt font mine de les leur céder à regret. Que de Corrège, de Titien, et même de Raphaël ont été écoulés de cette manière! Du reste, ce subterfuge est d'autant plus facile à employer qu'il est reconnu que les grandes familles italiennes, dont la fortune est chancelante ou complétement anéantie, ne font presque jamais de ventes publiques : ce n'est que par des marchés secrets qu'elles cherchent à rétablir l'ordre dans leurs finances.

On remplirait des volumes de toutes les anecdotes scandaleuses, de tous les procès auxquels cette fraude a donné lieu. Il serait presque impossible d'énumérer les pertes énormes éprouvées par des collectionneurs trop crédules, victimes des marchands de bric-à-brac qui pullulent à l'étranger encore plus qu'à Paris, où ils ont cependant des correspondants bien connus, malgré toutes les précautions qu'ils prennent pour ne pas l'être. Qui pourrait dire les erreurs dans lesquelles la science est tombée et qui ont pris leur source dans les manœuvres coupables de ces industriels? Bon nombre de chefs-d'œuvre appendus à certaines murailles, sans en excepter celles de nos musées, n'ont d'autre mérite que d'avoir été apportés d'Italie, de Belgique ou d'Espagne.

Ce commerce deshonnête s'opère de deux manières : la première consiste à faire copier un original, le plus adroitement possible, sur un vieux panneau ou sur une vieille toile parfaitement identiques. La seconde, la plus généralement adoptée par les contrefacteurs, s'exécute par le *patinage* des tableaux à *tournure,* c'est-à-dire en retouchant habilement les tableaux qui offrent une certaine analogie avec les œuvres d'un chef d'école ou de genre.

Si la première de ces méthodes ne trompe que les amateurs novices, c'est-à-dire ceux qui désirent des chefs-d'œuvre à cinq cents francs la pièce, la seconde, à son tour, fait des victimes même parmi l'élite des connaisseurs, et cause en même temps un tort inappréciable aux commerçants intègres, dont la réputation semble être le plus solidement établie. En effet, l'amateur trompé les confond, dans son dépit, avec

I.　　　　　　　　　　　　　　　　　　　　2

les brocanteurs sans aveu, qui ne sont que les émissaires d'habiles fripons ; puis, ne sachant plus en qui mettre sa confiance, il finit par renoncer à des projets de collection, bons tout au plus, pense-t-il, à causer sa ruine.

Je l'ai déjà dit, si le commerce des copies occasionne aux amateurs novices de fatales déceptions, ce n'est pas ce commerce qui cause le plus de préjudice aux collectionneurs. La fabrication des *tableaux à tournure* est bien plus dangereuse pour les véritables amateurs, et en même temps plus lucrative pour les trafiquants déshonnêtes ; car ces sortes d'originaux étant toujours annoncés pour être du *premier* ou du *dernier* temps du maître supposé, selon qu'il a plus ou moins vécu, afin de faire excuser les défectuosités que le faussaire n'a pu faire disparaître entièrement, atteignent toujours un prix fort élevé.

Il est donc facile de s'expliquer les fortunes étonnantes que font certains fabricants bien connus, dont le talent consiste à vendre effrontément huit tableaux faux sur dix, et à faire payer jusqu'à vingt mille francs des toiles qui leur reviennent à peine à mille ou quinze cents francs.

N'est-ce pas un fait bien avéré que beaucoup de paysages signés et *patinés* à la Ruisdaël ne sont que des Jean de Vries, des Isaac Koëne, bien que l'exécution de ce dernier soit un peu plus lâchée? Rombouts lui-même ne peut-il pas servir à imiter Ruisdaël aussi bien qu'Hobbéma?

Combien de prétendus Rubens qui n'ont eu d'autres pères que Jean Van Oost, Van Thulden, Pieters, Th. Villebords, Diepenbeck et Murienhof, tous artistes habiles, dont les uns ont copié Rubens à s'y méprendre, tandis que l'analogie des autres avec le maître a singulièrement facilité l'œuvre de la fraude !

Pour ne pas être sur ce point taxé d'exagération, j'emprunte au livre de M. Horsin Déon [1] la recette qu'il donne pour l'exécution des Claude Lorrain de contrebande :

---

1. *De la Conservation et de la Restauration des Tableaux.*

« On prend par exemple un tableau de Patel. Ce maître a fait une grande quantité d'ouvrages exécutés avec plus ou moins de conscience, mais dont les compositions rappellent toujours le Claude. Le feuillé de ses arbres et ses ciels sont exécutés dans ce sentiment. Bien que cette exécution soit plus molle, que les tons soient plus lavés, que les couleurs passent ordinairement de l'orange au bleu et du bleu au vert, cependant ses tableaux sont doués d'une certaine harmonie. Ajoutons que, lorsqu'ils sont d'une qualité médiocre, on les trouve dans les ventes à des prix peu élevés, circonstance fort à considérer pour leur emploi.

« Eh bien, un paysagiste un peu habile tire de ces peintures un merveilleux parti, en exécutant avec leurs secours des pastiches vraiment étonnants de Claude le Lorrain. Il donnera de la fermeté aux ciels par des touches brillantes qu'un léger glacis harmonisera avec l'ancienne peinture. Il en adoucira la crudité sans détruire ni les crasses, ni les craquelures. Il simplifiera les horizons et leur donnera ces tons argentins ou dorés dont le Claude a fait un emploi si heureux. Il parcourra ainsi tous les plans du tableau, en plaçant ici un glacis, là un empâtement, et en réservant toujours avec un soin scrupuleux la pâte du maître qui sert de dessous, afin que les parties les plus claires et les plus apparentes soient bien de l'ancienne peinture. Enfin, il réservera soigneusement toutes les craquelures, parce qu'elles contribuent puissamment à l'illusion. »

J'ajouterai : — Il décalquera une signature originale, il la transportera adroitement, puis, pour faire croire à la *pureté* du tableau, il dégradera certaines parties insignifiantes, les restaurera grossièrement à dessein, afin de donner au vendeur la facilité de garantir l'intégrité du tableau, *sauf ces quelques petits points*, qu'il n'a pas voulu lui-même faire restaurer, préférant *laisser le tableau sous sa crasse*.

Il en est de même pour les peintures de genre ou d'histoire ; j'extrais encore du livre de M. Horsin Déon le procédé qu'il indique :

« On choisit un tableau dont les parties claires soient bien saines, et bien dans la pâte du maître que l'on veut imiter. En s'aidant de bonnes gravures, bien dans le sentiment de l'homme qu'elles reproduisent, on en rétablit le dessin, puis on améliore le modelé de ce tableau par des demi-tons et des ombres, lui donnant tout l'effet et le piquant désirables au moyen des glacis, afin de laisser transparaître le plus possible la vieille pâte. Mais, comme nous l'avons déjà dit, on réservera avec le plus grand soin toutes les parties empâtées claires. Elles ne doivent être touchées qu'avec la plus grande discrétion, parce que toutes les touches qui y seraient posées ne pourraient que très-difficilement se dissimuler. On ne devra jamais les relever de tons que par de très-légers glacis. »

Ce travail achevé et bien séché, — je complète le procédé, — on couvrira le tableau d'une dissolution de gomme-gutte mêlée de bistre ou de toute autre matière colorante imitant le vieux vernis; puis l'œuvre ira grossir la foule des Greuze, des Watteau, des Boucher, des Rubens de même fabrique qui font l'orgueil de certaines collections.

Je ne veux pas cependant terminer ce chapitre sans répéter de nouveau que nos boutiques d'objets d'art ne sont pas toutes des coupegorge. Si de mauvais plaisants ont pu dire que M. Tardieu ne passait jamais devant un marchand de tableaux sans retrousser les pans de sa redingote de manière à garantir ses poches, ils n'ont voulu parler — j'ai plaisir à le redire — que des officines où se manipulent les *trouvailles* qui font la joie de certains *râleurs,* et où le trompé est souvent le trompeur. En effet, il est difficile de comprendre qu'un amateur, qu'on doit supposer homme de sens, soit d'assez bonne composition pour croire au désintéressement de celui qui lui offre un tableau de trente mille francs pour dix mille, lorsqu'il est avéré qu'un bon et vrai tableau a toujours son prix au cours réel. C'est le vol à l'américaine appliqué aux objets d'art. Si l'intention de faire *un bon coup* n'entrait pas dans les idées de l'acheteur, il s'entourerait de l'avis des hommes compétents. Mais non, la crainte de divulguer sa trouvaille fait qu'il négocie en secret, et qu'il ne s'aperçoit de son erreur qu'au moment où, la soumettant à l'appréciation d'un praticien exercé, celui-ci, lui faisant remarquer la teinte cotonneuse de son tableau, les touches sèches se détachant sur des tons obscurs, les lumières assombries sur lesquelles des tons lumineux ont été répandus, lui démontre ainsi l'évidence de la fraude, et va souvent même jusqu'à lui indiquer le nom du fraudeur.

CHAPITRE IV

DE L'AUTHENTICITÉ DES SIGNATURES ET DE L'ORTHOGRAPHE
DES NOMS PROPRES

Précautions à prendre contre les faussaires. — Maîtres italiens, flamands et autres qui n'ont presque jamais sig é leurs tableaux. — Contexture des signatures. — Comment on démêle les bonnes marques des fausses. — Préliminaires à observer avant la conclusion d'un achat. — De l'orthographe des noms propres. — Erreurs de plusieurs biographes. — Les noms patronymiques, les noms de pays et les sobriquets. — Les diminutifs et les augmentatifs.

En matière d'art, la signature des auteurs est presque toujours un indice certain de l'authenticité de leurs œuvres ; mais c'est aussi malheureusement une question délicate qu'on n'aborde jamais sans avoir à protester contre les faussaires qui exploitent la curiosité. Tant de parafes apposés soit au bas, soit à la partie supérieure des tableaux affirmés authentiques, ont été, en fin de compte, reconnus apocryphes qu'on ne saurait s'entourer de trop de circonspection. Si l'on doute, ne peut-on pas aller puiser d'infaillibles renseignements dans les collections des souverains que l'on a toute facilité de consulter lorsqu'il s'agit, par exemple, de l'orthographe ou de la forme calligraphique du nom du maître? La dernière épreuve, à laquelle on devrait avoir recours plutôt avant qu'après l'achat sérieux d'un tableau, c'est de constater l'ancienneté de l'ouvrage en prenant pour base la signature, que l'on soumettrait à un réactif. « Néanmoins, dit Burtin, il importe de ne pas oublier que beaucoup de vieux maîtres n'ont presque jamais parafé leurs œuvres, fussent-elles de premier ordre ; témoin : *F. Baroche, Fra Bartolomeo, le Benedette, P. Bordone, le Caravage, C. Cignani, le*

Corrège, P. de Cortone, le Dominiquin, F. Fusini, L. Giordano, le Giorgion, le Guerchin, le Guide, J. Romain, C. Maratte, l'Orbetto, le vieux Palme, le Parmesan, le Pésarèse, le Pordenon, Raphaël, A. Sacchi, A. del Sarto, le Sasso-Ferrato, Schidone, Strozzi, le Tintoret, le Trévisan, Vanni, P. Véronèse, L. de Vinci et les deux *Zucchero.*

Quoi qu'il en soit, par une tradition qui se perpétue à travers les générations, on sait que divers princes de l'art transalpin, le *vieux Palme* et *Paul Véronèse*, sont généralement reconnus pour n'avoir, en aucune circonstance, revêtu de leur signature les tableaux qu'ils ont produits. D'autres illustrations, *Baroche, P. Bordone, les Carrache, le Guerchin, le Guide, A. del Sarto, le Tintoret* et *Raphaël*, ont scellé de leur nom quelques-unes de leurs merveilles. Mais ce ne sont pas là des raisons suffisantes pour ranger ces immortalités de la palette dans la catégorie des grands artistes qui ont signé leurs œuvres : comme *le Titien*, qui usait de différentes dénominations patronymiques et honorifiques, particulièrement depuis qu'il avait été créé par Charles-Quint chevalier de l'Empire, titre qu'il se plaisait à faire figurer à la suite de son nom de famille, quelquefois avec le millésime.

Les Bassan, P. Battoni, M. Baxaïti, J. Bellin, G. Cagnacci, V. Castena, S. Compagno, J. Contarino, le Dosso, J. Empoli, F. Francia, le Garofolo, Il Gentileschi, P. de Lauri, A. Luïgi, le jeune Palme ont certifié conforme, les uns, une partie de leurs inspirations ; les autres ont constamment mis le sceau à la totalité de leurs peintures, soit en toutes lettres, soit en initiales, monogrammes ou hiéroglyphes.

Les peintres d'histoire de l'école flamande, pour le plus grand nombre, se sont donné le luxe de la signature. Comme exception, Burtin ne mentionne que les deux seules gloires flamandes, *P. P. Rubens* et *Van Dyck*. Le premier, affirme l'érudit écrivain, n'a certainement signé aucun de ses tableaux depuis ses voyages en Italie[1], d'où

1. Je crois avec beaucoup d'amateurs que cette affirmation ne doit pas être acceptée sans quelques réserves. Il serait plus vrai de dire que Rubens a peu signé.

l'on conclut que, s'il y a des toiles de Rubens revêtues de sa marque bien
avérée, elles sont des émanations de sa jeunesse, dans le style de son
maître Otto Venius ; le second, Van Dyck, a signé, cédant à une prédilection évidente, quatre ou cinq de ses tableaux, suivant l'opinion la
plus accréditée.

Des peintres de genre flamands, hollandais ou allemands se sont
dispensés de tracer leur nom sur leurs œuvres, ou, du moins, ne
découvre-t-on qu'à de longs intervalles des transgressions à cette sorte
de règle. Il ne faut pas perdre de vue que d'innombrables signatures,
véritablement originales, ont été souvent anéanties par des manœuvres
frauduleuses. C'est à ces honteuses impostures et non à d'autres causes
qu'est dû l'injuste oubli qui a enveloppé ou fait perdre dans le courant
des âges la mémoire et les ouvrages de bon nombre de célébrités.

Les écoles des Pays-Bas, fertiles en talents, abondent en fraudes
dont se sont trouvés victimes les élèves qui, par le style et le faire, se
rapprochent un peu ou beaucoup du style et du faire des célébrités alors
en vogue. Ces fraudes n'étonneront personne, car elles se pratiquent de
nos jours peut-être encore sur une plus large échelle.

Les artistes des écoles des Pays-Bas ayant conservé l'habitude des
signatures, c'est le cas de mettre en relief quelques-unes de ces individualités, me réservant de reproduire les *fac-simile* de leurs parafes
dans le chapitre qui leur sera consacré.

Guillaume Van Aelst signait en toutes lettres, très-bien tournées ;
Henri Aldegraever avait adopté un monogramme romain ; Ludolf
Backhuysen ajustait sa griffe de plusieurs manières, mais toujours avec
des lettres, qui révèlent par leur perfection qu'il avait enseigné l'écri-
ture ; Henri Van Balen se servait de caractères romains ; Job et Gérard
Berkheyden faisaient usage d'une sorte de bâtarde bourgeoise ; Quirin
Van Brékelenkamp silhouettait son nom en initiales ou en toutes
lettres ; Jean Breughel employait presque toujours des lettres romaines ;
Théodore Camphuysen étalait son nom en lettres ordinaires ; Luc Cranach,
avec un serpent ailé et couronné, ayant une bague dans sa gueule ;

Albert Cuyp, en toutes lettres ou en initiales courantes; Théodore Van
Delen, en lettres romaines; Balthasar Denner, Gérard Dow, en lettres
ordinaires; Albert Dürer, Van Hoogstraeten, Lairesse, Van der Neer,
en monogrammes romains; Lucas de Leyde et Hans Hemling, en
monogrammes de fantaisie; Carle Dujardin peignait son nom en lettres
romaines mal formées; David Téniers l'écrivait avec les mêmes lettres
mieux exécutées.

Viennent ensuite et en toutes lettres ordinaires, Van Everdingen,
J. David de Heem, Jean Van Huysum, Ferdinand Van Kessel, les trois
Mieris, Peeter Neefs, Paul Potter, Rachel Ruisch, Van der Werf,
Wouwerman, qui souvent aussi employait un monogramme de lettres
ordinaires diversement combinées ; les Ostade, Pinaker et Schilden.
Comme appendice à ce dénombrement signaient : J. Roos, en majuscules;
D. Vinkenbooms, constamment au moyen de l'allégorie d'un pinson
perché sur une branche d'arbre — pinson et arbre se disent en flamand
vinck et *boom* ; Nicolas Berghem, qui n'a pas toujours signé ses
œuvres, lorsqu'il remplissait cette formalité, employait des lettres bien
jetées, ou des monogrammes ingénieusement rendus par l'alliance d'un
B avec un C ou avec un N, initiales du prénom Claas et de Nicolas,
qui s'abrégent ainsi en hollandais; enfin Rembrandt l'écrivait en caractères ordinaires, quelquefois en abrégeant la moitié de son nom, rarement en initiales, sauf pour ses eaux-fortes.

J'arrête ici cette nomenclature de signatures, me réservant, ainsi
que je l'ai dit, de réunir les *fac-simile* que j'ai recueillis depuis trente ans
dans un répertoire que les lecteurs pourront consulter au besoin. Mais j'ai
encore à indiquer comment on démêle les bonnes marques des fausses.
Celles-ci se font de trois manières : la première, en incrustant avec une
pointe dure le nom dans la pâte sèche, après quoi on frotte d'un peu de
bitume les creux, ce qui donne aux caractères un air de vétusté; la
seconde, au moyen d'encre ou d'aquarelle; la troisième, par le procédé de
la couleur à l'huile ou au copal.

Les fraudeurs qui exécutent les signatures à la pointe ont pour but de faire croire qu'elles ont été faites dans la pâte lors de la confection du tableau. On s'aperçoit sans peine du stratagème, les lettres n'offrant pas l'aisance et le *fondu* que laisse derrière elle la pointe lorsqu'elle parcourt un corps gras. Certaines éraillures, très-apparentes à la loupe et même à l'œil nu, décèlent encore ces marques apocryphes.

La seconde falsification est fort en usage pour les œuvres vigoureuses de tons, celles de l'école italienne, par exemple. Par suite de son opacité, l'encre fait très-bien dans les parties sombres : en revanche l'aquarelle est excellente dans les lumières où sa transparence fait croire à l'usure produite par le temps. Une délicatesse extrême doit conduire la main lors de la vérification de ces signatures de contrebande effectuées à l'aquarelle ou à l'encre, l'essence et l'esprit-de-vin ne les attaquant pas de prime abord comme celles fabriquées à l'huile. L'expérience enseigne qu'après avoir enlevé avec l'essence et de l'alcool mitigé les matières grasses et résineuses qui recouvrent la marque fausse, il faut l'imbiber légèrement d'eau chaude et la tenir humide durant quelques minutes; les portions rebelles jusque-là aux premiers réactifs se détachent alors comme par enchantement.

Il est bon qu'on sache qu'une signature originale à l'encre ou à l'aquarelle résiste à ces ingrédients, parce que, ayant été écrite aussitôt l'ouvrage fini, le suint des dessous s'est incorporé avec elle et l'a en quelque sorte transformée en peinture à l'huile, aussi solide que la teinte sur laquelle elle a été apposée.

La troisième manière de faire une fausse signature, par le procédé de la couleur à l'huile ou au copal, ne résiste pas à l'action de l'essence et de l'esprit-de-vin.

Comme on le voit, rien de plus simple, de plus facile que de pratiquer les épreuves qui doivent dévoiler la fraude; mais le plus important serait de se livrer à ce contrôle décisif avant que le marché ne fût conclu. A quoi bon être sûr qu'on a été trompé, lorsqu'on n'a aucune chance d'obtenir la restitution de la somme payée, soit parce que la contexture du reçu met l'imposteur à couvert, soit parce qu'il a pris ses mesures pour être insolvable ? C'est donc un autre embarras, une autre difficulté que la question du reçu. Que les connaisseurs, amateurs, amis de la peinture, collectionneurs, millionnaires, simples curieux, gens de goût ou de fantaisie se gardent bien, dans leur premier enthousiasme, d'accepter de leur vendeur, quels que soient ses antécédents, son expérience, ses titres, le crédit qu'il inspire, une quittance ainsi conçue ou en termes analogues : « Je soussigné reconnais avoir reçu de M... la somme de... pour un tableau SIGNÉ... (le nom de peintre). »

Il y a communément très-loin de cette déclaration du marchand à la garantie que la signature émane bien de l'auteur du tableau ; c'est ainsi du moins que la chose est ordinairement appréciée en justice. En tous cas, il serait prudent que l'acheteur exigeât de son vendeur une reconnaissance conçue dans la teneur suivante :

« Je reconnais avoir vendu pour la somme de ... fr. un tableau que je garantis avoir été peint par ... et portant sa signature (désigner l'endroit). Afin que M. ... puisse s'assurer par lui-même ou par l'intermédiaire d'un praticien de l'authenticité de la signature, le prix en sera déposé chez M. ..., notaire, qui ne me le remettra que trois jours pleins après la date du présent, si aucune opposition écrite ou verbale n'a été faite de la part de M. ... (acquéreur).

« En cas d'opposition, mon tableau me sera rendu immédiatement; aucuns dommages-intérêts ne me seront alloués pour la remise en état de la partie nettoyée ou même endommagée par l'épreuve, si la signature est reconnue postérieure à l'exécution du tableau. »

L'expédient que je propose mettrait, ce me semble, fort à la gêne les contrefacteurs de signatures et rendrait bientôt ce genre de fraude impossible. En effet, quel vendeur hésiterait à signer un pareil engagement, si ce n'est le trafiquant déshonnête ? Son refus serait sa propre condamnation, et il serait forcé de renoncer à placer désormais des œuvres apocryphes. La bonne foi succéderait à la surprise; il n'y aurait plus entre vendeurs et acheteurs que des transactions honorables.

Qu'on ne dise pas qu'il est impossible à un marchand de certifier l'originalité d'un tableau. Et quand cela serait, qu'en résulterait-il ? Les ventes seraient plus rares, voilà tout : il n'y aurait pas là un grand malheur ! Les marchands intègres gagneraient en détail ce que leurs confrères moins délicats perdraient en bloc.

Nous nous sommes toujours demandé pourquoi il n'y aurait point, sinon une peine infamante, du moins une amende pour celui qui serait convaincu d'un faux de ce genre. Qu'importe que la signature soit contrefaite sur le papier ou sur un tableau, avec la plume ou avec le pinceau, que le peintre soit contemporain ou qu'il y ait un ou deux siècles depuis sa naissance? Qu'importe? n'existe-t-il pas toujours par sa gloire, par sa renommée? Il a illustré son nom, il l'a rendu immortel par son talent, et voilà que vous le rabaissez, que vous osez le signer sur des tableaux qu'il eût même rougi d'avouer pour ses premiers essais. Le vrai connaisseur fait justice de ces signatures; mais l'amateur, qui n'est pas prévenu, ou qui n'a pas assez d'habitude pour reconnaître la supercherie, n'est-il pas en droit de se demander comment ce peintre a acquis sa réputation ?

Malheureusement cet abus de confiance que la cupidité fait commettre ne se reproduit pas seulement sur les œuvres des anciens maîtres : n'avons-nous pas vu, par des procès récents, des hommes, poussés par un sordide intérêt, oser contrefaire le seing d'un peintre moderne et l'apposer sur des peintures ignobles, sans crainte du double dommage qu'ils causent à la gloire et à la fortune de l'artiste ?

Si notre proposition était généralement adoptée, la confiance ne tarderait pas à renaître et on ne verrait plus se renouveler ces trafics scandaleux, aussi affligeants pour les amateurs qui en sont victimes que pour les marchands de bonne foi.

Il est encore une difficulté à résoudre, celle de l'orthographe des noms, question sur laquelle les critiques modernes et contemporains sont peu d'accord : Harms, dans ses *Tables chronologiques des peintres*; Fuselli, dans son *Lexique des artistes*, ouvrage fort estimé en Allemagne, et, qui plus est, les auteurs de la *Galerie de Dusseldorf* ne sont point eux-mêmes exempts d'erreurs, malgré le puissant intérêt répandu dans leur ouvrage composé avec beaucoup de conscience, et considéré dans son genre comme un des prodiges de l'esprit humain au XVIIIe siècle. Descamps, rompu avec les différents dialectes du Nord, a commis des fautes énormes en s'évertuant à traduire les noms propres, afin d'en faciliter la prononciation en Français : mais à quoi bon tout ce travail ? Pourquoi chercher à donner une terminaison, une inflexion française aux mots d'une autre langue ? A quoi sert, par exemple, de dire aux amateurs que Beeldemaker se défigure en *Beldemaqu'r*; que la diphtongue œ se traduit *ou*; que pour dire Blœmen il faut prononcer *Bloum'n* ? Cela peut-il leur être de quelque utilité lors de l'achat d'un tableau ? J'ai donc renoncé sans le moindre regret à faire un travail comparatif sur les prononciations française et flamande. J'ai pensé qu'il était superflu de chercher à rendre plus claires ou plus précises les étranges discordances de l'idiome de nos voisins au XVIe et au XVIIe siècle. L'orthographe des noms propres étrangers doit être pour les yeux et non pour l'oreille ; tenons-nous-en là.

La mauvaise coutume qu'on a prise d'ajouter très-souvent les prénoms de l'artiste en langue du pays à son nom patronymique orthographié en français, exige que nous donnions quelques éclaircissements à ce sujet. Par exemple, on écrit *Joris* pour Georges; *Wilhem* pour Guillaume ; *Peeter* pour Pierre ; *Lodewyk* pour Louis ; *Dirck* pour Thierry ; *Hans* pour Jean, et autres diminutifs et augmentatifs. Pareille chose a lieu au sujet des noms de famille et des surnoms; aussi voit-on les compilateurs les plus sérieux hésiter quand ils abordent les noms propres, qui diffèrent autant pour les écrivains que pour les peintres. Ce tâtonnement est inévitable, et il est bon qu'on sache que le mal est sans remède; car il a pris sa source dans les mœurs des temps écoulés, et il en faut voir autant de causes dans la causticité naturelle de l'esprit, dans l'usage des lieux où les artistes ont vu le jour, tour à tour usité seul ou réuni au nom de leur père, et dans les sobriquets imaginés par la *bande académique* dans laquelle les étudiants s'enrôlaient pour le pèlerinage de Rome. Je n'ai point la prétention de ne pas m'être laissé aller à mon tour à quelques méprises, inséparables des recherches auxquelles je me suis livré; mais, du moins, je puis dire que ma préoccupation constante a été de me garer des fautes, sans oublier de rectifier aussi celles de mes devanciers.

CHAPITRE V

J'ai dit précédemment que, loin de me borner à soumettre au lecteur
mes opinions et mes jugements personnels, je donnerais un extrait des
grands et petits volumes où la *tableaumanie* est traitée ou effleurée à des
points de vue divers. C'est en réunissant ce qui me paraissait conforme
à la vérité, en prenant note des bons conseils, en m'éclairant des préceptes généraux que j'espère avoir accompli un travail utile, en harmonie avec la pratique.

Toutefois je tiens à ce qu'on ne prenne pas ceci pour de l'effacement
ou de l'impuissance. Je veux seulement faire preuve de circonspection.
En agissant comme je le fais, je crois rendre hommage au mérite des
auteurs qui ont traité avant moi le même sujet, lequel, par malheur,
se trouve enfoui dans de gros livres qu'on ne consulte pas facilement.
En dehors de ces diverses sources, je n'aurais pourtant pu qu'écrire des
redites ou faire un travail de compilateur. A l'inverse de certains
docteurs d'hier et d'aujourd'hui, je n'ai eu garde de m'approprier les
appréciations des hommes compétents et de les livrer à la publicité
comme les miennes propres ; ma responsabilité est sur ce point entière-

ment à couvert par les citations dont j'indique consciencieusement la source.

L'étude de Burtin va donc me servir à discuter la *balance* de de Piles, balance dont la moindre des erreurs est de prétendre classer méthodiquement, et par bonnes notes, la valeur spéciale du talent de chaque peintre, dans le but de procurer aux amateurs inexpérimentés les éléments nécessaires, lorsqu'il s'agit d'établir des prix relatifs. Peut-être en arriverai-je, en analysant ce mode d'appréciation, à démontrer que rien n'est plus hors de propos que l'habitude qu'on a prise de régler le *maximum* et le *minimum* du talent, et par conséquent du mérite des maîtres ; c'est une voie incertaine où presque toujours la vérité coudoie l'erreur, et où l'amateur finit par ne plus apercevoir qu'un caprice, un jeu de l'esprit, au milieu d'une question aussi compliquée que vague.

On connaît les obstacles multipliés qui encombrent la route d'un collectionneur au début. Ignorant complétement les qualités qui constituent un bon tableau, n'ayant autour de lui personne en état de les lui faire connaître peu à peu et systématiquement, il est toujours sous l'influence du doute, toujours dominé par la crainte de se méprendre. Il est donc naturel que l'acquéreur apporte tous ses soins à rechercher les moyens d'obtenir cette utile connaissance, jusqu'à ce qu'il soit à même de distinguer par lui-même et par son propre jugement le mérite réel ou la valeur intrinsèque des ouvrages de l'art.

Ces moyens, le plus souvent insuffisants, se réduisent ordinairement à indiquer les maîtres dont les ouvrages sont le plus recherchés et se vendent le plus cher. Tels sont surtout les catalogues de tableaux avec les prix des ventes publiques, et les *Vies des peintres* où l'amateur novice s'évertue à découvrir, sans profit pour lui, le degré de renom auquel les artistes sont parvenus. De Piles, partisan zélé de la peinture, a essayé d'épargner aux amateurs et aux élèves une foule de recherches oiseuses. En vue du but qu'il se proposait, il a inventé sa fameuse *balance des peintres*, où il a aggloméré par ordre alphabétique une pléiade d'artistes renommés, attribuant aux capacités de chacun dans la *composition*, le *dessin*, le *coloris* et l'*expression*, un chiffre comparatif de bons points, n'excédant jamais le nombre *dix-huit,* dans chacune de ces quatre parties constituantes de l'art.

Ce nombre de dix-huit représente, selon de Piles, le plus haut point de perfection où le meilleur ouvrage connu soit arrivé jusqu'à son temps ; il se risque cependant à accorder que l'on admette un dix-neuvième degré, que personne n'a encore atteint, et au delà duquel il en suppose un vingtième destiné à la perfection.

Le *Dictionnaire des arts* de Watelet se borne à copier de Piles, en parlant de cette *Balance,* qu'il appelle un *Jeu d'esprit;* et Dom Pernety, dans son ouvrage, se contente de dire que le nom de *Balance des peintres* exprime une *idée fausse.* De Piles lui-même a la modestie de dire que sa *Balance* est un essai qu'il a fait plutôt pour s'amuser que pour faire prévaloir son sentiment dans l'esprit des autres. Malgré ces justes critiques, les commençants se persuadent qu'ils apprendront à connaître la valeur des artistes d'élite à l'aide de cette *Balance;* ils la considèrent comme une chose précieuse; ils la consultent comme un oracle infaillible.

Le savoir, l'impartialité et la bonne foi que je remarque dans tous les ouvrages de de Piles sur la peinture, m'inspirent tant d'estime que je regrette qu'il ait publié une *Balance* faite avec tant de légèreté. Il lui était bien permis, sans doute, de la composer, comme il le dit lui-même, « *.pour s'amuser,* » mais il aurait dû s'en tenir là, et ne pas la livrer à la publicité.

L'idée d'une *Balance* est peut-être une pensée heureuse ; bien exécutée, elle aurait eu des chances de succès, mais telle qu'elle est, c'est une œuvre erronée qu'il faut bien se garder d'accepter comme un précieux point de repère.

Toutefois voici la célèbre *Balance,* avec toutes ses inexactitudes impardonnables dans le classement des noms et leur orthographe, et telle que son auteur nous la donne dans son *Cours de peinture par principes,* publié en 1708.

BALANCE DES PEINTRES LES PLUS CONNUS

PAR DE PILES

NOMS DES PEINTRES LES PLUS CONNUS.	Composition.	Dessin.	Coloris.	Expression.	NOMS DES PEINTRES LES PLUS CONNUS.	Composition.	Dessin.	Coloris.	Expression.
Albane................	14	14	10	6	Mutien	6	8	15	4
Albert Durer..........	8	10	10	8	Otho Vénius..........	13	14	10	10
André del Sarto.......	12	16	9	8	Palme le Vieux........	5	6	16	0
Baroche..............	14	15	6	10	Palme le Jeune.......	12	9	14	6
Bassan (Jacques)......	6	8	17	0	Le Parmesan..........	10	15	6	6
Baptiste del Piombo....	8	13	16	7	Paul Véronèse........	15	10	16	3
Bellin (Jean).........	4	6	14	0	F. Penni H. Fattore....	0	15	8	0
Bourdon	10	8	8	4	Perrin del Vague......	15	16	7	6
Le Brun..............	16	16	8	16	Piètre de Cortone.....	16	14	12	6
Calliari (Paul Véronèse)	15	10	16	3	Piètre Pérugin........	4	12	10	4
Les Carraches	15	17	13	13	Polid. de Caravage.....	10	17	0	15
Corrège..............	13	13	15	12	Pordenon.............	8	14	17	5
Dan. de Volter	12	15	5	8	Pourbus	4	15	6	6
Diepenbek...........	11	10	14	6	Poussin..............	15	17	6	15
Le Dominiquin........	15	17	9	17	Primatice............	15	14	7	10
Giorgion............	8	9	18	4	Raphael Santio........	17	18	12	18
Le Guerchin..........	18	10	10	4	Rembrant............	15	6	17	12
Le Guide	0	13	9	12	Rubens..............	18	13	17	17
Holbein..............	9	10	16	13	Fr. Salviati..........	13	15	8	8
Jean da Udine........	10	8	16	3	Le Sueur.............	15	15	4	15
Jac Jourdans..........	10	8	16	6	Téniers..............	15	12	13	6
Luc Jourdans..........	13	12	6	6	Piètre Teste..........	11	15	0	6
Josepin	10	10	6	2	Tintoret.............	15	14	16	4
Jules Romain.....	15	16	4	14	Titien...............	12	15	18	6
Lanfranc	14	13	10	5	Vanius..............	13	15	12	13
Léonard de Vinci......	15	16	4	14	Vandeik.............	15	10	17	13
Lucas de Leide........	8	6	6	4	Taddée Zuccre........	13	14	10	9
Mich. Buonaroti.......	8	17	4	8	Frédéric Zuccre.......	10	13	8	8
Michel de Caravage ...	6	6	16	0					

Mon intention n'est pas d'analyser ce document et d'en relever une à une toutes les méprises ; cela me mènerait trop loin. Je signalerai seulement les fautes les plus notoires, afin de faire voir, abstraction faite de ses autres défauts, combien ce système est illogique et incomplet.

La *Balance* de de Piles pèche surtout en ce que les proportions des bonnes notes n'y sont pas, la plupart, conformes aux capacités respectives du peintre auxquelles elles s'adressent. Ainsi, le Baroche, ce coloriste si aimable, n'a obtenu que six bonnes notes pour le coloris; en compensation, le Bassan en obtient dix-sept, quoique très-inférieur à Sébastien del Piombo, qui n'est gratifié que de seize boules blanches. En outre, par une impardonnable inadvertance, on l'a affublé du nom de Baptiste, qui n'est pas le sien.

Les Carraches figurent, dans ce compensateur infidèle, tous les trois sur la même ligne, pour ce qui regarde composition, dessin, coloris et exécution. La part du Giorgion n'est que de neuf *satisfecit* pour le dessin, tandis que le Tintoret, si souvent incorrect, est marqué de quatorze *bene*. Un artiste sublime, proclamé à juste titre le *peintre des Grâces*, le Guide, n'a que treize bons points pour le dessin, neuf pour le coloris et douze pour l'expression! C'est ainsi que de Piles apprécie ce génie à qui Bologne doit son *Saint Pierre pénitent,* ce chef-d'œuvre que Cochin, dans son *Voyage pittoresque,* acclame comme le tableau le plus parfait qui soit en Italie, « par la réunion de toutes les qualités de la peinture. »

On serait tenté de croire que l'auteur a voulu vraiment s'amuser aux dépens du Guide, quand on voit qu'il ne lui accorde aucun accessit pour la composition, comme si les vrais connaisseurs avaient oublié une infinité de peintures merveilleusement composées qu'on admire dans la plupart des palais ou monuments de l'Italie, sans compter les musées et les galeries publiques des états voisins! Comme si le *Saint Job* que le Guide a peint pour Bologne, et son incomparable *Assomption* de vingt et une figures, toutes de grandeur naturelle, qu'on voit à Vérone, ne témoignaient pas de sa supériorité dans ce qu'on appelle la composition!

Neuf boules blanches seulement sont octroyées pour le coloris à Luc Giordano, que la *Balance* nomme Jourdans; en revanche, le Caravage obtient seize mentions honorables aussi pour le coloris. Léonard de Vinci et Michel-Ange Buonaroti comptent chacun quatre jetons dans le plateau, où douze se prélassent au nom de Raphaël. Les chefs-d'œuvre de Léonard de Vinci, au musée de Paris et ailleurs, et les productions à l'huile de Buonaroti répondent mieux que toutes les protestations que nous pourrions faire aux malencontreuses libéralités du teneur de la *Balance*.

De Piles continue sa rémunération d'une façon plus ou moins équitable. Pour la composition, il accorde à F. Penni, auteur du *Passage de la mer Rouge* et de beaucoup d'autres peintures hors ligne, éparses à Rome et ailleurs, *zéro*; à Van Dyck, Van Dyck, dessinateur si correct et si élégant, *dix* bonnes notes pour le dessin! Dans la même catégorie, à Lebrun, *seize*; à Pourbus, *quinze*; à Otto Venius, à P. de Cortone et au Tintoret, *quatorze*. Si de Piles a raison de n'accorder aucune bonne note pour le coloris à Polidore de Caravage qui, sauf son *Portement de croix* de Messine, n'a peint que des bas-reliefs en grisaille ou en camaïeux, et à P. Testa, qui n'est connu que par ses gravures, il a tort de les placer tous deux parmi les *peintres les plus connus,* à moins qu'il ne croie qu'on peut être *peintre* sans employer de couleurs.

J'ai peine à m'expliquer les motifs qui ont empêché de Piles d'admettre dans sa répartition le Bellin et le vieux Palme, faibles d'expression à la vérité, mais non entièrement nuls; de même que F. Penni, le collaborateur de Raphaël, dont il fut le disciple, et qui a achevé plusieurs ouvrages après la mort du maître. Pareille remarque est à faire sur le trop petit nombre de bons points que de Piles décerne pour l'expression à divers autres peintres, à P. Véronèse, par exemple, auquel il n'en délivre que *trois*. Il en est de même de J. Jordaens et de D. Teniers fils, renommés pour l'expression, et qui n'ont chacun que *six* mentions honorables.

Nous ne pousserons pas plus loin ces remarques; ce que nous avons dit suffit pour prouver combien le *Pèse-talent* de de Piles manque de justesse et d'aplomb. Mais ce n'est pas là le seul défaut de son œuvre. Les lacunes abondent dans sa nomenclature des artistes les plus connus. Parmi les peintres d'histoire auxquels il s'attache exclusivement, il y a une foule de noms qu'on y chercherait en vain. Mais, dira-t-on, il n'a voulu s'occuper que des peintres les plus connus. L'excuse n'est pas admissible, selon nous. Si, sous ce prétexte, il a pu écarter quelques excellents artistes dont les ouvrages sont moins répandus, tels que *Furini, Allori, Bordone, Schidone* et le *Cavedone,* il n'en devait pas être de même pour beaucoup d'autres célébrités de son temps : témoin, le *Bénédette,* l'*Espagnolet,* les *Proccacini,* le *Calabrais, Murillo, Cignani, Sacchi* et quelques autres parmi les Italiens ; *de Crayer, Ph. de Champaigne, Gonzalès Coques, Van Thulden* et plusieurs autres artistes des Flandres et des Pays-Bas.

Après avoir dit, je pense, tout ce qu'on pouvait dire de la *Balance,* presque toujours, comme on voit, en désaccord avec les lois de l'équilibre, je passe à l'examen des catalogues indiquant les prix d'enchères publiques. Pour certains amateurs, ces catalogues font autorité ; mais en les compulsant, que de doutes, que d'ambiguïtés se produisent lorsqu'il s'agit de déterminer la valeur des ouvrages des différents maîtres ! Comme le fait observer Burtin, il est prudent de ne puiser à cette source qu'avec une extrême réserve, parce que ces livrets induisent en erreur de plus d'une manière. Rarement rédigés par des hommes aussi instruits que consciencieux, ils peuvent tromper ceux qui s'y fient, soit par les grands noms sous lesquels on y cherche parfois à faire passer pour bons des tableaux médiocres, qui ne furent jamais l'œuvre de l'artiste auquel on les attribue ; soit par les éloges prodigués à un tableau réellement original, sans qu'on ait soin de dire un mot de sa dégradation ou de sa vétusté, ou d'annoncer que l'ouvrage, tout en appartenant au maître indiqué, n'est qu'un travail de sa première jeunesse ou de son plus mauvais style ; soit enfin en faisant passer, sans pudeur, une copie pour un original.

Ces supercheries, ces réticences des catalogues, loin d'être profitables à la vente des ouvrages d'art, deviennent d'autant plus nuisibles, lorsqu'elles sont reconnues, qu'elles répandent le doute dans l'esprit des amateurs, même sur les objets d'une authenticité incontestable. Ce n'est pas tout : elles créent d'innombrables embarras à l'amateur qui veut s'éclairer sur les prix véritables des œuvres d'art, en consultant les catalogues où sont annotées les enchères publiques. N'ayant pas les tableaux sous les yeux, il ne peut juger de leur valeur que par les noms qu'on leur donne et par les louanges qu'on en fait.

Ne trouve-t-on pas aussi quelquefois indiqués dans ces livrets, des morceaux signés du même nom, ayant les mêmes dimensions et différant peu de mérite, au dire des monographes? L'un cependant aura été vendu plusieurs milliers de francs, et l'autre, adjugé pour quelques louis. Aussi, sauf les cas où le dernier acquéreur sera un établissement public, ou une galerie distinguée, je n'indiquerai ces adjudications que sous toutes réserves, ne livrant à l'appréciation des amateurs que celles qui se rattachent aux acquisitions qu'il est possible d'étudier, soit dans les collections quasi-publiques, soit dans les musées français et étrangers.

Une autre difficulté est celle qui naît de la différence des prix des tableaux, et de la variété des sympathies pour certains maîtres dans différents pays, comme aussi celle qui provient de l'engouement et du caprice. La mode, le hasard jouent trop souvent un grand rôle dans les achats privés et dans les ventes publiques, pour que les prix obtenus soient le critérium de la valeur artistique.

Une autre complication peut dépendre de la rareté des œuvres de maîtres ayant peu produit, qui sont presque toutes classées dans les musées de leur pays, ou dans des collections princières d'où il est bien rare qu'elles sortent. Il arrive souvent que ces causes, isolées ou réunies, augmentent outre mesure le prix des objets d'art comparativement moins beaux que d'autres.

Ces difficultés, et bien d'autres encore, m'ont fait renoncer à tout ce qui pourrait ressembler à une opinion qui me serait personnelle, dans les appréciations émises sur la plupart des maîtres dont il est question dans ce *Guide*. Malgré mon grand désir d'être utile aux amateurs, j'avoue que cette partie de ma besogne m'a semblé aussi difficile que hasardeuse, et je me suis tenu à l'écart, autant par défiance de moi-même que par circonspection. En effet, à quoi bon donner prise à la critique lorsque, malgré la plus grande impartialité, il est impossible d'être en communauté de vues avec la généralité des amateurs, et quand la plus raisonnable série de faits suscite inévitablement des contradicteurs. Aussi me suis-je borné à extraire le plus de renseignements possible des expertises officielles et privées, des achats hors ligne faits pour les cabinets historiques, empruntant surtout mes exemples aux trésors que possèdent nos musées et ceux de l'étranger, et dont l'étude et la comparaison sont accessibles à tous.

Je compte sur l'indulgence de mes lecteurs pour m'excuser, si cette partie de mon travail n'est qu'un simple exposé de faits, une reproduction la plus exacte possible des adjudications publiques. Toute autre chose est de tirer une conclusion, un enseignement certain de cette succession de ventes, même quand il s'agirait d'un tableau capital accompagné du certificat d'origine le plus authentique. Comme je l'ai déjà dit : quelle certitude, quelle garantie peut acquérir l'amateur qui prémédite l'achat d'un tableau payé tel prix à telle vente? L'œuvre n'a-t-elle pas été remaniée depuis par des mains inhabiles, au point d'être entièrement défigurée, ou, bien qu'elle soit pure de maladroites restaurations ou de malencontreux nettoyages, les atteintes du temps ne lui ont-elles pas enlevé ce prestige qui attire, qui charme à la fois l'esprit et les yeux, et qui entraîne les enchères? Concluons de ces avertissements que, quelle que soit l'utilité pratique de ces tableaux d'adjudications successives, *dans certains cas,* il ne faut les admettre qu'avec une grande réserve et ne s'en servir qu'à titre de simples renseignements.

Il est un autre point sur lequel je reconnais le besoin de m'expliquer, au sujet d'un certain nombre d'adjudications que j'ai cru devoir enregistrer, quoique le chiffre en fût peu élevé, insignifiant, ridicule même quelquefois.

Assigner une limite à l'exagération comme à la dépréciation du prix d'un tableau est chose fort difficile. Écarter une foule d'adjudications sous l'un ou l'autre prétexte, c'eût été tourner la difficulté sans la résoudre, et me montrer injuste et présomptueux. Qui plus est, j'eusse fait un travail incomplet, peu concluant, puisqu'il ne serait appuyé d'aucune preuve et que, la plupart du temps, je n'ai pu voir les tableaux que j'aurais eu à éliminer.

Je ne prétends pas nier ce que peut avoir de concluant le bas prix auquel une toile a été adjugée ; mais ne se peut-il pas que le manque d'une publicité suffisante donnée à la vente, l'absence d'amateurs et de marchands, un moment mal choisi ou d'inattention, soient autant de causes de dépréciation?

Ces observations ne sont pas sans avoir quelque valeur. Qu'on veuille donc bien en faire l'application au besoin, et, lorsque le mot *douteux* se présentera dans mes tableaux synoptiques, qu'on y voie l'expression de l'opinion publique et non de la mienne propre, puisqu'il ne m'a pas toujours été possible d'assister aux adjudications.

Les opinions que j'ai recueillies dans des entretiens intimes, dans des réunions d'artistes, ou que j'ai tirées d'ouvrages faisant autorité, ne sont, il est vrai, ni incontestables ni infaillibles. Il en est dans le nombre qui m'ont paru d'un grand poids, et quoiqu'elles soient entachées d'exagération quelquefois, je n'ai pas cru convenable de les mettre de côté. J'étais, d'ailleurs, d'autant plus tenu de les reproduire, sans en excepter une seule, que, je le répète, je décline toute solidarité au sujet de ces arrêts infirmés ou modifiés; je les enregistre, et rien de plus.

En somme, je me borne à indiquer les divers prix auxquels ont été achetés, inventoriés ou évalués tels ou tels ouvrages qu'on peut adopter comme types. Ils sont, comme je l'ai déjà dit, dans les musées impériaux, royaux, municipaux et départementaux, ainsi que dans les collections ou cabinets privés, au service de quiconque veut les étudier avant de conclure un achat et se convaincre par la comparaison de la valeur que peut avoir l'œuvre qu'on désire acquérir, en raison de son plus ou moins de ressemblance sous le rapport de la conservation, de la composition et de l'exécution. Faire moins serait manquer à ma tâche, prétendre faire plus serait, à mon avis, le comble de l'erreur et de la suffisance; je tiens à ne pas être dans mon tort.

CHAPITRE VI

Dans le travail que j'ai entrepris et que je dois m'efforcer de rendre aussi complet que possible, il y aurait incontestablement une lacune dont on aurait droit de s'étonner, si je ne m'occupais pas de certaines questions soulevées depuis peu dans le public avec quelque animation et non sans de justes motifs, concernant la restauration des tableaux, leur nettoyage, le rentoilage, etc., etc. Traiter ces questions, ce n'est pas les résoudre ; mais j'essayerai du moins d'y apporter quelques éclaircissements pratiques qui pourront peut-être servir un jour à une solution.

Pour procéder avec ordre, je commencerai par les opérations préliminaires, c'est-à-dire la restauration, le rentoilage, l'enlevage des tableaux peints sur toile et sur bois; ensuite j'examinerai les divers systèmes de nettoyage et la restauration proprement dite.

Une opinion émise par calcul, adoptée par préjugé, défendue par entêtement et cependant contraire à toutes les notions du vrai, est celle qui considère l'art de la restauration comme ayant détruit plus de tableaux que les ravages du temps.

Que cet art soit à ce point ignoré et méconnu, cela s'explique du reste aisément. Nous avons l'avantage de posséder en France une école de *parleurs* qui s'est glissée dans toutes les carrières artistiques depuis que l'esprit de corps a disparu. Apprenant en véritables perroquets quelques termes du langage artistique, épiant et enregistrant toutes les idées plus ou moins fausses, ils en sont venus à s'écrier « *qu'il vaut mieux laisser périr un tableau que de le livrer aux mains des restaurateurs.* »

Aussi, grâce à ces attaques injustes, longtemps encore, aux yeux des demi-amateurs, un restaurateur sera quelque chose comme un barbare, qui excelle *à massacrer,* à dénaturer les tableaux qui lui sont confiés. Ce barbare-là sera longtemps représenté armé de grattoirs, d'eau seconde, d'alcali volatil et autres agents plus ou moins destructeurs, propres à la guerre qu'il a déclarée à tout ce qui s'appelle peinture. Ce sera l'épouvantail placé à la limite du monde amateur, pour en interdire l'accès à quiconque se sent du goût pour les collections, en un mot, un vampire que le génie de la destruction a enfanté pour courir sus aux chefs-d'œuvre. Voilà, n'est-il pas vrai, ce qu'est un restaurateur de tableaux, au dire de certains discoureurs.

Cependant, pour toute personne de bonne foi, il est évident que le restaurateur est aux tableaux ce que le médecin est aux malades. Comme lui, il doit posséder la prudence, la sagacité et l'expérience pratique fondée sur un véritable savoir. Nous parlons, bien entendu, de ces restaurateurs sérieux, érudits, qui, pour conserver les lambeaux du passé, les traditions nécessaires à l'étude de l'art, se dévouent à un travail modeste et ingrat, qui ne leur apporte que des fruits ignorés. A Dieu ne plaise que nous voulions comprendre dans le bénéfice de cette défense les restaurateurs qui, n'étant guidés par aucun principe d'art, ne sont bons qu'à raccorder tant bien que mal les tableaux que le petit commerce leur confie. Mais, en dehors de ceux-là, il existe fort heureusement des gens capables, des artistes sérieux, qu'il serait injuste d'envelopper dans l'anathème lancé contre les *rebouiseurs* et les *bouche-trous*.

A côté de ces proscripteurs quand même de toute restauration, de tout nettoyage (et comme il n'a pas encore été démontré que le meilleur moyen de conserver fût celui de laisser détruire), il existe deux autres écoles : l'une appelée systématique, l'autre théoricienne. La première se compose des gens méticuleux et des rêveurs, qui aiment la rouille et la chancissure des vernis, et qui croient que le véritable respect de l'antiquité consiste dans la conservation des crasses qui couvrent l'œuvre d'un grand maître et en cachent les beautés. La seconde a pour adeptes tous les chercheurs de secrets, de recettes et de panacées universelles, qui, à force de vouloir rétablir une peinture, en accélèrent l'entière destruction.

A notre avis, la première est préférable ; car, tout immobile qu'elle paraisse être au premier aspect, il est encore possible d'obtenir quelques concessions de son bon sens, tandis que sa rivale, toujours à la recherche de l'inconnu, inventant chaque jour des moyens plus ou moins violents, faisant bévues sur bévues, entassant victimes sur victimes, autorise en quelque sorte la trop grande prudence de l'autre.

Au nombre des plus infatigables chercheurs de secrets, il faut placer d'abord cette foule de peintres avortés qui, faute de commandes, se réveillent un beau matin restaurateurs. Trop satisfaits d'eux-mêmes pour se résigner à aller étudier ce nouveau métier chez un praticien, ils croient en posséder la science en vertu de l'axiome : *Qui peut plus peut moins*.

Ils oublient que la restauration est un métier à part, qu'il ne suffit pas, pour l'exercer, de savoir peindre, et qu'au contraire, le meilleur restaurateur est celui qui rétablit un tableau dans son état primitif sans repeindre.

Prétendant faire mieux que tout autre, ils se mettent à compulser les petits et grands *Albert* de la peinture, ils en extrayent les recettes les plus ou moins étranges ; puis, fiers du système qu'ils se sont fait, ils annoncent que, devenus restaurateurs, ils vont démontrer la complète ignorance de leurs devanciers.

C'est ainsi que nous avons pu voir refleurir le pointillage français renouvelé des Italiens et tout aussi pernicieux que ce dernier. — Il en est de même de la restauration à l'aquarelle qui brunit sous le vernis ; — de la restauration au glacis d'huile grasse, — de celle au glacis de vernis, — des patines italiennes ; — en un mot de toutes les drogues qui dénotent chez celui qui les emploie l'absence du principal talent de la restauration. En effet, à quoi servent toutes ces patines dont le moindre inconvénient est de rendre monotones et cotonneux les tableaux qu'elles recouvrent ? — Suivant les prôneurs, c'est pour leur rendre leur ton ancien ; mais c'est uniquement pour dissimuler la maladresse de leur travail et *enterrer* leurs repeints trop visibles.

Certains marchands, comme certains amateurs, sont les seuls à préconiser ces divers systèmes, et nous le comprenons : pour les marchands, c'est une question de commerce ; — ils espèrent qu'ainsi voilés, leurs tableaux, s'ils ont des défauts, se vendront plus facilement ; — pour l'amateur ces patines deviennent un voile derrière lequel l'imagination croit voir ce qu'elle désire.

Quant à nous, qui pensons avec tous ceux qui se sont occupés sérieusement de la conservation des œuvres d'art, que les tableaux doivent être vus sincèrement, nettement, au grand jour, nous n'hésitons pas à blâmer ces pointillages italiens et français, ainsi que ces patines glutineuses et poisseuses. Nous ne pouvons admettre que le jus de réglisse, l'huile grasse et le bitume soient nécessaires pour donner un bon aspect à un tableau. — Un vernis teinté avec des matières assimilantes qui lui donnent le ton du vernis précédent, peut seul être employé avec succès lorsqu'une opération a nécessité un nettoyage à fond ; — mais que ce soit l'exception et non la règle !

Mais, comme le dit avec raison M. X. de Burtin dans son *Traité de restauration :* « Un mal plus grand encore, ce sont les prétendues corrections, souvent aussi maladroites qu'inutiles, que les restaurateurs du commerce ont la hardiesse de faire sur la réquisition des marchands et souvent sans y être requis, même dans les tableaux les mieux composés. Personne n'ignore aujourd'hui l'absurdité de leur méthode, de peindre dans le vernis, ce qui gâte les couleurs et ne leur permet jamais de parvenir à la dureté requise. Chacun sait combien est pernicieuse la manière de ces soi-disant artistes, si communs partout, qui, n'ayant pas assez d'intelligence pour saisir la vraie teinte qu'exigerait un petit défaut dans l'ouvrage qu'ils ont à retoucher, ont l'audace d'étendre leur pesant travail sur les parties voisines, sous prétexte de les mettre d'accord. De là ces énormes taches brunes ou noires qui paraissent à mesure que le temps fait changer les couleurs, et qui rendent les tableaux méconnaissables.

Malheureusement il se passera encore bien du temps avant que certains amateurs reconnaissent qu'il vaut mieux faire un sacrifice d'argent pour obtenir une bonne restauration, que de confier leurs tableaux, à cause du bon marché, à ces pinceaux hardis, lourds et prodigues de couleurs, maniés par des gens qui ne se mettent guère en peine d'approfondir les mélanges employés par les maîtres dont ils retouchent les ouvrages, ni de connaître à fond les changements respectifs que produit, sur chaque espèce de couleur, l'action lente, mais toujours certaine, du temps, de l'air et de la clarté du jour.

Ce serait donc l'événement le plus heureux pour l'art de la restauration s'il arrivait que ses praticiens, au lieu de se recruter parmi les peintres avortés, se recrutassent parmi les artistes vraiment dignes de ce nom, renonçant au préjugé ridicule qui leur fait craindre de s'abaisser en réparant les productions des anciens peintres. Acquérir un talent de plus, c'est se créer un nouveau titre à l'estime de tous. A l'appui de cette vérité nous pourrions citer plus d'un exemple; mais ce sont choses trop récentes, trop voisines de nous; la discrétion nous force au silence.

A ce sujet, et pour prévenir autant que possible le renouvellement de ces dégradations, souvent irréparables, il nous semble utile de reproduire les principaux passages de la circulaire adressée par M. le ministre de l'intérieur de Belgique à tous les gouverneurs de provinces :

Bruxelles, le 20 janvier 1862.

Monsieur le Gouverneur,

Les précautions que la conservation des tableaux exige sont simples et d'une exécution facile. L'expérience prouve cependant qu'un grand nombre d'aministrations publiques les ignorent ou les perdent de vue.

Souvent, en effet, la Commission des monuments est appelée à constater le déplorable état dans lequel se trouvent des œuvres importantes, soit à défaut de soins, soit par suite de mesures inintelligentes.

A ma demande, cette commission a résumé les points qui doivent être spécialement signalés à des administrations communales, des conseils des hospices et des bureaux de marguilliers.

1° L'humidité est, pour les productions du pinceau, l'un des agents les plus actifs de destruction : elle déforme les panneaux ou consomme la toile et fait éclater la peinture par écailles. Il faut toujours que l'air circule derrière l'étendue entière d'un tableau. Une légère charpente en bois peut être utilement établie pour préserver une œuvre de grande valeur des inconvénients que présente la proximité d'un mur souvent humide et quelquefois complétement salpêtré.

2° L'action du soleil est funeste et rapide. Les ravages qu'il cause sont profonds et parfois irréparables.

Des réclamations fréquentes se sont élevées contre l'habitude de placer des rideaux devant les tableaux. On peut, jusqu'à un certain point, obtenir un résultat équivalent en plaçant des stores aux fenêtres par lesquelles le soleil pénètre, ou en couvrant le vitrage d'une couleur blanchâtre et mate.

3° Autant que possible, il faut éloigner les cierges des tableaux.

La fumée grasse de ces cierges forme, avec la poussière et l'humidité, une matière gluante qui ternit bientôt l'éclat de la couleur. . . .

4° La poussière et les traces d'humidité doivent être enlevées à de fréquentes reprises et avec une délicatesse infinie. On doit, pour cette opération, employer du linge fin hors d'usage ou des morceaux de vieux foulard. Il faut éviter surtout l'application d'une huile quelconque destinée à rendre aux tableaux un éclat momentané. Cette huile s'imbibe dans la couleur, dans la toile ou dans le panneau, et il devient impossible d'empêcher l'ouvrage de *pousser,* chaque jour davantage, *au noir.* L'huile employée dans ces conditions exerce sur la toile une influence désastreuse.

Il ne faut permettre qu'aux hommes de l'art de laver et de nettoyer les tableaux. L'opération du nettoyage est celle qui détruit le plus d'ouvrages, elle est sans contredit très-dangereuse. Les uns se croient assez éclairés pour la tenter et sacrifient des chefs-d'œuvre; d'autres se vantent de posséder des secrets, et leur travail a le même résultat funeste.

L'emploi du savon a toujours des conséquences fâcheuses et doit être invariablement proscrit.

5° Le choix du vernis est une question sérieuse. On ne peut se mettre assez en garde contre les compositions employées depuis le renchérissement considérable de la gomme-mastic. Un mauvais vernis fait gercer toute la superficie d'un tableau et parfois le perd pour toujours. Le vernis doit, en général, être rafraîchi au bout de dix ans environ, afin d'empêcher la chancissure et le dessèchement de la couleur qui précède la production des écailles.

Un tableau qui n'est pas protégé par le vernis, se couvre de poussière, que l'humidité de l'air y fixe ensuite et fait pénétrer dans tous les pores, de manière à modifier le ton général et à augmenter les chances de destruction. Le vernis ne peut être appliqué que par des hommes compétents. . . . .

... Dans tous les cas, même dans ceux qui paraissent les plus simples, les administrations doivent user de la plus grande circonspection dans le choix des artistes auxquels les travaux de restauration sont confiés. . . . .

Le Ministre de l'intérieur,

ALPH. VANDENPEEREBOOM.

Espérons qu'à défaut de pareilles prescriptions de la part de nos autorités artistiques, cette circulaire pourra avoir, en France, l'autorité d'un avis éclairé et compétent.

En résumé, la restauration est une science tout à fait distincte de la peinture; elle exige une aptitude, une organisation toute particulière.

Comme dans toutes les professions libérales, il y fourmille des prétendus praticiens chez qui l'outrecuidance tient lieu de talent. Mais qu'y faire? N'accepter ces réputations usurpées que sous bénéfice d'inventaire. Pourquoi confier des restaurations capitales au premier venu, avant de s'être assuré qu'il offre les garanties nécessaires, comme c'est le droit et le devoir des intéressés?

Nier les services que peut rendre la restauration, sous le prétexte que de prétendus restaurateurs ont compromis, en tout ou en partie, les œuvres qu'on leur avait imprudemment confiées, c'est rendre une profession responsable de l'imprévoyance de quelques-uns ; ce n'est pas de la justice, c'est de la passion.

Abordons maintenant les opérations préliminaires en commençant par le rentoilage.

S'il est une chose évidente, reconnue par les vrais amateurs, c'est que, à aucune époque et dans aucun pays, les opérations du rentoilage et des divers enlevages n'ont présenté en France autant de sécurité qu'aujourd'hui. Aussi, malgré les divagations et les accusations passionnées de certains critiques quand même, il est avéré que les *vrais praticiens* en ce genre peuvent sans présomption assumer sur eux la responsabilité de ces diverses opérations qui, aux yeux du vulgaire, passent pour très-dangereuses.

Deux choses ont malheureusement éveillé ces craintes ; la première vient de l'immixtion dans le métier de rentoileur d'une foule de gens qui, n'ayant fait aucune étude des procédés de l'art, ne voient dans l'opération du rentoilage, par exemple, que l'art de coller deux toiles l'une sur l'autre, sans se préoccuper des règles qu'ils devraient suivre, des précautions qu'ils devraient prendre. L'aptitude et le talent nécessaires ne peuvent s'acquérir qu'à la suite d'une longue expérience, ou sous un bon professorat ; ces qualités font presque toujours défaut à ces rentoileurs d'aventure, à tous ces marchands de couleurs, doreurs et autres, qui, sans avoir jamais manié le pinceau, *entreprennent* le rentoilage et la restauration.

La seconde cause de défiance est l'œuvre de certains adeptes qui, pour se faire payer des sommes fabuleuses par les *bourgeois*, entretiennent en les exagérant les prétendus dangers de la restauration.

A les entendre, tous les tableaux qu'on leur apporte sont menacés d'une complète destruction ; c'est à sa bonne étoile que le possesseur doit de les avoir remis entre leurs mains ; sans leur science ces toiles étaient perdues à jamais ; enfin, toutes les roueries du charlatanisme sont mises par eux en usage autant pour se faire valoir que pour tirer profit de leur prétendu savoir.

Pour mettre fin, s'il est possible, à tout ce manège qui tourne presque

toujours au détriment des amateurs, tâchons d'exposer clairement et suc-
cinctement ces diverses opérations, en les dégageant surtout du merveilleux entretenu à grand soin par les praticiens de troisième ordre. D'une
science quasi occulte, j'espère faire une théorie accessible à tous, mais
seulement une théorie : car Dieu me garde de conseiller à l'amateur d'en
vouloir faire usage, sans avoir acquis les connaissances préliminaires et
tout ce qui constitue les soins qu'il faut savoir y apporter, en raison de tel
ou tel apprêt ou des différentes natures de tissus. Ce savoir ressort entièrement de la pratique et ne peut s'enseigner théoriquement sans que le
professeur soit muni d'une forte dose de présomption.

Au nombre des cas où le rentoilage est d'une nécessité absolue, il
faut mettre le craquelage des apprêts, les déchirures accidentelles, les ger-
çures de la peinture, principalement des parties bitumineuses, enfin tout
ce qui a pu détruire l'harmonie première de la surface.

Que fait alors un bon rentoileur? A l'aide d'une colle souple et forte
à la fois, il applique une feuille de papier sur le côté peint ; lorsqu'elle est
sèche, il décloue la toile de son vieux châssis, la pose sur une table très-
unie, la peinture en dessous, en maintenant les bords de la toile par des
tirants ou de toute autre manière. Quelques-uns préfèrent avec raison la
pose sur bâti.

Cela fait, on dégage avec soin et avec beaucoup de légèreté les aspé-
rités de la toile à l'aide d'une pierre ponce, puis on colle une première
toile d'un tissu clair; celle-ci est doublée par une seconde, au grain plus
serré; quelques repassages tièdes enlèvent l'humidité des diverses toiles,
égalisent la surface de la peinture et terminent l'opération.

L'exposé d'un procédé aussi simple est, je pense, de nature à satisfaire l'esprit le plus craintif, le plus méticuleux.

Maintenant qu'est-ce que l'enlevage et quand faut-il le faire?

Lorsque l'apprêt d'un tableau se lève par écailles, que son adhérence avec la toile n'existe plus ; quand la trame de la toile est trop serrée
pour permettre l'*expédient* — car ce n'est qu'un expédient — d'une imbibation par derrière, il faut absolument enlever une peinture, sans s'arrêter

à d'autres moyens, tel, par exemple, le procédé cité plus haut, que mettent toujours en avant certains opérateurs timides dont la réserve provient de leur manque d'habileté. Temporiseurs par faiblesse et non par système, ils proposent et exécutent des imbibitions partielles dont le moindre danger est d'ébranler ce qui reste de consistance dans les parties environnantes, et, tôt ou tard, l'amateur paye cher la malencontreuse prudence du prétendu praticien.

Décrivons maintenant l'opération, en ayant soin de la dégager du merveilleux dont on l'entoure et des histoires d'enlevage fil à fil.

Après avoir débarrassé la surface du tableau de toutes les matières grasses et résineuses qui peuvent empêcher une parfaite adhérence, on l'encolle très-légèrement, soit avec une dissolution de colle de peaux, soit, ce qui est préférable, avec de l'eau *ailliée*, si ce mot m'est permis, c'est-à-dire, avec du jus provenant de gousses d'ail pilées et mélangé avec un peu d'eau. Dès que cet encollage est sec, l'opérateur pose une gaze fine et claire sur la peinture; quelquefois une simple toile claire suffit, suivant la grandeur et la finesse du tableau. Lorsque cette gaze est bien collée, bien macérée horizontalement et bien séchée, ce qui demande un jour ou deux, on la couvre successivement de papier : cela s'appelle un cartonnage. Quatre ou cinq feuilles superposées suffisent ordinairement. Le cartonnage étant sec, on détache le tableau de son châssis pour l'étendre sur une table très-lisse où on le maintient bien tendu, à l'aide de tirants ménagés sur les quatre côtés.

Jusqu'à présent il n'y a là, ce me semble, aucune opération qui doive inquiéter l'esprit des plus forts trembleurs.

Reste l'action principale, l'enlevage de la toile qui, suivant certains empiriques, s'enlève à l'aide d'*agents chimiques* ou *fil par fil*. On va voir ce qu'il y a de vrai dans tout cela.

D'abord, que se propose-t-on? On veut détacher la toile de l'apprêt sans endommager celui-ci; il faut donc préalablement savoir comment l'apprêt y a été appliqué.

Deux méthodes ont été invariablement employées. Dans les temps les plus reculés, comme à notre époque, on a enduit les toiles soit à la colle, soit à l'huile. Lorsque ce dernier apprêt fut adopté, on dut, avant d'étendre la couche à l'huile sur le canevas, passer un léger encollage sur le tissu pour empêcher que la teinte ne passe au travers. Ce n'est donc pas sur la toile que repose l'apprêt, c'est sur l'encollage intermédiaire, et il ne s'agit, en réalité, que de provoquer ce détachement à l'aide de l'humidité; aussi les opérations énoncées plus haut ne sont-elles que des précautions prises pour que la couleur, une fois séparée de la toile, soit maintenue dans son entier, sans être sujette à des oscillations.

Je poursuis : Le tableau bien appliqué, bien maintenu sur la table d'opération, on en imbibe la toile légèrement et très-également avec de l'eau claire (voyez l'agent chimique !). On le couvre d'un linge, humide au besoin, suivant la saison, afin d'entretenir l'humidité. On répète l'imbibation à deux ou trois reprises, suivant la force de l'encollage ou l'épaisseur de la toile; puis, au bout d'une demi-heure, une heure quelquefois, suivant que l'eau a plus ou moins pénétré au travers du tissu, on lève la toile en commençant *par un coin* du tableau, on la tire horizontalement en biais, et, en quelques minutes, le tout est enlevé.

Comme on le voit, il n'y a encore rien de dangereux pour le tableau, et il n'y a pas d'exemple qu'un vrai praticien, sachant bien poser la première gaze et ayant étudié le moment où la toile est ni trop, ni trop peu *humidifiée*, ait entraîné des parcelles de peinture avec la vieille toile.

Après avoir lavé légèrement l'apprêt, on le consolide avec une nouvelle teinte. Celle-ci, bien séchée, bien dégraissée si elle est à l'huile, est recouverte par une gaze ou un canevas clair. Une seconde toile y est appliquée, puis on rentoile, ainsi que je l'ai expliqué plus haut, et on repasse. Lorsque le tout est à demi sec, on enlève le cartonnage pour y substituer une seule feuille de papier sur laquelle se font les derniers repassages.

Reste l'enlevage des peintures exécutées sur bois, opération tout aussi facile que la précédente et qui offre une sécurité complète.

Voici le procédé : Après avoir cartonné le tableau comme pour l'enlevage, sauf une plus grande quantité de papier (six ou huit feuilles, suivant leur épaisseur), on couche également le tableau sur une table en le maintenant avec des tirants bien collés. On prend un rabot à fer convexe et on le passe légèrement à contre-fil du bois, puis, avec une gouge ou tout autre ciseau *ad hoc*, on arrive jusqu'à l'épiderme du panneau. Alors il est loisible d'imbiber comme pour l'enlevage ou de détacher par parcelles ce qui reste du bois, suivant son état de vétusté.

Après avoir rajeuni l'apprêt, on procède comme je l'ai dit au sujet de l'enlevage, si le tableau doit être reporté sur toile. Si on veut le remettre sur panneau, on se borne à appliquer une gaze sur l'apprêt et l'on étend, soit au gras, soit à la colle, une feuille de papier gris non collé ; cette préparation spongieuse devant retenir les colles et absorber l'humidité qui ne peut s'échapper d'un panneau comme elle le fait au travers de la toile.

Je crois avoir suffisamment établi que ces différentes opérations n'ont rien de dangereux. J'ai forcément laissé de côté une foule de détails dont l'emploi dépend de diverses circonstances et qui sont rudimentaires pour le vrai praticien. Je bornerai là ma démonstration, heureux si j'ai pu détruire les préjugés entretenus par le charlatanisme ou motivés par les dégâts commis par l'incurie d'opérateurs inhabiles.

Si des faits regrettables se sont passés, soit dans nos musées, soit ailleurs, on ne doit en accuser que les promoteurs de mesures expéditives, qui oublient trop souvent que rien n'est plus cher que le bon marché, et que chaque chose doit être faite à son temps et avec le temps nécessaire.

Je n'ai pas tout dit ; il me faut encore parler des prétendues recettes, des soi-disant secrets prônés ou employés pour le nettoyage des tableaux par les alchimistes de la tableaumanie.

L'opération du nettoyage est celle qui détruit le plus de tableaux ; elle est sans contredit la plus dangereuse, en ce qu'elle est indifféremment pratiquée par tout le monde. Les uns se croient assez éclairés pour la tenter et sacrifient des chefs-d'œuvre à leur présomptueuse ignorance. D'autres se vantent de posséder des secrets, et leurs essais produisent les mêmes désastres.

Ce qu'il y a de certain, c'est que les plus infatigables chercheurs de secrets ne sont pas les véritables praticiens. Ceux-ci savent trop par expérience qu'il n'y a pas de secrets particuliers pour nettoyer les tableaux, car il est possible que tel moyen dont on se sert pour enlever une crasse d'un tableau, soit dangereux pour un autre.

Ces alchimistes sont, la plupart, ou des peintres avortés, ou des amateurs de Raphaël à douze francs. Ce sont eux qui ont inventé l'*eau seconde mitigée*, panacée soi-disant universelle et dont la première prescription est de laisser le tableau *sous l'eau* pendant quelques heures. Il en est de même des nettoyages au savon noir et aux alcalis, — de la potasse caustique, — de l'eau de lavande, — de la poudre ou de l'huile de romarin, — du camphre pulvérisé, — des bains d'huile et surtout du nettoyage *à la loupe et au grattoir.*

Ce sont eux aussi qui préconisent les vernis aux blancs d'œuf, — à la colle de poisson, — à l'huile, — à la gomme copal, — au succin, — à l'huile de fleurs, — à la graisse animale, etc., etc.

Néanmoins, et par esprit de justice, nous admettons que tel ou tel ingrédient dont l'application a été érigée en système peut-être utile quelquefois, mais comme emploi local et non comme principal agent.

Par exemple, l'alcali peut être employé sur des parties à pâtes fortes et bien brossées; mais accepter cet agent comme base d'un nettoyage serait de la plus haute imprudence en présence des ravages qu'il a causés.

J'ai souvent entendu citer tel amateur qui, avec tel ou tel ingrédient, était parvenu à opérer un nettoyage miraculeux : — malheureusement on ne citait que les heureux; la liste des désastres eût été trop longue.

Ceci me rappelle la manière de nettoyer que M. F. D.... préconisait il y a quelques années.

Cet amateur n'avait rien trouvé de mieux que de faire entourer son tableau d'une espèce de parapet en terre glaise dont la hauteur était de dix à quinze centimètres. Dans ce bassin improvisé il versait un seau d'eau où il avait fait dissoudre une certaine quantité de soude, de potasse caustique, d'eau seconde et d'eau forte (ridicule mélange, car de ces agents il y en a peu qui ne s'excluent l'un par l'autre). Montre à la main, il laissait séjourner cette *eau mordante* pendant quelques minutes, quelquefois cinq, suivant le degré de force qu'il supposait aux crasses et aux vernis, puis, à son signal, un assesseur jetait successivement et à intervalles réglés un, deux et quelquefois trois seaux d'eau pure pour neutraliser l'effet du premier mélange.

Sur dix tableaux ainsi *nettoyés* il n'était pas rare d'en voir les deux tiers rongés jusqu'à l'apprêt ; mais l'amateur s'en consolait en disant que ces victimes étaient toutes repeintes, sans quoi elles eussent résisté.

Grâce à ces opérations que nous ne craindrons pas d'appeler une monomanie, cet amateur a détruit durant sa vie près d'une centaine de tableaux. Cependant, une fois entre autres, il obtint tout le contraire de ce qu'il croyait faire. Voici comment :

Pour cela il faut remonter au temps où l'école de Louis XV était livrée à l'exécration des *Romains*, c'est-à-dire de l'école Davidienne. Chacun sait que l'animosité de cette école contre celle qui l'avait précédée était si grande que les *Cabrions* du temps, voulant, comme toujours, exagérer les antipathies du maître, recherchaient et saisissaient toutes les occasions de manifester leur mépris. A cet effet, ils ne manquaient pas d'acheter les toiles *Pompadour* qui traînaient alors à tous les étalages des brocanteurs et qui étaient tombées dans un tel discrédit qu'elles se vendaient pour rien. Ils les achetaient donc ; puis, après avoir procédé à leur auto-da-fé moral, ils peignaient un Léonidas ou un Spartacus par-dessus l'ancienne peinture.

Par suite de cette proscription insensée, un charmant Natoire, représentant des jeux d'enfants, avait été recouvert par un Bélisaire qui, en 1843 (époque ou M. F. D... opéra son nettoyage) était tout craquelé et repeint. Jugez de la surprise de notre amateur et de celle de son assesseur dont je tiens ces détails, lorsque le mordant de l'eau leur fit apparaître là un bras, ici une tête, plus loin une jambe, des enfants peints par Natoire, et par-dessus tout les bribes du Bélisaire ! Heureusement qu'ils eurent le bon esprit de s'arrêter à temps et de confier le reste de l'opération à un habile praticien [1].

Maintenant ne pourrions-nous pas dire avec quelque raison qu'un jour viendra, s'il n'est pas déjà venu, où un continuateur du système F. D... pourra, en *nettoyant* certains tableaux de notre époque, retrouver des Périclès, des Mucius Scevola et des Cimon d'Athènes!

En étudiant les divers systèmes suivis ou mis en avant par certains novateurs plus ou moins modernes, on est frappé d'une chose : c'est que, relativement à l'emploi d'un procédé chimique quelconque, ils sont la plupart d'accord entre eux. — Leur dissentiment n'existe que sur le nom des agents qu'ils emploient et non sur leurs propriétés. En effet, quelle différence peut-on faire, par exemple, entre l'eau-de-vie et l'esprit-de-vin mitigé? Ne sont-ce pas les mêmes principes corrosifs? Quelle différence entre l'eau de *Léna*, de lavande, et de l'esprit-de-vin plus ou moins étendu d'eau ou d'essence? Il n'y a donc de véritable antagonisme qu'entre les promoteurs de l'emploi des spiritueux et les amateurs du déroulage, c'est-à-dire du nettoyage au doigt.

Je n'essayerai pas de résoudre cette question; ce que je pourrais dire à ce sujet aurait trop l'air d'une opinion personnelle; j'aime mieux laisser parler deux autorités, MM. Horsin Déon et Xavier de Burtin.

A ce sujet, même après avoir en quelque sorte accepté le déroulage, M. Burtin dit : « Quand un tableau est d'une superficie raboteuse, peu importe sur quelle matière il soit peint, de même lorsqu'il est sur une toile où les interstices, entre la chaine et la trame, forment autant de petits enfoncements, la méthode précédente (le déroulage) devient défectueuse en ce que les doigts, ne pouvant pénétrer dans les profondeurs, y laissent subsister la crasse ou le vernis sale; d'où il résulterait autant de petites taches qui nuiraient à l'ensemble du tableau au travers du nouveau vernis qu'on y appliquerait. Les tableaux trop grands rendent aussi cette mé-

---

1. Ce tableau a fait longtemps partie du cabinet de M. Chevreuil, où je l'ai vu maintes fois accompagné du procès-verbal constatant sa *résurrection*.

thode trop pénible par leur étendue, et elle devient dangereuse pour ceux sur toile, même les plus unis, lorsqu'ils ne sont pas assez tendus, par les nombreuses petites crevasses que l'ébranlement peut y faire naître tandis qu'on les frotte à sec avec les doigts.....

« Dans ce cas, ainsi que dans tout autre où il conviendra d'employer la voie humide des spiritueux, on se servira d'un mélange de bon esprit-de-vin et d'essence de térébenthine, ayant soin de laisser dominer d'autant plus la dernière que le tableau sera plus précieux et plus délicatement peint, ou que la couche du vernis y sera plus mince. On laissera au contraire dominer l'esprit-de-vin, en proportion que la couche du vernis sera plus épaisse et la peinture moins délicate et plus solide en couleur.

« En attendant que l'usage donne l'habitude des doses, il sera plus prudent de commencer toujours par un mélange plutôt trop faible que trop actif, et d'adoucir d'autant plus l'action de l'esprit-de-vin par une plus forte dose de térébenthine..... »

Quant à M. Horsin Déon, il conclut en ces termes : « Quelle est de ces deux opérations (le déroulage et les spiritueux) celle que l'on doit préférer à l'autre? N'en déplaise à messieurs les amateurs, c'est la seconde.

« Voici pourquoi :

« .... L'emploi des spiritueux est préférable à la pulvérisation des vernis par les doigts, parce que tout le temps de l'opération l'œil peut en suivre le travail et être arrêté à l'instant même si quelque danger vient à menacer......

« .... Il est constant que le frottement de ce petit sable (celui que produit le déroulage), si menu qu'il soit, épiderme les finesses de la peinture, malgré les soins les plus minutieux, et la preuve c'est qu'il est incontestable que tous, ou presque tous les tableaux que nous appelons épidermés, doivent cette maladie à ce genre de nettoyage qui use toutes les parties adhérentes aux grains de la toile ou au fil du bois....

« .... L'emploi des spiritueux est donc bien moins redoutable qu'on ne le suppose vulgairement, puisqu'on peut en neutraliser facilement l'action. »

Après ces diverses citations en dehors desquelles je n'aurais pu écrire que des redites, je peux croire la question résolue en faveur des spiritueux ou tout au moins la prépondérance acquise à ce dernier moyen, car, je le répète, tout peut être d'un grand secours, même le déroulage; mais, à mon avis, les praticiens seuls peuvent aborder les opérations où s'emploient forcément certains agents très-actifs.

Comme on le voit, l'action de l'esprit-de-vin est suffisante et très-facile à neutraliser. Pourquoi l'augmenter par des agents plus actifs, sous prétexte d'aller plus vite ou de mieux nettoyer à fond? Il vaut mieux laisser un peu de crasse sur l'ouvrage que de le rendre froid et grêle à force de netteté. On n'ignore pas d'ailleurs qu'un certain ton doré, que le temps fait naître, produit sur beaucoup de tableaux un effet si enchanteur qu'il faut mettre tous ses soins à le conserver, et que, sans une nécessité absolue, on doit bien se garder de l'enlever. C'est ce qui arrive lorsque l'on emploie les alcalis, la soude, enfin tous les sels plus ou moins alcalins. On a beau les étendre d'eau immédiatement, ils déposent un germe rongeur qui finit par *piquer* et verdir les blancs, les bleus ainsi que certaines laques.

Et d'ailleurs qui osera soutenir que ces nettoyages, neutralisés par des bains humides, ne détrempent pas, n'attaquent pas profondément l'apprêt terreux des toiles? Ne pourrait-on pas ranger certaines maladies dites *lever des apprêts*, au nombre des effets produits par ces immersions? Ne serait-ce que pour ces causes, l'esprit-de-vin et l'essence de térébenthine seraient préférables, par la raison que ces agents se volatilisent immédiatement et qu'ils n'ont aucune affinité avec les craies ou terres formant la base de l'apprêt des toiles ou panneaux.

En résumé, tout nettoyage exécuté à l'aide d'un agent dont le mordant opère également partout, sur les couleurs solides comme sur celles qui ne le sont pas, est une opération vicieuse. Quiconque s'est rendu compte par l'examen de la formation des crasses, sera certainement de cet avis.

Les eaux mordantes composées avec des sels alcalins, comme la cendre de bois, le sel de tartre dissous dans l'eau, etc., etc., emportant souvent les glacis avec le vernis et la crasse, doivent être rejetées de la pratique.

Il en est de même des eaux de savon et du savon dissous dans de l'eau-de-vie. L'éther sulfurique, l'ammoniaque, enfin tous les alcalis dissolvent les vernis, mais ils sont sujets aux accidents énumérés plus haut. De plus, comme il est difficile d'en arrêter les effets, il arrive presque toujours que la partie par laquelle on a commencé est plus attaquée que la dernière.

Reste les huiles, dont l'emploi est excellent suivant quelques-uns, et très-pernicieux selon moi. En effet, l'huile, loin de détremper les vernis comme beaucoup de personnes paraissent le croire, n'a *aucune action* sur eux. Si ce moyen réussit quelquefois à détremper, c'est la crasse qui existe à la surface du vernis et non le ton jaunâtre que le temps y a incorporé : un simple lavage à l'eau chaude suffit pour remplacer l'huile.

Le seul cas où l'huile peut servir à détremper les crasses, c'est lorsque les tableaux n'ont jamais été vernis. Mais pourquoi l'employer, puisqu'une eau chaude miellée suffit pour obtenir le même résultat, sans avoir à craindre le moindre inconvénient! Je le répète, l'application de l'huile sur les tableaux vernis ou non est une faute impardonnable de la part d'un homme du métier; car elle s'imbibe dans les couleurs, pénètre dans les fissures, et, au bout de quelques mois, elle ressort par les craquelures; alors, ne pouvant s'évaporer au travers du nouveau vernis, elle répand sur les couleurs un jaune sale et cotonneux qui rend le tableau plus lourd qu'avant son nettoyage.

A vrai dire, le plus sûr serait de confier ces travaux à des praticiens intelligents, qui savent ménager les endroits faibles, légers de couleurs, et suivre le sens de la touche. Cela vaudrait mieux que de gâter un beau tableau qui ne paraît quelquefois tel que lorsqu'il est décrassé ; mais puisqu'il me faut respecter les préventions des amateurs, qui, huit fois sur dix, n'ont confiance qu'en eux-mêmes; puisque je dois avouer que leur appréhension est quelquefois trop bien justifiée par les ravages commis par certains nettoyeurs et les lessivages de certaines eaux, qu'ils me permettent donc de leur répéter que l'esprit-de-vin mitigé par un tiers et même par une moitié d'essence de térébenthine, est le seul agent dont l'effet est aussi certain que facile à modérer. Deux tampons de coton, dont l'un imbibé d'essence et l'autre du mélange indiqué plus haut, sont seuls nécessaires. Qu'ils laissent donc les eaux merveilleuses et les panacées universelles aux alchimistes de la tableaumanie, à ces rêveurs qui prétendent fabriquer de l'or et qui ne produisent que des cailloux.

CHAPITRE VII

Fidèle au plan que je me suis tracé, et qui a principalement pour but de prémunir les amateurs contre les embûches sans nombre qui leur sont dressées, je vais lever quelques voiles, arracher quelques masques, mettre à découvert une grande partie des ressorts, déplorables mobiles de certaines affaires dont le dénouement est presque toujours un scandale public.

A l'aide de l'étude de M. Rœhn, toujours d'un bon secours lorsqu'il s'agit de signaler les tripotages et les ruses de la tableaumanie, je vais essayer de prévenir sur ce point l'inexpérience des amateurs novices, heureux si je puis empêcher, comme je l'ai déjà dit, ces dégoûts prématurés qui nuisent à l'art autant qu'à l'exercice de son loyal commerce. J'y vois pour moi un devoir de conscience, et je l'accomplirai, qu'on veuille bien me le permettre, avec la rude franchise d'un soldat qui sait mal farder la vérité.

Nous avons d'abord les *amateurs-marchands*. Il est constant que, de nos jours, tout le monde fait commerce de tableaux. A part celui qui achète avec une patente le droit d'écrire son nom et sa profession sur sa porte, nous avons l'amateur qui *cède* par *complaisance* ses tableaux à ses amis.

Celui-ci est un artiste qui a toujours dans son atelier quelques vieilles peintures qui lui ont été confiées, et qui tient en réserve quelque bonne histoire à débiter sur chacune d'elles.

Celui-là est un officier retraité qui vous montre des tableaux italiens et espagnols, ayant soin de vous dire en confidence qu'ils ont été conquis sur l'ennemi.

Puis, un autre qui vous assure que c'est un héritage qu'il a fait; qu'il n'est pas amateur, et qu'il vendrait volontiers le tableau qu'il possède s'il trouvait un acquéreur raisonnable.

Mais ce qu'il importe surtout de savoir, c'est que les deux tiers des scandaleuses affaires qui se concluent, ont pour auteurs avoués ou occultes des spéculateurs non patentés — échappant au soupçon à la faveur de leur position apparente dans le monde — gens qui trônent, le soir, dans les salons en qualité d'amateurs émérites, et qui, le matin, se transforment en *amateurs-marchands*.

Et comment n'aurait-on pas confiance en eux? — Ne sont-ils pas la plupart gentilshommes?... du moins eux et leurs cartes le disent! — On aurait donc mauvaise grâce à mettre en doute leur noblesse ainsi que leurs tableaux, surtout en les entendant parler à tout propos de messieurs tels et tels, amateurs sérieux s'il en fût, et qu'ils ne craignent pas de nommer leurs confrères.

A mon avis, ces trafiquants non patentés constituent l'espèce la plus dangereuse, la plus nuisible au commerce des tableaux. Ils parviennent à inspirer une telle confiance en paraissant consentir à *céder*, *au prix coûtant* et par pure obligeance, l'objet dont vous vous êtes pris à votre tour d'une belle passion, grâce à leurs stratagèmes et à leur enthousiasme factice, que l'amateur novice et candide n'oserait montrer la plus timide hésitation, hasarder le moindre doute, dans la crainte de les entendre formuler la protestation la plus énergique, la plus solennelle.

Les manœuvres de ces commerçants occultes, on ne saurait trop le répéter, ont fait plus de tort aux amateurs sérieusement épris de la peinture, que le véritable commerce des tableaux, car, je me plais à le dire, il faut reconnaître que la généralité des marchands est incapable d'user des surprises, des supercheries que je vais essayer de signaler en partie.

C'est avec le concours des brocanteurs de bas étage — qui sont au véritable marchand ce que sont certains habitués de la Bourse aux agents de change — que ces trafiquants *montent leur coup* et font circuler dans le commerce de la curiosité une infinité d'objets faux et plâtrés. A l'aide de ces acolytes sans vergogne, ils tendent des piéges et interdisent les voies d'écoulement au commerçant timide, au propriétaire dans le besoin, qui voudrait placer l'œuvre qu'il possède. Là, ils font dénigrer un objet rare ou précieux, afin de se l'approprier à vil prix ou par un troc; ici, ils font acheter en secret ce qu'ils dénigrent ouvertement. J'ai connu de ces habiles qui avaient à leur service trois ou quatre agents nommés *marcheurs.*

Mais détaillons quelques-unes de leurs manœuvres, cela vaudra mieux que des généralités.

Lorsque, avec l'aide de certains restaurateurs bien connus dans le commerce comme fabricants de tableaux à tournure et patineurs d'analogues, ces messieurs sont parvenus à créer un ou plusieurs *originaux* de leur façon, ils s'empressent de les faire admettre dans une vente comme on en voit tant, une vente d'ouverture de saison, ayant une ou plusieurs vacations composées d'éléments hétérogènes.

L'exposition ouverte, c'est d'abord de leur part un concert d'exclamations enthousiastes, une succession adroitement ménagée de discussions partielles où ils cherchent à démontrer que les tableaux dont ils sont

les secrets propriétaires, sout des œuvres hors ligne — *Quelle belle pâte !*
disent-ils. *Voyez donc quelle finesse de pinceau ! Comme c'est aga-
thisé !* etc., etc. — L'exposition terminée, ils se mettent alors en campagne, courent chez l'un, chez l'autre, se déclarant passionnés (eux si
froids à ce qu'ils affirment) pour les tableaux pointés par eux sur le catalogue qu'ils ont toujours l'adresse de laisser en partant sur un meuble du
salon.

Cette mise en scène terminée, arrive le jour de la vente. Là se déploie
la tactique la plus machiavélique. Ils commencent par dire en confidence
au crieur qu'ils sont décidés à faire des folies pour tel ou tel tableau.
Comme on le pense bien, la chose se dit, elle passe de bouche en bouche,
et chacun d'ouvrir les yeux, de se demander si en effet on ne s'est pas
trompé en jugeant ces œuvres médiocres. Il n'est pas rare alors de voir
quelques amateurs novices — ceux-là sont les *bons*, car ils se sont laissé
prendre à la glu — revenir sur leurs premières impressions et renoncer à
être simples spectateurs, comme ils se l'étaient proposé, pour se mêler aux
enchères.

Celles-ci sont presque nulles au début ; mais tout à coup une voix
s'élève du fond de la salle, c'est un premier compétiteur-compère qui
double la mise à prix. — L'amateur-marchand feint de s'indigner, puis
— levant la tête — il triple, il quadruple son offre ; c'est pendant dix
minutes un feu roulant entre les trois ou quatre compères qui ont succédé
au premier. — Malheur alors à l'amateur novice ou au grand seigneur
orgueilleux qui prend part à cette lutte simulée des enchères ; on étudie
sa figure, on cherche à y découvrir le fond de sa pensée, puis au moment
où l'on craint de le voir *lâcher*, on lui met, comme on dit, le tableau *sur
le dos*. C'est ainsi qu'une croûte de deux cents francs se paye souvent
de huit à neuf mille francs.

Si le spéculateur n'a pu réussir à faire surgir, soit par son exemple,
soit par ses conseils officieux, un véritable compétiteur, si malgré toutes
ses ruses le tableau lui a été adjugé, n'allez pas croire que le coup soit
entièrement manqué ; loin de là, et voici comment : la peinture

achetée est en quelque sorte cotée après cette vente publique, elle a son prix commercial — son brevet de valeur, corroboré par le bordereau du commissaire-priseur. Une fois accroché chez le spéculateur, le tableau est classé au prix de neuf mille francs, au-dessous duquel un galant homme ne saurait se le faire *céder* lorsqu'on est parvenu à lui en faire désirer l'acquisition *au prix coûtant*.

Disons maintenant ce que coûte un *brevet de valeur*.

Supposons que le tableau-pipeau revienne à 200 francs, ci 200 fr.

Cinq pour cent sur les 9,000 francs prix de vente simulée . . . . 350 fr.

Frais de mise en scène et honoraires des compères, 200 francs, ci . . . . 200 fr.

Total. . . . . 850 fr.

Voilà donc un tableau classé authentiquement dans le commerce parisien à la somme de neuf mille francs, et qui ne revient qu'à huit cent cinquante francs à son propriétaire. Inutile d'ajouter que les neuf mille francs versés d'une main au commissaire-priseur, sont repris de l'autre par le compère qui a confié le tableau, et cela sans que l'officier ministériel ait pu s'apercevoir du stratagème.

Voici, à présent, une autre ressource que procure cet achat simulé.

Si le spéculateur tient en laisse, pour le moment, un amateur novice (il n'est même pas rare qu'il en ait plusieurs), il court chez lui tout effaré; il lui dit que malgré une gêne momentanée il n'a pu résister à l'envie de posséder ce tableau qui vaut vingt mille francs, et que malheureusement il n'est pas en mesure de payer le bordereau de vente. Il a toujours soin d'ajouter que lord un tel ou le comte un tel le lui a poussé au moment où il croyait l'avoir pour rien. — Il lui fait entrevoir une affaire magnifique, car, suivant lui, ces messieurs, furieux de la précipitation que le commissaire-priseur a mise à lui adjuger le tableau, ne tarderaient pas à lui faire de brillantes propositions. Enfin il termine par l'offre de partager le bénéfice et de laisser le tableau entre les mains du crédule amateur.

Ces insidieuses paroles, dites avec un certain accent de vérité, manquent rarement leur effet. Les neuf mille francs sont avancés et le tableau est déposé chez le bailleur de fonds.

Comme on le pense bien, lord un tel ou le comte un tel reste toujours à l'état de mythe, l'un ou l'autre ne se présente jamais. On attribue ce retard à des circonstances imprévues, on fait luire l'espoir d'une nouvelle occcasion qui se présentera au premier jour, on ne saurait en douter ; puis tout est dit, le tour est fait.

Si parfois il arrive que l'amateur novice se montre d'humeur moins facile, le spéculateur a l'air de trouver la moitié des neuf mille francs dans une autre bourse (celle d'un compère) ; alors c'est une affaire qu'on fait en compagnie : on passe un acte en bonne forme, on prend des termes, et trois mois après, à la requête du compère, l'amateur est mis en demeure de compléter la somme ou de prendre le tableau. N'est-ce pas tomber de Charybde en Scylla ?

Comme on le voit, l'achat simulé ne manque pas d'avantages : si l'une ou l'autre de ces combinaisons ne réussit pas, il reste encore la ressource des emprunts, des ventes à réméré, etc., etc.

On se tromperait fort si l'on croyait ces spéculateurs à la merci de leurs compères : ils savent se les attacher par l'intérêt, car au besoin ils leur rendent le même service, si bien qu'ils n'en ont rien à redouter. Après s'être servi d'eux pour ces tours de passe-passe, de haute subtilité, ils les emploient à colporter des tableaux qui leur appartiennent, chez des amateurs connus, où ils ont soin de se trouver comme par hasard *en visite d'amateur*, au moment où leur compère vient faire ses offres de service. Leur opinion réclamée, séance tenante, décide presque toujours un achat qu'ils sont désolés de ne pouvoir faire eux-mêmes, prétextant qu'ils n'ont pas de fonds disponibles, qu'ils ont une peinture dans le même genre.

Qu'on ne pense pas que le tableau que je viens de tracer soit par trop forcé, car il me serait possible d'attacher des noms à toutes ces opérations clandestines. Ceux qui s'y livrent vivent au milieu de nous et coudoient chaque jour les honnêtes gens dans les ventes publiques.

Prêt en toute circonstance à rendre justice aux marchands qui ont acquis dans le commerce de la curiosité une juste célébrité; à reconnaître que certains d'entre eux, alliant l'esprit de l'étude à l'esprit de commerce, ont su, par cet heureux accord, exciter le sentiment des arts dans les classes opulentes, et sont parvenus à établir des maisons où l'amateur est attiré autant par la variété et la valeur des objets qu'on lui offre, que par la confiance que lui inspirent, d'une part, l'expérience mûrie par l'étude et, de l'autre, l'honorabilité du vendeur, pouvais-je passer sous silence les manœuvres frauduleuses qui affligent le commerce et qu'on a souvent vu se dénouer sur les bancs de la police correctionnelle?

Dévoiler toutes ces intrigues ne saurait avoir pour effet de faire déserter les magasins des commerçants instruits et probes, ou de produire le découragement, le dégoût parmi les amateurs; ces manœuvres, ces intrigues ont toujours existé, — elles existeront longtemps encore; mais, qu'on le sache bien, on peut facilement n'en être pas victime, en consultant ses affections, ses propres lumières, en écoutant les bons conseils et en étudiant les livres, les galeries et les musées propres à former le goût.

L'occasion se présente ici de parler d'une certaine Société qui s'était formée dans le but d'acquérir tous les chefs-d'œuvre qu'elle pourrait trouver, et de déprécier généralement dans le public tous ceux qui se trouveraient en la possession de personnes étrangères à son genre d'opération.

L'amateur, inconstant dans ses goûts, aime la nouveauté; c'est un faible qui lui est propre, et quand il n'a pas à sa disposition la somme nécessaire, le troc est un moyen facile de satisfaire, presque sans bourse délier, son goût pour le changement; aussi était-ce là la corde sensible que faisaient vibrer avec adresse les membres de cette Société. Au moyen d'agents mis en campagne, ayant pour mission, les uns de trouver des défauts dans les tableaux dont la Société convoitait l'acquisition, les autres de donner indirectement de ces conseils officieux : — Cette toile ne devrait pas figurer dans votre galerie; si elle était à moi, je m'en déferais ; — on arrivait peu à peu à en dégoûter le propriétaire, qui, d'autre part, assailli, traqué pour ainsi dire par des visiteurs importuns lui offrant sans cesse des peintures nouvelles, cédait à leurs obsessions, et qui, séduit en même temps par l'idée de posséder une œuvre nouvelle, échangeait un tableau de prix contre un tableau à *lazzis*.

La Société, pour ne pas éveiller un jour ou l'autre les soupçons des amateurs dépossédés, faisait bien vite passer sa conquête à l'étranger ; car elle avait des ramifications en Belgique et à Londres. Ce sont ces exportations dues à la *Bande noire* (c'est ainsi qu'on l'appelait) qui ont appauvri en France le commerce des arts. Cette association se composait de marchands, de courtiers, et de plusieurs amateurs bien connus qui ne dédaignaient pas une telle confraternité.

Les marchands proposaient la vente, l'achat des tableaux et les trocs.

Les courtiers, sans cesse à la piste, étaient chargés de surveiller les propriétaires de bons tableaux dans leurs moindres actions, de pressentir même leurs plus secrètes intentions. Malheur au loyal commerçant qui, par respect pour lui-même, avait refusé de faire partie de la coalition ! si le hasard lui avait fait découvrir un chef-d'œuvre, jamais il ne parvenait à le vendre dès que la Société y avait jeté son dévolu. Le courtier, toujours en arrêt comme un bon limier, allait, venait, flairait pour ainsi dire le chef-d'œuvre, et, au moindre soupçon de vente, courait avertir ses co-associés. Le futur acheteur une fois connu, — et il ne tardait pas à l'être, tant on faisait bonne chasse, — on le circonvenait, on le prévenait contre le tableau, et l'acquisition n'avait pas lieu.

Ce n'est pas tout. Nos matois avaient encore mille autres bons tours dans leur gibecière. Contons à ce sujet une petite anecdote :

Un des leurs, faisant sa tournée en province, apprend qu'un assez grand nombre de tableaux, placés dans une des salles d'un vieux château, sont destinés à être envoyés à Paris pour être vendus publiquement. Il se fait annoncer, demande à voir les tableaux, ayant bien soin de dire que, s'ils lui plaisent, il les achètera tous. Le propriétaire, satisfait de pouvoir ainsi éviter des frais de transport et de vente, s'empresse de les lui montrer.

L'amateur touriste, après avoir passé une demi-journée à les bien
examiner, en forme deux lots, qu'il range des deux côtés de la salle.
« Ceux-ci, dit-il, en montrant les meilleurs au propriétaire, ne me conviendraient pas ; ce sont de mauvais tableaux qui ne figureraient pas avantageusement dans ma galerie. Je m'arrangerai avec vous pour les autres ;
mais comme vous m'avez dit que vous vouliez absolument vous défaire
de la collection entière, je vous promets de vous faire vendre ceux que
je ne prends pas, et cela dans un bref délai. » Le marché est conclu ; les
croûtes sont estimées très-cher, il donne des arrhes et se retire, promettant bien d'envoyer le même jour un acquéreur pour le reste de la collection. « D'ailleurs, ajoute-t-il, pour vous prouver que j'agis de bonne foi,
je ne ferai enlever mes tableaux que lorsque les autres auront été achetés. »
En effet, le jour même, un compère, député par lui, se présente chez le
propriétaire, achète à vil prix et enlève de suite les tableaux mis au rebut.
On pense bien que le propriétaire ne vit jamais revenir son amateur ; il
eut pour fiche de consolation les arrhes que celui-ci crut pouvoir abandonner sans aucun regret.

Tant qu'on fut assez fort pour mettre en mouvement tous les rouages
de la machine, assez habile pour faire mouvoir à son gré et derrière le
rideau les pantins dont on tenait les ficelles, cette Société prospéra, ses
opérations furent couronnées d'un plein succès ; mais du moment qu'il y
eut dissidence entre les sommités qui constituaient la force motrice et les
agents subalternes qui leur obéissaient, du moment que ceux-ci reconnurent que leurs intérêts étaient lésés, et que leurs courses et leurs peines
ne leur étaient plus lucratives, par suite de l'avarice des chefs, la Société
tomba peu à peu, jusqu'à ce qu'enfin ses membres se dispersant vinrent
malheureusement faire irruption dans le commerce, et *travailler* pour
leur compte.

Des débris de cette association naquirent ces prétendus experts-
appréciateurs qui, à l'aide d'un titre usurpé, trompent journellement le
public, et qu'on est presque toujours certain de rencontrer derrière une
affaire véreuse.

Apportant dans leur nouvelle profession les ruses de haute école dont ils n'étaient jadis que les instruments passifs, ils parvinrent à faire de nouvelles dupes, quoique dans un autre genre.

Par cela même que le premier venu peut prendre le titre d'expert sans que rien le justifie, il n'est pas étonnant que cet abus laisse constamment le champ libre à une foule de tripotages, de manœuvres frauduleuses, et que la déplorable impression qui en résulte rejaillisse sur les honnêtes praticiens exerçant honorablement cette profession.

Au tact, au jugement sain, à l'érudition, qualités essentielles qui constituent le véritable appréciateur, les intrus substituent une routine qu'ils acquièrent par leur frottement continuel avec les connaisseurs. Transformant quelques mots de la science en un jargon commercial, ils parviennent aisément à en imposer à la crédulité du public et à capter sa confiance.

Forts de cette érudition d'emprunt, de ce babil de convention, ils pensent, dans leur outrecuidance, égaler les Henri, les Pérignon, les Lafontaine, les Roehn, les Paillet ; mais *un petit bout d'oreille échappé par malheur découvre promptement et la fourbe et l'erreur.* Qu'un amateur s'avise un jour de parcourir les catalogues ou notices qu'ils rédigent et répandent à profusion ; séduit par de grands mots, des phrases redondantes, des descriptions emphatiques, il s'attend infailliblement à voir une exposition des plus splendides ; mais, hélas ! quelle ne sera pas sa déception, s'il prend la peine d'aller visiter les prétendus chefs-d'œuvre !

Il est bon, cependant, d'assister à ces ventes, au moins une fois, pour se divertir, comme on assiste à une parade. En effet, rien de plus amusant que de voir à l'œuvre ces *appréciateurs d'objets d'art,* s'efforçant de prendre l'air imposant que réclame le titre qu'ils ont pris. Mais, imprudents qu'ils sont, cet aplomb, cette assurance que le savoir donnait à Henri, à Pérignon, ne se simule pas. Aussi sont-ils guindés, gênés, comme tout homme revêtu d'un habit qui n'est pas fait à sa taille. Après quelques instants de contrainte, le naturel reprend chez eux le dessus ; leur langage, leurs manières se ressentent tout à la fois de leur ancien métier et des lieux qu'ils fréquentent, et la trivialité perce à travers le masque d'homme comme il faut, dont ils ont à peine su grimacer les traits.

Pris individuellement, ils offrent chacun un type curieux à étudier. Celui-ci, par exemple, possédant un aplomb et une jactance devenus proverbiaux, affecte un air empressé, brouillon, et, lorsqu'on lui montre un tableau, il vous jette un nom d'auteur comme un homme sûr de son fait. « Ah ! c'est d'un tel... — Non, dites-vous, c'est de tel maître... — Ah! oui, oui... c'est vrai..., j'allais le dire. » Lui en faites-vous voir un autre : « Celui-ci, s'écrie-t-il, est d'un tel... — Mais non, c'est de tel maître... — Vous croyez? » Alors il fait semblant de l'examiner plus attentivement « ...C'est parbleu vrai !... » et ainsi de suite. Il n'a peut-être pas attribué à leurs véritables auteurs trois de vos tableaux, et cependant, lorsqu'il vous quitte, cet homme, satisfait de lui-même, croit vous avoir ébloui de son savoir.

Ces messieurs possèdent encore une source de revenus qui n'est pas la moins fertile ; je veux parler des *certificats* qu'ils délivrent aux héritiers et aux amateurs candides. Ainsi, par exemple, s'agit-il d'un partage entre collatéraux ou d'un projet de vente, ils font offrir de *légaliser* la valeur de l'objet. J'ai vu plusieurs certificats émanés d'un des hauts barons de la tableaumanie, ils sont tous conçus en ces termes :

« Je déclare que ce tableau est bien d'un *maître ancien*, et que s'il « était en ma possession, je ne le donnerais pas à moins de ... »

(La somme est toujours de plusieurs mille francs.)

Il va sans dire que ce chiffon de papier, pareil au fameux billet de La Châtre, se paye *d'avance*, de cinquante à cent francs, suivant le chiffre de *l'expertise*.

Un autre est plus hardi, j'allais dire plus cynique. Il demande au possesseur du tableau si la rédaction qui précède lui suffit. Dans le cas contraire, il prend le double pour *indiquer* le nom de l'auteur; — en triplant la somme, il signe même le tableau et délivre le certificat suivant :

« Je déclare que le tableau qui m'a été présenté porte la signature

« de… (ici un nom ronflant), et que les ouvrages de ce peintre se vendent
« habituellement de tel prix à tel prix. »

Encore un bon billet qu'a La Châtre !

Qu'on le sache bien, tout ceci n'est pas une boutade de fantaisie ;
toutes les personnes qui fréquentent les ventes publiques sont en état
d'accoler un nom à chacun de ces portraits.

Maintenant disons un mot des petites intrigues occultes qui s'exécutent, séance tenante, au beau milieu des ventes publiques; je veux
parler de la *révision* et des ventes *composées*.

Les ventes publiques avaient lieu autrefois, avant l'édification de
l'hôtel des commissaires-priseurs, à l'hôtel Bullion, rue Jean-Jacques-
Rousseau, à l'hôtel Cléry, à la salle des Jeûneurs, et, en dernier lieu, à
la place de la Bourse. A cette époque, les amateurs y apparaissaient moins
souvent et en très-petit nombre ; d'ailleurs, les marchands, pour
écarter une rivalité gênante, leur faisaient une guerre à outrance, et
lorsqu'un amateur avait acheté un tableau, il pouvait être certain de
l'avoir largement payé. Ce sont ces débats d'amateurs à marchands qui
donnèrent lieu à une association entre ces derniers, ayant pour but de ne
se nuire en aucune manière les uns aux autres et d'acheter, en commun et
à bon compte, tous les objets présentés aux enchères. A l'issue de chaque
adjudication, les marchands se réunissaient dans un lieu convenu pour
continuer entre eux la vente ; c'est ce qu'ils nommaient la *révision*. On
conçoit combien ces révisions nuisaient aux intérêts des vendeurs, surtout
lorsqu'ils avaient fait choix d'un expert ignorant ou complice.

La désunion qui s'est glissée parmi les marchands, dont quelques-
uns seulement recueillaient le fruit de ces petites ruses, a beaucoup compromis l'existence des révisions dans le commerce parisien. Maintenant
chacun agit pour soi.

Ajoutons que par suite des modifications apportées dans le commerce
des tableaux par les marchands étrangers qui se sont emparés de presque
toutes les issues, à l'aide d'agents très-adroits recrutés parmi les amateurs
marchands, n'ayant d'amateurs que le nom, il est presque impossible

d'opérer comme par le passé. Le but est le même, mais les moyens ont quelque chose de mieux approprié aux mœurs actuelles. C'est une espèce de bourse tenue au milieu des expositions par des gens qui, suivant un mot d'ordre reçu, *chauffent* ou dénigrent un tableau.

L'observateur qui suit avec attention quelques ventes ne tarde pas à découvrir ces liens, ces rapports qui constituent une véritable association; la guerre, qui se faisait autrefois d'amateurs véritables à marchands, est continuée par les marchands étrangers avec l'aide de ces soi-disant amateurs, qui fourmillent dans les expositions publiques ou particulières, où ils soulèvent des discussions pour ou contre, suivant les intérêts de l'association.

Voici à peu près les rôles que les associés jouent lors de la vente.

Lorsqu'un amateur a envie d'un tableau, ils l'excitent, surtout s'il s'agit d'un mauvais tableau appartenant à l'un des associés. L'un d'eux, au moyen de signes convenus qu'il fait au crieur, pousse à l'enchère, et lorsqu'elle a atteint un chiffre dépassant de beaucoup la valeur du tableau, et quand l'amateur commence à se refroidir, on n'entend plus alors que la voix du crieur demandant des enchères. Grande anxiété de la part de ces messieurs! Le silence règne dans la salle; le commissaire-priseur lève son marteau, mais, avant de frapper, il répète jusqu'à dix fois : « Une fois, deux fois, trois fois, je ne répéterai plus... » L'amateur, séduit par l'éloge qu'on ne cesse de faire autour de lui des belles qualités du tableau, se laisse entraîner, il enchérit d'un franc : les associés, sortis de leur angoisse, respirent à l'aise; le coup décisif retentit sur la table, le tableau est adjugé, l'amateur a *bu un bouillon :* qu'on pardonne l'expression, elle est consacrée.

Mais c'est tout autre chose quand un des leurs pousse un tableau; ils se taisent, et si l'expert ne soutient pas les enchères, le tableau est adjugé à vil prix et *revidé* ensuite, si l'affaire est faite en participation, ou vendu avec partage dans le bénéfice.

Nous avons vu, surtout dans ces derniers temps, où le plus mince brocanteur ne craint pas de se poser en expert, nous avons vu, disons-

nous, des commissaires-priseurs rougir de l'ignorance de l'expert appréciateur et soutenir pour leur propre compte la valeur d'objets qui,
sans cela, auraient été vendus à vil prix.

Pour se soustraire autant que possible à ces attentes portées à leur
bourse, les amateurs s'avisent quelquefois de commissionner certains
experts pour l'achat des tableaux qu'ils convoitent; mais leurs intérêts
sont encore lésés. Le courtier commissionné prévient les coassociés :
« J'ai commission jusqu'à tel prix, poussez sur moi en toute assurance, »
leur dit-il dans le cas où le prix de l'amateur dépasse la valeur réelle du
tableau; dans le cas contraire, les vrais marchands soutiennent le tableau
au delà du prix fixé. On peut dire que jamais un amateur, à moins qu'il
ne soit vraiment connaisseur, n'a profité d'une bonne occasion dans les
ventes.

Il nous reste à parler des ventes composées, de ces agapes mercantiles où plus d'un amateur fait les frais du festin.

Les ventes composées, qu'on pourrait classer au second rang, sont
des plus dangereuses pour les amateurs. Comme elles exigent force
soins, force précautions, l'organisation en est d'une extrême difficulté et
d'un travail d'autant plus compliqué qu'il ne s'opère qu'à l'aide de mille
moyens insidieux. Ce n'est certes pas là le caractère que présentent les
ventes de premier ordre, où tout est beau, tout est connu, presque toujours acheté d'avance, et où la besogne de l'expert se réduit pour ainsi
dire au simple acte de la mise sur table. C'est ce qui a fait dire, non sans
raison, que le plus ignorant des experts peut obtenir impunément la sinécure des bonnes ventes.

Le grand art des préparateurs de ces ventes de second ordre est de
leur donner les dehors brillants qui séduisent et font des dupes, de savoir
habiller superbement les tableaux qu'ils vont montrer au public, de les
farder d'un éclat qui doit durer tout au plus le temps de l'exposition et de
la vente. Mais avant de les voir dans leur beau, assistons à leur toilette.

L'expert-préparateur se met en quête; il recueille d'abord quelques
tableaux chez des marchands, pour former ce qu'il nomme le *noyau de*

son exposition. Quelquefois il a la chance de rencontrer un petit amateur qui cherche à se défaire de sa collection, ou bien des héritiers qui vendent les tableaux qu'un parent leur a laissés; on conçoit que, dans l'un ou l'autre cas, il peut se présenter d'assez bons lots. Malheur à l'héritier qui, au préalable, n'a pas fait examiner ses tableaux par un homme intègre autant que connaisseur! S'il s'y trouve quelques bonnes toiles en mauvais état, quelques panneaux recouverts de chanci ou de poussière (au besoin cela s'imite avec du jus de réglisse ou de la cendre mouillée), il n'est pas rare que le tableau ainsi dissimulé ne soit mis en vente au commencement ou à la fin de la vacation, juste au moment où le vrai public n'est pas là. L'expert, alors, se le fait adjuger pour quelques francs.

Souvent aussi c'est un marchand de province qui envoie à Paris, pour y être vendus, des objets d'art trop connus de ses clients et par conséquent *usés* dans son endroit. Comme dans les belles ventes, les ventes après décès de collectionneurs renommés, on n'admet pas de tableaux étrangers, les amateurs qui veulent se défaire de quelques toiles ne peuvent donc avoir recours qu'à ces ventes de second ordre.

Le noyau formé, l'expert s'adresse à ses commettants, c'est-à-dire aux marchands qui, d'ordinaire, abandonnent à son intégrité les tableaux qu'ils n'oseraient vendre eux-mêmes; il leur annonce qu'il prépare une vente dont l'époque sera avancée ou reculée, selon le temps que ceux-ci demandent pour mettre en état d'être exposés les objets qui lui seront confiés. Dans l'intervalle, il *compose* le catalogue, le livre à l'impression, et, jusqu'au dernier moment, l'article des *objets omis* se remplit de tous les nouveaux objets qui lui arrivent par raccroc. Mais tout n'est pas fait encore pour l'expert-préparateur; il faut qu'il ait le pied agile pour courir chez les amateurs, et une faconde intarissable pour chauffer leur enthousiasme.

Les ventes après décès sont généralement celles qui inspirent le plus de confiance, attendu qu'un appréciateur qui prend à cœur les intérêts des héritiers se garde bien d'y faire figurer un objet d'art quelconque étranger à la succession. Aussi, pour donner le change, il arrive souvent que ces ventes de second ordre, toutes après décès, du reste, suivant l'annonce, sont faites dans des appartements loués *ad hoc* pour deux ou trois jours, et sur l'affiche et sur le catalogue on lit : *Vente après décès de M.* ***, *qui aura lieu dans le domicile du défunt.* Les élections de domicile sont faites, non-seulement à Paris, mais aussi dans la banlieue.

On ne saurait croire avec quelle avidité connaisseurs, amateurs et marchands mordent à l'appât. On penserait qu'une distance de six à dix kilomètres devrait effrayer. Nullement ; le monde amateur s'y transporte en foule. On sait bien que sur dix ventes de ce genre neuf sont mauvaises ; mais il suffirait d'en manquer une pour que ce fût justement la bonne.

Nous avons dit les opérations préliminaires, fait connaître les us et coutumes de ces sortes d'expositions ; assistons maintenant à la vente.

Regardons l'expert lorsqu'il se dispose à mettre un tableau sur table : nous le verrons le retourner, examiner attentivement la bordure, la toile, le châssis, quelquefois effacer des signes qu'on a mis à la craie ou autrement pour lui faire reconnaître le propriétaire. Le signe reconnu, il souffle le nom du vendeur au commissaire-priseur, qui le transmet à son clerc. Mais, semblable à l'escamoteur qui profite d'une distraction de la galerie pour faire son coup, l'expert choisit pour cette opération le moment où l'attention publique est portée vers un autre objet. Assez ordinairement, le commissaire-priseur a devant lui une petite note où se trouvent indiqués les tableaux qu'il doit soutenir. C'est le moyen le plus commode pour dérouter l'amateur sur la source des enchères.

Une chose des plus honteusement ridicules dans ces ventes, c'est la mise à prix des objets : l'expert demande, par exemple, 100 fr. d'un tableau ; la galerie se tient coi. Il diminue ses prétentions de 50 fr. ; même silence. Mettons-le à 30 fr., à 20 fr. ; silence encore... Allons, Messieurs, pour combien en voulez-vous ?... *Ceci est un bon tableau, une composition capitale...* — ou bien — *C'est un échantillon précieux du maître...* Une voix, peut-être celle du malheureux vendeur, propose la modeste somme de 10 fr. ; elle est acceptée, elle parvient lentement à s'augmenter de 4 ou 5 fr., et l'objet estimé 100 fr. est adjugé à 15 fr.

Mais quand l'expert a reçu l'ordre de soutenir le tableau, il agit avec plus d'aplomb. Messieurs, dit-il, je suis marchand à tant; il vaut plus : si vous me le laissez, je ferai une bonne affaire. Cette interpellation lancée à bout portant contre l'ignorance ou la froideur des acheteurs, acceptable quand elle émanait d'un Henri, d'un Pérignon, d'un Paillet, est déplacée, inconvenante dans la bouche de quiconque n'a pas acquis, par une réputation bien établie de savoir et d'habileté, le droit de la faire.

Je devrais dire aussi quelques mots du public qui assiste à ces ventes et qui se compose en partie d'agents dociles au mot d'ordre et de brocanteurs venus pour leur compte. Quel curieux spectacle à étudier! quels jeux de physionomie à observer, quand les mauvaises passions surexcitées se montrent à découvert sur toutes ces figures, quand la joie du vainqueur aux enchères ou le mécontentement du désappointé arrive à son paroxysme! Mais arrêtons-nous là et bornons-nous à indiquer ces scènes burlesques; elles sont dignes d'exercer le crayon d'un artiste qui, comme Hogarth, étudierait ces types vulgaires pour les livrer un jour à la risée publique.

Dans l'examen d'une question aussi complexe, aussi remplie de nuances, il se peut que je n'aie pas tout vu, tout découvert; mais du moins ce que j'ai signalé suffira peut-être pour prévenir de fâcheuses déconvenues. Tel a été mon but. Je sais bien qu'en dévoilant certains mystères, en portant la lumière dans certaines ténèbres, j'aurai soulevé contre moi quelques inimitiés; mais doit-il s'en inquiéter, celui dont tout le tort serait d'avoir dit la vérité?

CHAPITRE VIII

DE LA NÉCESSITÉ DE CRÉER UNE ÉCOLE D'EXPERTS.

Exposé de la proposition de M. Cottini. — Ce que les experts doivent connaître. — Enseignemen
rationnel. — Des services qu'ils peuvent rendre.

J'ai dit quels sont les fraudes et les trafics déshonnêtes dont les amateurs peuvent être victimes ; j'ai dévoilé les détestables artifices mis en
pratique par la mauvaise foi. Ne devrais-je pas maintenant, — et je
m'estimerais heureux d'y parvenir, — à l'instar de ces médecins habiles
qui, après avoir signalé les causes, les symptômes et les conséquences
d'un mal physique, savent appliquer, d'une main vigoureuse, les
remèdes qui doivent le guérir radicalement, ne devrais-je pas, dis-je,
indiquer les moyens de faire disparaître du commerce des arts l'esprit
mercantile qui le déshonore, ou du moins d'en neutraliser les funestes
effets qui finissent par décourager les collectionneurs les plus intrépides
et détourner de leurs généreuses intentions tant de hautes intelligences
qui se seraient fait un plaisir d'encourager les arts par la largesse et le
nombre de leurs acquisitions? Examinons ce qu'on pourrait faire pour
remédier à un mal si patent.

Il est fâcheux, et j'y ai pensé bien souvent, qu'on ne puisse parvenir au moyen d'études spéciales à contrôler le titre et la valeur d'un
tableau, comme cela se pratique à la Monnaie, à l'égard des métaux précieux. Le souvenir regrettable qu'a laissé après lui certain aréopage
composé de docteurs en tableaumanie n'est guère de nature à en faire
désirer le rétablissement. Pareil tribunal est presque toujours composé de

spéculateurs avoués ou occultes, ayant leurs intérêts personnels à ménager. Malgré toute leur probité, il est à craindre que dans certains cas ils
ne fassent tourner à leur profit les avantages de leur position ; ne le
feraient-ils pas, d'ailleurs, qu'ils en seraient soupçonnés ! Resterait la création d'une commission composée d'amateurs et présidée par une sommité
artistique. Mais cette commission, ne pouvant être au service du premier
venu, ne serait accessible qu'à quelques privilégiés, et si je ne m'étais
interdit toute discussion pouvant conduire à des personnalités, il me serait
facile de prouver par des faits, à peine oubliés, l'inanité d'un pareil
système.

A mon avis, le mieux serait de créer une institution composée de
membres s'isolant de tout intérêt personnel, et dont les études artistiques
fussent assez spéciales, assez complètes, pour donner quelque poids, quelque autorité à leurs jugements dans les expertises officielles ou privées.
Mais quelle sera la combinaison qui, conciliant tous les intérêts, viendra
atteindre le but tant de fois désiré ? Une brochure publiée il y a quelques
années par un amateur distingué, M. Cottini [1], a, selon moi, résolu
complétement la difficulté, et je saisis avec empressement l'occasion de
donner ici une publicité de plus à son excellente proposition.

Après avoir rappelé qu'il faut faire des études préliminaires avant
de pouvoir être médecin, avocat, ingénieur des ponts et chaussées ou
des mines ; qu'il faut s'appliquer, dans les écoles et dans les ateliers, au
dessin, à la peinture, à la gravure, à l'architecture, à la sculpture, avant
d'être en état de peindre un tableau, de graver une planche, de bâtir un
monument ou de tailler une statue, l'auteur de cette brochure ne peut
admettre qu'on puisse se passer d'études préliminaires pour savoir discerner, sur la vue d'un tableau sans signature, l'école à laquelle il appartient, le nom du maître qui l'a peint, le mérite ou la valeur de l'œuvre,
et pour pouvoir être admis à faire ce travail d'appréciation si important,
lorsqu'il s'agit de cataloguer, d'acquérir, ou de vendre soit pour le compte

1. *Examen du Musée du Louvre.*

de l'État, soit pour celui des particuliers. En parfaite conformité d'idées avec M. Cottini, je ne puis résister au désir de citer tout au long le rapprochement qu'il fait pour expliquer et justifier ce qu'il avance.

« Le gouvernement a fondé une École des Chartes ; elle est destinée à former des archivistes paléographes qui sachent conserver et découvrir tous les documents manuscrits, relatifs à l'histoire de France. L'État n'a pas voulu que, faute de connaissances suffisantes, on courût le risque de laisser anéantir comme inutiles, ou vendre à vil prix, ou passer à l'étranger, des documents écrits en vieux langage, et souvent très-importants.

« Les élèves de l'École des Chartes apprennent à se familiariser avec les écritures usitées dans les temps les plus reculés. On leur enseigne à reconnaître les habitudes de plumes et de mains de tous les personnages connus dans les lettres. De cette façon, ils peuvent, au besoin, discerner les manuscrits autographes et sincères d'avec les faux manuscrits. »

Ce que le gouvernement a fait pour les manuscrits en fondant l'École des Chartes, M. Cottini le demande pour les tableaux et propose de fonder une école de *peintres-experts*, dont il indique sommairement le but et la nature de l'enseignement.

D'abord les élèves devraient, avant d'y être admis, justifier de connaissances historiques et littéraires. — On exige aujourd'hui cette justification de presque tous ceux qui aspirent à des emplois publics : il est tout naturel de l'exiger des personnes qui veulent devenir juges des productions les plus élevées de la pensée, et arbitrer en matière d'art.

Une fois admis dans cette école, les élèves y recevraient un enseignement à la fois littéraire et artistique. On leur ferait continuer l'étude de l'histoire sacrée et profane, si utile pour l'interprétation des compositions. Ils devraient surtout se livrer à des études sérieuses du dessin et de la peinture. Ces études auraient principalement pour objet la reproduction d'un certain nombre de tableaux des grands maîtres de toutes les écoles. Il n'y a pas, en effet, de meilleur moyen pour connaître les procédés de chaque maître, que de s'efforcer de traduire ses œuvres avec le pinceau ; le travail d'analyse qui est nécessaire pour rendre le dessin et la couleur du peintre qu'on copie vous initie profondément au secret de sa *manière* et vous permet de reconnaître toutes ses productions avec une extrême facilité.

Enfin les élèves devraient apprendre l'art si important et si difficile de restaurer les tableaux, de manière à pouvoir faire plus tard ce travail eux-mêmes ou du moins le diriger habilement. On éviterait ainsi ces déplorables mutilations dont quelques chefs-d'œuvre placés dans nos musées offrent un si triste exemple, et qui, ainsi qu'il résulte d'une pièce authentique et officielle, ne sont dues qu'à l'inaptitude de ceux qui ont dirigé ces travaux, ainsi qu'à leur peu de surveillance.

Pour revenir à notre école, rien ne serait plus aisé que de l'annexer à celle des Beaux-Arts. Afin de stimuler le zèle des élèves, on pourrait y fonder des prix et procurer aux lauréats les moyens d'aller étudier en Italie, en Espagne, en Belgique et en Hollande tous les maîtres et toutes les écoles.

Ainsi formés par ce haut enseignement, les *peintres-experts* jouiraient des mêmes priviléges que les élèves de l'École des Chartes, où l'État choisit les répétiteurs de l'École, les archivistes des départements, les bibliothécaires ou employés dans les bibliothèques nationales. Le gouvernement choisirait de même parmi les *peintres-experts* les professeurs de l'École et les conservateurs des musées. Les villes de province qui possèdent des collections pourraient être tenues d'élire leurs conservateurs parmi les anciens élèves du gouvernement.

Enfin les *peintres-experts* pourraient devenir en matière d'art les conseils de l'État et des particuliers. L'État leur donnerait la mission d'acquérir pour les musées les échantillons qui y manquent[1]. De leur côté, les

---

1. A ce sujet, bien des propositions ont été faites. Celle qui réunit le plus de suffrages émane du docteur Aussant, président honoraire du musée de Rennes et de diverses sociétés artistiques. Voici sa substance :

On provoquerait dans chaque chef-lieu de département et même dans chaque ville un peu importante, à l'occasion d'un comice, d'une œuvre de bienfaisance ou autrement, une exposition des œuvres d'art et d'archéologie que possède chaque pays. Une commission locale, composée d'amateurs provinciaux, se chargerait de réunir tous les objets intéressants existant autour d'eux.

particuliers pourraient s'adresser à eux avec une confiance absolue, et les consulter sur la valeur et l'authenticité des tableaux qu'ils voudraient vendre ou acquérir.

En effet, n'est-il pas rationnel d'exiger, en ce qui concerne les musées nationaux, que les attributions des tableaux à leurs auteurs y soient d'une exactitude, d'une sûreté et d'une précision irréprochables, puisque les tableaux y ont la valeur de documents historiques. Une science certaine, une expérience consommée sont donc indispensables à un musée national, tant pour bien classer les tableaux existants que pour faire des acquisitions utiles, et pour ne placer dans les collections que des tableaux vraiment dignes d'y figurer. Il est incontestable qu'un musée est une collection faite pour servir tout à la fois à l'histoire de l'art et à l'étude de ses procédés. C'est là une vérité tout à fait élémentaire. Or, l'histoire ne peut reposer que sur des données précises et irréfragables. Quelle autorité pourrait avoir un historien qui se tromperait sans cesse sur les noms ou qui, ne sachant à quel personnage attribuer tel ou tel fait historique, passerait les noms sous silence, de peur de se tromper? Évidemment une pareille façon d'écrire serait la négation de l'histoire.

La même science, la même expérience sont indispensables pour former les galeries particulières.

En général, l'amateur qui veut acheter des tableaux dont les possesseurs demandent 20, 30, 40 ou 50,000 fr., a le plus grand intérêt à rencontrer des intermédiaires d'un savoir certain, qui ne lui fassent acquérir que des tableaux dont on puisse toujours trouver, en les revendant, le prix qu'ils ont coûté.

Une commission d'experts ou quelques hommes autorisés viendraient ensuite reconnaître et apprécier les objets réunis. Ce premier travail fait, les plus importants seraient destinés à former une exposition générale française, à la manière de ce qui a lieu en Angleterre.

Nul doute que ces exhibitions locales sauveraient beaucoup de toiles intéressantes, en faisant connaître leur valeur à ceux qui les possèdent. La commission ne bornerait pas là son travail de réhabilitation; elle indiquerait à leurs possesseurs les moyens de les conserver; elle provoquerait et faciliterait les échanges entre les musées et les collectionneurs, tout en mettant en lumière des trésors ignorés qui profiteraient ainsi à l'étude des artistes et des amateurs.

Il n'est au contraire que trop d'exemples de riches amateurs qui, faute de connaissances suffisantes en peinture, ont consacré des sommes énormes à l'acquisition de toiles sans valeur. Les lumières d'hommes savants et expérimentés les eussent préservés d'un tel désastre.

D'un autre côté, les particuliers qui possèdent de belles galeries de tableaux, et qui veulent les vendre, ont le plus grand intérêt à ce qu'il se rencontre toujours des hommes d'une haute expérience pratique et d'un coup d'œil exercé, qui, expertisant, avec l'autorité d'un incontestable savoir, les toiles soumises à leur examen, puissent en fixer la valeur de la manière la plus certaine.

Trop souvent des tableaux d'un mérite immense, des compositions dues au pinceau des plus illustres maîtres, sont complètement méconnues et se vendent pour la valeur du cadre. Que, par hasard, des connaisseurs obscurs aient le talent de deviner et le courage d'acheter ces chefs-d'œuvre devenus un objet de mépris, cela ne les avancera guère. En effet, s'ils veulent démontrer qu'ils viennent d'acquérir des œuvres inimitables, ils sont traités de rêveurs et de visionnaires par ceux qui n'auront su ni deviner, ni découvrir ces tableaux précieux. Par suite, nul n'osera désormais admirer ces tableaux, ni, s'ils sont à vendre, les acheter. En revanche, des peintures de la plus haute médiocrité atteindront à des prix fabuleux.

Nous partageons entièrement l'avis de l'auteur de la brochure. Un pareil état de choses est véritablement funeste. A mesure que diminuent le sentiment sûr et la connaissance profonde des qualités distinctives des peintres anciens, à mesure aussi diminue cette partie de la richesse universelle qui est représentée par les œuvres sorties du pinceau de ces peintres.

Non-seulement il est juste de restituer aux hommes spéciaux les missions spéciales, mais il est nécessaire d'entretenir et de provoquer ces études si patientes, et qui demandent la science la plus profonde.

Il faut que la régularité soit substituée à la diffusion, le savoir au savoir-faire ; en un mot, il ne suffit pas de chasser les marchands

du Temple, il faut leur créer des obstacles tels, qu'ils ne puissent y
rentrer.

Tel est l'exposé sommaire de la mission, des études, des connaissances et de l'utilité des hommes à qui le Gouvernement donnerait le
diplôme de *peintre-expert*.

La création de cette école me paraît un des meilleurs moyens d'apporter un remède prompt et assuré à l'état de choses actuel, surtout en
matière d'expertises et d'achats. Il fut un temps où une pareille proposition eût été regardée comme une utopie irréalisable ou trop dispendieuse,
du moins c'eût été le motif apparent de son rejet. Aujourd'hui, il y a tout
lieu d'espérer que la sollicitude éclairée d'une administration si favorable
à l'art nous dotera un jour de cet utile établissement. Ce serait une haute
moralité mise en pratique; car l'intérêt public, comme l'intérêt particulier, réclame ou plutôt exige des mesures promptes et salutaires.

CHAPITRE IX

APERÇU GÉNÉRAL ET PARTICULIER DES DIVERSES ÉCOLES
DE PEINTURE.

ÉCOLES D'ITALIE ET D'ESPAGNE.

Divisions et subdivisions des Écoles Italiennes. — Leurs différents caractères et leurs
fusions successives. — Analyse de leurs moyens pratiques. — La plus ancienne École
de l'Italie. — L'École des saints François. — Peintres Espagnols. — Tâtonnements de
Murillo. — L'École des *Ecce-homo* et des *Mater dolorosa*.

Le mot École s'emploie habituellement pour qualifier les élèves d'un
grand maître ou ceux qui se sont conformés à sa manière; dans ce sens,
on dit l'École de Raphaël, l'École de Rubens, l'École des Carraches, etc.
Mais en prenant ce mot dans sa portée la plus étendue, il désigne la succession des peintres d'un pays, dont les ouvrages se distinguent par le
même sentiment de peinture. On compte seulement en Europe cinq
arbres généalogiques, savoir : l'École Française, l'École Italienne, l'École
Espagnole, l'École des Pays-Bas et l'École Anglaise, qui se divisent en
vingt-quatre branches.

La plus importante de toutes, l'École Italienne, est riche de quatorze
rameaux qu'on désigne ainsi : École Gothique primitive, Florentine,
Romaine, Bolonaise, Vénitienne, Napolitaine, Siennoise, Milanaise,
Genevoise, de Parme ou Lombarde, Génoise, Ferraraise, de Toscane et
de Padoue.

L'École Espagnole ne possède que quatre rejetons, ce sont : les
Écoles de Séville, de Madrid, de Valence et l'École Italico-Espagnole,

c'est-à-dire des peintres de la péninsule qui ont pris les leçons des maîtres italiens.

L'École des Pays-Bas se fractionne en trois parties : les Écoles d'Allemagne, de Flandre et de Hollande.

Les peintres transalpins ont tiré un si notable avantage de la connaissance des antiques, que l'École Italienne l'a souvent emporté sur ses rivales, par l'excellence du dessin. Les disciples de cette École ne se sont pas contentés de reproduire la nature, ils ont pris à tâche de l'idéaliser ; c'est à leur génie que l'on doit la plus noble attitude du corps humain et l'harmonieux ensemble de tous ses membres. Pour ce qui est du visage, les Italiens se sont moins attachés à le faire beau, qu'à le rendre animé et parlant ; la physionomie étant pour eux le miroir des passions, ils se sont évertués à y saisir les moindres mouvements de l'âme ; c'est ce qui explique la prééminence dont ils ont si longtemps joui pour ce qui concerne la vérité de cette partie de la structure humaine.

La plus ancienne École que l'on connaisse est la Florentine ; elle date de 1260, époque où parut le premier tableau de Cimabué, formé aux leçons des peintres grecs que le sénat de Florence avait appelés dans ses murs et honorés de son hospitalité. Cimabué eut la gloire d'être le restaurateur de la peinture en Italie, il fut le maître du Giotto qui lui-même a formé de brillants disciples.

L'École Florentine primitive affecte une sécheresse obstinée, une froideur fatigante qui ne rendent que plus sensibles la faiblesse de son dessin et le ton blafard de son coloris. Vers 1440, André Vérochio relève l'art du pinceau par un dessin correct et par la grâce de ses têtes ; c'est à la réputation que lui acquit son talent qu'il dut d'enseigner son art à Léonard de Vinci et au Pérugin, qui à son tour inculqua ses principes à Raphaël.

Les signes caractéristiques de l'École de Florence, régénérée par les artistes que je viens de citer, sont la fierté, le mouvement, l'austérité, l'énergie qui exclut peut-être la délicatesse, et finalement une magie de dessin d'une incontestable supériorité.

Tous les ouvrages des premiers Florentins ont été exécutés sur panneaux de cèdre très-épais, et ressemblent beaucoup à ceux de l'ancienne École Allemande, avec lesquels on les confond quelquefois. Très-peu de tableaux de ces artistes sont signés en toutes lettres. La plupart portent des monogrammes et sont peints sur panneaux sans apprêt.

Fondée par les frères Bellini, l'École Vénitienne a succédé à la Florentine, ou plutôt est devenue sa rivale. Les Vénitiens ont pris à tâche de suivre une route diamétralement opposée à celle de leurs rivaux. Aussi les productions de la primitive École Vénitienne sont-elles peintes largement, sans correction de dessin, radieuses de couleurs ; au lieu de rappeler l'aridité du Giotto, elles sont rouges dans le clair et noires dans les ombres.

Les compositions de la première époque sont traitées sur des panneaux extrêmement épais. Le Titien, pour se débarrasser de l'aspect lisse que produit le bois, travailla sur toile, et peu après ses œuvres, ainsi que celles de ses disciples, ne furent plus exécutées que sur un très-gros coutil apprêté en rouge.

A partir du Titien et du Giorgion qui en sont les véritables chefs, l'École Vénitienne s'est toujours fait remarquer par l'éclat de son coloris, une admirable science du clair-obscur, des touches habiles et attrayantes et un reflet si simple et si fidèle de la nature, qu'il va quelquefois jusqu'à l'illusion ; mais on lui reproche d'avoir en diverses circonstances négligé le dessin et l'expression.

Pietro Pérugino, inspiré de la manière de Cimabué et de Léonard de Vinci, vint à Rome, où il se brouilla avec les deux Écoles existantes et fit bande à part ; bien lui en a pris, et il n'a pas dû le regretter, puisqu'il est arrivé au rang de chef de l'École Romaine. Pérugino eut l'avantage d'initier le divin Raphaël aux mystères de son art ; c'est aussi son principal titre de gloire.

L'École Romaine s'est appliquée à réunir les qualités de Léonard de Vinci et de Bellini, et bientôt après elle y a ajouté celles qui lui sont propres : la correction du dessin, la sagesse du coloris et la poésie des contours. Généralement les productions des artistes romains sont élégantes, quoique souvent bizarres ; les expressions idéales plutôt que naturelles, parce qu'elles sont souvent sacrifiées en partie à la perfection du beau.

Les tableaux des artistes romains, à l'exception de quelques-uns de Raphaël, ne sont pas signés. Ils se conservent mieux que ceux des autres Écoles, parce qu'ils sont peints sur un apprêt de plâtre inventé par le maître. Le plâtre a l'avantage d'absorber l'huile, qui seule, comme on le sait, dégrade les couleurs.

De ces trois pléiades florentine, vénitienne et romaine, est sortie l'École de Parme ou Lombarde, dont le gracieux Corrége a été le créateur. Les enseignements et l'étude mûrie des chefs-d'œuvre de ce prince de la grâce et du coloris, ont communiqué à ceux qui l'ont suivi la supériorité qu'il s'est acquise. Un goût des plus purs recommande l'École Lombarde ; elle marche de pair avec les Écoles Vénitienne et Romaine ; un savant dessin calqué sur la nature, un sentiment exact de la physionomie, un pinceau léger et moelleux, une touche sûre, des tons merveilleusement fondus, se rapprochant beaucoup du vrai lorsqu'ils ne sont pas mats ou qu'ils ne donnent pas dans le noir. Le charme et la noblesse sont les qualités dominantes de l'École Lombarde ou Parmesane. Presque toutes les célébrités issues de cette École sont arrivées au même but par des routes différentes. Elles se sont approprié un genre, chacune à sa guise, genre toujours original qui a le privilége de plaire à l'universalité des amateurs.

Les productions de la famille Lombarde, peintes sur bois ou sur toile, ont un cachet particulier produit sans doute par un apprêt en gris et d'un grain très-fin.

La correction du dessin, un coloris transparent et la délicatesse du ton, résument les qualités de l'École Bolonaise, parfois d'une désolante uniformité. Les peintres bolonais ont travaillé sur cuivre, sur bois, mais rarement sur toile. — Les analogies que présentent entre elles les Écoles Siennoise, Milanaise et Ferraraise se fondent sur ce qu'elles dérivent chacune du cénacle florentin ; leurs compositions sont plus animées, d'un coloris plus vigoureux, d'un dessin moins maigre que les œuvres de Cimabué; elles sont exécutées sur bois ou sur toile teintés en gris foncé, ce qui leur donne, pour la transparence des couleurs, un ton cendré ou violet.

Plus forte, mais sans souci de la ligne, l'École Napolitaine estimée pour la richesse de son coloris, donna naissance à l'École Genevoise, qui se révéla de prime-abord par ses façons léchées, froides ou brossées dans le style des Bolonais. Faible imitation des Vénitiens, l'École de Padoue est terne et d'un gris-noir. N'ayant guère eu pour adeptes que des moines, elle a emprunté presque tous ses sujets à l'Écriture sainte. On lui doit une multitude de portraits de saint Antoine et de saint François, de triste mine et mesquinement dessinés. L'École de Padoue a eu pour héritière celle de Toscane; celle-ci s'est montrée sous un meilleur jour, péchant moins que la précédente en ce qui concerne le sentiment et la grâce, ayant en outre un dessin convenable. — On confond souvent l'École de Toscane avec celle de Gênes; la dernière joint à la froideur des Bolonais le dessin régulier des Vénitiens, cependant elle captive l'attention et semble plus sympathique que l'École de Parme.

La péninsule ibérique compte quatre catégories de peintres : celle de Séville, de Madrid, de Valence et l'Italico-Espagnole.

L'École de Séville a pour chef Estevan Murillo. Ce maître est quelquefois difficile à reconnaître à cause des trois manières qu'il a successivement suivies. Élève de Castillo, Murillo adopta à son début un dessin assez correct et très-suffisant; mais sa couleur, renouvelée des Florentins, était rose et sèche. Les artistes qui ont imité ce genre ont reçu la dénomination de disciples de l'École Florentino-Espagnole. Sous l'inspiration de Van Dyck et de Pierre Moya, Murillo travailla d'une manière large, et tomba dans le gris et les contours heurtés, style que ses élèves ont propagé, en l'exagérant suivant l'habitude des imitateurs. Ce ne fut qu'après bien des tâtonnements que le peintre de l'*Assomption* arrêta ses préférences sur le genre que l'on admire aujourd'hui. Estevan Murillo prêcha alors d'exemple la perfection du dessin, la vigueur et le prestige du clair-obscur et cette poétique influence qui entraîne et captive la foule.

A l'inverse de l'École de Séville, le coloris plus noir, le dessin plus accusé en certains cas, exagéré même, constituent le caractère distinctif de l'École de Valence dont Ribéra est le maître.

Le divin Moralès est le fondateur de l'École Madrilègue, d'une exécution froide, soigneusement achevée, imitant en cela celle des Florentins, mais remarquable par la pureté du dessin. Les disciples de Moralès n'ont guère composé, à l'instar de leur maître, que des *Ecce-Homo* et des *Mater dolorosa*, peints sur bois, que l'on a pris maintes fois pour des legs de l'atelier de Léonard de Vinci.

Les véritables créateurs de l'École Italico-Ibérienne sont des peintres d'origine italienne, ainsi que l'atteste la première manière de l'Espagnolet et celle de Vincent Joanes.

L'épilogue de cette rapide nomenclature consistera dans l'aperçu de l'École des Pays-Bas, qui comprend celle d'Allemagne, de Flandre et de Hollande, après lesquelles viendront les Écoles Anglaise et Française.

CHAPITRE X

SUITE DE L'APERÇU GÉNÉRAL ET PARTICULIER DES DIVERSES ÉCOLES
DE PEINTURE.

ÉCOLES DES PAYS-BAS.

L'idéalisme des Italiens et le réalisme des Flamands. — Le hasard du modèle. — Rapprochements entre certains maîtres allemands et des Pays-Bas. — Les révolutions, les
guerres et les fléaux n'ont pas nui au développement des Écoles des Pays-Bas. —
L'École Hollandaise n'est qu'un assemblage d'éléments particuliers. — Son caractère
distinctif. — Matières premières employées par les peintres des différentes Écoles. — Le
Schiff-brett et les estampilles de la ville d'Anvers.

Les Italiens ont toujours cherché à reproduire aussi minutieusement que possible la nature en ce qu'elle possède de noble, rejetant
avec soin ce qu'elle présente de défectueux. Allemands et Flamands
n'ont rien épargné pour atteindre un autre but ; ils ont pris à tâche
d'être les fidèles imitateurs de la nature, telle qu'elle se montrait à
leurs regards : avaient-ils à peindre une Junon ou une Vénus, la
femme qui leur servait de modèle ayant un beau galbe, des formes
élégantes, des traits distingués, on était certain d'avance que les
déesses seraient dignes de l'Olympe ; mais, si la physionomie et la
tournure du modèle étaient ingrates et vulgaires, ils reproduisaient
fidèlement, jusqu'aux moindres détails, l'être vivant qui posait, sans se
préoccuper du beau idéal ou de la grâce qu'ils n'avaient pas sous les
yeux. Quoi qu'il en soit, c'est de cette inexorable fidélité de la copie

qu'est éclos le coloris magistral que poursuivent, avec plus d'envie peut-être que d'espoir de l'obtenir, les peintres réalistes de notre époque.

Le caractère distinctif de l'École Allemande est la rigoureuse interprétation des choses animées ou inanimées, sans exclusion des défauts, comme aussi sans choix de ce que les objets offrent souvent d'irréprochable. Sur ce point l'École Allemande est en communauté de sentiment et de pratique avec les Écoles Flamande et Hollandaise; mais il lui manque le fini délicieux, la vérité, l'expression, qui sont l'apanage des maîtres des Pays-Bas. Fondée à la fin du xvᵉ siècle par Albert Dürer, et continuée par Rottenhamer, élève du Titien, l'École Allemande est froide, maniérée, monotone et souvent blafarde; les draperies semblent taillées dans la pierre, et le coloris mécontente l'œil.

Les principaux ouvrages de cette famille de peintres consistent en fêtes champêtres, scènes de tabagie et autres sujets vulgaires. Peu de disciples de cette École ont réussi dans les compositions nobles et élevées. La plupart des tableaux allemands sont exécutés sur de minces panneaux de chêne; ils sont en général signés ou portent des monogrammes.

Fréquemment confondues entre elles, les Écoles de Flandre et de Hollande ont cependant deux tendances si évidentes que la confusion n'est guère permise. Les Flamands n'ont jamais perdu leur réputation sous le rapport du clair-obscur, du moelleux de la brosse, du travail fini sans sécheresse; on les vante, à juste titre, pour la fusion très-étendue de leurs couleurs fort bien assorties, qualités dignes à beaucoup d'égards de compenser le tort qu'ils ont eu de refléter la nature telle qu'elle leur apparaissait au hasard, et d'interpréter servilement les objets d'un aspect vulgaire ou défectueux.

Depuis les Van Eyck jusqu'aux derniers temps de l'École de Rubens, le merveilleux élan des beaux-arts a toujours été croissant au milieu des troubles et des guerres civiles qui agitaient les Pays-Bas. « Chose remarquable, dit Burtin, les longues fureurs de la ligue protes-

tante, les hécatombes du fanatisme, la sédition incendiaire d'Amsterdam,
le pillage de la ville d'Anvers, l'anéantissement des duchés de Clèves
et de Juliers, la guerre de la succession d'Espagne, les conquêtes de
Louis XIV, la peste, la famine, le feu du ciel coïncidant avec tous ces
fléaux [1] n'exercèrent qu'une faible influence sur l'émulation. Aux déchir-
rements de l'anarchie et aux funestes luttes des ambitieux, ont soudain
succédé des périodes de réconciliation et de paix. Les artistes épars se
sont ralliés autour de la personne de leur prince, de nouveaux trophées
élevés au génie des arts et des manufactures ont ranimé les cœurs et
les zèles, et c'est alors que cette radieuse pléiade de peintres a cicatrisé
toutes les blessures et, par son rayonnement, réparé toutes les pertes
dont les traces sont devenues insaisissables. »

L'École Hollandaise semble dériver de l'Allemagne et de la Flandre
pour le bon et le mauvais goût. Dans un sens, cependant, il serait
permis d'affirmer que l'origine de l'École Hollandaise n'a rien de commun
avec celle de ses voisins. En effet, au lieu d'être le résultat d'une
fusion successive d'artistes remontant à un ou deux chefs comme à
une source unique, elle n'est qu'un assemblage d'éléments particuliers
indépendants les uns des autres; ou les élèves ont distancé leurs
maîtres en cultivant le même genre qu'eux, ou bien une fois sortis
de leurs ateliers, ils ont formé à leur tour des séries spéciales dans un
genre tout différent. Nous citerons pour preuves *Van Alest, Berghem,
G. Dow, Van Ostade, Rembrandt, Van den Velde, Wynants* et beaucoup d'autres.

Quelque divisées que soient ces Écoles par le nom des maîtres,
elles se rapprochent plus entre elles par le style qu'aucune des agré-
gations italiennes ou françaises, bien que celles-ci n'aient eu à leur
tête qu'un ou seulement deux fondateurs principaux. Chez les Hollandais,

---

1. Outre la peste dont les Pays-Bas ont été frappés, les ravages du tonnerre n'ont pas été moins
funestes. Notamment l'orage de 1717, qui a détruit, dans la seule église des Jésuites d'Anvers,
trente-six plafonds peints par Rubens et Van Dyck. On est redevable des dessins qui nous en res-
tent à Jacques de Witt, peintre hollandais qui les avait soigneusement copiés avant le sinistre.

quel que soit le genre qu'ils aient adopté, les maîtres comme les disciples prenant pour guide la nature, n'ont différé entre eux que par de simples écarts de touche et de style; aussi n'ont-ils jamais cessé d'être vrais, naïfs et attachants, comme leur sublime modèle, la nature, sous le rapport des effets de détail et d'ensemble.

Les qualités dominantes des peintres hollandais sont le bon choix des sujets et des couleurs qui leur conviennent, la variété des empâtements et des touches. Les productions de cette École se recommandent par une exquise entente du clair-obscur, la finesse du travail, une netteté extrême et un grand art dans la reproduction des sites, des animaux, des fleurs, des fruits, ainsi que par une connaissance approfondie de la perspective.

Le flegme qui n'abandonne jamais les peintres hollandais, même dans toute l'ardeur du travail, est une chose digne de remarque; mais ce qui est plus surprenant encore, c'est la ténacité, la persévérance dont ils font preuve pour arriver au but qu'ils finissent par atteindre, sans jamais se laisser décourager par des tentatives infructueuses, quel qu'en puisse être le nombre. C'est à ce travail opiniâtre qu'ils doivent la perfection du clair-obscur poussé par eux jusqu'à la magie et où l'on ressaisit, sans nul effort, les nuances diverses de la nature même.

Mais c'est à ce flegme, à ce sang-froid qu'ils doivent aussi de n'avoir pas su donner à leurs figures le reflet des passions nécessaire. Ils auraient dû d'autant plus s'en défendre, que leurs scènes habituelles, relevant presque toujours du grotesque, se prêtaient à la création des physionomies les plus expressives, les plus bizarres, les plus énergiquement accentuées.

Les artistes hollandais qui ont exclusivement pratiqué la peinture d'histoire, y ont conservé leur admirable sentiment du clair-obscur, mais n'ont pas su donner à leurs personnages les vêtements qui convenaient à leur dignité ou à leur rang, et des plus fameux héros ils ont fait parfois des turlupins. Ici, c'est un roi travesti en roulier, avec le visage et les allures qu'on donnerait à peine aux gens de la plus basse extraction ! Là, c'est Suzanne qui semble ne prendre nul souci des pudiques réserves de son sexe. Ailleurs, Scipion est représenté dépourvu de ses qualités distinctives, la noblesse et la bravoure. En un mot, sous le masque créé ou copié par les peintres hollandais, les grands hommes sont presque tous méconnaissables. Cela vient du mauvais choix de leurs modèles et, peut-être aussi, du goût dominant à cette époque pour tout ce qui était trivial, bizarre et hétéroclite.

Bon nombre de maîtres des Écoles Allemande, Flamande et Hollandaise ont peint leurs tableaux sur vélin, ivoire, marbre, albâtre et sur ardoise; mais la toile, le bois et le cuivre ont été le plus ordinairement affectés aux productions d'une certaine grandeur. Le fer-blanc n'a servi qu'aux Allemands et à quelques Italiens, pour suppléer au cuivre, lequel, avec le bois et la toile, a été indistinctement employé dans tous les pays, sous les réserves suivantes :

Le cuivre a été utilisé surtout par les Flamands et par les Hollandais, seulement pour les tableaux de moyenne dimension.

Le sapin et les autres bois tendres n'ont été en usage que chez les Allemands et les Italiens. Les peintres d'Italie avaient contracté l'habitude de se servir de panneaux très-épais, dont l'envers, au lieu d'être raboté ou scié, était le plus souvent ajusté à la hache.

Le châtaignier, assez en usage chez les Italiens, a été aussi recherché par les anciens Allemands et par quelques Flamands, vers la même époque. Une observation a ici sa place : le châtaignier, commun en Italie, doit l'avoir été également en Allemagne au XVᵉ et au XVIᵉ siècles; il y est aujourd'hui fort rare. La charpente toute de châtaignier découverte lors de la démolition du château royal de Tervuezzen et d'autres antiques maisons des Pays-Bas, confirme cette opinion.

L'emploi du chêne de la meilleure essence a fixé les préférences des Flamands et des Hollandais qui n'ont pas travaillé sur d'autres bois, hormis un petit nombre de vieux peintres qui se sont servis du châtaignier. Les panneaux de chêne sont fort appréciés par les amateurs ; ils sont souvent un titre de recommandation pour le tableau qui les couvre.

Ces panneaux s'appellent *Schiff-Brett,* mot qui signifie *bois de navire,* c'est-à-dire provenant d'un vaisseau hors de service [1].

Les Italiens seuls et un petit nombre d'Espagnols ont eu l'idée bizarre de peindre leurs compositions sur de grosses toiles, la plupart si mal apprêtées, que, çà et là, on distingue les fils sous les transparences de l'huile. Parmi ces canevas, il s'en trouve de si épais qu'on est disposé à croire qu'ils ont été tissés, non avec du fil, mais avec des cordes.

1. Il importe de se garder d'une erreur susceptible d'avoir des suites très-préjudiciables ; bon nombre de personnes admettent, comme signature authentique de quelques maîtres du passé, ou comme le signe irréfragable d'un ouvrage hors ligne, l'estampille, au moyen d'un fer brûlant des armes de la ville d'Anvers au revers de certains panneaux. La vérité en ce point est que pour garantir la provenance de ces planches de chêne, ainsi que le nom de leur fabricant, à l'époque où Anvers était à l'apogée de sa gloire, on avait jugé convenable d'y apposer ce cachet inaltérable de sa supériorité, de même que les poinçons de contrôle attestent le titre des métaux précieux.

CHAPITRE XI

ÉCOLE ANGLAISE.

Il y a une École Anglaise. — L'esprit national ne doit pas exclure la loyauté. — D'où provient la décadence apparente de l'École Anglaise. — Les individualités du siècle. — Opie, Lawrence, Turner, Constable, Wilkie, Bonington. — Les peintres contemporains ou quasi-contemporains. — John Martin, D. Roberts, W. Etty, Frith, Müller, J. Ward, Anthony, Landseer, Stanfield, sir Charles Eastlake, Ruskin, Hunt, Hugues, Hook, Millet, Wallis, etc. — On prêche l'éclectisme et l'on pratique l'exclusivisme. — A qui doit-on la réhabilitation de l'École Anglaise? — Son caractère particulier. — Ses artistes ne sont ni des pasticheurs ni des plagiaires. — Ce qui distingue ces derniers. — Parallèle entre les coloristes anciens et les maîtres anglais. — L'excès de nationalité. — Ce que les vrais amateurs doivent désirer. — Les galeries britanniques. — Les Anglais sont-ils insensibles aux choses d'art? — Pourquoi la Grande-Bretagne n'avait pas de galerie nationale. — Les libéralités du trône, du parlement, de l'aristocratie et des particuliers. — La première grande collection de l'Angleterre ne fut pas formée par un roi. — Les bonnes traditions et les *fidei commis*. — Causes de la rareté et de l'élévation du prix des œuvres d'art. — Où vont les tableaux hors ligne. — *Desiderata*. — Conclusion.

Il n'y a pas encore longtemps, beaucoup de personnes, en France, ignoraient que l'Angleterre eût produit une série d'artistes assez originaux d'exécution, pour qu'on leur attribuât l'honneur d'avoir créé une École. C'est tout au plus si Reynolds, Gainsborough et Lawrence étaient connus; quant aux autres artistes, on ne soupçonnait même pas leur existence.

Certains écrivains, à vrai dire, reconnaissaient bien à l'Angleterre quelques talents supérieurs; mais ils n'en concluaient pas moins par la négation de tout génie, de toutes tendances particulières.

D'autres, après avoir disséqué les œuvres de quelques maîtres anglais, analysé superficiellement leurs procédés pratiques, ne voyaient dans leurs productions qu'un assemblage de pastiches plus ou moins réussis.

Accepter ces opinions dont le monde artistique a pu si facilement reconnaître le peu de fondement, à chaque exhibition successive des productions de l'art anglais, ce serait le comble de l'injustice et se montrer par trop exclusif ou présomptueux. Avant tout, il faut être loyal, même quand il s'agit de beaux-arts, et l'esprit national ne doit pas aller jusqu'à croire que l'on fait tout mieux que les autres peuples. Nier sans examen des qualités incontestables, c'est s'exposer à être accusé à la fois de légèreté et de vanité, reproche qui n'a été que trop souvent adressé à notre nation.

J'admets, pour être juste, que, depuis les fondateurs de l'École Anglaise jusqu'à l'époque actuelle, la différence est évidente, et qu'au lieu de se placer de plus en plus avec avantage dans l'opinion du monde artistique, elle donne souvent des signes de décadence. Cependant, tous ceux qui se signalèrent durant cette période avec plus ou moins de succès, ne manquèrent ni de moyens ni de goût, bien que s'affaiblissant d'une manière sensible. Cette dégénération tient à une cause générale et commune, il faut le dire, à toutes les nations. Les premières impulsions qu'elles reçoivent excitent l'enthousiasme, elles ouvrent toutes les imaginations, les esprits s'élèvent et s'épurent, les idées se régularisent; tous n'ont alors qu'un même vœu, qu'un même désir. Aussi ce premier élan enfante-t-il des prodiges; mais bientôt, épuisés par les efforts de la contemplation, les talents se calquent les uns sur les autres; ils se laissent maîtriser par la mode ou le caprice, et, dans cet état d'inertie qui en est toujours la funeste conséquence, le génie, se sentant au-dessous de lui-même, n'ose s'affranchir des préjugés dont il subit malgré lui la dure loi.

Malgré ces vérités qu'il faut pourtant admettre si l'on ne veut pas être

7

taxé d'engouement, il n'est pas moins vrai que, durant cette période, on a vu surgir un certain nombre d'individualités qui ont renoué avec honneur la chaîne que l'on croyait rompue.

Ainsi, pour ne parler que de notre siècle, l'École Anglaise n'a-t-elle pas Opie, Lawrence, Turner, Constable, Wilkie, Bonington? Parmi ses peintres contemporains ou quasi-contemporains, ne peut-elle pas être fière de citer John Martin et D. Roberts, deux individualités incontestables? W. Etty, ce coloriste fougueux? Frith, ce talent si fin et si complet? Müller, J. Ward, Anthony ne continuent-ils pas Constable, sans le copier servilement?

Et Landseer, le Sneyders anglais; Stanfield, dont les marines font école; et sir Charles Eastlake, dont la sollicitude éclairée préserve les trésors d'art de l'Angleterre, et sur le talent duquel il m'est interdit de m'exprimer après l'honneur qu'il a bien voulu me faire. Tous ces artistes, grands à divers titres, ne doivent-ils pas peser d'un certain poids dans la balance du présent? Et cette fameuse École, dite des *pré-Raphaëlistes,* où brillent au premier rang MM. Ruskin, Hunt, Hugues, Hook, Millais, Wallis, etc., etc., ne peut-elle pas offrir quelques œuvres qui seront dignes de l'admiration des siècles à venir? Qui nous dit que ce que nous repoussons aujourd'hui ne fera pas la gloire des temps prochains? Pourquoi prêcher l'éclectisme et pratiquer l'exclusivisme?

Lorsqu'elle est en possession de pareils éléments, peut-on dire que l'École moderne anglaise soit en péril, comme on se plaît à le répéter de nos jours? Savamment dirigée depuis quelques années, elle obéit à l'impulsion qui lui est donnée par son gouvernement, grâce à l'intervention de feu S. A. le prince Albert, dont on retrouve toujours le nom en tête d'une fondation touchant, de loin ou de près, au culte des beaux-arts. L'État, heureusement, a reconnu qu'il faisait fausse route en refusant des encouragements aux artistes; marchant de concert avec lui, l'aristocratie et les riches particuliers continuent les traditions glorieuses du règne de Charles 1er. De tous côtés, se fondent des musées, des académies, des écoles. Le gouvernement, bien conseillé, encourage les artistes par des commandes, par des achats; il comble, par des acquisitions multipliées et bien entendues, les lacunes qui existaient dans les collections publiques; enfin, tous ses efforts tendent à former le goût du public et à protéger le culte des arts.

Tout porte à croire que ce développement donné depuis quelques années aux facultés inhérentes aux artistes anglais, dont l'énergie froide, résolue, forme le fond du caractère, produira les plus heureux résultats et fera cesser le temps d'arrêt que les circonstances et les causes que nous indiquerons plus loin ont imposé à l'École de la Grande-Bretagne.

Mais revenons à l'École ancienne, dont les œuvres sont présentées à tort comme la réunion fortuite de talents supérieurs.

Heureusement, depuis quelques années, on comprend qu'il est d'autant plus de toute justice de détruire ce préjugé, qu'il n'était dû qu'à l'ignorance. Plusieurs écrivains, en tête desquels il faut placer MM. W. Burger, Waagen [1] et Th. Gautier, ont démontré que nous n'avons pas plus le monopole du Beau, que nous n'avons celui du Bien.

Après avoir publiquement reconnu leur erreur, si toutefois ils l'avaient partagée un instant, ils ont loyalement proclamé l'individualité de l'École Anglaise, et, les premiers, posé les jalons de son histoire particulière.

Pour mon compte, je n'hésite pas à reconnaître avec M. Burger qu'il existe une École Anglaise; qu'elle se distingue de toutes les autres par deux caractères particuliers : style et pratique; à tel point qu'on peut dire de ses productions : École Anglaise, avant d'avoir lu le nom de l'artiste, aussi promptement qu'on dit à la première vue d'un tableau

---

1. Chacun connaît les ouvrages de MM. W. Burger et Th. Gautier, puisqu'ils sont écrits dans notre langue. Il n'en est pas de même des éminents travaux de M. le docteur Waagen, directeur du musée de Berlin, écrits en allemand, et qui, au grand regret des amateurs, n'ont pas encore été traduits en français.

M. Waagen, comme le dit M. W. Burger, a pénétré dans les galeries anglaises les plus riches du monde; on peut même dire que c'est lui qui a ouvert aux *curieux* du continent l'Angleterre, cette Chine de l'art.

des peintres du continent : École Italienne, ou Espagnole, ou Flamande, ou Hollandaise. N'est-ce pas là ce qui constitue l'existence d'un art original et véritablement indigène ?

Ces deux caractères particuliers sont les suivants : Une imitation frappante de la *nature anglaise*, telle qu'elle apparaît aux yeux ; c'est-à-dire un réalisme aussi naïf que celui des Flamands, mais dont l'inspiration est plus élevée. Recherchant avant tout l'expression et la vérité, les artistes anglais y sacrifient volontiers la grandeur emphatique et la beauté idéale. Leur talent repose en partie sur l'observation et l'étude du cœur humain. Comme les maîtres du Nord, ils traitent les scènes familières avec une grande vérité d'exécution et d'observation, et, nous le répétons, avec une extrême finesse et un *humour* presque toujours moins trivial que celui des Flamands.

Le second consiste en une facture originale où l'âpreté coudoie la douceur, où la lourdeur accidentelle sert à rehausser la légèreté des teintes générales. Ce point est tellement capital qu'il est impossible de se tromper lorsqu'on a vu quelques peintures anglaises.

Pour surcroît de preuves, examinons l'opinion qui affirme que les meilleurs artistes de l'Angleterre sont des plagiaires et des pasticheurs.

Ce qui distingue les plagiaires et les pasticheurs, c'est la dégénérescence de la manière de leur modèle. S'ils se traînent à la remorque de certains maîtres, c'est qu'ils sont incapables d'élever leur pensée jusqu'à la hauteur du peintre original, dont ils copient les procédés, en introduisant la convention à la place de la science, en prenant la manière pour le style et le sentiment.

Pareil reproche n'est certainement pas applicable à l'ancienne École Anglaise ; elle possède au plus haut degré une individualité incontestable, un style caractéristique qui la font reconnaître de prime abord et dont elle ne peut s'écarter, par la raison que ses qualités, comme ses défauts, sont inhérents au génie national.

Ainsi, prenons pour exemple Reynolds, en qui, si souvent, on n'a voulu voir qu'un pasticheur de Van Dyck, de Rubens, de Murillo et

de quelques coloristes italiens. Examinons si les procédés qu'il emploie
sont les mêmes.

Chez les maîtres cités, le procédé est la pleine pâte, glacée d'ensemble ou réservée dans les demi-teintes. Reynolds, au contraire, a
employé les repiqués chauds, les traînées sur les fonds et la transparence
des dessous.

En l'étudiant avec attention, on distingue parfaitement ces différences
capitales dans l'exécution, et de cette différence résulte une pratique
originale. On remarque, il est vrai, une certaine affinité d'ensemble, une
même manière de voir la nature, mais c'est en suivant un tout autre
mode qu'il l'a représentée.

Aux yeux de tout homme de bonne foi, l'École Anglaise atteint
souvent le véritable coloris. Si chez elle les peintres d'histoire font
quelquefois défaut, elle comble du moins cette lacune par une rare
puissance d'imagination dans le genre et le portrait, et par une véritable
originalité dans le paysage.

Mais pourquoi la peinture historique ne lui est-elle point aussi
familière? C'est une question dont se sont occupés beaucoup d'écrivains.
Les uns ont cru en voir la solution dans les influences de la religion pro-
testante, les autres, dans le caractère national et la répulsion que l'État a
longtemps professée pour l'encouragement des beaux-arts.

A ce sujet, je ne puis me refuser au plaisir de reproduire l'opinion
d'un de nos écrivains les plus convaincus en matière d'art, M. Léonce
de Pesquidoux [1].

...« Après l'expansion gothique, pendant qu'il renaissait si glorieu-
sement en Italie et en Écosse, l'art s'éteignit et disparut subitement en
Angleterre. Plus tard, seulement, des étrangers, Holbein, Mabuse,
Zucchero, More, Mytens, aidés par les rois Henri VII et Henri VIII,
essayèrent de reveiller les instincts artistiques des Anglais. Déjà leurs
exemples et leurs travaux avaient produit d'importants résultats, lorsque

[1] *L'École Anglaise*, études biographiques et critiques.

l'invasion d'une doctrine iconoclaste et puritaine vint détruire pour longtemps les germes que leur passage avait laissés.

« Charles Ier voulut reprendre l'œuvre des peintres étrangers. Jaloux de la gloire artistique des princes artistes d'Europe, possédé d'une passion généreuse pour les arts, ce monarque chevaleresque et brillant fit tout ce qu'il put pour doter son pays de la couronne radieuse qu'il enviait à l'Italie et à la France. Il recueillit des modèles, fonda des établissements, et convia les grands artistes d'Europe à sa royale hospitalité. Rubens et Van Dyck répondirent à son appel, et les peintres anglais qu'ils inspirèrent, les Stone et les Dobson, auraient certainement, en continuant leurs traditions, fondé une école nationale, si des bouleversements sans exemple n'étaient venus emporter le roi, ses œuvres et ses projets. A partir de ce jour, l'anglicanisme victorieux ne toléra plus que la représentation du visage de l'homme, et le portrait devint plus que jamais, entre les mains des successeurs de Van Dyck, les Lelly et les Kneller, le genre national par excellence.

« Ainsi, pendant près de trois siècles, les artistes étrangers régnèrent presque seuls en Angleterre. Ce ne fut qu'au commencement du siècle dernier que Reynolds et Gainsborough vinrent prendre leur place, en donnant au genre pratiqué dans leur pays une force et une puissance inconnue depuis Van Dyck.

« Maintenant est-il permis de rechercher quels ont été les résultats de l'œuvre de Reynolds?

« Après que ce grand homme eut disparu, des scrupules politiques et des obstacles religieux vinrent compromettre le succès de sa fondation, et détruisirent peu à peu tout ce qu'il avait fait. — D'un côté, l'esprit puritain voyait avec peine le développement de l'art, qu'il regardait comme une œuvre de papisme et d'idolâtrie; de l'autre, le gouvernement, se croyant obligé d'obéir au système de *self-supporting*, décréta que les arts ne devaient pas être une charge pour la masse de la nation peu soucieuse de leur succès, et qu'ils ne seraient encouragés, c'est-à-dire dirigés et rétribués comme toutes les autres choses, que par ceux qui les aimaient. L'État devait se tenir en dehors de toutes les tentatives et de tous les frais ; il laisserait faire et voilà tout.

« Ainsi se trouva arrêté le mouvement commencé par Reynolds et quelques esprits d'élite. Il était évident que, privé des secours de l'État, l'art ne pouvait ni marcher longtemps, ni s'élever bien haut. En vain les grands seigneurs et les hommes distingués essayèrent-ils de lutter contre l'indifférence du public et de soutenir les artistes. Les efforts isolés, les encouragements individuels, ne purent point donner à l'art cette impulsion forte que l'État, avec ses ressources et sa puissance, aurait pu seul produire ; et dès lors l'art, tiraillé en sens divers, sans guide et sans but, s'individualisa, s'égara, tomba peu à peu, parce qu'il n'eut plus d'autre règle que les caprices des particuliers.

« D'autre part, le goût des collectionneurs pour les petits tableaux réalistes et populaires des Écoles du Nord, les instincts artistiques de la nation, et certaines affinités de race, tout sembla se réunir pour pousser les artistes anglais loin des hautes sphères et vers les genres secondaires. »

Après ce qu'on vient de lire, il n'est pas difficile de s'expliquer pourquoi la peinture historique n'a presque jamais réussi en Angleterre. Sauf Thornhill, que, dans un moment d'enthousiasme, on a surnommé le Rubens anglais, peu d'artistes se sont élevés au-dessus du médiocre. Si quelques-unes de leurs compositions historiques annoncent un génie fécond, riche d'idées et possédant quelque poétique des beaux-arts, leur dessin et leurs caractères n'ont ni l'expression ni l'énergie qui conviennent à l'histoire, ni cette philosophie qui élève l'âme jusqu'au sublime, dans le style noble et magnifique des sujets religieux, allégoriques ou mythologiques.

A part cette absence de talents dans le genre historique, il faut reconnaître que l'École Anglaise possède des artistes hors ligne dans les autres genres, ainsi que nous aurons lieu de le constater dans l'examen consacré à chacun de ses maîtres. Malheureusement, ces qualités, qui gagneraient tant à être connues, ne peuvent être étudiées qu'accidentelle-

ment ou qu'à de rares intervalles. L'Angleterre, par un sentiment de
nationalité poussé jusqu'à l'excès, ne se laisse pas enlever facilement ses
chefs-d'œuvre. Ses nationaux les couvrent d'or plutôt que de les laisser
exporter; de là vient que les productions de l'École Anglaise sont presque
inconnues sur le continent, où pourtant elles trouveraient de nombreux
admirateurs.

Il serait bon que les amateurs anglais se désistassent un peu de cet
excès de nationalité, en faveur des musées d'Europe. Là, les peintres
anglais obtiendraient à coup sûr la place qu'ils méritent, et leur École
prendrait le rang qu'une critique impartiale et éclairée lui accorde avec
justice.

Je ne saurais terminer ce rapide aperçu sans témoigner toute ma
reconnaissance à MM. les possesseurs et directeurs des collections artistiques de Londres pour le libre accès qu'ils m'ont offert dans leurs galeries, afin de faciliter l'étude que j'en voulais faire et que je viens seulement
d'esquisser. J'aurais voulu entrer dans de plus grands détails, donner en
entier les observations, les analyses et même les critiques que, dans mes
nombreuses visites, j'ai faites sur les immenses trésors qu'ils possèdent;
en un mot, j'aurais voulu étudier une à une ces collections dont la
moindre a les proportions d'une galerie, mais cela ne m'a pas été
possible; d'un aperçu général je ne pouvais faire un travail complet dans
toutes ses parties. Peut-être le ferai-je un jour.

En effet, nul ne peut s'imaginer l'immense réunion de chefs-d'œuvre
que possède la Grande-Bretagne, que l'on accuse si souvent d'être insensible aux choses d'art, se fondant : 1° sur son goût plus que douteux
en architecture et en dessins de commerce; 2° sur ce qu'elle est restée
jusqu'en 1825 sans galerie nationale.

Sans me préoccuper du premier de ces reproches, puisque l'architecture n'est pas du ressort de ce livre, et tout en avouant qu'il
est généralement reconnu comme très-fondé, je dirai que si le second
paraît quelque peu spécieux, il serait facile d'y répondre en affirmant que,
sans l'instabilité du trône qui a suivi la fin tragique du malheureux

Charles Ier, ce grand protecteur de l'art et des artistes, il y aurait long-temps que l'Angleterre nous aurait précédés et jouirait de galeries publiques dignes de son opulence.

Il n'en est plus de même aujourd'hui : fondée en 1825, la *National Gallery* compte déjà près de trois cents ouvrages de premier ordre, rassemblés au prix d'immenses sacrifices. Ajoutons, pour être juste, que la Reine, le prince Albert, de si regrettable mémoire, le Parlement, les plus illustres représentants de l'aristocratie et, à leur exemple, de simples particuliers, ont enrichi le musée de leurs libéralités.

Mais de ce que la *National Gallery* ne compte pas un demi-siècle d'existence, on n'en saurait conclure que le culte de l'art n'ait pas été professé bien avant cette époque. Depuis plusieurs siècles, l'aristocratie anglaise poursuit par tous les moyens imaginables la possession des œuvres d'art. Son instruction aussi solide qu'étendue, sa fortune, ses voyages sur le continent, ses relations avec tous les hommes distingués, l'ont mise à même, non-seulement d'admirer les belles choses, mais aussi de les collectionner.

Comme nous l'apprend feu Thibeaudeau, les Anglais prétendent à l'honneur d'avoir possédé la première grande collection formée par un curieux qui n'était ni pape, ni roi, ni prince, lord Arundel, de l'illustre maison des Howard. Ce grand seigneur donna l'exemple au prince Henri, au prince de Galles, depuis Charles Ier, et à l'élégant Buckingham ; le premier, il fit connaître à l'Angleterre les statues de Rome et d'Athènes ; il en orna les jardins et les galeries d'Arundel-House, secondé dans ses recherches par M. Petty, oncle de sir William Petty, l'ancêtre de lord Landsdowne qui lui-même possède une magnifique collection de tableaux et de statues.

Ces bonnes traditions se sont perpétuées pour ainsi dire dans chaque famille, aussi ne doit-on pas s'étonner des prix considérables que les tableaux de premier ordre atteignent depuis quelques années en Angleterre, dans les ventes, faites soit à l'amiable, soit publiquement. Il n'est pas rare d'y voir payer plusieurs milliers de guinées une belle œuvre.

Cela provient, on le comprend facilement, de ce que les toiles capitales sont en abondance dans les galeries des grandes familles, et que le nombre de celles que l'on rencontre dans le commerce est très-restreint.

En effet, un tableau une fois en la possession des grandes familles, ne reparaît presque jamais en vente publique, grâce aux *fidei-commis* nobiliaires que l'usage a introduits pour les collections privées. Disons aussi que, loin de spéculer sur leurs tableaux comme certains *collectionneurs* du continent, les grands seigneurs anglais ne les rassemblent que pour les transmettre à leurs descendants les plus reculés.

Si l'on joint à ces causes les accidents résultant de l'ignorance et l'action du temps qui dévore tous les jours d'anciens bons tableaux, on ne s'étonnera pas que la quantité en diminue peu à peu d'une manière vraiment effrayante pour les véritables amateurs.

Mais ce n'est pas tout. Ne sait-on pas combien de chefs-d'œuvre les flammes ont dévorés dans les palais, les églises et les galeries; combien ont été engloutis dans la traversée sur mer. Ces sinistres n'ont été que trop fréquents, et, de plus, qui pourra jamais dire le nombre incalculable de bons ouvrages qui périssent sans cesse un à un, sans qu'on en sache rien, par les causes si multipliées dont j'ai fait mention en différents endroits de cet ouvrage.

Voilà donc une série assez nombreuse de causes qui doivent accroître sans cesse le prix et la rareté des bonnes productions artistiques. Elles fournissent la réponse la plus concluante qu'on puisse faire à ceux qui demandent ce que sont devenus ces tableaux nombreux, si excellents qui ornaient encore, vers la fin du siècle dernier, les collections princières et privées. Qu'ils aillent visiter les galeries d'Angleterre, ils y retrouveront ces nobles exilés de l'art.

Mais, je le répète, je conçois l'espèce d'accaparement exercé sur les chefs-d'œuvre des Écoles anciennes; les amateurs anglais sont dans leur droit; pourquoi ceux des autres nations se laissent-ils enlever leurs joyaux? Par compensation, les amateurs de la Grande-Bretagne devraient être un peu moins jaloux de la possession de leurs œuvres nationales, et en laisser *exporter* quelques-unes au profit des galeries européennes. Tout le monde y gagnerait : les uns, par la gloire qui rejaillirait sur leur École trop peu connue; les autres, par les jouissances artistiques qui en seraient la suite.

Nous n'avons pas la prétention d'avoir écrit l'histoire de l'École Anglaise, nous avons seulement voulu, après en avoir étudié les principales et nombreuses productions, lui consacrer, dans un louable esprit de justice, ce chapitre spécial que nous n'offrons toutefois au lecteur qu'à titre de simple renseignement. Puisse ce faible essai faire naître un jour une œuvre sérieuse, érudite, exempte surtout de parti pris et d'esprit de dénigrement [1].

---

1. En émettant ce vœu, j'avais sans doute le pressentiment de l'important travail que MM. Charles Blanc, W. Burger, Philareste Chasle et Paul Mantz vont bientôt publier sur l'École Anglaise. Par la réunion de ces divers talents si spéciaux en matière d'art, on doit s'attendre à posséder enfin une histoire des peintres anglais.

CHAPITRE XII

ÉCOLE FRANÇAISE.

L'École Française a emprunté à toutes les Écoles voisines ses dignes
émules ; mais, considérée dans son ensemble, elle a un aspect qui lui est
essentiellement propre. On loue la beauté de son ordonnance, on admire
ses ouvrages quelquefois étincelants de feu, mais souvent plus brillants
que solides, plus séduisants que bien traités, décelant le goût et les tendances de ses artistes; au résumé, empreints de cette facilité de conception, de cette vivacité d'imagination qui distinguent notre esprit
national.

On reproche à nos peintres l'insuffisance de leur coloris et leur
dessin quelquefois incorrect, sans réfléchir qu'un mélange heureux de

couleurs et un dessin plus étudié demandent une application soutenue que ne permettent guère les entraînements de l'esprit et du cœur. Il est cependant de toute justice de dire que, depuis le milieu du XVIIIᵉ siècle, les peintres français ont dépassé leurs rivaux. Le Sueur et Le Moyne ont élevé aussi haut l'art du dessin qu'aucun de leurs confrères formés à Rome. Chardin, Greuze et d'autres non moins habiles ont interprété la nature de façon à marcher de pair avec David Téniers et Gérard Dow.

Les versions les plus étranges ont été répandues et subsistent même encore au sujet de la fondation de notre École nationale que l'on attribue exclusivement au Primatice et à ses compatriotes. Affirmer ou répéter pareille absurdité, c'est faire mentir l'histoire et manquer à la fois de patriotisme ; mais c'est être dans le vrai de dire, avec l'honorable M. Horsin Déon, que le XVᵉ siècle a été une ère de renaissance et non de création. Les miniatures de la Bible de Souvigny, celles de saint Louis, de Charles VII, les peintures de René d'Anjou, les miniatures de J. Fouquet, peintre de Louis XI, les anciens vitraux parfaitement dessinés et coloriés (ce qui suppose des *cartons* préparatoires) prouvent jusqu'à l'évidence que l'art avait eu d'excellents interprètes, bien avant le XVᵉ siècle, et qu'il ne faudrait pas se mettre grandement en peine pour démontrer que, lorsque l'Italie n'avait qu'un Cimabué, la France en avait déjà eu plusieurs.

Seulement, à cette époque, les instincts de notre nation étaient plus portés pour la gloire des armes que pour le culte des beaux-arts ; on mettait alors un bon arquebusier bien au-dessus de ces laborieux artistes qui restaient inconnus, épars dans les provinces ou les abbayes, vivant et mourant en vrais bénédictins de l'art et sans ambition, dans les monastères ou les corporations dont ils faisaient partie.

Les artistes italiens, au contraire, étaient recherchés, accablés d'honneurs chez eux. On louait leurs œuvres, on exaltait leur mérite dans une foule de livres que la prolixité des détails a toutefois fait promptement oublier.

La décadence de la véritable École primitive en France a eu surtout pour cause l'indifférence de la nation, qui ne se réveilla qu'après un long sommeil, mais spontanément, et bien avant l'invasion, le débordement dans notre pays des peintres italiens. Le frère Guillaume Marmion, peintre du duc de Bourgogne, Anguerrand, Gringonneur, J. Fouquet, tous peintres français, avaient déjà redoublé d'efforts pour tirer de sa trop longue torpeur leur noble et belle patrie. Si le but qu'ils se proposaient n'a été qu'imparfaitement atteint, la faute en est, non à eux ou à leur talent, mais aux circonstances et à l'insuffisance des moyens d'action. Ce n'est que postérieurement à ces tentatives partielles que le goût romain, importé en France par le Rosso, et depuis par le Primatice et Nicolo del Abbate, a donné l'élan et inspiré une noble émulation à nos peintres. En résumé, la restauration de l'École Française est l'œuvre de François 1er et non celle du Primatice. Ce qui manquait aux satellites de l'art français c'était un astre, cet astre fut le Roi-Chevalier, tout à la fois l'hôte des Italiens et le père des peintres nationaux.

Concéder aux peintres italiens la plus belle part dans la rénovation de notre École, ce serait commettre une injustice révoltante. Sans nul doute, ils y ont participé, non pas exclusivement par leurs propres moyens, mais par la concurrence, par la rivalité bien légitime dont ont soudainement ressenti l'aiguillon les artistes français, jusque-là fort injustement compris dans la classe vulgaire des *Imagiers*, tandis que les honneurs, les richesses et la gloire étaient l'apanage de leurs confrères trans-alpins.

Jusqu'au milieu du xviiie siècle, l'École Française est de toutes les Écoles celle qui a eu le moins de copistes. A l'exception des œuvres de quelques peintres décorateurs, comme Boucher, Watteau, Lancret, Baptiste, etc., il y a eu plus d'*analogies* que d'imitations serviles, et encore celles-ci ne faisaient-elles pas l'objet d'un commerce en règle, comme on l'a vu depuis une soixantaine d'années. C'est seulement à partir de cette époque, que les copies faites à la douzaine pour décorer les trumeaux et dessus de portes, se vendent pour des œuvres originales, après avoir été quelque peu modifiées par certains peintres *à tournure*. Cependant, il y a quelque distinction à établir entre ces copies d'*atelier* et celles qui ont été faites postérieurement dans le seul but de tromper les amateurs. Celles-là ont été presque toutes exécutées sur les cartons, les poncis ou les dessins des maîtres, et retouchées par eux ; elles ont, par conséquent, un mérite que celles-ci ne sauraient avoir [1].

A mon avis, cette disette de copistes dans les siècles derniers provient beaucoup de l'absence de galeries publiques, comme celles qui existent aujourd'hui, et où chacun peut librement copier les maîtres anciens ; aussi, je crois être dans le vrai en avançant que si, dans une centaine d'années, quelqu'un veut continuer mon travail, il aura fort à faire pour discerner les tableaux des maîtres d'avec les copies qui se font dans les musées d'Europe, surtout depuis le commencement de ce siècle. Plus d'un amateur s'égarera également dans ce fâcheux labyrinthe.

C'est à partir de l'abandon de la peinture classique que le métier de copiste s'implanta chez nous avec son détestable cortége de *tripotiers*. De 1815 jusqu'à nos jours, il a été fait plus de faux tableaux que pendant les trois premiers siècles de notre École. Tous les peintres en renom ont été mis à contribution. Chacun voulant des Claude Lorrain, des Boucher, des Greuze, des Chardin, des Watteau, des Lancret, des Pater, etc., on

---

1. On pourrait dire, en quelque sorte, que ce fut une punition infligée à la mémoire des peintres galants du xviiie siècle. En effet, Lancret, Boucher et Carle Van Loo sont les trois artistes qui ont fourni en plus grande abondance des matériaux aux Tremblins et aux Bacot, marchands de tableaux établis dans les maisons qui couvraient jadis le pont Notre-Dame. Ces marchands étaient fameux par la quantité de *panas* qu'ils faisaient fabriquer d'après Lancret et Boucher, pour les dessus de portes ou dessus de glaces, et d'après Carle Van Loo, pour les églises de province et de village.

Le *poncis* adopté dans ces sortes d'établissements, et qu'étaient obligés de suivre les artistes malheureux qui allaient y chercher l'existence, consistait en un coloris vif, cru et une propreté d'exécution lisse, insensible dans la touche et le faire.

Au mot de croûte, qui désignait un méchant tableau, on avait substitué celui de *Pont Notre-Dame*, plus expressif encore dans ce temps, parce qu'il rappelait le mauvais goût qu'on y adoptait, et que quelques artistes, après y avoir débuté, ont porté jusque dans le sein de l'Académie.

en fabriqua tant et plus. Avec des Patel on fit des Claude Lorrain ; des
Lancret, des Pater furent métamorphosés en Watteau ; tandis que les
pastiches des élèves des peintres galants étaient baptisés des noms de
Lancret et de Pater. Des Ledoux, des Charpentier, des Lépicié et des
Albrier devinrent des Greuze ; des Jeaurat s'appelèrent des Chardin. Ce qui
était l'exception devint la règle et l'on vit les copies et les imitations, faites
anciennement dans les ateliers des maîtres et celles exécutées pour les
marchands du pont Notre-Dame et recherchées avec avidité, faire invasion
dans le commerce des arts.

J'ai dit au début de ce livre qu'il n'entrait nullement dans mon plan
d'écrire une *Vie des Peintres,* et que je m'occuperais seulement des artistes
qui ont eu des imitateurs et dont les œuvres, par conséquent, sont sujettes
à des fraudes préjudiciables aux amateurs. C'est en cela surtout que le
but de mon livre me paraît utile. Néanmoins la généralité des peintres
français est si peu connue, que, sauf les sommités de notre École dont
les œuvres ont été vivement recherchées autrefois ou le sont encore
aujourd'hui par le public, beaucoup de modestes peintres restés à l'écart
ne sont presque jamais sortis de leur obscurité, et, cependant, qui nous
dit qu'ils n'auront pas leur tour? Quand on observe les incroyables fluctuations opérées dans le goût artistique, rien que depuis un demi-siècle,
on peut, sans dire toutefois que chacun aura son apothéose, présumer
que quelques-uns des sacrifiés pourront être tirés un jour de leur obscurité et placés au premier rang.

En prévision d'un revirement dans le goût ou l'opinion du public et
pour rendre toutes recherches faciles, j'ai cru devoir faire une exception
en faveur de notre École. Mettant dans un cadre à part les peintres non
imités ou regardés comme obscurs, j'ai reproduit avec le plus d'exactitude
possible la nomenclature de tous les peintres français, depuis les âges
les plus reculés jusqu'à ceux qui sont morts vers le milieu de ce siècle.
Voici le plan que j'ai adopté pour les peintres français :

1° Tous les artistes ayant eu des imitateurs, des copistes et des
analogues, seront étudiés dans la première division des peintres français.

2° Ceux dont les œuvres ne donnent pas lieu aux fraudes, soit par leur cachet distinctif, soit parce qu'elles sont peu recherchées des amateurs, seront classés dans la deuxième division.

3° Les peintres obscurs, ou sur la vie desquels on n'a pas de détails biographiques, feront simplement partie de la table générale avec quelques renseignements.

Un amateur veut-il savoir les particularités relatives à Greuze : il trouvera à la lettre G, Greuze suivi de ses imitateurs et de ses copistes, ce qui ne l'empêchera pas de retrouver ailleurs les noms de ces mêmes imitateurs, classés suivant leur ordre alphabétique.

S'il désire avoir quelques détails relatifs à Girodet Trioson, dont le nom ne se trouve pas dans la nomenclature des peintres ayant eu des imitateurs avérés ou compromettants, la table le renverra de même à un texte restreint, il est vrai, mais contenant tout ce qu'il est nécessaire de savoir de ce maître.

Il en sera de même pour les simples renseignements au sujet des noms, des naissances, des morts, des genres, etc., qui seront contenus dans la table générale, mais sans renvoi au corps de l'ouvrage.

Ici se termine le rapide examen que j'ai entrepris sur les diverses Écoles de peinture. J'aurais pu l'augmenter d'une foule de remarques spéciales ou particulières sur chacune, mais j'ai été arrêté par la crainte de produire la confusion ; j'ai préféré réserver tout ce qui était didactique, pensant que ces détails tout particuliers seraient plus opportunément placés au commencement de l'examen des peintres de chaque École.

La classification méthodique que j'ai exceptionnellement adoptée pour notre École nationale sera simplifiée de beaucoup pour la grande table contenant la généralité des Écoles. Néanmoins, elle sera de nature, ce me semble, à satisfaire l'amateur dont elle simplifiera les recherches.

Contrairement à l'ordre suivi par beaucoup d'écrivains, j'ai commencé par nos peintres nationaux. Je ne pense pas qu'on puisse m'en faire un reproche. N'était-il pas naturel que dans cette étude l'École française fût classée la première?

1.   8

J'ai scrupuleusement suivi le texte des biographes, historiens et chroniqueurs, voire même des panégyristes. Quant aux opinions contradictoires qui peuvent se rencontrer de temps à autre, je me suis efforcé autant que possible de les concilier afin de faire jaillir, non de leur choc, mais de leur rapprochement, la lumière et l'éternelle vérité.

ÉCOLE FRANÇAISE

DÉDIÉE

A SON EXC. M. LE MINISTRE ACHILLE FOULD

MEMBRE DE L'INSTITUT

Par son respectueux Serviteur

Th. LEJEUNE.

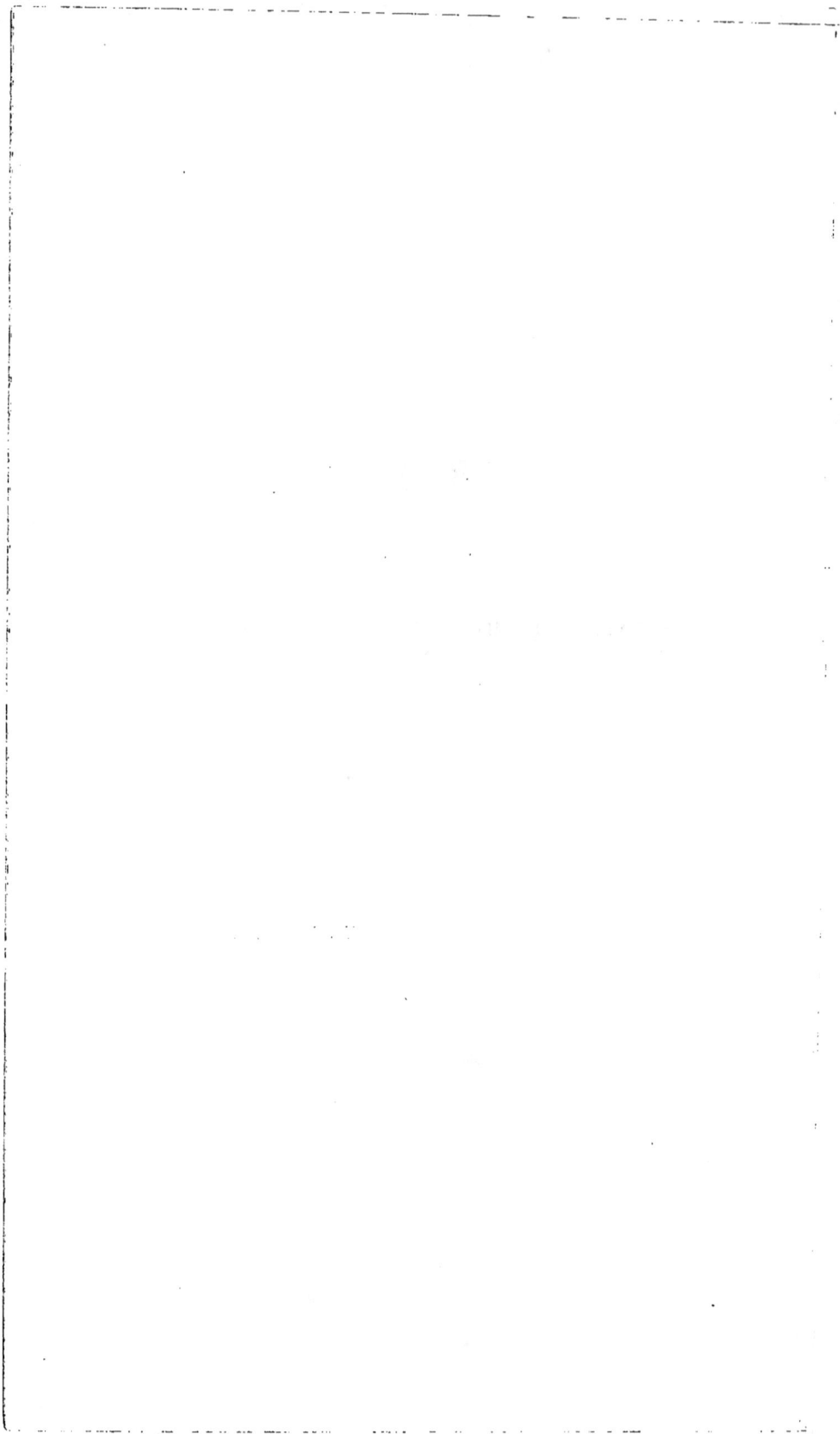

PEINTRES FRANÇAIS

AVEC

LEURS IMITATEURS

ET LEURS COPISTES.

OBSERVATIONS.

Le plan de cet ouvrage ayant nécessité de placer parmi les imitateurs, les analogues, et quelquefois même les copistes, une certaine quantité de peintres dont les tableaux sont assez estimés des amateurs pour atteindre de hauts prix dans les ventes publiques, le lecteur voudra bien se souvenir qu'il trouvera leurs principaux prix d'adjudication dans le répertoire général.

Les renseignements, signatures, prix de vente, etc., qui seront parvenus à ma connaissance pendant l'impression, seront placés dans les appendices qui termineront le second volume.

PEINTRES FRANÇAIS

DONT LES ŒUVRES ONT ÉTÉ COPIÉES OU DONT ON RENCONTRE
DES ANALOGIES.

PREMIÈRE DIVISION

En tête des artistes qui donnèrent l'impulsion à la renaissance de
l'art français, il faut placer Jean Cousin, et, après lui, Dubreuil, Bunel et
Dupérac. Comme je l'ai fait remarquer dans mon appréciation de l'École
française, c'est grâce aux efforts de ces artistes que s'opéra la cohésion
qui lui manquait : malheureusement, les trois derniers partagèrent
le sort commun à un grand nombre de ceux qui se sont appliqués
aux sciences; leurs travaux furent méconnus et leur nom est resté ense-
veli dans l'obscurité, tandis que Jean Cousin, obtenant pour lui seul
l'enthousiasme et l'admiration du public, fut proclamé le fondateur de
notre École. Ce titre glorieux, il l'a conservé jusqu'à nos jours auprès de
certaines personnes, quoiqu'il ne lui appartienne pas plus qu'aux Italiens
appelés en France par François Iᵉʳ; car, comme nous l'avons dit, d'autres
avant eux s'en étaient rendus dignes.

A ce sujet, il serait peut-être convenable de dire ici quelques mots
sur les peintres primitifs; mais la disposition même de cet ouvrage m'en

dispense. Le lecteur qui voudra satisfaire sur ce point sa curiosité n'aura qu'à consulter la table générale placée à la fin du second volume.

Comme ce n'est qu'à partir de Martin Fréminet que l'on rencontre, non des imitateurs, mais quelques analogies de talent, c'est par lui que je commencerai la longue suite d'artistes qui font l'objet de cette étude.

FRÉMINET

(MARTIN)

Né à Paris en 1567, mort dans la même ville en 1619.

Fréminet reçut de son père, peintre médiocre, les premières notions de son art ; l'ardeur avec laquelle il les saisit, jointe à une grande pénétration d'esprit, fit entrevoir ce qu'il deviendrait un jour. Il n'avait encore produit que des ouvrages peu importants lorsqu'il partit pour l'Italie, où il s'attacha particulièrement à la manière de Michel-Ange.

Le genre qu'il s'est approprié tient de celui du grand peintre florentin, auquel il a ajouté le goût et les tournures de têtes du Parmesan.

Après quinze années d'absence, passées tant en Italie qu'en Savoie, Fréminet revint à Paris, appelé par Henri IV qui le nomma son premier peintre et le chargea de la décoration de la voûte de la chapelle du Palais de Fontainebleau. Cette marque de confiance lui fut confirmée par Louis XIII, après la mort de son père.

Les peintures de cette chapelle sont un chef-d'œuvre de l'art français. Large manière, grand style, tout s'y marie ingénieusement avec un goût de dessin à la Michel-Ange. Ce genre imposant et sublime ne plaît pas à tout le monde, il est vrai ; mais devant l'effet magistral que présente l'ensemble aux yeux étonnés de l'admirateur, on est en quelque sorte forcé d'oublier les défauts de l'artiste, les mouvements un peu trop forts de ses figures et leur musculature trop accentuée.

Aujourd'hui, grâce à une restauration que celui qui écrit ces lignes ne doit point apprécier puisqu'il en fut chargé, ces peintures ont été restituées à l'admiration des amateurs et à l'étude des artistes.

Le Musée du Louvre possède un seul échantillon du talent de ce peintre. Il représente *Mercure ordonnant à Énée d'abandonner Didon*. Quoique portant plus de deux mètres, c'est un de ses rares tableaux de chevalet.

On voit au musée de Rennes quatre beaux dessins au crayon noir et rouge.

La disposition de la voûte de la chapelle de la Trinité, au palais de Fontainebleu, a beaucoup de rapport avec celle de la chapelle Sixtine à Rome. Elle se compose de cinquante-sept caissons, dont la restauration n'a pas demandé moins de deux années. Voici leurs sujets :

La Chute des anges, *l'Arche de Noé*, *l'Ange Gabriel*, *le Temple des Vertus*, les *Saints Pères attendant la venue du Messie*, les *Quatre Éléments*, entourés de huit grisailles. Huit caissons représentent les *Principaux rois d'Israël*. Quatre ovales contiennent : *la Charité*, *la Religion*, *la Foi* et *l'Espérance*. Dans six autres ovales sont : *la Justice*, *la Patience*, *la Prévoyance*, *la Diligence*, *la Clémence* et *la Paix*; plus cinq compositions masquées par l'autel.

Cette décoration, l'une des plus belles et des plus complètes qui soient en France, est terminée par seize grisailles dont les sujets sont tirés de l'Histoire sainte.

Les deux artistes suivants sont les seuls dont les analogies sont dangereuses pour les amateurs.

VIGNON

(CLAUDE)

Né à Tours en 1590, mort dans la même ville en 1673.

Claude Vignon est celui des élèves de Fréminet qui lui a fait le plus d'honneur et qui l'a imité le plus fidèlement. Aussi, comme les tableaux de chevalet du maître sont fort rares, beaucoup d'ouvrages de Claude Vignon ont été vendus comme étant de la main de Fréminet, et on les retrouve encore catalogués sous ce nom dans les galeries particulières et publiques. La manière de Claude Vignon est aussi expéditive que celle de Fréminet, et son dessin est tout aussi exagéré; mais sa touche est plus sèche et son coloris moins vif.

LEMAIRE

(PIERRE)

DIT LE GROS LEMAIRE, ET ENCORE LEMAIRE POUSSIN

Né à Dammartin en 1597, mort à Gaillon en 1659.

Le jugement que je viens de porter sur Claude Vignon peut s'appliquer à Pierre Lemaire, son élève, qui cependant dessinait mieux. Ses hachures offrent une régularité inconnue à Vignon; aussi la fraude se trouve-t-elle plus à son aise avec un tableau de ce peintre qu'avec les œuvres de Lemaire.

Le genre que s'est formé Lemaire lui a valu quelques succès; ses morceaux de perspective et d'architecture surtout ont excité l'admiration de ses contemporains. Les deux qui sont au Louvre représentent des *Ruines*. Quant à son genre imitatif, il a été exclu avec raison de notre Musée.

VOUËT

(SIMON)

Né à Paris en 1590, mort dans la même ville en 1649.

Cet artiste, que l'on considère comme le rénovateur du bon goût en France, eut pour premier maître Laurent Vouët, son père, peintre de peu de mérite. Doué d'une grande vivacité d'esprit, d'une noble ardeur et d'une heureuse imagination, le jeune Vouët aimait à admirer la nature, et, pendant quelque temps, il en fit sa principale étude. Sans cesse en contemplation devant les œuvres des grands maîtres, alors assemblés à Paris, il fit des progrès si rapides qu'à l'âge de quatorze ans il pouvait déjà exécuter un portrait. Après avoir visité successivement l'Angleterre, Constantinople, Venise et Rome, il fut appelé à Paris par Louis XIII, qui le nomma son premier peintre et son professeur particulier. Ce fut alors que s'éleva entre lui et le Poussin cette malheureuse rivalité qui força ce dernier à quitter la France. Que d'autres décident si l'art y a perdu ou gagné; pour moi le cadre que je me suis tracé m'interdit toute discussion.

De tous les peintres de notre pays, Simon Vouët est celui qui nous a donné le plus de productions. Galeries, plafonds, décorations d'appartements, chapelles, tableaux d'autel et bien d'autres, tout fut entrepris et exécuté par lui avec le secours de ses élèves.

Sa façon de peindre au premier coup est extrêmement légère, mais maniérée, dans les doigts des mains, surtout. Ses airs de têtes qu'il affectait souvent de représenter de profil, manquent de noblesse et d'expression ; on les reconnaît à leurs petits nez retroussés.

Son dessin est sec, maigre et heurté ; son exécution large, son coloris souvent factice, quelquefois trivial. En revanche, ses compositions sont nobles, riches et attestent une grande érudition.

Vouët s'est fait remarquer par trois manières distinctes : la première, qui a beaucoup de force, ressemble assez à celle du Valentin ; dans la seconde, il cherche à imiter Paul Véronèse, et, dans la troisième, il tombe dans le gris.

Les œuvres de Simon Vouët sont assez recherchées, mais leur valeur commerciale n'est pas aussi élevée qu'elles le méritent.

Le musée du Louvre possède cinq tableaux de ce maître. Celui qui semble mériter la première place, *la Présentation au temple*, a été évalué 20,000 fr. *La Réunion d'artistes* vient après et n'est cotée que 3,000 fr. par Landon, mais elle vaut certainement le double[1]. *Le Christ au tombeau*, acheté 1,000 fr. en 1818, n'atteint, dans ces mêmes inventaires, que la somme minime de 1,200 fr. ; *la Charité romaine*, 1,500 fr., et *la Vierge, l'Enfant Jésus et saint Jean*, 800 fr.

Le musée de Rouen possède *l'Apothéose de saint Louis* et *la Mort de Saphire* ; celui de Bruxelles, un *Saint Charles Borromée*, et le musée de Rennes une *Sainte Vierge* et trois dessins au crayon noir, rouge et blanc ; le musée de Dresde, un *Saint Louis*.

De 1750 à 1815, les œuvres de Simon Vouët ont eu peu de faveur. Ainsi *la Vierge et l'Enfant Jésus* de la collection Julienne, payée 300 fr. en 1767, n'a pu dépasser 140 fr.

---

1. Je dois réitérer ici mes réserves à l'égard d'une foule d'estimations aussi contestables que contradictoires contenues dans les inventaires officiels faits au musée du Louvre sous l'Empire, la Restauration et le Gouvernement constitutionnel. Quoique ces contradictions soient inhérentes aux fluctuations du goût, il y en a qui sont tellement empreintes des passions artistiques de l'époque, que je ne puis m'empêcher de signaler quelques-unes de ces expertises. Celle de *l'Embarquement pour l'île de Cythère*, notre seul Watteau, coté TROIS MILLE francs ! Sans prétendre déterminer sa valeur actuelle, je crois être dans le vrai en avançant que beaucoup d'amateurs se disputeraient aujourd'hui ce tableau sur une mise à prix dix ou quinze fois plus forte.

Voici quelques autres exemples : Le *Bacchus* de Léonard de Vinci a été estimé sous l'Empire à la somme de 250,000 fr. Sous la Restauration il fut évalué 100,000 fr.! Le *Portrait de Raphaël et de son maître d'armes*, coté 8,000 fr. sous l'Empire est remonté à 60,000 fr. sous la Restauration. Enfin le tableau de Schidone, le *Christ au tombeau*, estimé 120,000 fr. sous l'Empire, est descendu, sous la Restauration, à la somme bien modeste de 6,000 fr.

En présence de pareilles contradictions, il me suffira de dire : voici les prix des diverses estimations ; je les donne non comme un oracle, mais comme un renseignement.

à la vente Champ-Renard. Ce n'est qu'en 1810, à la vente Sylvestre, qu'elle a atteint son ancien prix ; elle a été perdue de vue depuis.

Il en est de même de *Pan et Syrinx*, adjugé 600 fr. à la première vente La Reynière, en 1792 ; puis 231 fr. en 1797, à la troisième vente du même possesseur.

Il est certain qu'aujourd'hui ces derniers prix sont presque doublés.

Parmi les nombreux élèves de Vouët je dois mentionner ici Le Sueur, Le Brun, ses frères Aubin et Claude Vouët, François Perrier, Pierre Mignard et quelques autres. Presque tous ont fait des tableaux approchant du genre de leur maître ; mais, en fait d'imitateurs proprement dits et surtout de copistes, il n'y a guère que ceux que je vais nommer.

CORNEILLE

(MICHEL PARIS)

DIT LE VIEUX, DIT DE LYON

Né à Orléans en 1603, mort à Paris en 1664.

Corneille fut disciple de Simon Vouët qu'il s'appliqua si bien à imiter, que plusieurs de ses tableaux, par leur aspect général, sont pris, à la première vue, pour des œuvres du maître. Mais si l'on considère le mode d'exécution bien différent de celui de Vouët, et si l'on fait attention aux teintes qui, chez Corneille, sont plus lavées, on ne tardera pas à revenir de son erreur. Corneille n'est, en effet, qu'un bon pasticheur qui, en voulant reproduire Vouët, n'a su atteindre que son mauvais genre.

BLANCHARD

(JACQUES)

Né à Paris en 1600, mort dans la même ville en 1638.

Élève de son oncle Bellori ou Bollery et d'Horace Leblanc, Blanchard peut être rangé au nombre des imitateurs de Simon Vouët. Comme tel, il fit des Vierges qui, quoique faciles à être discernées par le connaisseur, ont trompé beaucoup de personnes par leur grande analogie avec celles du célèbre peintre. La principale cause de cette erreur doit être attribuée à une grande légèreté dans l'exécution et au ton d'afféterie particulier à leur auteur. Blanchard se fait reconnaître par le petit goût de son dessin; c'est en cela seulement qu'il diffère de son modèle.

Comme peintre original, Blanchard eut des admirateurs; mais ses défauts de style et ses incorrections impardonnables lui firent perdre bientôt le titre de Titien français qui lui avait été décerné dans un mouvement d'engouement irréfléchi.

GOYRAND

(CLAUDE)

Né à Sens en 1662.

Goyrand, qui fut plutôt graveur que peintre, a reproduit assez fidèlement quelques-unes des belles peintures de Vouët. Heureusement pour l'amateur, il est facile de distinguer les originaux des copies à l'exagération du ton *fariné* dans lequel le maître est tombé, au grand déplaisir de ses admirateurs, et que Goyrand poussa à l'excès.

La touche particulière à cet imitateur est effilée, et ses contours sont encore plus maniérés que ceux de Simon Vouët. C'est ce qui fait que ses imitations sont plus estimées que ses propres compositions.

VOUËT

(AUBIN ET CLAUDE)

Tous deux ont travaillé sous la direction de Simon Vouët, leur frère, dont ils ont été obligés, en quelque sorte, de s'approprier et la manière et le goût. Aubin en approcha le plus près, et ce fut lui qui conduisit presque seul les travaux de la chapelle du château de Saint-Germain-en-Laye.

On remarque, en étudiant ces deux imitateurs-nés, si je puis m'exprimer ainsi, qu'il n'y a chez eux ni verve ni liberté de pinceau. Leur modelé est plus flasque, et leur dessin encore moins correct que celui de leur frère.

DORIGNY

(MICHEL)

Né à Saint-Quentin en 1617, mort à Paris en 1665.

Élève et gendre de Simon Vouët, Dorigny, quoique professeur à l'Académie, n'a eu, pour ainsi dire, aucune consistance propre. Il fut certainement plus connu par sa satire contre Mansard que par les productions de son pinceau. Ce n'est qu'un pâle reflet de son maître. Ses copies manquent de cachet et de noblesse. Son pinceau est cotonneux, sa couleur encore plus blafarde; enfin c'est l'exagération sans l'esprit.

PERRIER

(FRANÇOIS)

Né à Saint-Jean-de-Losne, en Bourgogne, en 1590, mort à Paris en 1656.

Les auteurs ne s'accordent pas sur le lieu de sa naissance; suivant
quelques-uns, Mâcon fut sa patrie; mais, d'après l'opinion la plus accréditée, il naquit à Saint-Jean-de-Losne.

Ce fut à Lyon, dans le cloître des Chartreux, dont il a fait toutes les
peintures, que Perrier donna les premières preuves de son talent. De là,
quoique fort jeune, il passa en Italie pour y prendre les leçons de
Lanfranc. En 1630, il revint à Paris. Simon Vouët, qui savait apprécier
le mérite, le prit avec lui et l'employa à peindre d'après ses dessins, sans
toutefois le produire. Mais Perrier n'était pas homme à rester longtemps
plongé dans l'obscurité, il voulut voler de ses propres ailes et retourna en
Italie, en 1635. Dix ans après, de retour à Paris, il fut reçu professeur à
l'Académie, comme le seul homme capable de mener à bonne fin l'œuvre
de réforme commencée par Simon Vouët, et s'il n'est pas rangé au nombre
des élèves imitateurs de ce dernier, c'est grâce à ce titre glorieux et à
une certaine différence dans le coloris. En effet, son exécution magistrale
et sa couleur plus vigoureuse distinguent ses productions de celles de ce
peintre.

Perrier fit peu de tableaux, occupé qu'il était à peindre différentes
décorations, au nombre desquelles on distingue la voûte de la galerie de
la Banque, que l'on voit encore aujourd'hui, mais dans un bien triste état

de conservation. Sachant allier sans servilité le dessin de Simon Vouët à une manière plus ferme et plus coloriée, il déploya dans ses productions, malheureusement trop rares, une ardeur, une imagination, une délicatesse de pinceau telles que l'on ne peut se lasser de les admirer. Aussi fut-il appelé le Carrache français.

Quelques auteurs lui attribuent l'invention de la gravure clair-obscur; c'est à tort, le Parmesan l'avait pratiquée avant lui.

Ses compositions capitales sont excessivement rares; elles valent de 1,000 à 2,000 fr. Quelques têtes d'étude ont paru dans le commerce, et se sont vendues de 100 à 300 fr. Le Louvre en possède trois. Le musée de Rennes a de ce maître un dessin à la plume ; celui d'Épinal, *Vénus et Neptune*.

Perrier eut quelques imitateurs qui furent plutôt des détracteurs de la manière de Simon Vouët. Horace Leblanc et Guillaume Perrier, son neveu, sont de ce nombre.

LEBLANC

(HORACE)

Né à Lyon, mort dans la même ville.

Cet imitateur, qui devint maître à son tour, travailla longtemps de concert avec Perrier, dont il avait partagé les études chez Lanfranc.

Sa manière est plus vigoureuse encore que celle de son confrère, mais son dessin est plus sec et sa touche moins coulante. Sans ces différences, d'ailleurs peu appréciables au premier coup d'œil, les œuvres de Perrier et de Leblanc seraient sans cesse confondues entre elles.

PERRIER

(GUILLAUME)

Les tableaux de Guillaume Perrier ressemblent beaucoup à ceux de François Perrier, son oncle, dont il s'assimila et le genre et la touche. Mais, à la trivialité plus grande du dessin, aux tons lavés et aux contours sans énergie qui se présentent dans les œuvres de l'élève, on distingue facilement celles qui sont sorties de la main du maître.

Obligé de se réfugier à Lyon à la suite d'un meurtre, Guillaume passa une partie de sa vie dans le couvent des Minimes. Là, au milieu de la solitude et pour étouffer les remords de sa conscience, il entreprit plusieurs travaux de peinture qui ne méritent guère l'attention des connaisseurs.

CALLOT

(JACQUES)

Né à Nancy en 1593 ou 1594, mort dans la même ville en 1635.

Ce peintre fit très-jeune le voyage d'Italie. D'abord élève d'Henriot, il fréquenta ensuite l'école de Canta Gallina, à Florence, et se perfectionna à Rome sous les auspices de Jules Parigi et de P. Thomassin : la gravure et la peinture lui offrirent un égal attrait. Comme graveur, son œuvre dépasse quinze cents pièces. Comme peintre, il a peu de tableaux, mais il leur a donné un fini si parfait et une touche si spirituelle, qu'ils n'en sont que plus précieux.

Couleur vraie quoique un peu vineuse, empâtement bien nourri, et quelquefois trop chargé dans les ombres, voilà les marques distinctives de la manière de Jacques Callot.

Ses tableaux se payent cher lorsqu'ils sont bien conservés. Ses compositions capitales, celles surtout qui représentent des scènes militaires appelées *Misères de la guerre,* valent de 1,500 à 2,000 fr. Ses pochades dépassent rarement de 400 à 600 fr.

Comme terme extrême, je citerai la vente Mariette (1775), où *le Saint Sébastien percé de flèches* n'a pu dépasser 24 fr., tandis qu'en 1856, vente Baroilhet, deux pendants représentant des *Saltimbanques* ont atteint 3,950 fr.

Le Christ conduit au Calvaire, dessin à la plume (1861), vente X..., 72 fr.

Musée de Rennes. — *Les Patineurs.* — *Composition allégorique,* dessin à la plume.

Musée d'Épinal. — *Un Paysage,* esquisse.

Musée de Dresde. — *L'Exécution militaire.*

Le duc d'Aumale. — Deux très-jolies *Études* à la plume.

Collection Baring. — *Une Procession de comédiens en campagne.*

Le nombre des peintres qui se sont attachés à copier Callot est très-restreint. Cela vient de ce que les amateurs à cette époque avaient une préférence marquée pour ses gravures et négligeaient ses tableaux.

Quant aux imitations qui se vendent chaque jour sous le nom du maître, elles ont été exécutées, pour la plupart, par ses élèves, dont voici les principaux :

BOSSE

(ABRAHAM)

Né à Tours en 1610 ou 1621; mort en la même ville en 1678.

Ce peintre étudia sous la direction de J. Callot. Il en imita si bien le genre, que souvent l'on prenait l'un pour l'autre. Sa touche est aussi spirituelle, mais plus aiguë que celle de son maître. Ses compositions sont moins désordonnées et plus triviales. En y regardant de près, on peut s'apercevoir que sa couleur est moins nette et que de nombreux glacis l'ont assombrie. Son empâtement est plus émoussé; ses ciels sont plus timides dans les lignes; en un mot, quoique très-habile imitateur, il n'est pas impossible de le reconnaître après un examen attentif.

DERVET

(CLAUDE)

Né à Nancy en 1611, mort en 1642.

Contemporain et ami de J. Callot, il s'efforça de le reproduire dans la gravure, et il en approcha de fort près. Cependant ses figures sont plus maigres et d'une couleur plus criarde.

Les quelques imitations peintes qu'il nous a laissées sont d'une touche moins leste, et la lourdeur d'exécution qui règne dans ses fonds est un sûr indice de contrefaçon.

POUSSIN

(NICOLAS)

Né aux Andelys en 1594, mort à Rome en 1665.

Ce grand homme, l'élu des *gens d'esprit et de goût*, est le seul peintre français qui ait vigoureusement soutenu le style et la pureté de l'antique, avec égalité et persévérance.

Le Poussin eut successivement pour maîtres : Quentin Varin, peintre picard ; Ferdinand Elle, dit de Malines, et Lallemant, le Lorrain. Après bien des pérégrinations, il alla étudier à Rome où il arriva, en 1624, à l'âge de trente ans. Sa réputation s'accrut de jour en jour en Italie, ce qui engagea Louis XIII à le rappeler à Paris, en 1640, pour peindre la galerie du Louvre. Je n'entrerai point dans le détail de ses luttes et de ses démêlés avec les envieux de son talent, mais je ferai remarquer qu'à son époque, comme à la nôtre, sa manière eut des admirateurs, et que ceux-là mêmes qui l'ont critiquée n'osèrent tenter de l'imiter, dans la crainte sans doute de ne pouvoir réussir, même avec les défauts qu'ils lui prêtaient.

Son immense supériorité le place au nombre des peintres de l'École française reconnus comme chefs et législateurs du grand goût. Excellent dessinateur, les images fortes, riantes et sublimes exercèrent tour à tour son pinceau. Grand observateur du cœur humain et des passions de l'âme, il en a étudié, approfondi toutes les expressions

et saisi les nuances les plus cachées, jusqu'au caractère particulier des
peuples dont il a tracé l'histoire. Dans le style agreste, où il rappelle
les siècles poétiques, il n'eut, en peinture, ni modèle à suivre, ni rivaux
à combattre : ce qui faisait dire aux amateurs en France, chaque fois
qu'il envoyait à l'un d'eux une nouvelle production : « Ce grand homme
a enlevé de la Grèce et de l'Italie la science de la peinture pour l'apporter dans sa patrie. »

Pensées élevées, fonds inépuisable d'érudition, dessin pur et correct;
touche sage, empâtement léger, quoique sans pauvreté; formes et proportions statuaires; expressions fortes, austères et pleines de sublimité;
réunion des sensations au sentiment, science profonde de l'architecture
et de la perspective; draperies peut-être trop chargées de plis; coloris
égal mais harmonieux; symétrie, ordre, sagesse dans l'ensemble et la
disposition des groupes; peu d'accessoires : telles sont, suivant l'opinion
presque unanime des connaisseurs, les qualités distinctives du Poussin.
En un mot, quelles qu'aient été les attaques dirigées contre ses œuvres,
ce peintre, surnommé le *Plutarque français*, restera toujours l'honneur
de notre École nationale, en dépit des dissertations critiques de Xavier
de Burtin qui s'évertue à entasser sophismes sur sophismes pour le
classer parmi les artistes d'Italie, « parce que, dit-il, *ses ouvrages sont
faits dans le goût de l'École romaine*, » quoique la Normandie soit le
lieu de sa naissance.

Que de peintres nous pourrions revendiquer au profit de notre
École avec un pareil système!

On prétend généralement que le Poussin ne fit point d'élèves; et
cependant je crois qu'il est impossible de lui contester Gaspard Dughet,
dit le Guaspre Poussin, son beau-frère, qui a étudié sous ses auspices le
paysage héroïque, et Letellier, son neveu. De plus, si l'on fait attention
aux conseils qu'il donna aux artistes français pendant son séjour à
Rome, et dont ils retirèrent tant de fruits, on lui en trouvera une foule.
Lebrun, Stella, Dufresnoy, Mignard, ont laissé des titres incontestables
de leur reconnaissance à cet égard.

Les toiles du Poussin sont presque toutes classées dans les musées et les galeries. Elles figurent rarement dans les ventes publiques; lorsqu'elles y paraissent par hasard, elles sont vivement disputées par les amateurs. Le musée du Louvre en est très-riche. Voici leurs provenances et leurs différentes estimations officielles :

MUSÉE DU LOUVRE

Bacchanale, coll. Louis XIV. Est. off. (1810-1816), 30,000 fr. — *Écho et Narcisse*, coll. Louis XIV. Est. off. (1816), 40,000 fr. — *Triomphe de Flore*, coll. Louis XIV et du cardinal Omesdeï. Est. off. (1810-1816), 60,000 fr. — *La Femme adultère*, cab. Lenostre, coll. Louis XIV. Est. off. (1810-1816), 100,000 fr. — *Rébecca et Éliézer*, coll. Louis XIV. Est. off. (1810-1816), 100,000 fr. — *Portrait du Poussin* (échange d'un Van der Werff) (1797), 3,600 fr. Est. off. (1810), 10,000 fr.; (1816), 25,000 fr. — *Le Printemps ou Adam et Ève* (commandé avec les trois suivants par le cardinal Richelieu), coll. Louis XIV, Est. off., 15,000 fr.; (1816), 13,000 fr. — *L'Été ou Ruth et Booz*, coll. Louis XIV. Est. off. (1810), 15,000 fr.; (1816), 16,000 fr. — *L'Automne ou la Terre promise*, coll. Louis XIV. Est. off. (1810), 15,000 fr.; (1816), 25,000 fr. — *L'Hiver ou le Déluge*, coll. Louis XIV. Est. off. (1810), 120,000 fr.; (1816), 75,000 fr. — *Le Triomphe de la Vérité* (plafond), cab. du duc de Richelieu; *idem* de la salle d'Henri II au Louvre, coll. Louis XIV. Est. off. (1810), 130,000 fr.; (1816), 150,000 fr. — *Les Philistins frappés de la peste*, cab. Mathieu, 60 écus; cab. du duc de Richelieu, 1,000 écus. Est. off. (1810), 12,000 fr.; (1816), 30,000 fr. — *Les Israélites recueillant la manne*, coll. Louis XIV. Est. off. (1810), 130,000 fr.; (1816), 120,000 fr. — *Moïse sauvé des eaux*, coll. Louis XIV. Est. off. (1810-1816), 40,000 fr. — *Moïse foulant la couronne de Pharaon*, coll. Louis XIV. Est. off. (1810-1816), 20,000 fr. — *Diogène jetant son écuelle*, cab. Lirinagne, coll. Louis XIV. Est. off. (1810), 150,000 fr.; (1816), 120,000 fr. — *La mort d'Eurydice*, cab. Le Brun, coll. Louis XIV. Est. off. (1810), 30,000 fr.; (1816), 50,000 fr. — *Jésus guérissant les aveugles*, musée Napoléon. Est. off. (1816), 30,000 fr. — *Les Aveugles de Jéricho*, cab. du duc de Richelieu, coll. Louis XIV. Est. off. (1810), 90,000 fr.; (1816), 100,000 fr. — *Le Jugement de Salomon*[1], coll. Louis XIV. Est. off. (1810-1816), 120,000 fr. — *L'Adoration des Mages*, coll. de Mauroy, de Boisfranc, les Chartreux. Musée Napoléon. Est. off. (1810), 15,000 fr.; (1816), 30,000 fr. — *Pyrrhus sauvé*, coll. Louis XIV. Est. off. (1810), 72,000 fr.; (1816), 60,000 fr. — *Le Maitre d'école renvoyé aux Falisques*, cab. Meyers, (1772). *Idem* Passart. Est. off. (1816), 70,000 fr. — *Sainte Famille*, cab. du duc de Créquy, coll. Louis XIV. Est. off. (1810), 12,000 fr.; (1816), 30,000 fr. — *La Cène*, anciennement au chapitre de Saint-Germain-en-Laye, coll. Louis XIV. Est. off. (1810), 500,000 fr. (1816), 100,000 fr. — *La Mort de Saphire*, coll. Louis XIV. Est. off. (1810), 100,000 fr.; (1816), 80,000 fr. — *Apparition de la Vierge à saint Jacques le Majeur*, coll. Louis XIV.

1. M. Court, peintre d'histoire, possède une répétition de ce tableau. Au dire des meilleurs connaisseurs, elle ne le cède en rien à la toile du Louvre.

Est. off. (1810-1816), 120,000 fr. — *L'Assomption,* cab. de Mauroy, coll. Louis XIV. Est. off. (1810-1816), 20,000 fr. — *Saint Jean donnant le baptême,* cab. Cassiano del Pozzo, coll. A. Lenostre, coll. Louis XIV. Est. off. (1810-1816), 50,000 fr. — *L'Enlèvement des Sabines,* cab. de la duchesse d'Aiguillon; *idem* de la Ravoir, coll. Louis XIV. Est. off. (1810-1816), 150,000 fr. — *Moïse change en serpent la verge d'Aaron,* coll. Louis XIV. Est. off. (1810-1816), 20,000 fr. — *Les Bergers d'Arcadie,* coll. Louis XIV Est. off. (1810-1816), 50,000 fr.

Anciennement au Louvre. — *Psyché;* rendu à Cassel en 1815.

MUSÉES DIVERS, GALERIES, ETC.

Musée de Rouen. — *Saint Denis couronné par un ange.*

Musée de Rennes. — *Ruines d'un arc de triomphe.* Copie du *Ravissement de saint Paul,* et quatre belles copies des *Sacrements* (Les trois autres sont dispersées).

Musée de Caen. — *La Mort d'Adonis.*

Musée du Mans. — *Les Sept Sacrements,* copies d'après le Poussin.

Musée de Nantes. — *Le Ravissement d'un saint,* esquisse (coll. Clarke de Feltre).

Musée de Saint-Pétersbourg. — *Polyphème.* — *Cacus.* — *Le Testament d'Eudamidas.* — *Les deux Victoires de Josué.* — *Épisodes de la Jérusalem délivrée.* — *Amphitrite.* — *Visitation de sainte Élisabeth.* — *Esther évanouie devant Assuérus.*

Musée du roi a Madrid. — *Une Bacchanale* (douteux). — *Le Parnasse.* — *Départ de Calydon pour la chasse.* — *David vainqueur de Goliath.* — *Combat en champ clos.* — Plusieurs *Paysages historiques.*

Musée de Berlin. — *L'Arcadie.* — *Diogène.* — *Phocion.* — *L'Éducation de Jupiter.* — *Junon et Argus.* — *Phaéton* (allégorie), etc.

National Gallery. — *Persée.* — *La Peste d'Ashdod.* — *Jupiter et Antiope.* — *Céphale et l'Aurore.* — *L'Éducation de Bacchus.* — *Paysage historique.* — *Deux Bacchanales,* dont l'une représente *la Fête au dieu Pan.*

Pinacothèque de Munich. — *L'Adoration des Bergers.* — *L'Enterrement du Christ.* — *Le Roi Midas.* — *Portrait de l'artiste.*

Musée de Dresde. — *Le Martyre de saint Érasme.* — *L'Empire de Flore.* — *Vénus endormie.* — *La Nymphe Syrinx poursuivie par le dieu Pan,* provenant de la coll. Dubreuil. — *Portrait de l'artiste* vu de profil. — *Sacrifice à Noé.* — *Moïse exposé sur le Nil* (acquis en 1742, à Paris, pour 6,500 liv.). — *L'Adoration des Mages.*

Musée de Vienne. — *Le Miracle de saint Pierre.* — *La Prise et la Destruction du temple de Jérusalem.*

Musée Degl'uffi, a Florence. — *Thésée à Trézène.* — *Vénus et Adonis.*

Musée du Vatican. — *Le Martyre de saint Érasme.*

Académie des Beaux-Arts a Venise. — *Le Repos en Égypte.*

Musée du Capitole. — *Le Triomphe de Flore*.

Musée de Turin. — *Sainte Marguerite*.

A Hampton-Court. — *La Mort du Christ*. — *L'Apparition aux Bergers*. — *Nymphes et Satyres*.

Dulwich-Collége. — *L'Adoration des Mages*. — *L'Éducation de Jupiter*. — *Le Triomphe de David*. — *Renaud et Armide*. — *L'Éducation de Bacchus*. — *La Fuite en Égypte*. — *Vénus et Mercure*. — *Jupiter et Antiope*. — *L'Assomption de la Vierge*. — *L'Inspiration du poète*. — *La Sainte Famille*.— Plusieurs paysages.

Au comte de Listowel. — *Jupiter et Antiope*.

A M. G. Wilbraham. — *Vénus et Adonis*.

A M. W. Burdon. — *Vénus et l'Amour*. — *Le Printemps*.

A lady Dunmore. — *Orphée et Eurydice*.

A miss Burdett Coutts. — *Un Paysage* (ancienne collection Rogers).

Au révérend E. Mawkes. — *Le Testament d'Épaminondas*.

Au comte de Carlisle. — *Le Triomphe de Bacchus*.

Au comte de Derby. — *Une Allégorie*. — *La Femme de Mégare*.

A lord Damley. — *Le jeune Pyrrhus sauvé*.

Collection Williams, Esq. — *Paysage avec figures*.

A lord Iarborough. — *Un Paysage*. — *La Sainte Famille*. — *Renaud et Armide*.

Collection Russell. — *Le Christ*.

A lord Ravensworth. — *Rébecca et Éléazar*. — *Un Paysage*.

Au duc de Northumberland.—Copie de la *Délivrance de saint Pierre*, par Raphaël.

Collection Gladstone. — *Une Sainte Famille*.

A lord Metuen. — *Paysage italien*.

A lord Feversham. — *Un Paysage poétique*.

Collection Holford. — *Paysage avec figures*.

Collection Stirling. — *Moïse*.

A lord Jersey. — *Paysage avec nymphes*.

Collection Barry. — *Paysage poétique*.

Collection Everett. — *Vue d'Italie*.

A lord Enfield. — *Un Paysage*.

Collection Harcourt. — *Moïse frappant le rocher*. — *Mars et Vénus dans un paysage*. — *Paysage poétique*.

Collection Mattew Anderson. — Copie d'une *fresque* du Dominiquin.

Collection Wemys. — *Le Baptême du Christ*.

Collection Morrison. — *Une Bacchanale*.

Collection Bardon. — *Un Paysage*.

Galerie Westminster. — *L'Enfant Jésus servi par les anges*. — *L'Eau dans le désert*. — *Jeux d'enfants*. — *La Formation de la Grande Ourse*.

COLLECTION SAMUEL ROGERS. — *L'Adoration des Bergers.*

GALERIE SUTHERLAND. — *Une Bacchanale.*

GALERIE ELLESMERE. — *Le Baptême, la Confirmation, le Mariage, la Pénitence, l'Ordre, l'Eucharistie, l'Extrême-Onction* (payés par le régent 135,625 francs, adjugés à 120,000 francs à la V⁺ᵉ d'Orléans, en 1793. Peints sur fond rouge; ils sont très-obscurcis. Ils passèrent dans le cab. Bridgewater). — *Moïse frappant le rocher* (1793, V⁺ᵉ d'Orléans, 26,250 fr.).

GALERIE DU DUC DE RUTLAND. — *Les Sacrements* (répétitions des précédents faites pour le chevalier del Pozzo).

GALERIE BEDFORD. — *Bethsabé.* — *Moïse enfant.*

GALERIE DU DUC D'AUMALE. — *Le Massacre des Innocents.* — *Une Bacchanale.* — *Thésée découvrant l'épée de son père Égée.* (Coll. Giustiniani, L. Bonaparte et du duc de Lucques.)

A LORD HERTFORD. — *La Danse des Saisons* (payé 35,000 fr. à la V⁺ᵉ Fesch).

GALERIE ESTERHAZY. — *Moïse sauvé des eaux.* — *Le Serpent d'airain.* — *La Mort de Germanicus.*

GALERIE LICHTENSTEIN. — *La Guérison du paralytique.* — *Scène du Massacre des Innocents.*

CABINET DU COMTE CZERNIN. — *Un Enterrement ancien.*

CABINET DE LA PRINCESSE BELOSELSKI, A SAINT-PÉTERSBOURG. — *Un Héros victorieux* (allégorie).

COLLECTION DE M. LE COMTE DE BUDÉ. — *Paysage.*

COLLECTION DE MARCY, A GRASSE. — *Jésus-Christ chez le Pharisien.* (Ce tableau a fait partie de la gal. Massini, à Rome.)

COLLECTION C***. — *Nymphes et Satyres dans un paysage.* — *Ambassade du cardinal Barberini à Constantinople.* — *Épisode de la même ambassade.*

GALERIE WEYER, DE COLOGNE. — *L'Adoration des bergers.* — *Le Christ ressuscité apparait à saint Pierre.*

PRIX DE VENTES

			fr.	
Bacchanale de 10 figures (84ᵉ — 1ᵐ,16)	1738.	V⁺ᵉ FRAULA	1,260.	
Femme couchée (82ᵉ — 1ᵐ,14)				
Vénus et Énée (1ᵐ,35 — 1ᵐ,15)	1742.	V⁺ᵉ CARIGNAN	3,500.	
—	1777.	V⁺ᵉ THÉLUSSON.	2,500.	
—	1801.	V⁺ᵉ ROBIT	8,520.	A. M. Lafontaine.
—	1851.	V⁺ᵉ NORTHWICK	6,370.	

			fr.	
Sainte Famille (1ᵐ —1ᵐ,39)....	1742.	Vᵗᵉ Carignan......... ...	1,045.	
—	1771.	Vᵗᵉ Dubarry..... ..	1,150.	
—	1778.	Vᵗᵉ Deux-Ponts........	2,951.	
—	1891.	Vᵗᵉ Robit........... ..	10,000.	
—	1826.	Vᵗᵉ Lord Radstock ...	15,000.	Lady Clarke.
Sainte Famille..	1741.	Vᵗᵉ de Lorangère...... .	211.	
Bethsabée au bain....	1745.	Vᵗᵉ Laroque........	166.	
—	1749.	Vᵗᵉ Duc d'Orléans....		
—	1801.	Vᵗᵉ Robit	5,039.	
—	1827.	Vᵗᵉ Duc de Bedford......	3,992.	
—	1829.	Dᵒ	1,223.	
Bacchanale (70ᶜ—57ᶜ)	1751.	Vᵗᵉ Thuony.....	860.	
Danaé (62ᶜ—76ᶜ).............	Dᵒ	dᵒ	1,890.	A M. de Gagny.
—	1795.	Vᵗᵉ de Calonne........ ..	1,000.	
La Charité (1ᵐ,29—95ᶜ)........	1751.	Vᵗᵉ Thuony et Crozat. ..	1,200.	Coll. Ledoux.
Renaud et Armide (1ᵐ,16—1ᵐ,43).	1755.	Vᵗᵉ Pasquier.........	1,343.	Cab. Metra.
Les Quatre Saisons........... ...	1756.	Vᵗᵉ Tallard	420.	
Bacchus (70ᶜ—94ᶜ)......	Dᵒ	dᵒ	1,200.	
Sainte Famille (1ᵐ—73ᶜ).... ...	1761.	Vᵗᵉ Orselle...	2,400.	
Même sujet avec plusieurs saints (97ᶜ—1ᵐ,29)...............	1763.	Vᵗᵉ Peilhon.	1,523.	
Vénus et Mercure (1ᵐ,29—1ᵐ,13).	1764.	Vᵗᵉ Électeur de Cologne.	799.	A M. de Sainte-Palaye.
La Femme adultère (97ᶜ—1ᵐ,32)..	1765.	Vᵗᵉ de Rubempré....... ..	2,181.	
Bellone.................	1797.	Vᵗᵉ Julienne.	851.	
Bacchanale (1ᵐ,13—1ᵐ,61)......	1770.	Vᵗᵉ de Jully.....	3,500.	
Moïse retiré des eaux (1ᵐ,16 — 1ᵐ,79)...............	1772.	Vᵗᵉ de Nyert	5,135.	
Enfants jouant avec des fruits...	1772.	dᵒ	1,550.	
—	1777.	Vᵗᵉ de Bosset........ ..	7,101.	
Thésée (69ᶜ—1ᵐ,31)...	1775.	Vᵗᵉ Mᵈᵉ de Pezay	2,700.	Cab. Laredan.
...	1787.	Vᵗᵉ Lambert........	1,901.	
—	1821.	Vᵗᵉ J. Knight..	15,077.	
—	1821.	Vᵗᵉ X............... ..	4,761.	
—	1851.	Vᵗᵉ Chavagnac....	4,000.	
Jupiter enfant (73ᶜ -97ᶜ).... ...	1775.	Vᵗᵉ Mariette........ ...	2,310.	
Jupiter et la chèvre Amalthée (97ᶜ —1ᵐ,38)...................	1776.	Vᵗᵉ de Gagny...	8,500.	
Ulysse à la cour de Nicomède (97ᶜ —1ᵐ,29)	1777.	Vᵗᵉ de Conti......... ...	3,700.	
—	1807.	Vᵗᵉ Agar Elles........	11,911.	
...	1819.	Vᵗᵉ John Knight........	3,785.	Coll. La Curne de Sainte-Palaye et Saint-Jori...
Fête au dieu Pan............	1777.	Vᵗᵉ de Bosset.....	11,999.	
—	1786.	Vᵗᵉ de Vaudreuil........	15,100.	
—	1795.	Vᵗᵉ de Calonne....... ..	21,750.	
—	1803.	Vᵗᵉ Walker.............	21,000.	
—	1813.	Vᵗᵉ Lord Kinnaird.... .	50,000.	Act. à la Gal. nationale de Londres.
Deux Bacchantes	1777.	Vᵗᵉ de Conti.........	1,650.	
Le Repos en Égypte (72ᶜ,2—1ᵐ,2).	1777.	Vᵗᵉ Trélusson...	4,200.	
—	1781.	Vᵗᵉ l'abbé Leblanc.......	2,161.	
—	1785.	Vᵗᵉ Mᵈᵉ de Véri.......	4,890.	
—	1792.	Vᵗᵉ de la Reynière.....	3,001.	
—	1807.	Vᵗᵉ X...............	6,352	
—	1810.	Vᵗᵉ Walsh Porter.......	16,146.	

			fr.	
Le Temps faisant danser quatre figures allégoriques. Esquisse de son grand tableau (43°—51°)...	1783.	Vte BELISARD.......	192.	
Bacchus consolant Ariane (1^m92 —2^m24...................	1788.	Vte Mme LENGLIER........	300.	Pastiche du Titien.
Alexandre et Diogène, fond d'architecture 72 1/2—96 1/2...	1791.	Vte LEBRUN...	240.	Coll. de Piles.
La Bataille de Constantin. Copie d'après Raphaël (1^m07—2^m56)..	D°	d°	1,602.	
La Naissance de Bacchus (toile) (1^m20—80°)...............	1793.	Vte Coll. D'ORLÉANS.......	13,125.	M. Willet.
—	1813.	Vte WILLET........	7,411.	
—	1819.	d°	4,473.	
—	1831	Vte ÉRARD	17,000.	A. M. de Montcalm.
—	1859.	Vte DE MONTCALM.......	17,300.	
Moïse foulant la couronne de Pharaon..................	1793.	Vte Gal. du Palais-Royal..	10,500.	Act. au duc de Bedford.
Moïse sauvé des eaux...	1793.	Vte Gal. du Palais-Royal..	20,000.	Act. au duc de Buckingham
Moïse frappant le rocher..... ...	D°	d° ..	25,000.	Act. à lord Egerton.
Conversion de saint Paul.......	D°	Vte D'ORLÉANS	10,000.	Smith.
Christ en croix..............	1791.	Vte LAWRENCE DUNDAS ...	12,319.	
Le Triomphe de David....	1795.	Vte DE CALONNE.........	15,759.	Acheté 21,000 fr. à lord Carysfort.
Même sujet.................	1822.	Vte SAINT-VICTOR........	700.	
Une Bacchanale........	1795.	Vte DE CALONNE.........	22,835.	Coll. Vaudreuil.
Éliézer et Rebecca........... .	D°	d°	3,838.	
Adoration des bergers........ ...	1795	Vte J. REYNOLDS	5,436.	
—	1809.	Vte W. HILLOY...........	4,516.	
Paysage avec ruines et anciens aqueducs (1^m,08—1^m,48).. ...	1801.	Vte ROBIT.............	7,100.	
Fuite en Égypte....	1801.	Vte DESENFANS........ ...	4,235.	Dulwich Gallery.
Les Bacchanales..............	1815.		375,000.	Vendues à Londres.
Moïse sauvé...............	1809.	Vte SABATIER......	1,421.	
—	1855.	Vte COLLOT............	570.	
Moïse exposé sur le Nil........	1809.	Vte GRANDPRÉ...........	14,021.	
La Fuite en Égypte........ ...	1812.	Vte SOLIRÈNE	3,925.	
—	1813.	Vte X....	11,646.	
Jupiter et Io.................	1816.	Vte P^se BONAPARTE..... ...	2,064.	
—	1821.	Vte JOHN WEBB....	2,617.	A lord Ashburton.
L'Éducation de Bacchus.......	1819.	Vte JOHN KNIGHT........	14,558.	
—	1821.		12,970.	
Le Miracle de saint Pierre et de saint Jean.................	1826.	Vte Lord RADSTOCK.....	12,235.	W. Wilkins.
Paysage....	1826.	Vte DENON.....	1,400.	
L'Annonciation............. ...	1829.	Vte ROKES............	2,161.	
—	1836.	Vte X........	3,573.	
Les Anges chez Loth..........	1837.	Vte CHRISTIE	3,573.	
Apollon amoureux.............	1832.	Vte ÉRARD.............	4,200.	
Vue prise derrière le Campo Vaccino (90°—1^m,34).............	1840.	Vte SCHAMP	700.	
La danse des Saisons...........	1845.	Vte C^al FESCH.	85,000.	Avec les frais. Au marquis d'Hertford.
Portrait du Poussin..........	D°	d°	9,350.	
Apollon et Marsyas.	D°	d°	577.	
Le Repos de la Sainte Famille....	D°	d°	10,000.	

			fr.	
Étude de paysage......	} D°	d°	357.	
Autre.......................				
L'Adoration des Mages (22°–32°).	1845.	Vte REVIL............	601.	Étude pour le tableau du Louvre.
Étude pour le Déluge............	D°	d°	170.	
La Vierge et l'Enfant............	1853.	Vte H.-J. HINCHRETE...	6,118.	
Martyre d'Érasme............	1851.	Vte CHAVAGNAC........	1,190.	
Thésée découvrant les armes d'Égée.	D°	d°	4,000.	
Le Massacre des Innocents (1^m,85 – 1^m,15)................	1855.	Vte COLLOT............	10,000.	Cat. Dutuit de Rouen.
Moïse sauvé des eaux.........	D°	d°	570.	
Apollon et Daphné.......	1855.	Vte de la Banque de Cassel.	2,050.	
Sujet Mythologique (1^m,37 – 1^m,80).	1857.	Vte MORET............	3,150.	
Nymphes, Satyres et Faunes......	1859.	Vte Lord NORTHWICK...	7,800.	
Apollon et Daphné.....	D°	d°	4,915.	
Bacchanale.....	1859.	Vte CASTELLANI......	405.	Douteux.
L'Adoration du Veau d'or. Esquisse (L. 36° 23°)...............		Coll. JEANNE. Est......	500.	Acheter en 1859 aux Andelys. Cette esquisse a été donnée par le peintre à M. Cointet, l'un de ses protecteurs.
L'Assomption de la Vierge (dix figures).............	1861.	Vte X...............	2,500.	

DESSINS

L'Aurore et Céphale (à la plume).	1777.	Vte P^ce DE CONTI...	240.	
Mort de Thémistocle (à la plume)..	1782.	Vte BOILEAU..........	25.	
L'Adoration des Mages (12 figures, à la plume et au bistre).......	1798.	Vte BASAN père......	420.	
Jésus guérissant un malade (à la plume et au bistre)...........	D°	d°	93.	
L'Enlèvement des Sabines (à la plume).................	1803.	Vte POULLAIN... ..	1,362.	Coll. Servat.
L'Adoration des Rois (à la plume).	1826.	Vte DENON........	400.	
L'Adoration des Mages (22°–32°)..	1845.	Vte REVIL........	601.	Première pensée du tableau du musée.
La Madeleine au pied de la croix (à la plume)...............	1855.	Vte NORBLIN. ...	405.	Ce dessin est attribué à Van-Dyck.
Un Fleuve et quatre nymphes (à la plume)	1857.	Vte THIBAUDEAU. ...	155.	
Scène du Déluge (à la plume).....	D°	d°	122.	
Deux dessins sur la même monture	1859.	Vte F. V***...	115.	
Ulysse découvrant Achille........	D°	d°	116.	

STELLA

(JACQUES)

Né à Lyon en 1596, mort à Paris en 1657.

Stella se rendit en Italie dans sa vingtième année; il y rencontra Le Poussin qui le prit en affection. Les conseils qu'il en reçut l'amenèrent à suivre sa manière dont il s'est peu écarté, surtout dans ses têtes d'étude et ses Vierges qui donnent souvent lieu à de grandes méprises.

Ses compositions sont aimables, nobles dans leur disposition, modérées dans l'expression. Ses attitudes sont naïves, son coloris est plus cru et plus froid dans l'exécution que celui du Poussin; son dessin, quoique correct, plus maniéré; en un mot, les imitations dues à son pinceau n'ont ni le grand caractère, ni la simplicité de lignes qui font le mérite de celles du maître.

Comme talent original, Stella est un bon peintre; il eut des élèves qui l'imitèrent, ainsi que nous le dirons tout à l'heure.

LOIR

(NICOLAS-PIERRE)

Né à Paris en 1624, mort dans la même ville en 1679.

Quoique élève du Bourdon, Nicolas Loir ne s'attacha pas à la manière de son maître, celle du Poussin étant plus de son goût. Dans son genre propre et particulier, il exécuta de fort beaux morceaux. Ses copies ont une telle ressemblance avec les originaux, qu'on s'y méprend tous les jours; aussi l'amateur qui voudra éviter toute erreur devra se rappeler que les imitations de Loir, malgré l'érudition et la convenance dont elles sont remplies, présentent un dessin tout à la fois vrai et faible dans les contours. Le style de l'imitateur est plus affecté que celui du maître, ses caractères de tête sont plus maniérés, ses draperies plus lourdes et son coloris est plus opaque et plus vigoureux.

DUGHET

(GASPARD)

VULGAIREMENT GASPRE DUGHER, ET MIEUX ENCORE GUASPRE POUSSIN

Né à Rome en 1613, mort en 1675.

Élève et beau-frère du Poussin, il imita son genre dans le paysage historique. La confusion qui règne entre ces deux artistes, et qui bien souvent facilite les fraudes, provient de ce que le Poussin ajouta quelquefois des figures dans les paysages de Dughet ; mais la manière sèche et noire de ce dernier, ses ombres souvent dures et découpées sur les clairs, indiquent facilement la main de l'élève.

LETELLIER

(JEAN)

Né à Rouen en 1614, mort en 1676.

Jean Letellier ou le Tellier fut élève et neveu de N. Poussin, qui, à ce titre, le porta sur son testament et le fit son légataire universel.

Quoique son coloris soit d'un rouge briqueté, on est souvent parvenu à vendre ses tableaux d'histoire pour des œuvres de son oncle. Et cependant c'est à ce ton rouge et à la mollesse de son pinceau que se reconnaissent les contrefaçons.

KAUFFMANN

(MARIE-ANNE-ANGÉLIQUE-CATHERINE)

Née en 1741 ou 1742, morte en 1807.

La contrefaçon doit à cette artiste des copies qui ne sont pas sans mérite, surtout lorsqu'elles sont *patinées* avec adresse. Néanmoins l'œil observateur reconnaît la ruse à la faiblesse du dessin, et à une touche plutôt molle que légère.

STELLA

(ANTOINE-BOUSSONNET)

Né à Lyon en 1634.

Antoine Stella, élève de son oncle Jacques Stella, n'est qu'un imitateur très-éloigné de la manière de Nicolas Poussin. C'est plutôt un pasticheur de son oncle. Ses ouvrages d'imitation se décèlent à leur couleur encore plus sèche et plus crue que celle de Jacques Stella. Ils ne trompent que les connaisseurs peu expérimentés

BORZONNE

(MARIE-FRANÇOIS)

Né en 1625, mort en 1679.

Ce peintre, Italien de naissance, fut un faible imitateur du Poussin, bien que ses œuvres soient souvent vendues comme tenant de la *manière italienne* du maître. Ses imitations sont faciles à reconnaître par leur couleur plus tendre et un *fa presto* inconnu au Poussin.

ORLEY

(RICHARD VAN)

Né en 1652, mort en 1732.

Ce fils de Pierre Van Orley passa sa vie à imiter divers peintres, parmi lesquels se rencontre le Poussin. Ses copies ne sont pas assez heureuses pour tromper l'amateur. Elles sentent trop le flamand.

BLOEMEN

(JEAN-FRANÇOIS VAN)

Né à Anvers en 1656, mort en 1740.

Ce peintre, surnommé *l'Orrizonte,* a fait d'assez belles imitations; mais, comme celles de son compatriote Van Orley, elles rappellent l'origine de leur auteur. Ce n'est plus cette ordonnance savante et noble de N. Poussin, c'est une touche pétillante et lumineuse, mais dépourvue de ce cachet de grandeur et de simplicité qui distingue les œuvres du maître.

RYSBRAEK

(PIERRE)

Les tableaux de cet artiste, qu'il ne faut pas confondre avec le Rysbraeck, le peintre de bambochades, sont encore une bonne fortune pour les trafiquants de mauvaise foi. Quoique sans transparence et d'une monotonie extrême, ses productions ne sont pas sans valeur, surtout lorsqu'elles ont été retouchées par une main habile. Cependant, malgré tout le soin des contrefacteurs, il subsiste toujours des duretés de touche qui décèlent ces copies à l'appréciateur.

REIHART

(CHRÉTIEN)

Né en 1761.

Les œuvres de Reihart sont plutôt des réminiscences du Poussin que de véritables imitations. Aussi ne trompent-elles que des amateurs sans connaissance, et nous n'avons pas à nous en occuper.

GELÉE

(CLAUDE)

DIT LE LORRAIN, DIT LE CLAUDE

Né au château de Chamagne en 1600, mort en 1682.

L'artiste le plus extraordinaire du XVIIᵉ siècle est, sans contredit, Claude Gelée, que son talent retira de la profonde obscurité dans laquelle il passa sa jeunesse. Il reçut les premières leçons de peinture d'un de ses frères, de Geoffroi Wals et d'Augustin Tassi ; mais il ne doit point son habileté à ses maîtres ; c'est l'Italie et la nature qui formèrent ce génie prodigieux. Ses malheurs, ses pérégrinations ont assez exercé la plume des biographes pour que je me dispense d'en parler de nouveau.

Fidèle interprète des beautés de la nature, le Claude la rendit parfaitement, prouvant qu'il en avait étudié les phénomènes avec la plus scrupuleuse attention. Son exécution est simple et secrète ; son coloris est diaphane ; l'action dans tout, l'air vital partout. Sa couleur est fondue et d'un accord admirable. Personne n'a mieux entendu que lui la dégradation des lointains. Ses ciels sont vaporeux et souvent rougeâtres, ses effets de lumière rendus avec une vérité et un charme ravissants ; malheureusement il était fort inhabile à peindre les figures. La plupart de celles qu'on voit dans ses tableaux sont de Philippe de Laury ou de Guillaume Courtois, frère du Bourguignon ; André Both et Jean Meel lui en ont peint aussi quelques-unes.

Au nombre de ses élèves, on remarque Jean Dominique Romain et Herman Swanefeld. Ce dernier a suivi une manière assez distincte pour ne pas être classé au nombre de ses imitateurs et copistes, déjà assez nombreux et souvent dangereux pour l'appréciateur, malgré le livre intitulé : *Libro di Verita.*

Chacun connaît la rareté d'une œuvre de Claude le Lorrain et le haut prix qu'on attache à sa possession. Le musée du Louvre en possède de magnifiques échantillons, au rang desquels on peut placer aussi *le Lever du Soleil* de la galerie Rothschild et *le Passage du Gué*, appartenant à Mme Héléna Fould.

MUSÉE DU LOUVRE

Débarquement de Cléopâtre, coll. du cardinal Giorio. *Idem* Louis XIV. Est. off. (1816), 120,000 fr. N° 63 du *Livre de Vérité.* — *Le Sacre de David*, coll. du cardinal Giorio. *Idem* Louis XIV. Est. off. (1816), 70.000 fr. — *Ulysse remet Chryséis à son père*, cab. du prince de Liancourt, coll. Louis XIV. Est. off. (1810), 120,000 fr.; (1816), 100,000 fr. — *Le Campo Vaccino* et son pendant, un *Port de mer*, figures de Jean Meel, (1737), Vte comtesse de Verrue, 3,350 fr.; (1768), Vte Gaignat, 6,201 fr.; (1776), Vte de Gagny, 11,904 fr.; (1780), Vte Poullain, 11,003 fr. Est. off. (1810), 60,000 fr.; (1816), 70,000 fr. N° 9 du *Livre de Vérité.* — *Vue d'un Port*, effet de soleil levant. Est. off. (1810), 30,000 fr.; (1816), 40,000 fr. — *Fête villageoise*, cab. d'Urbain VIII, coll. Louis XIV. Est. off. (1816), 100,000 fr. N° 13 du *Livre de Vérité.* — *Vue d'un Port de mer*, effet de soleil voilé par une brume; cab. d'Urbain VIII, (1768), Vte Gaignat, 5,000 fr.; (1793), Vte du duc de Praslin, 15.000 fr. Est. off. (1810), 100,000 fr.; (1816), 80,000 fr.— *Un Port de mer*, soleil couchant. Est. off. (1810), 120,000 fr.— *Marine.* Est. off. (1810), 15,000 fr. — *Paysage.* Est. off. (1810), 15,000 fr. — *Paysage* (52e—69e). Est. off. (1810), 30,000 fr. — *Le Gué.* Est. off. (1810), 30,000 fr. — *Entrée d'un port, vue de la mer.* Est. off. (1810), 15,000 fr. — *Siège de La Rochelle.* Est. off. (1810), 6,000 fr. — *Le Pas de Suse forcé par Louis XIII en 1629.* Est. off. (1810), 6,000 fr.

MUSÉES DIVERS, GALERIES, ETC.

MUSÉE DE VERSAILLES. — Copie du *Combat du Pas de Suse* (tableau commandé par le cardinal de Richelieu).

MUSÉE DE RENNES. — *Paysage avec figures.* — *La Fuite en Égypte.* Effet de soleil couchant (attribué). — *Un Paysage*, lavé au bistre.

MUSÉE DE NANCY. — *Un Paysage.*

MUSÉE DU ROI, A MADRID. — *Moïse sauvé.* — *Tobie et l'Ange.* — *Vue du Colisée.*

— *L'Embarquement de sainte Paule.* — *Deux Paysages.* — *L'Anachorète en prière.* — *La Madeleine.*

Musée de Saint-Pétersbourg. — *Site d'Italie.* — *Port de mer.* — *Apollon et Marsyas.* — *Apollon et la Sibylle de Cumes.* — *Le Matin, le Midi, le Soir, la Nuit,* provenant de la Malmaison.

Pinacothèque de Munich. — *Un Port de mer.* — *Un Paysage.* — *Le Matin.* — *Le Soir*

Musée de Berlin. — *Hippolyte et Aricie.* — *Le Triomphe de Silène,* etc., etc.

Musée de Dresde. — *La Sainte Famille.* — *Le Repos en Égypte.* — *La Fuite en Égypte.* — *Côte de Naples,* avec figures.

Musée de Naples. — *Une Marine.* — *La Nymphe Égérie.*

Musée de Turin. — *Le Pont ruiné.* — *Un Paysage.*

Musée degl' Uffi, a Florence. — *Marine au soleil couchant.*

Musée de La Haye. — *Paysage italien.*

National Gallery. — *Les Noces de Rébecca et d'Isaac.* — *La Reine de Saba.* — *Sainte Ursule et les onze mille Vierges.* — *Agar dans le désert.* — *David à la caverne d'Addulam.* — *Réconciliation de Céphale et de Procris.* — *Mort de Procris.* — *Narcisse devenant amoureux de lui-même.* — *Une Marine.* — *Une Étude d'après nature.*

Hampton-Court. — *Un Port de mer.*

Cabinet particulier de la reine d'Angleterre. — *Un Paysage.*

Dulwich-College. — *Le Port d'Ostie* et plusieurs marines.

Galerie Westminster. — *La Danse du soir.* — *Le Lever du soleil.* — *Le Coucher du soleil.* — *Deux Pendants.* — *L'Adoration du Veau d'or.* — *Le Sermon sur la montagne.* — Deux autres Compositions.

Galerie Ellesmere. — *Paysage.* — *Grand Paysage.* — *Paysage avec figures* (peint pour M. de La Garde, en 1657). — *Démosthène.*

A Windsor Castle. — *Paysage poétique.* — *Port de mer.*

A M. Edward Lyod. — *Un Coucher de soleil.*

A M. W. Moseley. — *L'Embarquement d'Ubalde.* — *Un Paysage.*

A M. W. Stirling. — *Le Christ à Emmaüs.* — *Paysage.*

A M. F. Perkins. — *Paysage.*

Ancienne Collection Samuel Rogers. — *Un petit Paysage.*

A M. Th. Baring. — *Quatre Paysages.*

Au comte de Burlington. — *Mercure et Argus.* — *Le Parnasse.* — *Paysage avec figures.* — *Le Repos de la Sainte Famille.*

A lord Iarborough. — *Danse de villageois.* — *Deux Paysages.* — *Un Port de mer.*

A lord Scarsdale. — *Un Paysage.*

Au comte de Darmouth. — *Un Paysage.*

Cabinet Holford. — *Paysage avec figures.*

Galerie du comte Grey. — *Deux Paysages.*

A Mrs. Ford. — *Paysage avec figures.*

Collection Wynn Ellis, Esq. — *Paysage d'Italie.*

Galerie Bedford. — *Vue du fort Saint-Ange.*

Collection H. Williams, Esq. — *Paysage avec figures.*

Au duc de Portland. — *Un Paysage avec figures.*

Au duc de Newcastle. — *Un Paysage.*

Au duc de Northumberland. — Une charmante Composition.

Collection Buckley. — *Un beau Paysage.*

Collection Staniforth. — *Un beau Paysage.*

A lord Feversham. — *Paysage.*

Au comte de Normanton. — *Deux Paysages avec figures.* — Deux autres Pendants.

Collection Buccleuch. — *Un Paysage.*

Au comte de Wemys. — *Un Paysage.*

Collection Matthew Anderson. — *Un charmant Paysage.*

A lord Methuen. — *Saint Jean dans le désert.*

A lord Overstone. — *Le Château enchanté.*

Collection du Rev. Townshend. — *Un Paysage.*

Collection W. Marshall, Esq. — *Un Paysage.*

A lord Jersey. — *Un Paysage avec figures.*

A sir Culling Eardley. — *Un beau Paysage.*

Collection Robarts. — *Un Paysage.*

Collection Everett. — *Deux Paysages.*

Collection Harcourt. — *Paysage avec figures.*

A lord Folkestone. — *Le Déclin de l'Empire romain.*

Galerie Grosvenor. — *Paysage.*

Collection Morrison. — *Un Paysage*, figures par Courtois. — *Les Israélites en adoration.*

Cabinet du Prince Joussoupoff, a Saint-Pétersbourg. — *Combat sur un pont.* — *L'Enlèvement d'Europe.*

Cabinet de M. de Tatischtcheff, a Saint-Pétersbourg. — *Un Paysage.* — *Une Marine.*

Galerie Esterhazy. — *Le Passage du gué.* — *Un petit Paysage.*

Cabinet du comte Czernin. — *La Prédication de saint Jean.*

Ancienne Galerie Lancellotti, a Naples. — *Un Paysage.*

Au palais Doria. — *Les Noces de Rébecca.* — *Trois Paysages.*

Collection de M. le comte de Budé. — *Le Port d'Ancône.* — *Narcisse se mirant dans l'eau.*

Collection Wilhorgne de Buchy. — *Coucher du soleil.* — *Fuite en Égypte* (cuivre).

Galerie d'Aspley. — *Une Marine.*

PRIX DE VENTES

			fr.	
Tobie.....................	1737.	Vᵗᵉ Cˢˢᵉ DE VERRUE........	380.	
—	1776.	Vᵗᵉ DE GAGNY.........	4,050.	
Le Veau d'or..	1737.	Vᵗᵉ Cˢˢᵉ DE VERRUE......	2,590.	
Le matin de l'Empire romain, Le soir de l'Empire romain, ensemble..	Dᵒ	dᵒ	8,007.	
Paysage en ovale (32ᶜ—13ᶜ).......	Dᵒ	dᵒ	1,600.	
—	1784.	Vᵗᵉ DE MERLE............	7,500.	
Arrivée d'Énée à Délos	1737.	Vᵗᵉ Cˢˢᵉ DE VERRUE......	2,000.	
—	1747.	Vᵗᵉ FONSPERTUIS..	2,001.	
—	1776.	Vᵗᵉ GAGNY.............	9,900.	
—	1816.	Vᵗᵉ H. HOPE, à Londres ..	31,500.	
Soleil levant, soleil couchant.....	1715.	Vᵗᵉ DE LA ROQUE........	2,301.	
Port de mer, soleil couchant......	1761.	Vᵗᵉ Cᵗᵉ DE VENCE	792.	
Junon confiant Io à Argus, Mercure endormant Argus, ensemble. ..	1762.	Vᵗᵉ GAILLARD DE GAGNY..	8,000.	En 1793, le Mercure seul fut vendu 2,550 fr. au duc de Praslin. En 1803, le même tableau, 16,250fr, Vᵗᵉ Danoot, à Bruxelles. En 1826, à Sʳ Walsh Porster, 27,000 fr.
- -	1772.	Vᵗᵉ Dᵘ DUC DE CHOISEUL.	6,750.	
—	1777.	Vᵗᵉ Pᶜᵉ DE CONTI........	7,900.	
Repos en Egypte	1767.	Vᵗᵉ JULIENNE.....	1,004.	Figures peintes par Philippe de Laury.
Soleil levant et Soleil couchant, ensemble	Dᵒ	dᵒ	5,000.	
Départ d'une dame pour la chasse.	1770.	Vᵗᵉ DE JULLY............	4,500.	
Les Pèlerins d'Emmaüs, Marine (pendants)	1771.	Vᵗᵉ Cˢˢᵉ DE GUICHE.....	8,001.	
Marine avec architecture..	1772.	Vᵗᵉ VAN LOO (Michel).....	2,600.	
Paysage....................	1776.	Vᵗᵉ DE GAGNY..........	10,000.	
Port de mer, soleil couchant......	Dᵒ	dᵒ	1,431.	
—	1832.	Vᵗᵉ ÉRARD.............	6,100.	
—	1833.	Vᵗᵉ NIEUWENHUYS........	10,323.	
Deux Paysages avec fabriques....	1776.	Vᵗᵉ DE BLONDEL DE GAGNY.	24,000.	A M. Agar, qui en refusa, en 1803, 200,000 fr.
Port de mer................. ...	1777.	Vᵗᵉ DU LUC	2,530.	
Paysage.............	1777.	Vᵗᵉ CONTI.............	5,500.	
—	1782.	Vᵗᵉ LEDŒUF......	3,917.	
L'Enlèvement d'Europe	1787.	Vᵗᵉ Cˢˢᵉ DE BANDEVILLE ..	10,000.	Au palais de Buckingham, nᵒ 136 du Livre de Vérité.
—	1829.	Vᵗᵉ DE LORD GWYDYR. ...	50,000.	
Marine (80ᶜ—1ᵐ,15)............	1788.	Vᵗᵉ DE Mᵐᵉ LENGLIER....	144.	Très-douteux.
Port de mer.................	1793.	Vᵗᵉ D'ORLÉANS...........	1,250.	M, S. Rogers.
Port d'Italie	1795.	Vᵗᵉ DE CALONNE........	7,137.	
Le Château enchanté.....	Dᵒ	dᵒ	13,650.	
Son pendant	Dᵒ	dᵒ	13,125.	
Paysage avec saint Georges et le Dragon..................	Dᵒ	dᵒ	4,567.	
Paysage avec figures de Courtois (75ᶜ—99ᶜ)	1801.	Vᵗᵉ TRONCHIN	5,000.	Coll. Du Barri
Port de mer, soleil couchant (99ᶜ —75ᶜ)	1801.	Vᵗᵉ ROBIT.............	10,000.	
—	1802.	Vᵗᵉ DE BRUYAN.	37,000.	
—	1840.	Vᵗᵉ Sir S. CLARKE	43,375.	
Paysage avec troupeau de dix bœufs conduit par un paysan........	1804.	Vᵗᵉ DUTARTRE...........	9,850.	Lebrun.

		fr.	
Deux Paysages (pendants)......	1805.	V.te du P.ce de Bouillon.. 210,100.	Ce chiffre me paraît une erreur du catalogue.
Le Temple d'Apollon...........	1810.	V.te du Palais d'Allieu.. 50,000.	
—	1823.	.... 25,000.	A M. Williams Beckfort.
Simon devant Priam........	1810.	V.te Sir Wals Porter..... 68,750.	Au comte de Rudnor.
Paysage dont les figures représentent une Sainte Famille (31c.--38c.)....	1812.	V.te Clos....... . ... 4,203.	
Paysage vu en automne au lever du soleil (1m,20—1m,60)..........	1817.	V.te Lapeyrière........... 27,000.	
—	1832.	V.te Érard.............. 24,000.	A M. le baron de Rothschild. Ce tableau a été agrandi de plusieurs centimètres : à la vente Érard, il ne portait que 1m,18—1m,57.
—	1858.	2e V.te Hope.......... ... 22,000.	
Paysage pastoral (1m,45—1m,12)..	1826.	V.te Denon.... ...... 1,005.	Au comte Forbin.
Paysage où l'on voit un temple antique.....................	D°	d° .... 2,500.	
Paysage avec animaux...	1843.	V.te Paul Périer........ 8,500.	
Port de mer, soleil levant......	1845.	V.te Fesch........... 30,525.	
Paysage (46c.—64c.)...	1850.	V.te du Roi de Hollande. 1,714.	A M. Gerts.
Les Réjouissances du mariage d'Isaac avec Rébecca (98c.—1m,41). Forme ovale.................	D°	d° . 5,357.	Regardé comme douteux. A M. Brondgeest.
Port de mer (1m,16—1m,65)......	D°	d° 18,428.	A M. Roos.
Paysage montagneux...........	1851.	V.te Jecker............. 1,500.	Contestés.
Paysage maritime.............	D°	d° .... 1,190.	
Port de mer................	1852.	V.te C.te de R'''.......... 2,155.	
Le Passage du gué.............	1856.	Provenant d'une galerie de Rome.................	A madame veuve Benoît Fould. Est. 25,000 fr. Gravé dans le Livre de Vérité.
Paysage au soleil couchant, (80c—1m,08).....................	1857.	V.te Moret............. 8,600.	Coll. John Barnard. Gravé dans le Livre de Vérité.
Marine	1859.	V.te Brabeck et de Stolberg. 2,808.	
Marine	D°	d° 2,808.	
Vue d'Italie................	1859.	V.te Northwick........... 7,800.	
Paysage avec figures	D°	d° .... 2,016.	
Apollon et la Sibylle de Cumes ...	D°	d° 5,260.	
Le Temple de la Sibylle.........	D°	d° .... 450.	Attribué à Patel.
Paysage dans lequel est une Sainte Famille......................	1859.	2e V.te Moret............. 400.	Alourdi par les reprints.
Paysage classique.............	1860.	V.te Sir Culling Eardley. 11,500.	A M. Colville.
Vue d'un ancien port (1m,22—1m,73).....	1860.	V.te ***................, 4,300.	
Paysage, effet de soleil levant.....	1861.	V.te Rhoné.............. 3,800.	
Épisode du sixième livre de l'Énéide : Énée et la Sibylle de Cumes descendent aux enfers (1m,11—1m,58)...............	1862.	V.te Baillie, à Anvers... . 2,200.	
Épisode du premier livre de l'Énéide : Énée et la flotte troyenne sur les côtes de la Libye (1m,11—1m,58)..................	D°	d° ..... 18,000.	Au Musée de Bruxelles.

DESSINS.

Paysage (à la plume et au bistre).	1803.	V.te Poullain........... 456.	Coll. Poullain.

				fr.
Tobie et l'Ange	1860.	Vte E. N......		625.
Étude de paysage......	Do	do		1,720.
Deux Paysages, vue prise sur le Ti-				
bre à Rome...............		....		Galerie du duc d'Aumale.

ROMANI

(DOMINICO)

Au dire de M. Siret, Dominico fut l'élève chéri de Claude le Lorrain qu'il paya cependant de la plus noire ingratitude. Oubliant la reconnaissance qu'il devait à son maître,
pour l'avoir comblé de bienfaits, Dominico, loin de démentir le bruit propagé par des
envieux, qui le désignaient comme l'auteur de plusieurs tableaux signés par son professeur,
contribua lui-même à accréditer ce mensonge, en poussant l'impudeur jusqu'à réclamer le
prix des ouvrages qu'il prétendait avoir exécutés. Le Lorrain, apprenant sa conduite, le fit
venir et, sans lui adresser le moindre reproche, lui compta la somme à laquelle il avait
évalué son prétendu travail. Ce trait suffit pour faire connaître le caractère du grand
maître, qui pouvait facilement prouver l'imposture et faire apprécier par experts les œuvres
de l'ingrat Dominico. En effet, la couleur barboteuse, la touche uniforme et estompée de
l'élève est loin de faire concurrence au maître. Un autre indice décelant le contrefacteur se
révèle à l'aspect des ciels de Dominico, dont les touches brodées et arrondies, les ombres
lavées sont de la plus grande pauvreté.

PATEL

(PIERRE)

VULGAIREMENT APPELÉ PATEL LE VIEUX OU PATEL LE BON

Né en Picardie vers 1615, mort vers 1676.

Ce peintre fut un imitateur très-adroit du grand paysagiste. Sans une sécheresse mal
dissimulée par le travail des contrefacteurs, sans une précision trop aiguë dans les lignes

architecturales, ses tableaux supporteraient quelquefois la comparaison avec ceux du *mauvais temps* du maître. D'autres signes révèlent encore l'imitation : la touche est plus grasse, les ombres sont moins transparentes et les figures trop bien peintes pour être du Lorrain, et trop mal pour être comparées à celles que le maître faisait exécuter par les artistes dont nous avons donné les noms.

Comme peintre ayant une manière qui lui est propre, Patel a fait des paysages très-agréables, mais il en reste peu qui n'aient été défigurés par la contrefaçon et privés de sa signature.

PATEL

(PIERRE - ANTOINE)

DIT LE JEUNE [1]

Né vers 1648 ou 1654, mort vers 1703.

On n'a pas besoin d'une attention très-sérieuse pour découvrir cet imitateur au second degré, par la raison qu'ayant exagéré les défauts de son père, il a été plus difficile de transformer ses œuvres en Claude le Lorrain. Aussi les traficants de mauvaise foi se bornent-ils à les vendre pour des Patel père.

BORZONNE

(MARIE-FRANÇOIS)

Né en 1625, mort en 1679.

Borzonne, Italien d'origine, possédait au plus haut degré le talent d'imitation. Il en profita pour copier les œuvres des plus grands maîtres de son temps. Le Poussin, Salvator Rosa et Claude Gelée, voilà ses trois modèles. La couleur tendre qui le caractérise, jointe à une touche délicate et légère, l'aida singulièrement à s'assimiler la manière et le goût de Claude Gelée. Néanmoins ses copies manquent de force, son feuillé est moins corsé, et ses eaux sont plus cotonneuses.

1. On a tout lieu de croire que le surnom de *Patel le Tué* lui appartient plutôt qu'à son père.

ASSELYN

(JEAN)

Né à Anvers en 1610, mort à Rome en 1660.

Ce peintre de l'École flamande nous a laissé de belles imitations du Claude; il dut à la vivacité de son coloris et à la transparence de son feuillé sa merveilleuse aptitude à reproduire les ouvrages du grand maître. Heureusement pour les amateurs du Lorrain, ses tons n'ont pas l'harmonie mystérieuse de son modèle; au lieu de ces teintes suaves dont les chaudes modifications sont passées l'une dans l'autre, sans traînées d'empâtement, on n'y voit qu'un mélange confus de jaune et de roux. Pour tout dire, en un mot, c'est de la couleur pétillante et non de la suavité.

Ces points de dissemblance, quoique peu apparents pour certaines personnes, sont, aux yeux des connaisseurs émérites, le plus sûr indice pour reconnaître avec certitude le pinceau d'Asselyn.

Quant à son talent original, j'aurai l'occasion d'en parler lors de l'examen de l'École flamande.

ZEEMAN

Zeeman a souvent imité avec bonheur les *Ports de mer* du Claude; et si sa touche n'était pas plus travaillée que celle de son maître, il pourrait faire illusion; mais ses accessoires et ses plans pointillés le trahissent presque toujours.

MAUPERCHÉ

(HENRI)

Né à Paris en 1600, mort en 1686.

Mauperché s'est principalement appliqué au paysage; il a exécuté dans ce genre un grand nombre de tableaux qui la plupart ont servi à la fraude des fabricants de Claude. Mais tous ces pastiches manquent d'esprit et de légèreté; ils sont alourdis à force de glacis roux. On les reconnaît à leurs *à-plats* brodés de touches jaunâtres.

BUONAMICI

(AUGUSTIN)

DIT TASSY OU TASSI

Né à Pérouse en 1566, mort en 1642.

On lui doit d'excellentes marines, dont quelques-unes ont beaucoup de rapport avec celles du Claude dans sa manière italienne. Ils sont reconnaissables à leurs plans lavés et à leurs vagues noires et anguleuses.

SALVI

(JEAN-BAPTISTE)

DIT LE SASSO-FERRATO

Né en 1605, mort en 1685.

Il paraîtra peut-être extraordinaire de voir le Sasso-Ferrato classé parmi les imitateurs du Claude ; il y a droit cependant, car il a fait de charmants petits paysages dans le goût de ce maître, et si bien réussis que l'on s'y méprend presque toujours. Je dois dire, pour renseigner les amateurs, qu'ils sont plus rouges et moins transparents que les originaux.

VALENTIN

ou mieux JEAN RASSET

Né à Coulommiers en Brie en 1601, et non en 1600, mort à Rome en 1634.

Il est des hommes qui gagnent à être extraordinaires ; et, comme le dit La Bruyère, ils voguent, ils cinglent sans péril, dans une mer où les autres échouent et se brisent. Nous en avons un exemple frappant dans la personne de Valentin. Doué de toutes les dispositions nécessaires pour devenir un grand peintre d'histoire, cet artiste quitta l'école de Vouët pour aller se perfectionner à Rome ; mais il ne put y redresser la pente de son esprit sans cesse dirigé vers les sujets grotesques et vulgaires. Michel Ange de Caravage fut le seul maître de son goût ; il imita son style outré pour les grandes ombres ; il étudia son coloris et parvint à saisir la nature jusqu'à l'illusion. Dissolu dans ses mœurs, il allait observer les caractères et saisir l'expression de ses figures dans les tabagies, les tripots et les cavernes de bohémiens et de voleurs. Peu scrupuleux sur le choix de ses modèles, il en copiait également les beautés et les défauts. Malgré tant de bizarreries et d'originalité, on ne peut lui refuser l'admiration qu'il mérite.

Valentin a laissé des chefs-d'œuvre et donné d'excellentes leçons dans l'art des teintes fugitives, fraîches et transparentes : il faisait passer insensiblement des plus vives lumières aux plus grandes ombres, en les opposant les unes aux autres avec une rare intelligence.

Une discussion, qui n'est pas encore terminée, existe au sujet du nom de ce peintre : quelques-uns le nomment Moïse Valentin; d'autres démontrent que ce nom de Moïse n'est qu'une corruption de *Monsu* et que celui de Valentin doit être considéré comme son nom de baptême.

Voici, à l'appui de cette dernière opinion, une pièce concluante et revêtue de tous les caractères de l'authenticité. Elle est due aux recherches de M. Anatole d'Auvergne :

« *Die Veneris 8 junii 1601, Johannes, filius Valentini de Bou-longne et Johannæ de Monthyon, ejus uxoris, fuit baptizatus : patrinus, dominus Johannes de Boulongne, pictor, et Petrus Baltaisar; matrina, Lodoica, filia Francisci Rebouli, procuratoris fiscalis.* »

C'est-à-dire :

Le jour de vendredi, huitième jour de juin 1601, Jean, fils de Valen-tin de Boulongne et de Jeanne de Monthyon, sa femme, fut baptisé; parrains, M. Jean de Boulongne, peintre, et Pierre Balthasar; marraine, Louise, fille de François Rebouli, procureur fiscal.

Il résulte clairement de cet acte que Valentin n'est pas un nom patronymique, mais bien le nom de baptême de son père. Car il n'en est fait aucune mention dans celui du fils. Il faudrait donc dire, Jean de Boulongne, s'il ne paraissait pas démontré que la famille des Boulongne est originaire d'Italie et se nommait *Rasset*. Quoi qu'il en soit, d'après la signature que j'ai eu occasion de relever sur des œuvres authentiques de Valentin, il paraît prouvé qu'en présence de ses deux noms de famille, également vrais par l'usage, il adopta le nom de baptême de son père pour signer ses tableaux.

Les œuvres de ce peintre sont toujours bien accueillies des amateurs. Elles figurent avec honneur dans beaucoup de collections importantes. Voici celles que possède le Louvre.

MUSÉE DU LOUVRE

Les Quatre Évangélistes (quatre pendants). Est. off. (1810-1816), 5,000 fr. — *Juge-ment de Salomon.* Est. off. (1816), 8,000 fr. — *Le Denier de César.* Est. off. (1816), 2,500 fr.; (1810), 10,000 fr. — *Suzanne devant Samuel.* Est. off. (1816), 8,000 fr. — *Un Concert.* Est. off. (1810-1816), 10,000 fr. — *La Bonne aventure.* Est. off. (1816), 3,000 fr.

MUSÉES DIVERS, GALERIES, ETC.

Musée de Lille. — *Soldats jouant aux dés la tunique de Jésus-Christ.*

Musée de Dijon. — *Saint Jean. — Saint Pierre et l'Ange.*

Musée de Tours. — *Saint Antoine.*

Musée de Nantes. — *Les Pèlerins d'Emmaüs.*

Musée de Toulouse — *Judith.*

Musée de Rouen. — *Conversion de saint Matthieu.*

Musée de Valenciennes. — *Un Concert.*

Musée de Besançon. — *Le Jeu.*

A l'Ermitage de Saint-Pétersbourg. — *Saint Pierre reniant son maître. — Jésus chassant les vendeurs du Temple. — Soldats jouant aux dés.*

Musée de Dresde. — *Vieillard aveugle, jouant de la basse de viole; un jeune garçon l'accompagne.*

Ancienne Galerie de Vienne. — *Moïse tenant dans ses mains sa Verge et les Tables de la Loi.*

Pinacothèque de Munich. — *Le Christ au Prétoire.*

Musée de Madrid. — *Martyre de saint Laurent.*

Galerie Scarria. — *Rome Triomphante. — Décollation de saint Jean. — La Transfiguration* (copie d'après Raphaël).

Musée du Vatican. — *Le Martyre de saint Procès et de saint Martinien.*

Musée du Capitole. — *Le Christ enfant, devant les Docteurs.*

Musée de Florence. — *Un Joueur de guitare.*

Musée de Turin. — *Le Christ à la Colonne.*

Au palais Orsini, a Rome. — *Le Reniement de saint Pierre.*

Au palais Justiniani, a Rome. — *Jésus lavant les pieds des Apôtres.*

Au palais Doria, a Rome. — *La Charité romaine. — Saint Jean.*

Galerie du prince Esterhazy. — *Un Repas.*

Galerie Suermondt. — *Saint Pierre reniant Jésus.*

Galerie Ellesmere. — *La Partie de musique.* Vte gal. d'Orléans.

Au marquis Dodun de Keroman. — *Un Joueur de guitare.* Est. 1,000 fr.

PRIX DE VENTES

Soldats jouant au trictrac et *Soldats jouant aux cartes.* 1756, Vte duc de Tallard, 394 fr. (Au baron de Thiers.) — *Soldat Romain.* 1767, Vte Julienne, 501 fr. — *Espagnol pinçant de la guitare* (1m,25—95c). 1807, Vte Villeminot, 381 fr. — *Les Marchands chassés du Temple*, 1845, Vte Fesch, 660 fr. — *La Cène.* Même Vte, 506 fr. — *Martyre de saint Sébastien.* Même Vte, 76 fr. 50 c.

SEGHERS

(GÉRARD)

On confond quelquefois les productions de Gérard Seghers, frère du jésuite d'Anvers, avec celles de Valentin, quoique la touche du premier soit plus grasse et sa couleur
plus transparente. Elles ont, du reste, un caractère flamand sur lequel des yeux exercés
ne se méprendront pas. Il en est de même de quelques tableaux peints dans le genre de
Manfredi et du Caravage, que des trafiquants de mauvaise foi s'efforcent de vendre sous le
nom de Valentin; mais leur ton plus noir que vigoureux, leur touche plus heurtée, plus
empâtée que savante, décèlent facilement leur attribution apocryphe.

TOURNIER

Né à Toulouse.

On possède peu de détails biographiques sur cet élève de Valentin. Tout ce que l'on
sait, c'est qu'il s'est appliqué à copier son maître, et qu'il a souvent réussi à produire
des pastiches qui surprennent la bonne foi des amateurs. Néanmoins, comme ils sont plus
doux et que les contours sont mieux passés dans les fonds, un peu d'attention ne tarde
pas à les faire reconnaître.

DE LA HIRE

(LAURENT)

OU DE LA HYRE OU ENCORE DE LAHYRE

Né à Paris, en 1606, mort dans la même ville en 1656.

Fils d'Étienne de La Hire, peintre médiocre, Laurent est un des premiers artistes dont les efforts contribuèrent le plus à la liberté des arts. Après avoir achevé ses études dans l'école de Vouët, il se laissa entraîner par l'extrême facilité de son pinceau, et se créa une manière expéditive et originale qui, pour être plus recherchée, est moins naturelle que celle de son maître.

Le dessin et le goût de de La Hire ne se ressentent point assez de l'étude approfondie où conduit la méditation ; il semble même que son exécution, plus pratique que vraie, prenait peu de souci de copier la nature. Son invention est spirituelle ; sa touche finie et léchée, son style maniéré, son coloris charme l'œil et séduit, mais l'incohérence des effets le trahit toujours.

Les tableaux de de La Hire sont assez clair-semés et peu goûtés dans le commerce. Ils varient entre 500 fr. et 1,200 fr., et ils atteignent rarement le chiffre de 2,000 fr. Ses compositions capitales sont presque toutes classées dans les musées et dans les églises.

Voici celles que le Musée du Louvre possède, ainsi que leurs provenances et leurs estimations :

Laban cherchant ses idoles. Est off. (1810), 10,000 fr. ; (1816), 6,000 fr. — *Paysage avec figures*, coll. Louis XIV. Est off. (1816), 1,500 fr. — *La Vierge et l'Enfant*, provenant d'une église de Paris. Est off. 1,000 fr. — *Apparition de Jésus aux trois Maries*, provenant de l'église des Carmélites de la rue Saint-Jacques. Est off. (1810), 20,000 fr.; (1816), 15,000 fr. — *Le Pape Nicolas V visitant le corps de François*, provenant de l'église des Capucins de la rue d'Orléans, au Marais. Est off. (1810), 9,000 fr.; (1816), 10,000 fr. — *Paysage avec baigneuses*, acheté 3,103 fr. en 1801, à la Vte Tolozan. Est. off. (1816), 5,000 fr.

MUSÉES DIVERS, GALERIES, ETC.

Musée de Rouen. — *La Descente de croix*. — Esquisse du précédent. — *La Nativité*. — *L'Adoration des Bergers*. — *L'Éducation de la Vierge*. — *Portrait d'un Religieux*.

Musée d'Épinal. — *Mercure et Hersé*.

Musée de Lyon. — *La Trinité*.

Musée de Nantes. — *La Sainte Famille se reposant sur des ruines*. — Autre *Repos de la Sainte Famille*. — *Le Dimanche des Rameaux*.

Musée de Rennes. — *Un Portique avec figures*. Dessin à la mine. lavé.

Collection de Lord Forester. — *Rébecca et Laban*.

Collection Galton. — *Le Repos en Égypte*.

PRIX DE VENTES

Rébecca recevant les présents d'Abraham. 1763, Vte Peilhon, 1,693 fr.; 1770, Vte Lalive de Jully, 2,700 fr. — *Martyre de saint Pierre*. 1767, Vte Julienne, 151 fr. — *Baigneuses dans un paysage*. 1774, Vte Saint-Hubert, 250 fr.; 1777, Vte de Conti, 340 fr.; 1779, Vte Trouard, 300 fr. — *Enfants tués par les Ours, pour avoir insulté le prophète Élisée* (t. 96e—28e). 1782, Vte de Menars, 3,710 fr. (acheté par Lebrun); 1802, Vte Laborde de Méréville, 4,100 fr. — *Marche de Bacchantes*. 1783, Vte Dujarry, 30 fr. (fatigué par un mauvais nettoyage). — *Sacrifice d'Abraham*. 1792, Vte de la Reynière, 3,010 fr. — *Abraham en voyage*. 1809, Vte Grandpré, 9,800 fr. (ovale). — *La Purification de la Vierge*. 1845. Vte Fesch, 462 fr. — *L'Arithmétique et la Rhétorique*. 1845, même Vte, 137 fr. — *La Rhétorique*. 1845, même Vte, 137 fr. — *Les Dieux de l'Olympe*. 1858, Vte d'Arbaud de Joucques, 191 fr.

CHAUVEAU

(FRANÇOIS)

Né à Paris en 1613, mort dans la même ville en 1674.

Chauveau fut élève de L. de La Hire. Doué d'un génie à la fois abondant et varié, il sut donner à ses productions un air de naïveté qui plaît et approche de la grâce. Les copies qu'il a faites, d'après les tableaux de son maître, sont moins soignées; ses plans sont lavés et sans soutien; ses ombres plus cernées, et son dessin est tout à fait défectueux.

GOYRAND

(CLAUDE)

Né à Sens, en 1662.

Pâle imitateur de L. de La Hire, à peine donne-t-il lieu à quelque méprise. Son style tient le milieu entre Vouët et de La Hire, mais il est plus guindé et plus faux dans ses expressions; son coloris est plus gris, sa touche plus grattée; en un mot, ses imitations n'ont pas assez de cachet pour induire en erreur.

LES MIGNARD

DONT LE VRAI NOM ÉTAIT MOORE

MIGNARD

DIT MIGNARD LE ROMAIN

(PIERRE)

Né à Troyes en 1610, mort à Paris en 1695.

Il est des hommes si heureux dans le cours de leur vie, qu'ils semblent n'avoir qu'à commander à l'opinion et à la fortune pour s'élancer hors de la sphère commune des hommes ordinaires; tel apparut Pierre Mignard, sous le règne de Louis XIV.

Elève de Vouët, qu'il égala, Pierre Mignard se rendit à Rome où il s'était déjà fait une grande réputation, lorsque, à la demande réitérée de Louvois, Louis XIV le rappela à Paris. Resserré dans le cadre que je me suis tracé, je passe sous silence les querelles que les deux ministres du grand roi eurent entre eux à ce sujet et qui se terminèrent, comme on sait, par la mort de Lebrun, dont Mignard prit la place.

Pierre Mignard, quelle que soit son infériorité comparativement à son illustre prédécesseur, fut cependant un grand peintre. Ses tableaux d'histoire sont froids, témoin la coupole du Val-de-Grâce. Ils n'ont point cet air de grandeur qui distingue les œuvres de ses contemporains dans le style noble et magnifique des sujets religieux, fabuleux et allégoriques.

Le portrait fit sa fortune : il a peint des tableaux de famille, tous d'une grande beauté. L'art, qu'il possédait au suprême degré, d'embellir ses figures, et son pinceau délicat et *mignard*, lui valurent les applaudissements de son siècle et ces louanges exagérées dont la flatterie ne se fait jamais faute.

Ses ouvrages, accueillis de son temps avec enthousiasme, jouissent encore aujourd'hui de l'estime publique, sans occuper toutefois le même rang dans l'École Française. Coloris clair et frais; pinceau suave, moelleux, agréable et bien touché; actions froides et guindées, vagues dans les expressions; dessin mou : telles sont les qualités et les défauts de cet artiste privilégié.

MIGNARD

DIT MIGNARD D'AVIGNON

(NICOLAS)

Né à Troyes en 1608, mort à Paris en 1668.

Ce peintre s'est également distingué dans l'histoire et le portrait. Je ne le classerai pas parmi les imitateurs de son frère, quoique bon nombre de ses œuvres aient facilité la contrefaçon. Il a traité avec fraîcheur les sujets dans le goût érotique, à l'exemple de l'Albane qu'il avait étudié avec soin.

Son pinceau est flou, son dessin assez correct, ses mouvements de tête ont beaucoup de grâce, mais son coloris n'a ni le soutien ni la fraîcheur particuliers à son frère.

Les Mignard eurent peu d'imitateurs proprement dits, mais des continuateurs. A l'exception de Sorlay, Fouché, Paul et Pierre Mignard, dont les copies sont assez difficiles à distinguer, on ne connaît pas de peintres dont les toiles puissent se prêter au savoir-faire de la contrefaçon.

Le goût est bien changé à l'égard des productions de ces artistes, qui cependant renferment parfois des beautés de premier ordre. Il n'en est pas ainsi de leurs portraits historiques, très-recherchés par les amateurs.

Les vrais portraits peints par Pierre Mignard se rencontrent peu dans le commerce. Ils sont pour la plupart classés dans les familles, d'où ils sortent rarement. Un bon portrait de femme se paye de 300 à 600 fr., quelquefois 1,000 fr., suivant son importance historique. Les portraits d'homme varient habituellement de 200 à 500 fr.

Voici maintenant les renseignements relatifs à ceux que possède le Musée de Paris, c'est-à-dire ses tableaux d'histoire.

MUSÉE DU LOUVRE

La Vierge à la Grappe, coll. Louis XIV. Est. off. (1810), 8,000 fr. ; (1816), 7.000 fr. — *Jésus portant sa croix*, coll. Louis XIV. Est. off. (1816), 10,000 fr. — *Saint Luc peignant la Vierge*, coll. Louis XIV. Est off. (1816), 2,000 fr. — *Sainte Cécile*, coll. Louis XIV. Est. off. (1816), 4,000 fr. — *Portrait du Dauphin, de sa femme et de leurs enfants*, 1815, coll. Louis XVIII. Est. off. (1815), 12,000 fr. — *Portrait de Pierre Mignard*, donné par M. de Feuquières au Musée de Paris. Est. off. (1816), 6,000 fr. — *Portrait de Louis XIV enfant et de son frère;* 1837, vente du duc de Berry, 200 fr.; 1852, vente X..., 126 fr.

MUSÉES DIVERS, GALERIES, ETC.

Musée de Rouen. — *Le Repos de la Sainte Famille.* — *Ecce Homo.* — *Tête de Christ.* — *Polyphème et Galathée.* — *Triomphe de Bacchus.* — *La Sainte Famille.*

Musée de Rennes. — *Portrait de femme* (contesté). — *Femme nue* (dessin).

Musée de Nimes. — *Portrait d'un magistrat.*

Église Sainte-Marthe, a Tarascon. — *L'Assomption.* — *Sainte Marthe et Jésus.*

Musée de Bordeaux. — Deux *Portraits* dont un *de Louis XIV.* — *Jésus et les paralytiques.*

Musée de Nancy. — *Une Vierge.* — *Deux portraits de femmes de la cour de Louis XIV* .

Musée d'Angers. — *Une Vierge.*

Musée de l'Ermitage. — *Flore.* — *Cléopâtre.* — *La Famille de Darius.*

Musée du Roi a Madrid. — *Saint Jean dans le Désert.*

A Hampton-Court. — *Portrait de Louis XIV.*

Collection Furtado. — *Renaud et Armide.*

Au marquis de Westminster. — *Le Christ et la Madeleine.*

Au comte Spencer. — *Portrait de Julie d'Angennes.*

Au duc de Richmond. — *Portrait de la fille de Charles Ier.*

Galerie Ellesmère. — *La Vierge, l'Enfant Jésus et saint Jean* (d'après Raphaël).

PRIX DE VENTES

Mort d'Adrabate et de Penthée (1^m,22—1^m,79). 1770, Vte Lalive de Jully, 280 fr.; 1792, Vte de La Reynière, 1,701 fr. — Quatre Portraits : *Fontanges, La Vallière, Montespan, Maintenon* (forme ovale, 8^c 3/4 — 6^c). Coll. Boyer de Fons-Colombe. 1791, Vte Lebrun, 100 fr. — *La Vierge et l'Enfant Jésus* (1^m,15—96^c 1/2). 1802, Vte Grimaldi de Monaco, 701 fr. (à Paillet). — *Saint Charles Borromée chez les pestiférés* (1^m,22 1/2—87^c 1/2). 1806, Vte Lebrun, 1,810 fr. — *Portrait de Mademoiselle de La Vallière* (ovale, bois, 43^c—51^c). 1827, Vte Sage. — *Renaud et Armide.* 1845, Vte Cypierre, 326 fr. — *Portrait de femme.* 1846, Vte Stevens, 550 fr. — *Le Grand Dauphin.* 1850, Vte comte d'Espinoy, 400 fr. — *Duchesse de Fontanges.* Même Vte, 455 fr. — *Portrait de Madame de Montespan.* 1855, Vte Deverre, 89 fr. — *Deux Amours.* Vte X..., 100 fr. — *La Vierge et l'Enfant Jésus.* 1858, Vte d'Arbaud de Jouques, 88 fr. — *Saint Michel terrassant le démon* (d'après Raphaël). 1859, Vte Moret, 450 fr. — *Portrait d'une princesse sous le costume de Pomone.* 1859, Vte Pillot, 450 fr. — *L'Enlèvement d'Europe sous les traits présumés de Mademoiselle de La Vallière.* 1860. Vte Richard, 800 fr. — *La Foi.* 1861, Vte Rhoné, 470 fr.

FOUCHÉ

(NICOLAS)

Florissait à Paris vers 1670.

Ce peintre, que l'on dit être l'élève de Pierre Mignard, a reproduit un grand nombre des Vierges peintes par ce maître, et que l'on nomme *Mignardes* dans le commerce des arts. Ces Vierges originales, qui, par le gris de leur coloris, ont beaucoup de ressemblance avec celles que Vouët exécuta, sont encore plus farineuses lorsqu'elles sont l'œuvre du copiste Fouché. Elles ne présentent point ce cachet de maître donné par Mignard, et qui les fait distinguer de celles de Vouët, malgré leur grande similitude.

SORLAY

Je n'ai pu recueillir que peu de détails sur ce peintre, qui passe pour être l'élève de Mignard. On prétend qu'il travailla beaucoup aux œuvres de son maître, et que celui-ci, dans la crainte d'être accusé de se servir d'un talent complet, ou pour tout autre motif, le tint toujours à l'écart. Quoi qu'il en soit, ses tableaux n'ont pas la touche arrondie du maître; on voit qu'il a dû se former une manière *à l'effet;* ce qui vient corroborer cette assertion que la coupole du Val-de-Grâce doit beaucoup à son pinceau.

En raison de cette touche plus carrée, il est assez facile de reconnaître les copies de Sorlay, qui, en outre, sont plus empâtées que les productions de Mignard.

MIGNARD

(PIERRE)

Ce peintre, fils de Nicolas Mignard, commença ses études par des copies assez habilement traitées, mais dont la froideur et la sécheresse forment le caractère distinctif entre les peintures de son oncle et les siennes. La touche des premières est brodée, aiguë, et le dessin plus arrêté.

MIGNARD

(PAUL)

Fils de Nicolas Mignard, il fut reçu à l'Académie, moins pour ses talents que par considération pour ses aïeux. Sa manière est flasque, sa touche estompée, son dessin manque de noblesse; la connaissance de ces défauts prévient toute confusion à l'égard de ses œuvres.

BOURDON

(SÉBASTIEN)

Né à Montpellier en 1616, mort en 1671.

Sébastien Bourdon fut un de ces sujets rares chez qui le savoir devance les années. Les premiers éléments de la peinture que lui donnèrent son père et Barthélemy, ne firent, en quelque sorte, que développer en lui un germe qui semblait n'avoir besoin que de la nature pour éclore. Il avait à peine quatorze ans lorsqu'il fit un plafond dans un château voisin de la ville de Bordeaux. Il vint se perfectionner à Paris, et se rendit ensuite en Italie, où, après avoir fait des prodiges, il rentra dans sa patrie.

Son imagination, aussi ardente que poétique, est souvent bizarre et sauvage; la noble ordonnance de ses compositions, la force, l'énergie de ses expressions, l'originalité de son esprit et de ses pensées, tout dans ses œuvres impressionne l'âme. Ses paysages inspirent la mélancolie, l'étonnement ou l'effroi; quelquefois, indocile aux règles des sciences qui lui étaient familières, il paraît plus romantique que vrai. Dans le genre historique, il montait souvent son style sur celui du Poussin. Les goûts variés, bizarres et vraiment pittoresques du *Benedetto* n'eurent pas moins d'empire sur son esprit; mais, en général, il montre une chaleur dans ses ensembles, une liberté, une physionomie dans ses caractères et dans ses attitudes qui le rendent original et empêchent toute méprise.

Les toiles de ce peintre sont accueillies avec empressement par les amateurs, surtout celles dont les teintes n'ont pas poussé au noir.

Le musée du Louvre possède les échantillons suivants :

La Sortie de l'Arche. Est. off. (1816), 8,000 fr. — *Le Repos de la Sainte Famille.*

Est. off. (1810-1816), 5,000 fr. — *La Descente de Croix*. Est. off. (1810), 15.000 fr. Landon, 2,000 fr. — *Le Martyre de saint Pierre*. Est. off., 15,000 fr. (1810). Landon, 10,000 fr. — *Jules César au tombeau d'Alexandre*. Est. off. (1816), 4,000 fr. — *Halte de Bohémiens*. Est. off. (1816), 3,500 fr. — *Portrait de S. Bourdon*, cédé par M. Denon, en 1803, pour 295 fr. Est. off. (1810), 2,000 fr. (1816), 2,500 fr. — *Portrait de René Descartes* (1848). Vte Letrone, 400 fr. — *Autre portrait de S. Bourdon*, donné par l'auteur à l'Académie de Peinture. — Les vêtements sont peints par Mignard.

ANCIENNEMENT AU LOUVRE. — *Une Tente de vivandières*. Est. off. (1810). 3,000 fr. Rendu en 1815.

MUSÉES DIVERS, GALERIES, ETC.

MUSÉE DE RENNES. — *Soldats jouant aux cartes*. — *Élie sur un char* (dessin).

MUSÉE DE NANTES. — *Un Paysage*. — *Martyres de Ste Agnès et de St Jean* (esquisses).

MUSÉE DE ROUEN. — *Moïse sauvé des eaux*.

MUSÉE DE MONTPELLIER. — *Portrait d'un Espagnol*.

MUSÉE DE NIMES. — *Un Paysage*.

MUSÉE D'AMSTERDAM. — *Le Mariage de sainte Catherine*.

PINACOTHÈQUE DE MUNICH. — *Vue de Rome*.

MUSÉE DE LA HAYE. — *Les quatre Parties du monde se partageant un butin*.

MUSÉE DU ROI A MADRID. — *Saint Paul et saint Barnabé*.

NATIONAL GALLERY. — *Le Retour de l'Arche d'alliance*.

AU COMTE DE JARBOROUGH. — *Les Actes de miséricorde*.

A LA LIVERPOOL INSTITUTION. — *Une Bacchanale*.

A LORD HATHERTON. — *Sainte Famille*.

COLLECTION DE M. LE COMTE DE BUDÉ. — *Les Joueurs de tric-trac*.

COLLECTION LÉTOUBLON. — *Halte de Bohémiens*. (Est. 500 fr.)

CABINET DE M. LE COMTE DE NATTES. — *La Naissance d'Esculape*.

COLLECTION BANKES. — *Le Jugement de Midas*. — *Europe*.

COLLECTION TULLOCH. — *Le Christ et la Samaritaine*.

COLLECTION DE LORD FEVERSHAM. — *Sainte Élisabeth et saint Jean dans un paysage*.

COLLECTION HARCOURT. — *Une Sainte Famille*.

PRIX DE VENTES

			fr.
Sainte Famille	1668.	Vte D'IMERVAL	3,650.
Andromède délivrée par Persée	1748.	Vte GODEFROY	900.
La Mort de Didon	1751.	Vte THUGNY et CROZAT	1,310.
—	1845.	Vte FESCH	209.
—	1857.	Vte MORET	170.

			fr.	
Jacob et Ésaü	1767.	Vᵗᵉ JULIENNE	2,501.	
L'Adoration des Mages	Dᵒ	dᵒ	1,504.	
L'Adoration des Bergers	}1770.	Vᵗᵉ LALIVE DE JULLY	3,000.	
L'Adoration des Mages	}1777.	Vᵗᵉ RANDON DE BOISSER	3,901.	
Départ de Jacob pour l'Égypte	1772.	Vᵗᵉ LOUIS MICHEL VANLOO	1,500.	
—	1774.	Vᵗᵉ SAINT-HUBERT	1,400.	
—	1777.	Vᵗᵉ DE CONTI	4,701.	
—	1779.	Vᵗᵉ JUVIGNY	1,450.	
—	1845.	Vᵗᵉ FESCH	396.	
—	1857.	Vᵗᵉ MORET	455.	
Bethsabée conduisant Salomon au trône (allégorie à la gloire de Mazarin)	}1773. }1777.	Vᵗᵉ LEMPEREUR Vᵗᵉ DE CONTI	1,000.	
La Peste de Milan	1774.	Vᵗᵉ SAINT-HUBERT	2,601.	
L'Adoration des Rois	1775.	Vᵗᵉ LEDOUX	3,000.	
Martyre des Machabées (23 figures, 49ᶜ—38ᶜ)	}1779. }1791.	Vᵗᵉ TROUARD Vᵗᵉ LEBRUN	1,500. 500.	
Le Départ de Jacob (88ᶜ—1ᵐ,21)	}1777. }1784.	Vᵗᵉ PRINCE DE CONTI Vᵗᵉ DE MERLE	4,701. 1,800.	
Hélène, 10 fig., Cléopâtre, 8 fig. (toiles, forme ronde, 32ᶜ 1/2 de diamètre)	1787.	Vᵗᵉ LAMBERT et DU PORAIL	441.	Coll. Conti.
Portrait de Christine de Suède (toile, 1ᵐ,07—1ᵐ,02)	}1800. }1837.	Vᵗᵉ Galerie du Palais-Royal. Vᵗᵉ DUCHESSE DE BERRY	750. 1,550.	
Famille de paysans prenant leur repas (bois, ovale, 46ᶜ—59ᶜ)	1801.	Vᵗᵉ TOLOZAN	1,719.	
Le Christ et les enfants	Dᵒ	dᵒ	1,705.	Au Musée de Paris.
Séparation de Jacob et de Laban (94ᶜ—1ᵐ,29)	}1801. }1805.	Vᵗᵉ ROBIT Vᵗᵉ MAURIN	3,020. 2,800.	
Sainte Famille (cuivre)	1810.	Vᵗᵉ SYLVESTRE	700.	
La Femme adultère	1845.	Vᵗᵉ FESCH	396.	
Descente de croix	Dᵒ	dᵒ	231.	
Jésus succombant sous sa croix	Dᵒ	dᵒ	250.	
Paysage	Dᵒ	dᵒ	330.	
Halte de Bohémiens	1851.	Vᵗᵉ GIROUX	360.	
Le Repos de la Sainte Famille	1852.	Vᵗᵉ X	264.	
Sainte Famille sous un portique	1854.	Vᵗᵉ POCHET	275.	A M. Burat.
Fuite en Égypte	1854.	Vᵗᵉ CHAVAGNAC	245.	
Scène militaire	1856.	Vᵗᵉ MARTIN	680.	
La Femme adultère	1859.	Vᵗᵉ MORET	285.	

DESSINS.

Plafond de l'Aurore (forme ovale)	1782.	Vᵗᵉ BOILEAU	45.	
Fuite en Égypte (à la sanguine)			300.	
Le Martyre de saint Pierre (deux compositions différentes, à la plume et au bistre)			190.	
L'Éducation de la Vierge et Le Sacrifice de Gédéon (au bistre rehaussé de blanc)			200.	

LOIR

(PIERRE-NICOLAS)

Né à Paris en 1624, mort en 1679.

Quelques copies et plusieurs études faites par Nicolas Loir, avant qu'il eût quitté la manière du Bourdon pour prendre celle du Poussin, ont souvent produit de la confusion parmi les connaisseurs. Ce n'est qu'après s'être bien rendu compte des différences résultant de la touche de Loir, plus accentuée que celle du Bourdon, que toute incertitude cesse sur l'originalité de ses œuvres.

MIMI

(ANTOINE)

Né à Florence, mort en France vers 1542.

Ce peintre, élève de Michel-Ange et de Soliani, fit beaucoup de compositions que l'on prend quelquefois pour des œuvres du Bourdon. On les reconnaît à leur touche moins franche et à des tons glauques passés dans les vigueurs.

MOSNIER

(JEAN)

Né à Blois en 1600, mort dans la même ville en 1656.

Mosnier ne manquait pas de talent ; il a des imitations qui induisent facilement en erreur. On les reconnaît cependant à un coloris plus fin et plus léché que celui du Bourdon, et surtout à un dessin plus maniéré et plus heurté.

FRIQUET DE VAUROSE

(JACQUES-CLAUDE)

Né en 1648, mort à Paris eu 1716.

Élève du Bourdon, qui l'employa comme peintre et comme graveur, Friquet a fait des imitations peu heureuses, mais qui, retouchées, ont souvent été vendues comme originales. Toutefois la méprise n'est guère possible si l'on fait attention à leur dessin exagéré, à leur ton encore plus vigoureux et à des gris passés maladroitement dans les demi-teintes.

LE SUEUR

(EUSTACHE)

Né à Paris en 1617, mort dans la même ville en 1655.

Le XVIIe siècle commence par un grand nom, celui de Le Sueur. Ce siècle, que l'on peut regarder comme la seconde période des progrès de l'art en France, nous offre des artistes d'un grand mérite, dont les productions caractérisent peut-être d'une manière toute spéciale le génie original des Français pour les beaux-arts. C'est de cette époque que date véritablement l'apogée de notre École. Élevée sur les ruines de celles d'Italie, elle brilla tout à coup du plus vif éclat, pour retomber bientôt après, par sa négligence de l'antique, dans un certain abaissement. Le Sueur et Le Brun sont les deux grandes illustrations de cette époque. Le Sueur, tout en exerçant beaucoup moins d'influence sur le goût, eut cependant une supériorité incontestable, et de tous les artistes français c'est lui qui a le plus approché de l'École Romaine.

Il ne doit rien aux maîtres de l'Italie, qu'il ne visita jamais, et cependant ses œuvres semblent être un reflet de cet esprit noble, élevé et profondément philosophique qui distingue l'École Romaine de toutes les autres Écoles. Le Sueur posséda les qualités essentielles de la peinture, et fit briller dans ses compositions la justesse et la naïveté; il a donné à son dessin et à ses attitudes la correction, la grâce et la finesse du sentiment le plus exquis. Sans se faire remarquer par des pensées d'une grande profondeur, il n'est pas moins élevé dans le style et l'expression. Son coloris est faible à la vérité; mais il est racheté par une harmonie douce et suave, qui fait oublier cette imperfection.

Les compositions de Le Sueur sont peu communes chez les amateurs et dans le commerce, ce qui explique l'empressement des acheteurs lorsque, à de rares intervalles, il s'en présente dans les ventes publiques. Le musée du Louvre en offre la plus belle réunion.

MUSÉE DU LOUVRE

Vénus présente l'Amour à Jupiter. Ce tableau provient de l'hôtel Lambert, ainsi que les dix suivants; coll. Louis XIV. Est. off. (1816), 8,000 fr. — *L'Amour reçoit l'hommage des Dieux,* coll. Louis XIV. Est. off. (1816), 8,000 fr. — *L'Amour et Mercure,* coll. Louis XIV. Est. off. (1816), 8,000 fr. — *L'Amour et Cérès,* coll. Louis XIV. Est. off. (1816), 8,000 fr. — *L'Amour dérobe le foudre de Jupiter,* coll. Louis XIV. Est. off. (1816), 8,000 fr. — *Phaéton et Apollon,* coll. Louis XIV. Est. off. (1810), 12,000 fr.; (1816), 50,000 fr. — *Clio, Euterpe et Thalie.* Est. off. (1816), 10,000 fr. — *Melpomène, Érato, Polymnie.* Est. off. (1816), 10,000 fr. — *Uranie.* Est. off. (1816), 4,000 fr. — *Terpsichore.* Est. off. (1816), 4,000 fr. — *Calliope.* Est. off. (1816), 4,000 fr. — *Histoire de saint Bruno,* vingt-deux tableaux peints pour les Chartreux; coll. Louis XIV. Est. off. (1810), 400,000 fr.; (1816), 450,000 fr. — *Martyre de saint Laurent* (1770), Vte Lalive de Jully, 7,550 fr., regardé comme copie dans les inventaires. — *La Salutation angélique,* provt de l'église de Vitry près Paris. Est off. (1810), 50,000 fr.; (1816), 30,000 fr. — *L'Ange apparaissant dans le Désert à Agar.* 1843, Vte Jouffroy, 5,000 fr. — *Le Sacrifice de la Messe,* provt de l'abbaye de Marmoutiers, près de Tours; cab. d'Angevilliers. Est. off. (1810), 18,000 fr.; (1816), 40,000 fr. — *L'Apparition de sainte Scholastique à saint Benoît,* même provce. Est. off. (1810), 18,000 fr.; (1816), 30,000 fr. — *Prédication de saint Paul,* provt de l'église Notre-Dame de Paris; payé 400 fr. par la société des orfèvres, en 1649. Est. off. (1810-1816), 250,000 fr. — *Jésus portant sa croix,* provt de l'église Sainte-Geneviève à Paris. Est. off. (1810), 30,000 fr. — *La Descente de Croix,* provt de l'église Saint-Gervais. Est. off. (1810), 50,000 fr.; (1816), 80,000 fr. — *Jésus apparaît à la Madeleine,* provt du couvent des Chartreux à Paris. Est. off. (1810), 30,000 fr.; (1816), 12,000 fr.; ce tableau a été restauré avec peu de soin, sous la République, par Martin de La Porte. — *Martyre de saint Laurent* (1755), Vte Pasquier, 3,001 fr.; Vte Pontchartrain, 2,000 fr.; (1770), Vte Lalive de Jully, 7,500 fr., inventorié comme copie. — *Saint Gervais et saint Protais,* provt de l'église Saint-Gervais à Paris. Est. off. (1810), 250,000 fr.

MUSÉES DIVERS, GALERIES, ETC.

Musée de Marseille. — *La Présentation au Temple.*

Musée de Lyon. — *Un Martyr.*

Musée de Rennes. — *Jésus servi par des Anges.* — *Étude d'Ange* (dessin). — *Martyre de saint Laurent* (au lavis). — *Figure d'homme* (au crayon).

Musée de Bordeaux. — *Uranie.*

Musée de Nîmes. — *La Mise au Tombeau.*

MUSÉE DE CAEN. — *Le Sacrifice de Manué.*

MUSÉE DE L'ERMITAGE. — *Une copie de l'École d'Athènes.* — *Moïse exposé sur le Nil.* — *Le Martyre de saint Étienne.* — *Quatre Esquisses.*

MUSÉE DE BERLIN. — *Saint Bruno.*

MUSÉE DE BRUXELLES. — *Le Sauveur donnant sa bénédiction.*

AU Cte PROSPER DE CHASSELOUP-LAUBAT. — *L'Histoire de l'Amour* (cinq esquisses).

COLLECTION DE LONGPRÉ. — *Jésus portant sa croix.* (Est. 500 fr.)

CABINET TRILHA. — *La Transfiguration* (esquisse sur papier).

COLLECTION C***. — *Miracle de la Mule.*

A LORD METHUEN. — *Saint Denis.*

COLLECTION BARRY. — *Sainte Famille.*

COLLECTION NORMANTON. — *L'Annonciation.*

A M. JULIEN, DE ROUEN. — *L'Enlèvement de Proserpine.*

PRIX DE VENTES

			fr.	
Jésus chez Marthe et Marie	1747.	Vte PONTCHARTRAIN	1,199.	
Darius faisant ouvrir le tombeau de Niotrix	1751.	Vte THUONY et CHOZAT	1,605.	
Jésus guérissant l'aveugle-né	1756.	Vte du DUC DE TALLARD	1,820.	
Le Christ présenté au temple	1772.	Vte LAURAGUAIS	551.	
La Mort de la Vierge	1774.	Vte SAINT-HUBERT	3,100.	
La Vierge en adoration	1777.	Vte PRINCESSE DE CONTI	1,000.	
Adoration du Veau d'or, Moïse dans le buisson ardent	D^o	d^o	2,300.	
Joseph et Putiphar	D^o	d^o	401.	
Le Ministre d'État	1777.	Vte RANDON DE BOISSET	10,000.	
L'Histoire de l'Amour (5 esquisses)	D^o	d^o	3,800.	A M. le comte Prosper de Chasseloup-Laubat. Ces cinq esquisses proviennent de l'hôtel Lambert; elles sont d'une rare conservation.
—	1859.			
Une Vierge	1774.	1re Vte VASSAL SAINT-HUBERT, retiré à	3,400.	
	1783.	2e Vte d^o	750.	
Crésus et Solon (1^m,26—96^c 1/2)	1784.	Vte DE SAINT-JULIEN	750.	
L'Astronomie (49^c—40^c 1/2)	1787.	Vte LAMBERT et DU PORAIL.		
L'Ange quittant la famille de Tobie.	1788.	Vte CALONNE	1,200.	
Les Trois Grâces, 4 figures (1^m,51 —1^m,12)	1788.	Vte DE Mme LENGLIER	150.	
Le Temps découvrant la Vérité (1^m,23—1^m,2)	1789.	Vte PARIZEAU		
La Naissance de l'Amour (49^c—38^c).	1791.	Vte LEBRUN	600.	Coll. Randon de Boisset. Réduction du tableau qui est au Louvre.
Sacrifice d'Abraham (1^m,23 — 96^c 1/2)	1792.	Vte DE LA REYNIÈRE	801.	
—	1797.	3e Vte d^o	161.	
Alexandre et son médecin	1793.	Vte de la gal. du Pal.-Roy.	7,500.	
L'Annonciation (1^m,55—1^m,25).	1801.	Vte ROBIT	11,000.	Ce tableau a décoré pendant longtemps l'oratoire de la maison Turgot.

			fr.	
Polyphile présenté à Leutherilide (toile, 96c 1/2—1m,34)........	1801.	Vte ROBIT.................	5,010.	
—	1802.	Vte HELSLEUTER..........	1,400.	
Le Christ chez Marthe et Marie, 14 figures (1m,60—1m,20)......	1801.	Vte ROBIT	13,300.	Coll. Presle.
L'Annonciation (forme ronde, 54c de diamètre)................	1802.	Vte LABORDE DE MEREVILLE.	4,900.	Dulac.
Abraham et Sara (1m,34—1m,28).	1809.	Vte GRANDPRÉ.	1,000.	50 c.
Saint Paul guérissant les malades.	1845.	Vte FESCH...............	415.	Douteux.
*Marthe et Marie............... *	do	do	5,180.	
*La Religion................... *	do	do	1,127.	
	1859.	Vte MORET..........	580.	
	1862.	Vte BOST.	496.	
*La Chasse de Diane............. *	1845.	Vte FESCH	967.	
—	1857.	Vte MORET	800.	Galerie du duc d'Aumale.

DESSINS.

*Six dessins..................... *	....		
Étude de Moise (dessin sur papier gris).............	1782.	Vte BOILEAU	24.
Femme qui pleure (dessin sur papier gris)....................	do	do	33.
Martyres de saint Gervais et de saint Protais, dessins faits pour les gravures d'Audran (69c 3/4— 96c 1/2)....................	1791.	Vte LEBRUN	900.
*Le Jugement de Salomon........ *	....	320.	
Cinq Femmes (dessin à la pierre noire)......................	1857.	Vte THIBEAUDEAU	110.

LE SUEUR

(PIERRE)   Né à Paris en 1608.

(ANTOINE)   Né à Paris vers 1612.

(PHILIPPE)   Né à Paris vers 1612.

Ces trois frères d'Eustache Le Sueur ont été ses aides, par conséquent ses imitateurs forcés, surtout dans les têtes d'étude faites à l'atelier. Ces morceaux tronqués passent assez communément pour être de la main du maître, et cependant il y a autant de dissemblance dans les manières des trois frères entre eux que chacune d'elles en présente avec celle d'Eustache Le Sueur.

Pierre Le Sueur est plus sec; ses draperies sont *boudinées,* et n'ont pas l'ampleur et le jet de celles d'Eustache; sa couleur générale est plus violacée et manque d'harmonie.

1.   12

GUIDE DE L'AMATEUR

Antoine Le Sueur est plus fin de ton, plus léché; son dessin, quoique plus rond que celui du maître, n'est pas sans mérite; son coloris est vaporeux, mais froid et vague.

Philippe Le Sueur est celui qui eut le moins de talent. Les reproductions mythologiques, tronquées ou entières, qu'il fit d'après les tableaux du chef de la famille, sont lourdes et pèchent par un dessin guindé, laissant à peine apparaître quelques lignes gracieuses et vraies. Ses airs de tête sont communs et son coloris est plus chaud, mais plus lourd que celui de ses deux frères.

GOULAI ou GOULADE ou GOUSSE

(THOMAS)

Ce peintre, beau-frère de Le Sueur, dont les biographes font à peine mention, nous a laissé assez d'œuvres pour juger de son talent. Une manière plus expéditive que celle du maître, un dessin moins correct, un coloris plus fade et des ombres plus rouges le font facilement reconnaître; ce sont des marques certaines qui ne permettent aucune confusion entre les copies et les originaux.

LEFEBURE ou LEFÈVRE

(CLAUDE)

Né à Fontainebleau en 1633, mort à Londres en 1675.

Élève de Le Sueur et plus tard de Le Brun, Lefèvre s'est fait connaître par ses portraits, d'une ressemblance frappante et d'une très-bonne exécution. Il a laissé beaucoup d'imitations de son maître, mais elles n'ont pas cette naïveté et ce bon choix particuliers à Le Sueur. Ses compositions sont plus compassées, la couleur en est plus lourde et les lumières en sont plus travaillées. En général, les copies et les imitations de Lefèvre trompent peu de personnes.

COLOMBEL

(NICOLAS)

Né à Sotteville en 1646, mort à Paris en 1717.

Colombel est plus froid que Le Sueur, son maître, mais il eut un goût excellent, une parfaite connaissance de la perspective, et on trouve souvent dans ses tableaux une belle ordonnance des fonds d'architecture. Ses imitations, sans être de nature à pouvoir être confondues avec les œuvres du grand artiste, peuvent cependant égarer des amateurs aux connaissances superficielles. Elles sont violacées, sèches et d'un dessin médiocre, elles n'ont, en un mot, que la *tournure* de Le Sueur.

LE BRUN

(CHARLES)

Né à Paris en 1619, mort dans la même ville en 1690.

Ce grand artiste apporta en naissant les plus brillantes qualités et la fortune seconda son mérite. Dès ses premières années, déjà habile dans son art, il dut à l'élévation de son esprit d'atteindre promptement à une grande perfection. Ses observations sur le cœur humain, ses recherches sur les anciens et son génie universel lui ont mérité de son temps les surnoms de l'Homère et du Quinte-Curce du siècle de Louis XIV.

Quoique grand admirateur de l'École Romaine, Le Brun paraît s'être attaché plus particulièrement à l'étude du Carrache. Le caractère de son dessin, son coloris solide et vigoureux, indiquent une préférence marquée pour les illustres fondateurs de l'École Lombarde.

On lui reproche, et ce n'est pas sans raison, plus de pratique que d'imitation dans son coloris. En effet, il manque de variété dans les teintes, et sa couleur est souvent d'un rouge briqueté. Ses compositions sont vastes, ses expressions fortes, sublimes et imposantes; ses proportions un peu courtes sont rachetées par l'ordre et la grande vérité de ses draperies.

Le Brun, ayant fait peu de tableaux de moyenne grandeur et de chevalet, n'a pas eu de copistes à proprement parler; il n'a eu que des répétiteurs partiels ou des disciples dont les œuvres, ayant un certain cachet du maître, lui ont été attribuées par la mauvaise foi et la cupidité des trafiquants. Aussi il n'est pas rare de voir vendre sous son nom, et comme des *premières pensées* ou des *répétitions commandées*, des copies réduites ou partielles de ses grands ouvrages, tandis qu'en réalité ces pages, plus ou moins bien exécutées, ne sont que des études et des imitations faites par ses élèves.

Après avoir joui d'une faveur excessive, les productions de Le Brun se vendent actuellement à vil prix.

MUSÉE DU LOUVRE.

Constance de Mutius Scévola, coll. Louis XIV. Est. off. (1810), 4,200 fr.; (1816). 5,000 fr. — *Sainte Madeleine*, provᵗ des Carmélites de la rue Saint-Jacques à Paris. Est. off. (1810), 10,000 fr.; (1816), 15,000 fr. — *Martyre de saint Étienne*, provᵗ de l'église de Notre-Dame de Paris; Musée Napoléon. Est. off. (1810), 60,000 fr. — *La Pentecôte*, provᵗ du séminaire Saint-Sulpice, coll. Louis XIV. Est. off. (1810), 20,000 fr.— *Le Crucifix aux Anges*, coll. Louis XIV. Est. off. (1816), 20,000 fr. — *Jésus élevé en croix*, coll. Louis XIV. Est. off. (1816). 10,000 fr. — *Jésus allant au supplice*, coll. Louis XIV. Est. off. (1810), 10,000 fr. — *Entrée à Jérusalem*, cab. Louis XIV. Est. off. (1816), 10,000 fr. — *Christ servi par les Anges*, anciennement aux Carmélites de la rue Saint-Jacques. Est. off. (1810), 20,000 fr.: (1816), 30,000 fr. — *Le Bénédicité*, provᵗ de l'église Saint-Paul de Paris. Est. off. (1810), 4,000 fr.; (1816), 6,000 fr.— *Portrait de C. Le Brun*, coll. Louis XIV. Est. off. (1816), 1,500 fr. — *Portrait d'Alphonse Dufresnoy*, provᵗ de l'ancienne académie de Peinture. Est. off. (1816), 800 fr. — *Méléagre et Atalante; La Mort de Méléagre* : ces deux tableaux, faits en 1658, pour M. de Valdor, passèrent entre les mains de M. Jabach et furent cédés par Belle au Musée central; rendus à Belle fils, il les vendit à S. M. Louis XVIII, 16,000 fr. — *Entrée d'Alexandre dans Babylone*, coll. Louis XIV. Est. off. (1810), 70,000 fr.; (1816), 60,000 fr. — *La Tente de Darius*, coll. Louis XIV. Est. off. (1810), 60,000 fr.; (1816). 60,000 fr. — *La Défaite de Porus*, coll. Louis XIV. Est off. (1810), 200,000 fr.; (1816), 180,000 fr. — *Bataille d'Arbèles*, coll. Louis XIV. Est. off. (1816), 130,000 fr. — *Passage du Granique*. coll. Louis XIV. Est. off. (1810), 150,000 fr.; (1816), 150,000 fr. — *Mort de Caton*, Vᵗᵉ Lalive de Jully, Académie de peinture, Musée Napoléon. Est. off. (1810), 8,000 fr.; (1816), 3,000 fr. — *Le Sommeil de l'Enfant Jésus*, donné par le comte d'Armagnac à la collection Louis XIV. Est. off. (1810), 15,000 fr.; (1816), 7,000 fr. — *L'Adoration des Bergers*, coll. Louis XIV. Est. off. (1816), 8,000 fr. — *Jésus-Christ chez Simon le Pharisien*. Est. 30,000 fr., provᵗ de l'église des Carmélites. — *L'Adoration des Bergers* (moins grande que la précédente), coll. Louis XIV. Est. off. (1816), 3,000 fr. — *Porus combattant*. 150,000 fr. —

Mars et Vénus. — *Le Christ mort sur les genoux de la Vierge.* — *La Chute des anges rebelles.*

MUSÉES DIVERS, GALERIES, ETC.

MUSÉE DE VERSAILLES. — *Établissement de l'hôtel des Invalides* (tableau fait en collaboration avec Dulin). — *Institution de l'ordre de Saint-Louis.* — *Baptême du Dauphin.* — *Le Roi visitant la manufacture des Gobelins.* — *Fondation de l'Observatoire.* — *Réparation faite à Louis XIV au nom de l'Espagne.* — *Remise des clefs de Marsal à Louis XIV.* — *Renouvellement de l'Alliance suisse.* — *Mariage de Louis XIV et de Marie-Thérèse d'Autriche.*

MUSÉE DE RENNES. — *Projet de plafond.* — *La Descente de croix.* — *Cinq Dessins.*

MUSÉE DE BORDEAUX. — *Nymphe poursuivie par un Fleuve.*

MUSÉE DE LYON. — *Louis XIV ayant à ses pieds des nations vaincues, etc.*

MUSÉE DE CAEN. — *Baptême de Jésus-Christ.* — *Daniel dans la fosse aux lions.* — *Le Jugement dernier.*

MUSÉE DE NANTES. — *Le Père Éternel dans sa gloire* (esquisse du plafond de la chapelle de Sceaux).

MUSÉE DE LILLE. — *Hercule assommant Cacus.*

MUSÉE DE NÎMES. — *Saint Jean l'Évangéliste en extase.*

MUSÉE DE BERLIN. — *Portrait de Jabach et de sa famille* (attribué à Ph. de Champaigne).

PINACOTHÈQUE DE MUNICH. — *La Madeleine repentante.*

ACADÉMIE DES BEAUX-ARTS A VENISE. — *Sainte Madeleine.*

DULWICH COLLEGE. — *Les Musiciens.* — *Le Massacre des Innocents.*

AU COMTE DE DARNLEY. — *Centaures et Lapithes.*

AU COMTE DE IARBOROUGH. — *Persée délivrant Andromède.*

GALERIE ESTERHAZY. — *La Paix de Nimègue.*

COLLECTION JOHN NELTHORP. — *Persée et Andromède.*

A LORD FEVERSHAM. — *La Visitation.*

PRIX DE VENTES

Le Sacrifice de Jephté. 1770, Vte Lalive de Jully. 652 fr. ; 1845, Vte Fesch, 220 fr. — *Vénus coupant les ailes de l'Amour.* 1777, Vte Conti, 3,003 fr. — *Vénus endormie et les Amours.* Même Vte, 2,001 fr. — *Évanouissement d'Esther.* 1779, Vte Marchand, 300 fr. — *L'Aurore dans son char,* épisode du plafond de Sceaux, 6 fig. 1791, Vte Lebrun, 30 fr. — *Le Massacre des Innocents.* 1793, Vte de la gal. du Palais-Royal.

3,750 fr. (Dulwich College à Londres.) — *Hercule tuant les chevaux de Diomède*. Même
Vte, 1,250 fr. — *La Chasse de Méléagre, La Mort de Méléagre* et *La Famille de Darius*.
1808, Vte Belle, 18,000 fr. (Ces trois tableaux ont été retirés à ce prix par M. Belle.) —
L'Apothéose d'Hercule (esquisse du plafond de l'hôtel Lambert). 1829, Vte Lethière, 32 fr.
— *Descente de croix*. 1845, Vte Fesch, 148 fr. 50 c. — *Méléagre et Atalante*. Même Vte,
170 fr. 50 c. — *La chaste Susanne*. Même Vte, 306 fr. — *Le Christ portant sa croix*.
1845, Vte Vasserot, 160 fr. — *Portrait d'homme*. 1859, Vte Bielher, 107 fr. — *Susanne
devant ses juges*. 1859, Vte Moret, 345 fr. (Probablement le même tableau que celui de la
Vte Fesch.)

HOUASSE

(RENÉ-ANTOINE)

Né à Paris en 1645, mort dans la même ville en 1707.

Houasse peut être considéré comme un imitateur servile. En effet, il s'appropria le
genre de son maître, et ses œuvres trompent encore les amateurs d'aujourd'hui. Sa touche
plus pauvre, sa manière plus expéditive, son clair-obscur moins franc le distinguent de
Ch. Le Brun.

VERDIER

Né à Paris en 1651, et non en 1691 comme l'affirment plusieurs biographes; mort dans la
même ville en 1731.

Verdier, élève et neveu de Le Brun, a joui d'une célébrité bien déchue aujourd'hui.
Son génie est abondant, mais affecté; son coloris, outré dans ses œuvres originales, est
plus vrai dans ses copies discipléennes. Malgré cette qualité, il est facile de reconnaître le
contrefacteur à son ton bleuâtre et à la lourdeur de sa touche.

AUDRAN

CLAUDE

Né à Lyon en 1649, mort en 1684.

Audran est un des élèves de Le Brun qui possédait le plus de capacités; aussi fut-il employé à peindre les *Batailles d'Alexandre le Grand*.

Ses imitations sont plus léchées et moins énergiques dans le dessin. Sa couleur surprendrait la bonne foi des amateurs, si des demi-teintes grises ne corrigeaient en quelque sorte les demi-teintes briquetées habituelles au maître.

DULIN

(PIERRE)

Né à Paris en 1669, mort en 1748.

Beaucoup de tableaux de moyenne dimension peints par Dulin, élève de Bon Boullongne, sont attribués à Le Brun, quoiqu'ils manquent de cette entente de la couleur et de cette énergie qui caractérisent le modèle. Un pinceau plus flou, une certaine confusion et une répétition de plis dans les draperies le décèlent encore.

TESTELIN

(LOUIS)

Né à Paris en 1615, mort en 1655.

D'abord élève de Simon Vouët, puis ami et admirateur de Le Brun, Louis Testelin conquit un rang qui le ferait classer parmi les peintres originaux, si le goût dominant de l'époque ne l'avait forcé à se rapprocher de la manière de Le Brun, malgré ses préférences pour l'École Vénitienne. Néanmoins, il ne fut jamais un imitateur servile et ses œuvres ont seulement de l'analogie avec celles du grand maître.

On peut en dire autant des peintres qui formèrent l'École dite de Le Brun, dont je parlerai dans la suite. et qui. s'étant fait des manières à eux, ne conservèrent qu'un certain air de famille avec celle de leur inspirateur.

COURTOIS

(JACQUES)

DIT LE BOURGUIGNON

Né à Saint-Hippolyte, en Franche-Comté, en 1621, mort à Rome en 1676.

Le Bourguignon, élève de son père, Jean Courtois et de Jérôme le Lorrain, sera toujours regardé comme un grand peintre de batailles. Sous les auspices du Guide, il a fait quelques tableaux d'histoire, mais ils ne valent pas ceux qu'il a conçus et exécutés dans son genre propre. Son génie ardent et plein de verve aimait mieux exprimer le choc des escadrons, la fougue, l'élan rapide des chevaux, leur chute, les plaintes des blessés et les derniers soupirs des mourants : avec un style mâle et un coloris plein de feu, il savait encore faire ressortir l'horreur d'une mêlée, par des expressions fortes et vigoureuses, et des attitudes remplies d'action et de vie. Sa touche est large et spirituelle; sa couleur, empâtée et transparente, passe brusquement du clair au brun avec un effet éclatant, harmonieux partout, soutenu par un dessin léger qui n'est pas dénué de caractère.

Les tableaux du Bourguignon sont assez répandus dans le commerce, mais ils y sont peu recherchés par les amateurs. Ceux de moyenne grandeur dépassent rarement 800 fr. Les petites toiles varient entre 100 et 200 fr.

Le musée du Louvre en possède deux qui proviennent de la collection Louis XIV. Le premier représente *un Choc de Cavalerie*, il a été estimé 600 fr., en 1816. Le second, *une Marche de Troupes*, a été coté au même prix.

MUSÉES DIVERS, GALERIES, ETC.

MUSÉE DE LYON. — *Une Bataille.*

MUSÉE DE NANTES. — *Batailles et Bivouacs.*

MUSÉE DE NANCY. — *Combat de cavalerie.*

MUSÉE DE CAEN. — *Suites d'un combat.*

MUSÉE D'ÉPINAL. — *Combat de cavalerie.*

MUSÉE DE BORDEAUX. — Deux *Engagements de cavalerie.*

MUSÉE DE L'ERMITAGE. — *La Sortie d'une place assiégée.* — *L'Attaque d'une batterie* et plusieurs autres compositions.

PINACOTHÈQUE DE MUNICH. — Plusieurs *Scènes militaires.*

MUSÉE DE BERLIN. — *Combat de Cavalerie.*

MUSÉE DE DRESDE. — *Mêlée d'infanterie et de cavalerie.* — *Combat de cavalerie.* — *Champ de bataille.* — *Armée en ordre de bataille.*

ANC. COLLECTION DE VIENNE. — *Deux Batailles.*

MUSÉE DE BRUXELLES. — *Choc de Cavalerie.*

HAMPTON COURT. — *Marche d'Armée* et plusieurs autres compositions.

DULWICH COLLEGE. — Plusieurs *Paysages.*

AU PALAIS PITTI. — Quelques *Batailles.*

GALERIE ELLESMÈRE. — *Grand Paysage avec rochers.* — *Choc de Cavalerie.* — *Charge de Cavalerie.*

AU COMTE DE DERBY. — *Deux Batailles.*

COLLECTION DE M. LE COMTE DE BUDÉ. — *Deux Batailles.*

GALERIE LICHTENSTEIN. — Plusieurs *Scènes militaires.*

COLLECTION THOMAS SEBRIGHT. — *Cavalerie.*

COLLECTION BURLINGTON. — Deux beaux *Paysages.*

COLLECTION BUCKLEY. — *Une Bataille.*

COLLECTION METHUEN. — *Un Paysage avec figures.*

COLLECTION DRURY LOVE. — *Paysage avec figures.* — *Paysage avec chevaux.*

GALERIE DEVONSHIRE. — *Cavalerie dans un paysage.*

COLLECTION SPENCER. — *Une belle Bataille.*

COLLECTION LONGLEAT. — *Une Bataille.*

A MISS ROGERS. — *Une charmante composition.*

COLLECTION BUTE. — *Un Paysage avec figures.*

COLLECTION INGRAM. — *Des Cavaliers.* — *Portrait du peintre.* — *Un Paysage.*

COLLECTION HOARE. — *Une Bataille.*

PRIX DE VENTES

Voici quelques prix comparatifs : *Moïse en prière* et *Josué arrêtant le Soleil*, 4,108 fr., à la Vte Fraula, en 1738. — *Les Misères de la Guerre*, 917 fr., à la Vte Laneker. en 1769. — *Une Bataille*, provenant de la Vte Lalive de Jully, où elle avait atteint 800 fr., a été vendue, en 1791, à la Vte Lebrun, 255 fr.—*Deux Batailles*, 215 fr., à la Vte Baroilhet, en 1856, Vte idem, 1860, 290 fr. — *Combat de Cavaliers*, 1859, Vte Brabeck de Stolberg, 350 thalers.

DESSINS.

Deux Batailles (à la plume). 1782. Vte Boileau, 36 fr. — Id. *Un Champ de Bataille*. même vente, 36 fr.

PINACCI

(JOSEPH)

Né à Sienne en 1642.

Ce peintre ultramontain a fait d'assez belles imitations du Bourguignon, son maître. mais les couleurs en sont plus noires et plus tranchantes.

RESCHI

(PANDOLPHE)

Né à Dantzig en 1643, mort en 1699.

Les imitations de Reschi, élève du Bourguignon, sont souvent vendues comme originales, malgré un air de parenté avec celles de Salvator Rosa. La mauvaise entente des lumières et le papillotage des touches, plus grattées que larges, en sont les marques distinctives.

LE GIANNIZZERO et BRUNI

(jérôme)

Ces deux élèves du Bourguignon ont fait d'assez belles copies du maître, mais on y cherche en vain cette énergie et cette franchise de touche qui l'ont distingué. Leur dessin est rond et leurs contours sont secs et enlevés.

LEMBKE

(jean-philippe)

Né à Nuremberg en 1631, mort à Stockholm en 1721.

Ce disciple de Mathieu Weyer et de G. Strauch, imita Van Laar et le Bourguignon avec assez de bonheur. Sa manière savante et chaude n'est pas sans analogie avec celle du maître, mais son exécution manque de solidité et de vigueur.

TILLEMANS

(pierre)

Né à Anvers en 1684, mort en Angleterre en 1734.

Tillemans fut un habile copiste du Bourguignon. Sans son *faire* flamand qui se décèle surtout dans ses airs de tête, il tromperait plus d'un amateur. Toutefois, ses chevaux n'ont pas cette ampleur de formes qui distinguent ceux du modèle; ils sont grêles et sans finesse.

MONNOYER

(JEAN-BAPTISTE)

DIT BAPTISTE

Né à Lille en 1634, mort à Londres en 1699.

Le plus habile peintre de fleurs du siècle de Louis XIV est, sans contredit, Baptiste Monnoyer. Ses productions sont aussi ingénieuses que naturelles, et ses fleurs, quoique d'une touche large et empâtée, ont leurs caractères distinctifs. Sa couleur vraie et vigoureuse n'a point la fadeur et la mollesse qui sont ordinairement le partage des peintres de fleurs.

L'œuvre de Baptiste se compose en grande partie de toiles décoratives; le peu de tableaux qui se produisent dans les ventes publiques sont très-recherchés par les amateurs.

Le musée du Louvre en possède de beaux dans ses magasins. Ils proviennent de Trianon et des résidences royales, mais ils sont en mauvais état.

MUSÉES DIVERS, GALERIES, ETC.

MUSÉE DE ROUEN. — *Deux Enfants jouant avec des fleurs.* — *Enfants et fleurs.*

MUSÉE DE RENNES. — Deux tableaux, *Fleurs et fruits.*

MUSÉE DE TOULON. — *Deux Corbeilles de fleurs.*

MUSÉE DE NANTES. — *Pivoines et autres fleurs.* — *Tête de jeune homme dans un médaillon entouré de fleurs.*

MUSÉE DE LYON. — *Couronne de fleurs.* — *Fleurs dans un vase.* — Deux autres tableaux de *Fleurs.*

MUSÉE DE LILLE. — *Deux Vases de fleurs.*

Hampton Court. — Plusieurs tableaux de *Fleurs*.

A lord Hatherton. — Deux tableaux de *Fleurs*.

A miss E. M. Ricketts. — *Fleurs*.

A Mme Benoit Fould. — *Des Amours et des Fleurs*. (Estimé 1,500 fr.)

Galerie Baillie, a Anvers. — *Scène d'intérieur*. — *Animaux et nature morte*.

PRIX DE VENTES

Deux tableaux de *Fleurs*. 1770, Vte Lalive de Jully, 250 fr. — Deux tableaux de *Fleurs* et de *Fruits* (ovales). 1776, Vte du marquis de Chabannais, 490 fr. — Deux tableaux de *Fleurs*. 1770, Vte du prince de Conti, 350 fr. — Deux autres. Même Vte, 125 fr. — Deux autres. Même Vte, 41 fr. — *Guirlande de Fleurs, au milieu la Vierge et l'Enfant Jésus*, peints par Stella. Même Vte, 460 fr. — *Un Vase rempli de roses*. 1779, Vte de Peeters, 400 fr. — *Vase de Fleurs*. 1860, Vte Forsteim de Wurtzbourg, 190 fr.

BLAIN DE FONTENAY

(JEAN-BAPTISTE)

Né à Caen en 1654, mort à Paris en 1715.

Élève et gendre de Baptiste, dont il fut le collaborateur, il l'égala sous beaucoup de rapports ; ce n'est que dans l'éclat peu harmonieux de l'ensemble de ses compositions qu'on parvient à reconnaître la différence.

Baptiste possédait mieux que son élève le clair-obscur et l'arrangement du *bouquet ;* mais pour l'exécution partielle, Fontenay ne lui cède en rien.

VERBRUGGEN

(GASPARD-PIERRE)

Né à Anvers en 1668, mort en 1720.

La manière large et expéditive de cet artiste approche beaucoup du mode d'exécution adopté par Baptiste. L'effet est tout aussi grand, mais le travail est plus glacé, plus *flamand*.

On reconnaît aussi les tableaux de Verbruggen à la profusion des tulipes qu'il y a semées, sans doute pour sacrifier au goût qui dominait à cette époque dans les Provinces-Unies.

HARDIMÉ

(PIERRE)

Né à Anvers en 1678, mort à Londres en 1737.

Ce peintre a surpassé le précédent pour le coloris, mais ses ouvrages sont trop librement exécutés pour être examinés de près.

Le peu de tableaux qu'il a faits, quoique généralement attribués à Baptiste, sont cependant reconnaissables à la négligence de leur exécution et aux *à-plat* trop souvent employés.

DOUAIT

Florissait à Lyon en 1750.

Douait, élève de Baptiste et professeur à l'école de Lyon, a produit une certaine quantité de toiles décoratives dont l'ensemble a beaucoup d'analogie avec celles de son maître.

Sa touche plus recherchée, sa couleur moins vigoureuse, son dessin plus serré, sont les points différentiels qui font reconnaître les œuvres de l'élève.

LA FOSSE

(CHARLES DE)

Né à Paris en 1636, mort en la même ville en 1716.

La Fosse produisit une telle sensation parmi ses contemporains qu'il fut déclaré le rival des Van Dyck, des Rubens et des Titien. Quelques-uns prétendaient même qu'il surpassa Véronèse.

Il est vrai de dire qu'au début de sa carrière, cet artiste éminent avait montré une grande préférence pour les Écoles Florentine et Flamande, qu'il avait étudiées à Rome, en sortant de chez Le Brun, où il passa les premières années de sa jeunesse; mais, malgré tout son talent, il est souvent bien loin d'égaler les modèles auxquels on l'a comparé.

La Fosse a droit à une admiration plus réfléchie pour sa grande intelligence du clair-obscur et pour son heureuse union des couleurs. En cela, il est vraiment plus original que sous le rapport de son coloris, qui n'est que l'écorce très-épaisse des Écoles Florentine et Flamande. Ce qu'il entend bien, c'est l'ordonnance d'une scène, quoique souvent il ait atténué la dignité de ses principaux personnages par une surabondance d'objets trop lourdement enchaînés : mais c'était la manie du temps; il fallait du remplissage pour se soutenir à côté de l'exubérance et du génie intarissable de Le Brun.

Cette espèce de servitude, auquel s'assujettissaient volontairement les artistes les plus distingués, se remarque dans toutes les productions de la fin du règne de Louis XIV.

Un des morceaux les plus importants de La Fosse est la coupole du dôme des Invalides, que j'ai pu étudier de près, ayant été chargé de la restauration de cette peinture. On y remarque d'heureuses dispositions dans les groupes, des actions vives sans exagération, un pinceau ferme, une touche heurtée, un coloris ardent, lumineux, tirant sur le jaune doré, un grand contraste dans l'effet harmonieux.

Ces qualités font facilement oublier des proportions courtes, quelques airs de tête communs, et un certain désordre dans l'agencement des draperies.

Ses productions de chevalet se rencontrent très-rarement dans les ventes publiques.

Le musée du Louvre possède les tableaux suivants :

L'Enlèvement de Proserpine. Anc. Acad. roy. de Peinture. Est. off. 1.200 fr. — *Le Mariage de la Vierge.* Coll. Louis XIV, 1810. Est. off. 1.000 fr. — *L'Annonciation.* — *Moïse sauvé des eaux.* — *Le Triomphe de Bacchus.* — *Le Sacrifice d'Iphigénie.*

MUSÉES DIVERS. GALERIES, ETC.

MUSÉE DE ROUEN. — *Le Lever du Soleil.* — *Le Couronnement de la Vierge.*

MUSÉE DE NANTES. — *Déification d'Énée.* — *Vénus demandant des armes a Vulcain.* — *Jupiter séduisant Calipso.*

MUSÉE DE NANCY. — *L'Assomption de la Vierge.*

MUSÉE DE LILLE. — *Jésus donnant les clefs du paradis à saint Pierre.*

MUSÉE DU ROI A MADRID. — *Acis et Galatée.*

CABINET LE BRUN DALBANE. — *L'Enlèvement d'Europe.* — *L'Enlèvement de Proserpine.*

PRIX DE VENTES

Épisode de la vie de saint Pierre. 1770. Vte Lalive de Jully, 231 fr. 95 c. — *Trois Anges.* Vte Verrue, 130 fr. — *L'Enfant prodigue dans un paysage.* 1773, Vte de Chevigné, 299 fr. 95 c. — *Apothéose de la Vierge* (projet de plafond). 1777, Vte Conti, 720 fr.; 1779, Vte Boileau, 681 fr.; 1779, Vte Lalive de Jully, 500 fr. — *Apothéose de saint Louis* (esquisse terminée de la coupole du dôme des Invalides). 1777, Vte Conti, 1.400 fr.; 1779, Vte Boileau, 650 fr. — *Dibutade,* 1784. Vte de Vaudreuil; 1792, Vte de La Reynière. 102 fr. — *Jésus dans le désert.* 1845. Vte Fesch, 244 fr. 50 c. — *La Descente de croix.* Même Vte, 96 fr. 25 c.

La Fosse ayant fait peu de tableaux de chevalet n'a guère été imité; néanmoins l'on rencontre çà et là quelques soi-disant projets ou études qui lui sont attribués; mais ces répétitions ou copies discipléennes sont les œuvres des peintres dont les noms suivent :

MAROT

(FRANÇOIS)

Né à Paris en 1667, mort dans la même ville en 1719.

Marot, élève de La Fosse, imita avec bonheur la manière de son maître; mais ses plis sont plus tortillés, sa couleur est plus terne et son dessin défectueux, en voulant être plus élancé.

LOTH ou LOTHI

(CARLO)

Né à Munich en 1611, mort à Venise en 1698.

Les ouvrages de ce peintre ont cela de singulier qu'ils sont souvent vendus pour être de La Fosse, comme ceux de La Fosse pour être de Lothi, suivant les besoins du commerce ou le goût de l'amateur pour l'une ou l'autre École.

Le coloris de Lothi a, il est vrai, quelque analogie avec celui du grand peintre français, mais il est plus rouge; son dessin est svelte, qualité opposée à celui de La Fosse : en un mot, il est difficile de s'y méprendre, pour peu qu'on apporte quelque attention à l'examen de son œuvre.

JOUVENET

(JEAN)

Né à Rouen en 1644, mort en 1717.

Ce peintre, sans avoir vu l'Italie, s'éleva jusqu'à la hauteur des brillantes écoles qui font la gloire de ce pays. Ce qui attire et attache plus particulièrement dans les œuvres de Jouvenet, et ce qui le rend original au milieu de ses contemporains, c'est l'excellent choix de ses attitudes, la justesse des actions, la fermeté de la touche et la belle harmonie qu'il a su répandre, sous les accords d'un coloris solide, vrai et bien entendu, dans les masses clair-obscures. Quant à ses draperies, elles sont bien jetées, celles surtout des douze apôtres qu'il a peints dans les pendentifs du dôme des Invalides, et dont la restauration m'a été confiée en même temps que celle de la coupole. Ces parties capitales ont servi et serviront longtemps de modèle pour leur ampleur et leur belle exécution.

Ainsi que La Fosse, et pour les mêmes raisons, Jouvenet eut peu d'imitateurs. Ceux dont je donne les noms sont à peu près les seuls contre lesquels on doit se mettre en garde dans le commerce des objets d'art.

Les toiles de Jouvenet figurent rarement dans les ventes publiques; lorsqu'elles s'y rencontrent par hasard, elles sont l'objet de la convoitise des amateurs.

Les musées de France possèdent les compositions suivantes :

MUSÉE DU LOUVRE

Vue du maître-autel de Notre-Dame. Est. off. (1810). 6,000 fr.; (1816), 4,000 fr.
— *Les Pèlerins d'Emmaüs*, provenant de la Vᵗᵉ du marquis de Flers. 1,200 fr.; coll.
Louis-Philippe. — *Le Repas chez Simon*, provenant de l'église Saint-Martin-des-Champs.
Est. off. (1816), 30,000 fr. — *Ascension de Jésus-Christ*, provenant de l'église Saint-
Paul. Est. off. (1816), 5,000 fr. — *La Pêche miraculeuse*, provenant de l'église Saint-
Martin-des-Champs. Est. off. (1810), 80,000 fr.; (1816), 30,000 fr. — *Descente de croix*,
provenant du couvent des Capucins de Paris. Est. off. (1810), 60,000 fr.; (1816), 50,000 fr.
— *La Résurrection de Lazare*, provenant de l'église Saint-Martin-des-Champs. Est. off.
(1816), 30,000 fr. — *Portrait de Fagon*, acheté en 1815 par l'administration, avec un
Portrait de Tubeuf, attribué à Mignard. 500 fr. — *Jésus chez Marthe et Marie*, provenant de l'église des Pères de Nazareth. Est. off. (1810), 4,000 fr.; (1816), 3,000 fr. — *Jésus
guérissant les malades*, provenant du couvent des Chartreux. Est. off. (1816), 30,000 fr.
— *Le Fils de la veuve de Naïm*, tableau perdu. Anciennement à l'église des Récollets,
à Versailles. Est. off. (1810), 12,000 fr.

MUSÉES DIVERS, GALERIES, ETC.

MUSÉE DE ROUEN. — *Isaac bénissant Jacob.* (Signé 1692). — *La Présentation au
temple.* (Même date). — *Portrait de Jouvenet*, peint par lui-même. — *Portrait de
Joseph-Nicolas de Séraucourt*, docteur en Sorbonne. — *Un Ex-Voto.* — *Vision de
sainte Thérèse.* — *Sainte Cécile.* — *Mort de saint François.* — *Apothéose de saint
Luc.* — *Apothéose de saint Jean*, l'Évangéliste. — *L'Annonciation.* (Signé 1685). — *L'Ascension de Jésus-Christ.* (Signé 1716).

AU SALON DE L'ARCHEVÊCHÉ DE ROUEN. — *La Présentation au temple.* (Très-com-
promis par une mauvaise restauration.)

AU PREMIER MONASTÈRE DE LA VISITATION, A ROUEN. — *Apothéose de sainte
Jeanne de Chantal.*

CHEZ M. X***, DE ROUEN. — *Le Triomphe de la Justice, ou l'Innocence poursuivie par le Mensonge et la Fureur, et se réfugiant dans les bras de la Justice.*
Esquisse du plafond de la seconde chambre des enquêtes du parlement de Rouen. (Ce
plafond a été détruit par suite d'un éboulement.)

AU COUVENT SAINT-JOSEPH, A ROUEN. — *Jésus bénissant les enfants.*

AU LYCÉE DE ROUEN. — *Christ en croix.* Est. 4,000 fr.

CHEZ Mᵐᵉ Vᵉ DUBUS, A ROUEN. — *Un saint Suaire*, peint sur soie. Est. 500 fr.

ÉGLISE DE MONTÉROLLIER (Seine-Inférieure). — *Une Assomption.* Est. 2,000 fr.

MUSÉE DE GRENOBLE. — *Saint Simon*, martyr. — *Saint Barthélemy*, martyr. —
Saint Ovide. (Signé 1690). — *Triomphe de la Religion.*

Musée de Nancy. — *Le Triomphe de Flore.*

Musée de Toulouse. — *Fondation d'une ville dans la Germanie par les Tectosages.*

Musée de Caen. — *Saint Pierre guérissant les malades.* — *Apollon et Thétis.* — *Sainte Anne et la Vierge.* — *Portrait de Romain de Hooghe.*

Musée de Nîmes. — *Mort du grand Dauphin de France.*

Musée du Mans. — *Latone.*

Musée d'Épinal. — *Latone près de ses deux enfants.*

Musée de Lille. — *Jésus guérissant les malades.* — *Résurrection de Lazare.* (Ces tableaux sont la répétition de ceux qui sont au Louvre; ils furent commandés à Jouvenet pour les Gobelins.)

Musée de Lyon. — *Les Vendeurs chassés du Temple.* — *Saint Bruno en prière.*

Musée de Reims. — *La Présentation au Temple.*

Musée de Rennes. — *Jésus agonisant au jardin des Oliviers.*

Palais de Justice de Rennes. — *Une belle composition.*

Chapelle du palais de Versailles. — *La Pentecôte.*

Église Saint-Jean de Malte, a Aix. — *Apothéose de saint François de Paule.*

Chapelle Saint-Marcoul, église de l'ancienne abbaye de Saint-Riquier, près Abbeville. — *Louis XIV touchant les écrouelles.*

Cathédrale d'Orléans. — *Jésus au jardin des Oliviers.*

Église du collége d'Alençon. — *Le Mariage de la Vierge.* (Signé 1691. — Très-fatigué.)

Galerie des Offices, a Florence. — *L'Éducation de la Vierge.*

Musée du Roi, a Madrid. — *La Visitation de sainte Élisabeth.* — *Lazare ressuscité.*

Cabinet Jeanne. — *Le Christ expirant.* Est. 700 fr.

A madame veuve Thénard. — *Le Christ expirant.* (Est. 500 fr.) Esquisse du précédent.

Collection Burat. — *La Descente de croix.*

Collection C***. — *Le Martyre de saint Étienne.*

A M. le comte d'Osmoy — *Portrait de Thomas Corneille.* 75ᶜ—65ᶜ.

PRIX DE VENTES

L'Adoration des Mages. 1770, Vᵗᵉ Lalive de Jully, 1,200 fr. — *La Résurrection de Lazare.* 1771, Vᵗᵉ Braacamp, 333 fr. — *La Sibylle de Cumes.* 1776, Vᵗᵉ Chabannais. 600 fr. — *Saint Louis visitant une ambulance.* 1777, Vᵗᵉ Conti. 650 fr.; 1780, Vᵗᵉ Renouard, 140 fr. — *Le Sacrifice d'Iphigénie.* 1776, Vᵗᵉ Chabannais, 3,000 fr.; 1777. Vᵗᵉ Conti, 1350 fr.; 1779, Vᵗᵉ Boileau, 850 fr. — *Descente de croix.* 1843, Vᵗᵉ Fesch. 203 fr. — *Descente de croix.* 1855, Vᵗᵉ Collot, 1,100 fr. (Act. chez M. Burat.) — *Réu-*

nion de magistrats. 1859, Vᵗᵉ d'Houdetot, 350 fr. — *Sujet mythologique.* 1860, Vᵗᵉ R., 320 fr. — *Mort de la Vierge.* 1860, Vᵗᵉ M., 320 fr. — *Le Mariage de la Vierge.* 1864, Vᵗᵉ X., 430 fr.

DESSIN.

Le Mariage de la Vierge (à la plume). 1780, Vᵗᵉ Chardin, 60 fr.

BERTIN

(NICOLAS)

Né à Paris en 1667, mort dans la même ville en 1736.

Élève de Jouvenet et de Bon Boullongne, Bertin imita ces maîtres avec une certaine aisance ; néanmoins son dessin correct, mais plus tourmenté dans les lignes, sa couleur blafarde et ses bleus criards établissent une ligne de séparation entre lui et Jouvenet.

JOUVENET

(FRANÇOIS)

Né à Rouen en 1665, mort à Paris en 1749.

Frère de Jean Jouvenet, il a suivi la manière de son aîné, mais avec moins de facilité dans la touche. Sa couleur est plus lourde ; ses effets, moins circonscrits, papillotent à l'œil et le trahissent.

LARGILLIÈRE

(NICOLAS)

Né à Paris en 1656, mort dans la même ville en 1746.

Largillière partage avec Rigaud le surnom de Van Dyck français. Le portrait fut le genre qu'il cultiva plus particulièrement. Il a porté son talent dans ce genre au plus haut degré de perfection, sans pour cela abandonner les autres parties de la peinture. L'histoire, le paysage, les animaux, les fruits, les fleurs exercèrent également son pinceau.

Largillière joint à une grande correction un très-bon coloris; les têtes et les mains de ses portraits sont admirables, mais on lui reproche de ne s'être pas assez attaché en tout à la ressemblance. Sa touche est libre, large et spirituelle.

Les vrais tableaux de Largillière sont fort rares; aussi en voit-on peu paraître dans les ventes publiques. Ils sont presque tous la propriété des familles pour lesquelles ils ont été faits. Un portrait avec les mains est en quelque sorte certain d'atteindre de 500 à 1,000 fr. Un portrait à mi-corps vaut de 300 à 500 fr.

Le musée du Louvre ne possède qu'un seul tableau de Largillière; c'est le *Portrait de Ch. Lebrun;* il provient de l'ancienne académie de peinture, et il a été estimé 1,000 fr.

MUSÉES DIVERS, GALERIES, ETC.

Musée de Rouen. — *Portrait d'homme.* — *Portrait d'une princesse de Rohan.*

Musée de Nancy. — *Portrait d'Élisabeth-Charlotte de Bavière, duchesse d'Orléans.* — *Portrait d'homme, époque de Louis XIV.* — *Portrait du poëte Quinault.*

Musée de Nantes. — *Potrait de Joseph Delaselle.* — *Portrait d'homme, à mi-corps* (contesté).

Musée de Lille. — *Portrait de Jean Forest, peintre de paysage.*

Musée de Dresde. — *Portrait d'homme.*

Au marquis Dodun de Kéroman. — *Portrait d'un chancelier.* (Est. 1000 fr.)

Cabinet Burat. — *Portrait d'un docteur.* (Est. 1,000 fr.)

Galerie du duc d'Aumale. — *Mademoiselle Duclos dans le rôle d'Ariane.*

Cabinet de M. le comte de Nattes. — *Portrait de la fille du peintre* (ovale).

Au duc de Newcastle. — *Un Portrait* (ovale).

PRIX DE VENTES

Portrait du peintre. 1770, Vᵗᵉ Lalive de Jully, 130 fr. — *Exile en Égypte.* 1772, Vᵗᵉ Jabach, 204 fr. — *Portrait de M. Énault, docteur en Sorbonne.* 1845, Vᵗᵉ Cypierre, 336 fr. — *Portrait du chancelier d'Aguesseau.* Même Vᵗᵉ, 301 fr. — *Portrait de François Flamand.* Même Vᵗᵉ, 167 fr. — *Portrait de femme assise dans un paysage.* Même Vᵗᵉ, 101 fr. — *Portrait de femme en robe rose.* Même Vᵗᵉ, 130 fr. — *Portrait de M. de Mailly.* 1852, Vᵗᵉ comte de R...., 84 fr. — *Portrait d'une dame de la cour de Louis XIV.* 1856, Vᵗᵉ Baroilhet, 155 fr. — *Portrait d'un personnage de la cour.* 1858, Vᵗᵉ d'Arbaud de Jouques, 241 fr. — *Portrait de madame de Parabère.* 1759, Vᵗᵉ d'Houdetot, 1,530 fr. — *Portrait de Regnard.* 1860, Vᵗᵉ X, 440 fr. — *Portrait de femme.* Même Vᵗᵉ, 350 fr. — *Petit portrait de femme.* 1862, Vᵗᵉ X..., 156 fr.

MEUSNIER

Né à Paris vers 1685, mort en Angleterre.

Élève de Largillière et fils aîné de Philippe Meusnier, célèbre peintre d'architecture, cet artiste a laissé de belles copies de son maître. Elles sont d'un ton plus flou et pour ainsi dire miniaturées. Néanmoins, et quoiqu'il soit difficile de les croire de la main de Largillière, elles ne sont pas sans mérite et remplacent les originaux que l'on ne saurait se procurer.

JANS

Cet autre élève de Largillière eut encore sa part dans les copies que les familles faisaient exécuter. Les siennes sont plus noires et n'ont aucune des qualités signalées dans les œuvres du maître; c'est tout au plus si elles conservent une apparence de ce grand air que Largillière savait si bien donner à ses portraits.

VAN SCHUPPEN

(JACQUES)

Né à Fontainebleau en 1665, mort à Vienne en 1751.

Ce peintre, frère ou oncle de Van Schuppen (Pierre), a fait d'assez belles répétitions d'après Largillière, probablement pour satisfaire les différents membres des familles qui possédaient les originaux. Suivant les biographes, Van Schuppen fut le seul élève auquel Largillière mit le pinceau à la main; ses copies sont plus sèches et plus froides; on y trouve des tons lavés, au lieu de cette touche grasse qui distinguait la manière de Largillière; sa couleur est plus vigoureuse et ses draperies sont plus roides.

MILOT

Milot imita Largillière plus qu'il ne le copia: cependant ses portraits ne trompent que les amateurs peu exercés. Ils sont moins bien dessinés et n'ont pas l'étoffage de ceux du maître: sa touche est plus grenue, sa couleur moins chaude et son empâtement moins nourri.

RIGAUD

(HYACINTHE)

Né à Perpignan en 1659, mort à Paris en 1743.

Les portraits de Rigaud sont répandus dans presque toute l'Europe; il a peint cinq monarques, presque tous les princes du sang royal, une grande quantité de savants, d'orateurs, d'artistes, et les personnages les plus distingués de son siècle. Rigaud, justement admiré pour la beauté de son coloris et la suavité de son pinceau, savait donner à ses portraits autant de ressemblance que de vérité, et saisir le caractère particulier de ceux qu'il représentait. Tout est également terminé dans ses ouvrages; les étoffes, les armures, la légèreté et la transparence des linges et des dentelles, rien n'y est oublié.

Ses portraits sont pleins de dignité et de noblesse, son coloris est vif et vrai, son dessin d'un grand caractère, son pinceau savant, moelleusement empâté, suave.

Les portraits de Rigaud sont presque tous casés dans les familles et les musées; ce n'est qu'à de rares intervalles qu'on en rencontre dans les ventes publiques, où ils sont vivement disputés par les amateurs.

Le musée du Louvre possède les suivants :

Saint André. Est. off. (1810-1816), 800 fr. — *Portrait de Martin Bogaert.* Est. off. (1816), 3,000 fr.— *Portraits de Le Brun et de Mignard.* Est. off. (1816), 2,000 fr. — *Portrait de trois personnes, le père, la mère et l'enfant.* Est. off. (1816), 1,200 fr. — *Portrait de Rigaud à son chevalet.* Est. off. (1816), 1,500 fr.

MUSÉES DIVERS, GALERIES. ETC.

MUSÉE DE VERSAILLES. — *Portrait de Louis XIV.*

MUSÉE DE ROUEN. — *Portrait de Louis XV.*

MUSÉE DE CAEN. — *Portrait d'un magistrat. — Portrait d'un homme de cour. — Portrait de la femme du sculpteur Desjardins. — Portrait d'un maréchal de France.*

MUSÉE DE LYON. — *Portrait de Léonard de Lamet, docteur en théologie. — Portrait de Denis-François Secousse.*

MUSÉE DE NÎMES. — *Portrait de Turenne. — Portrait de Charles Parillez.*

MUSÉE DE L'ERMITAGE. — *Portrait d'homme.*

MUSÉE DE DRESDE. — *Auguste III, roi de Pologne.*

MUSÉE DEGL' UFFI. A FLORENCE. — *Portrait de Bossuet.*

PINACOTHÈQUE DE MUNICH. — *Portrait de Chrétien III.*

MUSÉE DU ROI. A MADRID. — *Portrait en pied de Louis XIV.*

MUSÉE DE BERLIN. — *Portraits du sculpteur Pignard,* idem de *Maria Mancini.*

DULWICH COLLEGE. — *Portrait de Louis XIV. — Un Portrait.*

AU DUC DE PORTLAND. — *Portrait de Mathieu Prior, poète anglais.*

GALERIE D'ARENBERG. — *Portrait d'homme.*

GALERIE DU DUC D'AUMALE. — *Portrait en pied de Louis XIV en costume royal.*

COLLECTION BURAT. — *Portrait de Louis XIV, enfant.*

AU MARQUIS DODUN DE KÉROMAN. — *Portrait de M. le marquis Dodun.*

PRIX DE VENTES

Portrait du peintre. 1770, Vᵗᵉ Lalive de Jully, 39 fr. — *Esquisse du portrait de Louis XV.* 1771, Vᵗᵉ Colin de Vermont, 38 fr. — *Le duc de Mantoue.* Même Vᵗᵉ, 125 fr. (La bataille est de Parrocel.) — *Portrait de La Fontaine.* 1845, Vᵗᵉ Cypierre, 190 fr. — *Portrait du duc de Bourgogne* (répétition gravée par Lemoine). Même Vᵗᵉ, 165 fr. — *Portrait du maréchal de Luxembourg.* 1855, Vᵗᵉ Deverre, 75 fr. — *Portrait de deux princesses de Condé.* 1861, Vᵗᵉ X, 650 fr.

DESSINS.

Portrait de La Fontaine, vu de face (aux trois crayons). 1782, Vᵗᵉ de Menars. 299 fr. 95 c. — *Portrait de La Fontaine* (sur papier gris). 1780, Vᵗᵉ Prault, 220 fr. — *Portrait de Bossuet.* 1862, Vᵗᵉ Simon, 240 fr.

Il existe beaucoup d'imitations et de copies de Rigaud. Parmi les artistes qui méritent une mention particulière à cet égard il faut remarquer :

RANC

(JEAN)

Né à Montpellier en 1674, mort à Madrid en 1735.

Neveu et élève de Rigaud, Ranc se fit une assez grande réputation dans le portrait, et fut en quelque sorte le pastiche vivant de Rigaud. Cependant ses portraits ont moins de vérité, les attitudes y sont fausses et la couleur est moins énergique ; les teintes sont moins passées l'une dans l'autre ; enfin il existe assez de différence pour distinguer le maître de l'élève.

DESPORTES

(NICOLAS)

Né en 1718, mort en 1787.

Élève de Rigaud, neveu de François Desportes, peintre d'animaux, il a emprunté à son modèle quelques copies qui ne manquent pas de vérité ; on les reconnaît à leur froideur et au grenu de la touche.

LECLERC

(DAVID)

Né à Berne en 1680, mort en 1738.

Les portraits faits par Leclerc sont quelquefois attribués à Rigaud, tant ils sont d'une grande manière et d'un excellent coloris. Leur dessin est pourtant plus sec et leur couleur plus petillante que suave ; avec un peu d'étude il est facile de reconnaître l'imitateur.

La Penai, Prieur, Delaunay, Descourt ont aussi fait des copies du grand peintre, sans doute à la demande des familles, mais elles sont si grêles, si sèches de couleur, qu'il est impossible de s'y méprendre. On dirait qu'elles ont été exécutées sur un *poncis*.

DESPORTES

(FRANÇOIS)

Né à Champigneule en 1661, mort à Paris en 1743.

Cet artiste, élève de Nicasius, acquit une grande réputation par son talent à peindre les animaux ; il réussissait aussi dans le portrait, les fleurs et les fruits.

Cependant les tableaux de Desportes perdent beaucoup par la comparaison avec ceux d'Oudry, Sneyders et autres peintres d'animaux. Le prestige de la décoration, à laquelle ils semblaient être plus particulièrement destinés, s'évanouit aux regards de l'observateur attentif qui y cherche en vain le charme de l'imitation.

Sa couleur est plate et trop frottée ; ses effets sont bornés ; néanmoins, quelques-uns de ses tableaux de chevalet sont agréables et recherchés par les amateurs.

Desportes fut imité par son fils et par Boël, dont les mérites sont bien inférieurs au sien. Leurs animaux sont encore plus grêles, leurs plans plus lavés, et leurs accessoires manquent de relief.

Il existe encore une infinité de copies dont l'exécution grêle et lavée ne peut tromper les connaisseurs.

Les tableaux de Desportes sont devenus assez rares, la plupart ayant été employés en décoration.

Voici ceux que renferme le musée du Louvre :

MUSÉE DU LOUVRE

Portrait d'un Chasseur. Coll. Louis XIV. Vendu en 1838, par le baron d'Éprémesnil, 3,000 fr., au roi Louis-Philippe. — *La Chasse au cerf.* Coll. Louis XIV. Est. off. (1816), 800 fr. — *Volaille, gibier et légumes.* Coll. Louis XIV. Est. off. (1816), 500 fr. — *Gibier et fruits sur une table de pierre.* Coll. Louis XIV. Est. off. (1816), 500 fr. — *Portrait de F. Desportes.* Académie de peinture, musée Napoléon. Est. off. (1816). 1.000 fr.

MUSÉES DIVERS, GALERIES, ETC.

Musée de Rouen. — *Chasse au cerf.*

Musée du Mans. — *Chiens et Gibier.*

Musée de Nancy. — *Un Chien danois.*

Musée de Melun. — *Chien gardant du gibier mort.*

Musée de Rennes. — *Chasse au loup.*

Musée d'Épinal. — *Des Faisans et des Perdrix sur une table.*

Musée de Lyon. — *Chien gardant du gibier.* — *Un Paon devant un panier de raisins.* — *Un Canard, une Bécasse et des Fruits.* — *Une Chasse au sanglier.* — *Un Lièvre, une Perdrix et des Pêches.* — *Un Bassin d'argent contenant des raisins et des pêches.* — *Des Canards et des Fruits.*

Au prince de Bauffremont-Courtenay. — *Poule avec ses poussins.* — *Nature morte.* Est. 1,000 fr.

Au comte Duchatel. — *Volailles et oiseaux.*

PRIX DE VENTES

Nature morte. 1767, Vᵗᵉ Julienne, 480 fr.—*Chien, Chat, Lapereaux, Perdrix.* 1770, Vᵗᵉ Lalive de Jully, 690 fr. — *Chien, Gibier, Légumes et Fleurs.* Même Vᵗᵉ, 812 fr. — Deux tableaux d'*Animaux.* 1773, Vᵗᵉ Gravelot, 240 fr. — *Animaux et Fruits.* 1773, Vᵗᵉ Lempereur, 120 fr. — *Fruits et un Jambon.* Même Vᵗᵉ, 127 fr. — *Volaille et Champignons dans un panier, et Gibier, Volailles, Pêches et Raisins.* 1779, Vᵗᵉ Abbé Terray, 96 fr. — *Le Cerf aux abois* et *Le Sanglier forcé.* Vᵗᵉ de madame Langlier, 459 fr. 95 c. — *Quatre tableaux de Chasse.* 1797, 3ᵉ Vᵗᵉ de la Reynière. — *Deux Sujets de salle à manger, Fruits, Pâté et Jambon.* 1810, Vᵗᵉ Lafontaine, 100 fr.—*Nature morte.* 1816, Vᵗᵉ Perrier, 220 fr. — *Deux Sujets de Chasse.* Vendus par M. Michel Eude, en 18.., 800 fr., achetés, 10,700 fr., à la Vᵗᵉ Patureau, en 1857, par lord Hertford. — *Meute poursuivant un Cerf.* 1859, Vᵗᵉ Castellani, 370 fr.

RAOUX

(JEAN)

Né à Montpellier en 1667, mort à Paris en 1734.

Une imitation fidèle et une belle intelligence dans le choix de sujets agréables, voilà ce qu'on admire dans les petits tableaux de Raoux, élève de Ranc et de Bon Boullongne.

Il est le premier peintre français dont les ouvrages peuvent soutenir la comparaison avec les chefs-d'œuvre d'éclat et de patience sortis des Écoles Flamande et Hollandaise, et recherchés avec passion de la majeure partie des amateurs du XVIII° siècle. Raoux est gracieux et svelte dans les proportions; son pinceau est flou; son coloris excellent, légèrement pourpré, paraît emprunté à l'École Vénitienne.

Il est assez souvent question de ce maître dans les ventes publiques, mais les véritables Raoux sont rares. Après avoir été payés fort cher dans le siècle dernier, ils sont tombés dans l'oubli; puis ils sont revenus en grande faveur.

MUSÉE DU LOUVRE.

Télémaque et Calypso (donné par Louis XVIII au duc d'Orléans, qui en fit hommage au Musée de Paris).

MUSÉES DIVERS, GALERIES, ETC.

Musée de Nantes. — *Renaud et Armide.*

Musée de Bordeaux. — *Une Vestale.*

Musée de Toulon. — *La Liseuse.*

Musée de Saint-Pétersbourg. — *Tête d'expression.*

Collection Duclos. — *La Lecture.*

Au marquis de Bethisy. — *Une Musicienne.*

A M. Furtado. — *Portrait de jeune fille*, prov[t] du cab. Adolphe Fould.

PRIX DE VENTES

			fr.	
Les quatre Ages (quatre pendants)..	1762.	Vte DE GAGNY	4,004.	
Jeune Fille sortant du bain	1772.	Vte DE CHOISEUL	800.	
—	1777.	Vte DE CONTI	871.	
—	1782.	Vte DE NOGARET	800.	
Intérieur d'un Temple dédié à Priape....	1772.	Vte CHOISEUL	2,006.	
—	1777.	Vte DE CONTI	3,599.	
Femme faisant de la musique	1774.	Vte RANDON DE BOISSET	5,400.	
Dibutade faisant le portrait de son amant	D^o	d^o	5,999.	
—	1774.	Vte DUBARRY	3,920.	
Hercule et Omphale............ Thétis et Vulcain..............	1778.	Vte DE MEULAN	614.	
Jeune Femme pinçant de la guitare.	1779.	Vte MARCHAND	300.	
Portrait de la Carton (1^m,28—1^m,92).	1781.	Vte SIREUL	160.	
Une Baigneuse (bois,21^c3/4—16^c1/4).	1772.	Vte CHOISEUL	800.	
—	1777.	Vte CONTI	875.	
—	1782.	Vte BOILEAU	800.	
L'Enfance.—La Vieillesse (80^c-1^m,2).	1802.	Vte HELSLEUTER	1,400.	Coll. des Deux Pouts.
Deux Femmes, dont l'une tient un livre et l'autre chante au clavecin.	1821.	Vte DUBREUIL LENOIR	405.	
Les Liseuses de musique	1815.	Vte FESCH	379, 50 c.	
L'Échange agréable.............. Le Berger endormi..............	1846.	Vte STEVENS	2,100.	
La Vestale	D^o	d^o	1,000.	
Le Bal champêtre	D^o	d^o	1,000.	
Le Rendez-vous	D^o	d^o	1,200.	
Les Offres réciproques........... La Consultation du miroir	D^o	d^o	2,900.	
La jeune Fille au miroir	1854.	Vte CHAVAGNAC	1,205.	
Deux jeunes Filles	1859.	Vte CASTELLANI	1,500.	
Concert	1860.	Vte P... DE VIENNE	500.	
La Prêtresse de Vesta	1861.	Vte VAN OS	420.	
Portrait d'une jeune femme	1861.	Vte X	280.	

Parmi les peintres qui ont copié Raoux je citerai les suivants :

CHEVALIER et MONDIDIER

Chose remarquable, ces deux copistes, élèves de Raoux, ont une manière presque identique entre eux, ce qui fait souvent confondre leurs copies l'une avec l'autre. Il n'en est pas de même des originaux du maître, dont ils ont exagéré le caractère avec leur coloris briqueté, leur touche molle et leur dessin raide et sans ampleur.

I. 14

TOURNIÈRES

(ROBERT)

DIT LE SCALKEN FRANÇAIS

Né à Caen en 1676, mort dans la même ville en 1752.

Tournières, élève de Bon Boullongne, fit peu de grands portraits ; il s'attacha presque uniquement à peindre en petit des portraits historiés ou des sujets dans le genre de Scalken et de Gérard Dow.

Ses tableaux ont ce précieux fini très-estimé des amateurs ; ses effets sont justes et sans papillotage ; le coloris est animé, transparent, et l'exécution savante.

Ses portraits en pied présentent plus de sécheresse et un coloris plus fade ; ils sont inférieurs, autant pour l'exécution que pour l'effet, à ceux qu'il a exécutés en petite dimension.

Les travaux de Tournières sont répandus partout, tant à cause de leur prix, relativement modéré, que par suite de leur petite dimension, qui permet de les placer facilement. Ils se payent habituellement de 200 à 500 fr. Les plus importants atteignent quelquefois 1,000 fr.

MUSÉE DU LOUVRE

Dibutade dessinant à la lueur d'une lampe le portrait de son amant (donné par le peintre pour sa réception à l'Académie).

MUSÉES DIVERS, GALERIES, ETC.

MUSÉE DE ROUEN. — *Portrait du chancelier d'Aguesseau.*

Musée de Rennes. — *Portrait d'un maréchal de France.*

Musée de Nantes. — Plusieurs *Portraits en pied.* — *Portraits de la famille de Maupertuis.*

Musée de Cherbourg. — *Portrait d'un architecte.*

Musée de Caen. — *Portrait de Jacques Crevel.* — *Portrait d'homme.* — *Portraits de Chapelle et de Racine.*

PRIX DE VENTES

Femme tenant un perroquet. 1774, Vte Dubarry, 940 fr. — *Portrait du peintre* (ovale, 19^c—16^c 1/4). 1780, Vte de l'abbé Magnac, 96 fr. — *Jeune Femme présentant un perroquet à un jeune homme* (bois, 34^c 1/4 — 27^c 1/4). 1781, Vte Lavallière, 732 fr. — *Son Portrait* (40^c 1/2 — 32^c). 1783, Vte Bélisard, 470 fr. — *Portrait du Titien et de sa maîtresse.* Vte Testard, 111 fr. — *Tournières et sa famille.* 1845, Vte Vasserot, 425 fr. — *Femme debout cueillant une branche d'arbuste.* 1845, Vte Cypierre, 170 fr. — *Femme avec un enfant qui lui présente des fleurs.* Même Vte, 156 fr. — *Portrait de femme.* Vte R., 400 fr. — *Portrait de Grégoire de Saint-Geniez.* 1862, Vte X., 200 fr.

Les frères Huliot et Romagnesi, tous trois élèves de Tournières, ont fait d'assez mauvaises copies de leur maître. La spéculation s'en est emparée, et, après les avoir fait retoucher, les a vendues sous le nom de Tournières.

Leur ton cotonneux et la sécheresse des contours serviraient seuls à les distinguer, si leur couleur vineuse ne mettait sur la voie au premier coup d'œil.

WATTEAU

(JEAN-ANTOINE)

Né à Valenciennes en 1684, mort à Nogent près Paris en 1721.

Watteau eut une existence laborieuse, agitée, ce qui le rendit mé-
lancolique et sombre; cependant aucun de ses ouvrages ne décèle l'œuvre
d'une âme en proie aux chagrins; partout, au contraire, comme le dit
d'Argenville, on y trouve de la joie, de la gaîté, un esprit vif et pénétrant.
En effet, rien de plus coulant que le pinceau de cet artiste; rien de plus
léger et de plus spirituel que sa touche; rien de plus transparent et de
plus riche que les tons de sa palette. Son coloris est d'une fraîcheur et
d'une harmonie telles, qu'on doit le regarder comme l'un des artistes
qui ont montré le plus de talent dans cette partie difficile de la peinture.
Le caractère de ses figures est au-dessus de tout éloge : la nature s'y
montre telle qu'elle est, ses physionomies pétillent d'esprit et de grâce;
enfin, Watteau est le modèle de la perfection; c'est le peintre aimable,
le peintre de genre par excellence.

Il n'est pas de tableaux qui soient plus recherchés que les siens, et
il n'en est peut-être pas non plus qui soient plus difficiles à rencontrer :
et cela n'a rien de surprenant. En effet, les productions de ce charmant
artiste, après avoir joui de l'estime et de l'admiration générales, ont été
frappées, pendant plus d'un demi-siècle, d'une injuste réprobation; la
facilité avec laquelle on put alors les acquérir en fit négliger la conservation. Mais ce qui contribua surtout à les rendre plus rares, c'est que

les Anglais, profitant de l'inconstance et de l'aveuglement des amateurs français, achetèrent toutes celles qu'ils purent se procurer, et qu'il en est très-peu qui aient depuis ce temps repassé la Tamise.

Les ouvrages de ce peintre ont repris aujourd'hui en France toute la faveur qu'ils méritent, et tout permet d'espérer qu'elle se perpétuera d'âge en âge.

Watteau eut trois manières : la première, contractée chez Gillot, est dure et froide; la seconde, résultant de ses longues études dans la galerie du Luxembourg, est appelée rubanesque; et l'on qualifie la dernière, plus noire que les deux autres, du nom d'italienne.

Watteau a beaucoup travaillé; il a été un temps où ses tableaux abondaient dans le commerce et où ils ne trouvaient d'acquéreurs que parmi les brocanteurs les plus infimes. Ils sont maintenant d'un prix fou. Entre ces deux termes, il y a la valeur raisonnable qu'ils sauront sans doute conserver, en dépit de l'engouement ou de l'indifférence.

Le musée du Louvre ne possède qu'une esquisse de ce maître charmant, mais elle est de la plus belle qualité. Elle est connue sous le titre de : *L'Embarquement pour l'île de Cythère*. Est. 3,000 fr. en 1816. Je ne crois rien exagérer en portant sa valeur actuelle de 50 à 60,000 fr.

MUSÉES DIVERS, GALERIES, ETC.

MUSÉE D'ANGERS. — *Concert en plein vent.*

MUSÉE DE RENNES. — *Pierrot et Colombine* (contesté). — Vingt-neuf *Dessins.*

MUSÉE DE NANTES. — *Rencontre d'Arlequin et de Pantalon.* — *Portrait d'homme* (contesté).

MUSÉE DE DRESDE. — *Groupe réuni sur une terrasse.* — *La Promenade.*

MUSÉE DEGL' UFFI, A FLORENCE. — *Le Joueur de flûte.*

PINACOTHÈQUE DE MUNICH. — *Société dans un jardin.*

MUSÉE DU ROI, A MADRID. — *Noce de village.* — *Bal masqué dans un jardin.*

MUSÉE DE SAINT-PÉTERSBOURG. — *Marche de troupes.* — *Halte militaire.* — *Une Danse.* — *Un Diner champêtre.* — *Une Sainte Famille.*

MUSÉE DE BERLIN. — *Les Plaisirs de la comédie française et de la comédie italienne* (deux pendants).

GALERIE D'ARENBERG. — *Les grandes Noces.* — *Le Bain chaud.* — *Le Bain froid.*

GALERIE WEYER, DE COLOGNE. — *Une jeune Dame avec un oiseau* (parchemin).

DULWICH COLLEGE. — *Le Bal champêtre.* — *Fête champêtre.*

MUSÉE SOANE, A LONDRES. — Plusieurs compositions.

● Galerie Sutherland. — *Cinq Paysages et Fêtes.*

A M. Th. Baring. — *Une Fête de village* et plusieurs compositions charmantes.

Collection Morrison. — *Le Joueur de guitare.*

Collection Holford. — *Scène galante.*

A lord Overstone. — *Scène galante dans un parc.*

Collection James. — *Scène familière.* — *Une belle Étude.*

Collection Tulloch. — *Une Fête champêtre.*

Collection Murray. — *Scène galante.*

Collection Robart. — *Le Menuet.*

Collection Stirling. — *Jeune Fille.*

Cabinet F. Perkins. — *Fête champêtre.*

A miss Rogers. — Deux *Scènes familières.*

Collection Northwick. — *Un Sujet galant.*

Buckingham Palace. — *Un Concert.* — *Un Sujet galant.* — *Deux Paysages* avec figures.

Collection Wynn Ellis. — Deux charmantes peintures.

Collection Bredel. — *La Danse.*

● Galerie Devonshire. — Plusieurs *Scènes familières.*

. Collection Labouchère. — *Une Scène galante.*

Collection Phipps. — Deux charmants sujets.

Collection Munro. — *Portraits d'enfants.*

Collection Neeld. — *Le Triomphe de l'Amour.*

A lord Hertford. — *Les Amusements champêtres* (gal. Fesch).

Galerie James de Rothschild. — *La Vie champêtre.* — *La Nymphe endormie.*

Cabinet Burat. — *Le Glorieux.*

Galerie Duchatel. — *Arabesques.*

Galerie du duc d'Aumale. — *Étude d'homme.* — *Deux Dames.* (Dessins.)

Cabinet de M. le comte de Nattes. — *Les Artistes du Théâtre-Italien.*

Collection Dubois. — *Portrait de M. de Julienne.*

Collection C***. — *Halte de Militaires.*

Collection J. Courtois. — *Portrait d'homme.*

Collection Jeanne. — *Étude pour la balançoire.* (Est. 500 fr.)

PRIX DE VENTES

			fr.	
Sujets champêtres...............	1737.	Vte VERRUE.............	531.	
Le Concert.....................	1744.	Vte LORANGÈRE..........	351.	
Les Fatigues de la guerre et les Délassements de la guerre........	1745.	Vte DE LA ROQUE........	680.	
—	1770.	Vte BAUDOIN............	210.	
La Lorgneuse et l'Accord parfait..	1762.	Vte CHAUVELIN..........	305.	
Mezzetin jouant de la guitare dans un jardin...................	1767.	Vte JULIENNE...........	499.	
L'Amour désarme...............	D°	d°	499.	
Le Dénicheur de moineaux.......	D°	d°	195.	
Les Amusements champêtres........	D°	d°		
		Vte LEBRUN............		
—	1837.	Vte PATUREAU...........	7,000.	A M. de Rothschild.
La Sérénade italienne	1767.	Vte JULIENNE...........	1,031.	
—	1777.	Vte RANDON DE BOISSNT...	2,600.	
—	1778.	Vte DE COSSÉ	2,100.	
Les Fêtes vénitiennes............	1767.	Vte JULIENNE...........	2,615.	
—	1777.	Vte RANDON DE BOISSET...	3,000.	
Deux Amours dont un aiguise une flèche..................	1770.	Vte BLONDEL D'AZINCOURT.	130.	
Le Bal....	1776.	Vte GAGNY.............	2,000.	
		Vte NOGARET	1,500.	
—	1849.	Vte VASSEROT	10,000.	
Vieille Femme qui file, et jeune Fille qui brode.................	1776.	Vte GAGNY.............	2,909.	
Le Christ en croix environné d'anges.	1779.	Vte MARCHAND..........	130.	
L'Amour corrigé par Vénus (cuivre. 16° 1/4—21° 3/4)............	1782.	Vte BOILEAU...........	600.	
Jupiter et Antiope..............				
Les Baigneuses (bois, 27° 1/4—19°).	D°	d°	1,300.	
Un Paravent composé de quatre feuilles (les quatre saisons). Médaillons (forme ovale)	1783.	Vte BLONDEL D'AZINCOURT.	800.	
	1784.	Vte LANGRAFF...........	800.	
Les Champs-Elysées (bois, 32° 1/2—40° 1/2)	1770.	Vte BLONDEL DE GAGNY...	6,505.	
—	1783.	Vte BLONDEL D'AZINCOURT.	8,000.	
Scène galante où se trouve un Pierrot, un Arlequin, un Mezzetin et un Scarmouche en compagnie de deux femmes (32°—35°)........	1783.	Vte BÉLISARD............	200.	
Scène galante idem (49°—38°)......	D°	d°	1,900.	
Vénus désarmant l'Amour........	1767.	Vte JULIENNE...........	500.	
	1783.	Vte BÉLISARD............	175.	
Le Bal, 71 figures (49°—64° 1/2)...		Vte COLL. MONTULÉ.......	5,000.	
—	1783.	Vte BÉLISARD...........	5,000.	Ce tableau a été imité plusieurs fois par Pater.
—	1787.	Vte M.................	4,000.	
—	1791.	Vte LEBRUN............	2,001.	
Les Musiciens..................				
Une jeune Dame avec un Pierrot (bois, 24° 1/2—80°)	1784.	Vte LANGRAFF...........	402.	

			fr.	
Le Passe-temps, 8 figures (38ᶜ 1/4 — 46ᶜ)	1791.	Vᵗᵉ LEBRUN	199.	
Le Repas de chasse, 14 figures	1787.	Vᵗᵉ M.	4,800.	
		Vᵗᵉ LEBRUN	10,000.	
La Danse, 40 fig. (1ᵐ,28—1ᵐ,92)	1791.	Vᵗᵉ LEBRUN	2,400.	
La Chercheuse de puces (bois, forme ovale, 8ᶜ 1/2—9ᶜ)		Vᵗᵉ SAINT-JULLIEN		
—	1791.	Vᵗᵉ LEBRUN	71.	
Vénus et l'Amour (16ᶜ—21ᶜ3/4)		Vᵗᵉ VAUDREUIL		
	1792.	Vᵗᵉ DE LA REYNIÈRE	200.	
Halte d'infanterie, Marche de cavalerie	1777.	Vᵗᵉ CONTI	1,026.	
—	1778.	Vᵗᵉ MÉNAGEOT	920.	
Quatre Personnages de la Comédie Italienne	1809.	Vᵗᵉ HUBERT ROBERT	70.	
Jeune Dame écoutant un cavalier qui pince de la guitare				
Un Homme pinçant de la guitare près de deux dames assises et d'un homme habillé en Mezzetin (cuivre)	1810.	Vᵗᵉ SYLVESTRE	401.	
Fête vénitienne, 18 figures (35ᶜ1/2 —46ᶜ)	1777.	Vᵗᵉ DE BOISSET	399.	
—	1812.	Vᵗᵉ CLOS	399.	
Gilles	1826.	Vᵗᵉ DENON	650.	A M. Lacaze.
Réunion dans un jardin	Dᵒ	dᵒ	3,015.	
Personnages en habit de carnaval (1ᵐ,76—1ᵐ,45)	Dᵒ	dᵒ	650.	
Personnages dans un parc	1846.	Vᵗᵉ SAINT	5,000.	
—	1852.	Vᵗᵉ COLLOT	2,900.	
Flore				
Pomone	1843.	Vᵗᵉ P. PERRIER	749.	
Vénus et l'Amour	1845.	2ᵉ Vᵗᵉ P. PERRIER	795.	Suivant M. Burger, ces tableaux furent revendus à M. le duc de Morny 45 à 50,000 fr., qui en a cédé un seul, *les Amusements champêtres*, 40 à 50,000 fr. à M. le marquis d'Hertford, où il est actuellement.
Pomone et Vertumne				
Le Rendez-vous de chasse		Coll. RACINE DE JOUQUOY		
Les Amusements champêtres		Coll. VAUDREUIL		
		Coll. MONTALEAU		
	1845.	Vᵗᵉ FESCH	29,350.	
Les Comédiens italiens	1845.	Vᵗᵉ VASSEROT	435.	
Le Déjeuner, paysage bleu tendre	1845.	Vᵗᵉ CYPIERRE	126.	
La Conversation	Dᵒ	dᵒ	435.	
La Diseuse de bonne aventure	1846.	Vᵗᵉ STEVENS	450.	
Le Concert dans un parc	Dᵒ	dᵒ	521.	
L'Accordée de village	Dᵒ	dᵒ	800.	
La Mariée de village	Dᵒ	dᵒ	620.	
La Muse de la comédie et l'Allégorie de la musique tenant un écusson	1846.	Vᵗᵉ SAINT	500.	
Femme touchant du clavecin (pastorale et sujets divers sur fond or)	Dᵒ	dᵒ	1,051.	
La Fête de village	Dᵒ	dᵒ	1,140.	
Intérieur de parc avec figures / *Le Concert dans le parc*	Dᵒ	dᵒ	3,805.	A. M. Ménechet.

			fr.	
La Conversation		Vte Favannes	2,600.	A M. le duc de Morny.
Le Menuet	1831.	Vte Giroux	1,960.	
Petit tableau	D°	d°	505.	
Le Rendez-vous de chasse	1852.	Vte de Morny	25,500.	Pendant des Amusements champêtres. Ils ont donc plus que doublé de prix en sept ans!
Gibier mort	1852.	Vte Ledru	350.	
Arabesques	1855.	Vte X	400.	A M. le comte Duchâtel.
Esquisse du tableau dans lequel Watteau s'est représenté peignant dans un parc, près de lui M. Julienne est assis et joue de la basse.	1855.	Vte Deverre	420.	Au prince d'Arc
Portrait de la marquise de Julienne sous la figure de la Seine (73e—78e)	1855.	Vte Baroilhet	2,700.	
—	1860.	Vte Baroilhet, retiré à	3,000.	
Peinture à la détrempe	1856.	Vte Baroilhet	280.	
Le Glorieux	D°	d°	900.	Cab. Burat.
Le Repos	D°	d°	390.	Douteux.
Délassements champêtres	D°	d°	380.	Id.
La Comédie italienne	D°	d°	430.	Id.
L'Alliance de la musique et de la comédie (62e—51e)	D°	d°	3,950.	
—	1860.	Vte Baroilhet, retiré à	5,000.	
Fête champêtre (environ 25 figures).	1857.	Vte de Colombe	4,000.	
Nymphe endormie	1857.	Vte Patureau	2,600.	A M. le baron James de Rothschild.
La Balançoire	1859.	Vte Deverre	1,750.	
L'Escarpolette	D°	d°	755.	
Deux petits tableaux	D°	d°	1,240.	
Arlequin	D°	d°	400.	
Pierrot	D°	d°	550.	
Paysage	D°	d°	700.	
Les Délassements champêtres	1859.	Vte de Bausset	1,520.	
Concert champêtre (74e—90e)	1860.	Vte Baroilhet	280.	Contesté. Probablement le même que celui de la Vte 1856.
La Déclaration imprudente (53e—44e)	D°	d°	300.	Contesté.
Clytie adorant le soleil (61e—79e).	D°	d°	1,501.	Id.
Des Seigneurs chez un perruquier (1^m,03—2^m,25)	D°	d°	570.	Id.
Danse champêtre	1869.	Vte R	230.	Id.
L'Accord parfait	1860.	Vte Seymour	630.	Id.
Le Concert en famille (bois, 45e—55e)	1861.	Vte Pierard	1,630.	Coll. de Messange d'Ypres.
La Balançoire (ovale, bois, 53e—39e)	1861.	Vte Monbrun	2,000.	
L'Entretien (37e—31e)	D°	d°	2,280.	Coll. Weyer de Cologne.
Paysage avec figures	1861.	Vte X	501.	Contesté.
Le Christ en croix entouré d'anges . .		Vte Marchand	130.	Id.
Le Docteur de Watteau		Vte Sorbet	260.	Id.
Esquisse du Malade imaginaire	1861.	Vte X	505.	Id.
Le Joueur de guitare	1862.	Vte duc de V	2,750.	Ce tableau a été très-alourdi par des repeints.

DESSINS.

Trois Têtes de nègres		Vte Mariette	291.	

			fr.	
Un Remouleur..................		Vte MARIETTE.....	180.	
Seize *Études, Figures et Têtes* (à la pierre noire mêlée de sanguine, sur papier blanc)	1810.	Vte SYLVESTRE...........	17.	
Dix *Études, Figures et Paysages* (au crayon noir mêlé de sanguine)..	Do	do	3	Ces quarante-et-un dessins se vendraient plus de 5,000 fr. aujourd'hui.
Quinze *Études de Figures drapées* (aux trois crayons, sur papier gris)............	Do	do	3	
Enfant coiffé d'une toque (aux deux crayons)	1855.	Vte NORBLIN.....	205.	
Le Joueur de basson (aux deux crayons)	Do	do	315.	Thibeaudeau.
Deux *Têtes d'hommes* (à la mine de plomb et à la sanguine)	1857.	Vte THIBEAUDEAU........	315.	
Jeune Femme vue de dos	1859.	Vte F. VILLOT...........	95.	Coll. Pompadour.
Jeune Femme couchée...........	Do	do	105.	Do
Jeune Femme en pied............	Do	do	280.	Do
Étude d'enfant	1860.	Vte E. N............	220.	Coll. Norblin et Thibeaudeau.
Quatre Feuilles................	Do	do	350.	
Deux Têtes................	Do	do	230.	
Tête de jeune fille (aux crayons rouge et noir)	1862.	Vte SIMON...	185.	

Watteau a eu de nombreux imitateurs : je vais citer ceux qui ont le plus de rapport avec sa manière, en commençant par Lancret et Pater, dont quelques copies et compositions analogues lui sont indûment attribuées.

LANCRET

(NICOLAS)

Né à Paris en 1690, mort dans la même ville en 1743.

Il serait injuste de ne considérer Lancret que comme un heureux imitateur de Watteau: ses œuvres originales le rendent également recommandable à plus d'un titre; mais quelques copies de sa jeunesse ont tant d'analogie de touche et de couleur avec celles du maître, que cette ressemblance le place au premier rang parmi ceux dont les ouvrages ont le fâcheux privilége d'induire en erreur et de faciliter les fraudes de la spéculation.

Comme peintre original, Lancret fut un artiste très-distingué : une belle exécution, de riches compositions, des groupes bien ménagés, des figures gracieuses, une légèreté de pinceau surprenante, telles sont ses qualités.

Quelle différence dans ses copies ! Malgré leur grand air, l'œil exercé reconnaît, à leur exécution gênée et contrainte, qu'il n'est pas sur son terrain. Ses figures sont plus longues que celles de Watteau, ce qui n'est pas peu dire; ses fonds sont un peu plus lourds, sa touche est plus tourmentée, et sa couleur a moins de transparence.

La réhabilitation des tableaux de Lancret a suivi celle des œuvres de Watteau. Ils sont actuellement très-recherchés par les amateurs, et il n'est pas de ventes où ils ne soient très-disputés. Une petite composition de cet artiste ne s'adjuge jamais à moins de

800 à 1,200 fr. Quant aux tableaux capitaux, ils atteignent quelquefois les prix des Watteau de second ordre.

MUSÉE DU LOUVRE

Le musée du Louvre possède *Les quatre Saisons* provenant de l'ancienne coll. Viennent ensuite *Les Tourterelles* et *Le Nid d'oiseau*. 1834, Vte d'Argiot, 200 fr. chacun.

MUSÉES DIVERS, GALERIES, ETC.

Musée de Rouen. — *Les Baigneuses.*

Musée d'Angers. — *La Danse de noces.* — *Le Repas de noces.*

Palais de Fontainebleau. — *Paysage avec figures.*

Musée de Nantes. — *Bal costumé.* — *Jeune Dame dans une voiture traînée par des chiens.* — *Portrait de la Camargo.* — *Promenade dans les jardins de Marly.*

Musée de Bordeaux. — *Pastorale* (attribuée).

Musée de Dresde. — *Trois sujets champêtres.*

National Gallery. — *Les Quatre Ages de l'homme.*

Galerie Devonshire. — *Un Sujet galant.*

Galerie James de Rothschild. — *Plusieurs Sujets galants.*

Collection sir John Boileau. — *Une Charmante Scène.*

Galerie du duc d'Aumale. — *Le Déjeuner de jambon.*

Collection Willoughby. — *La Danse dans un parc* (composition très-capitale).

A lord Hertford. — *Le Repos à la fontaine.*

Collection C***. — *Le Barbier.* — *La Danse.* — *Portrait de Louis XV.*

Au comte Duchatel. — *La Danse dans un parc.*

PRIX DE VENTES

			fr.	
Voleurs de grand chemin et Sujet galant.	1744.	Vte Lorangère	80.	
La Camargo et la Salé dansant dans un jardin	1752.	Vte Cottin	453.	
Deux compositions tirées du Philosophe marie et du Glorieux où se trouvent réunis les meilleurs acteurs de la Comédie-Française	D°	d°	699.	
Le Berger indécis	1761.	Vte comte de Vence	171.	
Les Baigneuses				
Repas d'hommes et de femmes	1770.	Vte Lalive de Jully	202.	*Les Baigneuses* sont actuellement chez M. Pourtalès-Gorgier.
La Partie de plaisir				
Repas champêtre	D°	d°	202.	
Les quatre Éléments	1770.	Vte Beringhen	956.	
—	1775.	Vte Mariette	801.	

			fr.	
Les Quatre Saisons	1773.	Vte VIGNY	1,785.	
Les Moulins de Charenton (51^c 1/4				
— 62^c)	1778.	Vte DULAC	300.	
—	1780.	Vte marquis DE CHANGRAN.	272.	
La Collation (15 figures, esquisse,				
40^c 1/2—30^c)	1782.	Vte LANCRET	18,	10 c.
Scène galante dans un paysage con-				
tenant sept arcades en treillage				
(14 figures, 59^c 1/4—49^c)	D^o	d^o	112.	
La Danse à la vielle (8 figures,				
59^c 1/4—49^c)	D^o	d^o	230,	95 c.
La Balançoire (7 figures, 93^c 1/2 —				
1^m,28)	D^o	d^o	201.	
Le Joueur de musette (59^c 1/4—51^c).	D^o	d^o	36.	
La Réception du cordon bleu (es-				
quisse, 51^c—72^c 1/2)	D^o	d^o	299,	95 c.
La Foire de Bezons (esquisse, 72^c 1/2				
—1^m,2)	D^o	d^o	120.	
La Chasse au tigre (51^c—40^c)	D^o	d^o	8.	
Repos de chasse (83^c 1/4—72^c 1/2)	D^o	d^o		
Baigneuses surprises (6 fig., ovale,				
64^c 1/2—51^c)	1788.	Vte LENGLIER	156.	
L'Escarpolette (14 figures, 64^c 1/9				
— 51^c 1/4)	1791.	Vte LEBRUN	103	Coll. Royer.
La Balançoire	} 1797.	3e Vte LA REYNIÈRE	84.	
Danse champêtre (37^c 1/2—27^c)				
Un Intérieur de cuisine	1810.	Vte SYLVESTRE	30.	
Le Bal champêtre	1844.	Vte X***	555.	
Scène familière	D^o	d^o	259.	
Les Tireurs d'arc	1845.	Vte VASSEROT	400.	
Les Plaisirs de la pêche	D^o	d^o	1,301.	
Jeune Bergère (grandeur naturelle				
jusqu'aux genoux)	1845.	Vte CYPIERRE	390.	
Bal costumé dans le Jardin de				
Trianon	D^o	d^o	3,650.	
Bal costumé dans la rotonde de				
Trianon	D^o	d^o	3,220.	
Paysage avec figures	1846.	Vte SAINT	400.	
Un Sujet galant	D^o	d^o	150.	
Le Plaisir du menuet	D^o	d^o	1,820.	A M. Giroux.
Noce villageoise	1855.	Vte DEVÈRE	1,225.	
La Joie du théâtre	D^o	d^o	600.	
Jeune Femme chantant dans un bos-				
quet, un paysan l'accompagne en				
jouant de la flûte	D^o	d^o	499.	
Comédiens italiens dans un parc	D^o	d^o	695.	
Noce villageoise	D^o	d^o	1,225.	
Le Chien remuant des pièces d'or	1857.	Vte RICHARD W.	3,425.	
Le Nid d'oiseau	1857.	Vte PATUREAU	2,000.	
Pastorale	D^o	d^o	1,400.	
La Partie de dés	1859.	Vte D'HOUDETOT	635.	
Le Joueur de basse	D^o	d^o	570.	A M. Burat.
Le Jugement de Pâris (43^c—33^c)	1860.	Vte BAROILHET	240.	

			fr.	
Le Nid d'oiseau (64e—83e)	1860.	Vte BARDILBET........ ...	250.	Très-contesté.
Concert dans un parc............	1861.	Vte X***........	775.	Peu conservé.
Portrait de Lekain.	1862.	Vte duc DE V	100.	Très-contesté.
Danse dans le parc.............	1862.	Vte comte DE PEMBROKE ..	25,700	
L'Invitation à la danse.	D°	d°	.. 2,400.	
La Rencontre à la promenade......	D°	d°	.. 1,500.	
Le Lever	D°	d°	.. 1,500.	
Halte à une fontaine	D°	d°	.. 3,000.	
La Danse dans le parc.......... ...	D°	d°	.. 1,300.	Au comte Duchâtel.

DESSINS

Soixante-dix-huit *Études de têtes* et quarante-huit feuilles d'*Études diverses* (à la sanguine, reliées en deux volumes)...............	1782.	Vte LANCRET	75.	
Trente *Académies* (à la pierre noire).	D°	d°	....	9.
Sujets de chasse, pastorales et paysages.......................	D°	d°	....	8.
Vingt-quatre *Dessins de figures*....	D°	d°	....	9.
Réunion de vingt *Figures* (à la sanguine)......................	D°	d°	....	6.

Ces études et dessins se vendraient au moins 4,000 fr. aujourd'hui.

PATER

(JEAN-BAPTISTE)

Né à Valenciennes en 1696, mort à Paris en 1736.

De même que Lancret, Pater est un talent quasi-original; mais comme quelquefois il peignait assez habilement dans le goût du maître, on le classe souvent parmi ses copistes, tout en reconnaissant que l'on doit à son génie créateur plus d'une œuvre de mérite.

Livré à ses propres inspirations, Pater a moins de finesse dans la touche, mais il montre peut-être plus de solidité dans l'exécution, et autant de goût dans les idées que Watteau. Son coloris est chaud, ses fonds bien brossés et ses attitudes pleines de grâce.

Considéré comme copiste, il est moins léger et plus maniéré que son maître. Sa touche est moins spirituelle et plus traînée; ses repiqués sont plus mous, ses terrains et son feuillé plus gras et souvent plus lourds; c'est à ces signes qu'il est presque impossible de ne pas le reconnaître.

Le musée du Louvre possède une toile intitulée *Réjouissance de soldats* donnée par le peintre lors de sa réception à l'Académie. Ce tableau est assez estimé des amateurs; son évaluation n'a pas été faite lors des expertises, ou, si elle l'a été, elle n'a pas été révélée. On le taxe habituellement de 8,000 à 10,000 fr. Les petites compositions de ce maître sont très-disputées dans les ventes publiques, où elles atteignent quelquefois des prix exagérés : témoin la Vte Patureau.

MUSÉES DIVERS, GALERIES, ETC.

MUSÉE DE NANTES. — *Dames et cavaliers dans un jardin.* — *La Promenade.*

MUSÉE D'ANGERS. — *Scène galante.* — *Bal champêtre.*

MUSÉE DE DRESDE. — *La Danse au son de la vielle.* — *La Danse autour d'un arbre.*

MUSÉE DE SAINT-PÉTERSBOURG. — *Scène galante.*

CABINET PARTICULIER DE L'EMPEREUR NAPOLÉON III. — *L'Établissement d'un camp.* — *Un Campement.*

COLLECTION MURRAY. — *Scène galante.*

A LORD HERTFORD. — *Fête champêtre.*

COLLECTION M'LELLAN. — *Un charmant Paysage avec figures.*

AU COMTE DUCHATEL. — *Deux scènes galantes.* (Est. 45,000 fr.)

COLLECTION LETOUBLON. — *Concert dans un parc.* — *Le Déjeuner.* (Est. 2,000f .)

COLLECTION HEINE. — *Le Concert.* — *La Balançoire* (coll. Patureau).

PRIX DE VENTES

			fr.	
Deux *Scènes galantes*	1737.	Vte VERRUE	350.	
Les Plaisirs du bal	1761.	Vte SELLIER.	106.	Imitation libre de Watteau.
Le Bal	1762.	Vte GAGNY.	2,000.	
—	1775.	Vte GRAMMONT	1,500.	
L'Amour et le badinage / *Scène galante*	1770.	Vte FORESTIER	525.	
Un Enfant traîné par des chiens et cinq autres enfants. / *Sept Enfants qui jouent*	1770.	Vte LALIVE DE JULLY	520.	
Départ de Troupes	1770.	Vte DAZINCOURT.	290.	
Le Concert / *La Balançoire.*	1772.	Vte CHOISEUL.	1,800.	
—	1846.	Vte lord WELLESLEY	13,500.	
—	1857.	Vte PATUREAU	50,500.	A M. Heine.
Femme se lavant les pieds dans un lac / *La Fontaine d'amour.*	1778.	Vte DULAC.	600.	
Le Bal (59^c 1/4—74^c 3, 4)	1782.	Vte BOILEAU.	1,500.	
Les Baigneuses (14 fig., 46^c—56^c 1/2).	1783	Vte BLONDEL D'AZINCOURT.	1,200.	
Le Bal champêtre (plus de 30 fig., 59^c—80^c 1/2)	1781	Vte LANGRAFF	3,700.	
Halte de vivandiers. / *Marche militaire* (bois, 16^c 1/4 — 21^c 3/4)	D°	d°	1,002.	
Le Bât (conte de La Fontaine)	1810.	Vte SYLVESTRE.	62.	
—		Vte SAINT-HUBERT.	730.	
Le Bal.	1809.	Vte HUBERT ROBERT	160.	
Le Glouton.		Vte SAINT-HUBERT.	730.	
—	1845.	Vte VASSEROT.	409.	
Débarquement à Cythère	1846.	Vte STÉVENS.	585.	
Fête champêtre	1852.	Vte LEDRU	510.	

			fr.	
Fête champêtre	1852.	Vte COLLOT	495.	
Femme sortant du bain	D°	d°	495.	
Détachements de soldats	1855.	Vte DEVERRE	150.	Douteux.
Jeunes femmes au bain	D°	d°	395.	
Le Départ pour Cythère	} 1856.	Vte BARCILLET	342.	Douteux.
Le Jugement de Pâris				
Établissement d'un camp (27°—42°.)	} 1857.	Vte AUGUSTIN	6,500.	
Un Campement (27°—42°)		Vte PATUREAU	15,100.	
	1860.	Vte NORZY	25,000.	Acquis par l'Empereur.
Tête de femme	1857.	Vte D'ARMAGNAC	160.	
Les Baigneuses (50°—85°)	1860.	Vte NORZY	9,600.	
Promenade dans le parc	1860.	Vte SEYMOUR	9,000.	
Le Départ du camp	1861.	Vte LEROY D'ÉTIOLLES	515.	
Les Artistes de la Comédie-Italienne	D°	d°	3,300.	
La Toilette	1862.	Vte duc DE V	430.	
Scène musicale	D°	d°	300.	
Réunion dans le parc	1862.	Vte comte DE PEMBROKE	3.150.	
Les Plaisirs champêtres	D°	d°	13,700.	
Le Repos dans le parc	D°	d°	12,600.	
Réunion dans le parc	D°	d°	30,800.	Au marquis d'Hertford. — Vendu primitivement à l'amiable 9,000 fr.

NOLLEKENS

(JEAN-FRANÇOIS)

Né à Anvers en 1706, mort en 1748.

Ce peintre a beaucoup copié Watteau et souvent il a réussi. Néanmoins ses fonds n'ont pas cette légèreté, ce cachet qui distinguent le modèle; sa touche est plus brodée et plus mesquine; sa couleur est plus fade et ses contours sont vineux.

GRIMOU

(JEAN-ALEXIS)

Comme imitateur de Watteau et comme original, voir à son article spécial.

15

KELLER

(JEAN-HENRI)

Né à Bàle en 1692, mort en 1765.

Imitateur et copiste, Keller se laisse deviner à sa touche plus lourde, plus empâtée et plus saillante que celle de Watteau. Il est très-peu de vrais amateurs qui s'y trompent.

DE LA HIRE

(PHILIPPE)

Né en 1677, mort en 1719.

Ce petit-fils de Laurent de La Hire exerça d'abord la médecine, puis il s'adonna à l'étude de la peinture, et exécuta de très-beaux pastiches dans le genre de Watteau, qui, bien qu'ils soient presque tous faits à la gouache, sont souvent vendus pour être sortis de la main du maître.

Une grande liberté de pinceau, un dessin très-élégant, beaucoup de finesse les distinguent; mais toutes belles que soient ses figures, elles manquent de ce cachet et de cette tournure particuliers à Watteau.

MEUSNIER

(PHILIPPI)

Né à Paris en 1655, mort en 1734.

Élève de Jacques Rousseau. Meusnier fit des tableaux de perspective et des interieurs dont les figures sont dues au pinceau de Watteau et de Pater, lorsqu'ils étaient tous deux à leur début. Aussi aujourd'hui ces deux grands artistes en sont-ils regardés comme les seuls auteurs. A proprement parler, ces tableaux ne sont point des contrefaçons; mais l'écueil n'est que plus dangereux pour la crédulité, car les figures ne laissant subsister aucune indécision sur leur véritable origine, l'amateur se montre indulgent pour le reste, et ce reste est vraiment indigne de Watteau.

Les tableaux étoffés par Pater sont plus reconnaissables et trompent rarement le public.

DESBARRES ou DE BAR

(BONAVENTURE)

Né à Paris en 1700, mort en 1729.

Quelques tableaux de ce peintre, élève de Cl. Hallé, ont été employés pour servir de dessous dans la fabrication des Watteau.

Comme imitateur proprement dit, Desbarres est loin d'égaler le modèle; il se distingue par un dessin rond et flasque, un coloris opaque et monotone.

Il me reste à parler maintenant des imitations et des copies modernes qui ont été faites en si grand nombre depuis le commencement de ce siècle. Beaucoup de leurs auteurs vivent encore et reconnaîtront avec moi que ces copies, barbouillées de glacis et de jus de réglisse, ne sauraient entrer en comparaison avec les œuvres du grand peintre. Grâce à une admiration trop crédule, elles ont pu favoriser des transactions de mauvaise foi; mais elles ne sont pas dignes d'exercer la perspicacité des vrais amateurs.

En général, elles sont lourdes et d'une couleur barboteuse. Les légèretés laissées à dessein ne sont que de la mollesse et de la mesqui-

nerie. Leurs ombres offrent une transparence de mauvais aloi qui frappe
à la première vue.

Quoique séchées au four ou en plein soleil, pour que le canif ne
puisse entamer les empâtements aigus qui s'y trouvent, on les égrène
facilement, car la chaleur outrée à laquelle elles ont été soumises ayant
appauvri la peinture en pompant l'huile, ces empâtements résistent
moins que ceux qui ont été durcis par le temps.

NATTIER

(JEAN-MARC)

Né à Paris en 1685, mort dans la même ville en 1766.

Il fut élève de Marc Nattier, son père, qui, aidé par ses fils, nous a laissé les dessins de la galerie de Rubens, dite du Luxembourg.

Surnommé le *peintre des Grâces*, Nattier se fait remarquer par un coloris suave et brillant, une touche douce et légère. L'agrément qu'il savait répandre dans les attitudes lui attira un grand nombre de partisans. Son dessin est rond, sa composition gracieuse et spirituelle, ses carnations sont fraîches et rosées; en un mot, c'est un bon peintre dont les œuvres sont fort goûtées.

Les tableaux de Nattier sont très-recherchés par les amateurs, ses portraits de femme surtout. Le Musée possède une *Madeleine* provenant de l'ancienne collection de la Couronne, et que les connaisseurs évaluent à 1,000 fr., ce qui me paraît peu élevé.

MUSÉES DIVERS, GALERIES, ETC.

Musée de Nantes. — *Portrait de la Camargo.*

Musée de Dresde. — *Portrait du comte Maurice, maréchal de Saxe.*

Galerie du duc d'Aumale. — *Portrait en pied de mademoiselle de Clermont (Marie-Anne de Bourbon). — Portrait de Louise-Henriette de Bourbon-Conti, duchesse d'Orléans.*

Collection C***. — *Portrait de Madame Victoire, fille de Louis XV.*

PRIX DE VENTES

Une petite Fille. 1737, Vte Verrue, 250 fr. — *Danaé.* Même Vte, 122 fr. 50 c. —
Deux Portraits de M. de Châteauroux. 1763, Vte Nattier, 72 fr. — *Le Jugement de
Pâris* (cuivre, 32^c 1/2—43^c). 1776, Vte Blondel de Gagny, 1,200 fr. ; 1783, Vte Blondel
d'Azencourt, 1,076 fr. — *Jeune Femme tenant des fleurs dans ses deux mains.* 1845,
Vte Cypierre, 295 fr. — *Jeune Femme assise et vue de face, en buste.* Même Vte, 270 fr.
Portrait de Madame Victoire, fille de Louis XV. Même Vte, 235 fr.; 1855, Vte Deverre,
650 fr.; 1858, Vte Pillot, 705 fr. (A M. Darboville.) — *Jeune Femme en robe blanche
décolletée.* 1845, Vte Cypierre, 261 fr. — *Portrait du marquis d'Argenson.* Même Vte,
218 fr. — *Portrait de la marquise d'Argenson en Diane.* Même Vte, 250 fr. — *Le duc
de Penthièvre adolescent.* Même Vte, 231 fr. — *La marquise Du Châtelet.* Même Vte,
120 fr. — *Vénus coupant les ailes de l'Amour.* Même Vte, 151 fr. — *Mademoiselle Henriette, fille de Louis XV.* 1855, Vte Deverre, 300 fr. — *Mademoiselle Henriette de Bourbon-Conti* (pastel). Même Vte, 760 fr. — *Portrait d'une princesse* (pastel). Même Vte,
295 fr. — *Idem.* Même Vte, 315 fr. — *Portrait de mademoiselle Sophie.* Même Vte,
300 fr. — *Portrait de mademoiselle Louise.* Même Vte, 296 fr. — *Portrait de femme.*
1861, Vte X., 335 fr. — *Madame de Pompadour.* Même Vte, 700 fr. — *Portrait de
femme.* Même Vte, 460 fr. — *Portrait de Geneviève de Vallembras de Sambreval et de
son petit-fils Chappron.* 1862, Vte du comte de Pembroke, 4,440 fr. — *Portrait de
Madame Adélaïde de France, en Diane, et Portrait de Madame Henriette de France,
en Flore* (dessins). 1784, Vte de Vaudreuil, 50 fr.

Parmi les peintres dont les ouvrages facilitent le mieux la fraude, on cite :

DROUAIS

(FRANÇOIS-HUBERT)

Né à Paris en 1727, mort en 1775.

Élève de son père, Hubert Drouais, de Nonotte, de Carle Vanloo, de Natoire et de
Boucher, François-Hubert Drouais n'est pas un imitateur de Nattier ; mais le goût de cer-

tains de ses portraits a tellement d'analogie avec celui du *peintre des Grâces*, qu'on les prend souvent l'un pour l'autre.

Il existe pourtant assez de différence pour éviter la méprise. La touche de Drouais est plus corsée, ses carnations sont moins fraîches, moins rosées, ses figures minaudent, et leur sourire n'est pas naturel. Ses ajustements, très-bien traités, sont cependant plus lourds que ceux de Nattier, mais ses dentelles jouissent d'un fini plus précieux, quoique moins léger.

OUDRY

(JEAN-BAPTISTE)

Né à Paris en 1686, mort à Beauvais en 1755.

Oudry, élève de son père Jacques Oudry et de Largillière, est, en quelque sorte, le Sneyders français. Peu de peintres ont été aussi universels que lui ; il a également excellé dans les fleurs, les fruits, le paysage, les chasses et les natures mortes.

Loin d'être obligé, comme Sneyders, de recourir à des mains étrangères pour peindre ses figures, il les exécuta d'une manière si remarquable, qu'on pourrait lui décerner le titre de peintre d'histoire, si plusieurs tableaux qu'il fit en sortant de l'atelier de Largillière ne le lui avaient pas déjà assuré.

Sa touche est grasse et large, son paysage vrai et bien traité. Il rendit avec beaucoup d'art la nature de chaque espèce d'animaux, ainsi que tous les détails de poils et de plumes. Sa couleur est vigoureuse et d'une bonne pâte, son dessin correct et naturel.

Les plus belles pages d'Oudry ornent les résidences de la Couronne ; celle de Fontainebleau est en quelque sorte la mieux partagée. Quant à ses tableaux de moyenne dimension, ils sont recherchés par les amateurs de la bonne peinture ; il n'est pas de ventes où ils ne soient très-disputés.

MUSÉE DU LOUVRE

La Chasse au loup. Coll. Louis XV. Est. off. (1816), 1,000 fr. — *La Chasse au sanglier*. Coll. Louis XV. Est. off. (1816), 400 fr. — *Cinq Chiens et Chiennes de la meute de Louis XV* (trois tableaux). — *Chien avec une jatte de lait.* — *Une Ferme.* — *Combat de deux coqs.* — *Chien gardant des pièces de gibier.*

Le Palais de Fontainebleau possède en outre une magnifique suite de *Chasses royales* où sont représentés les divers sites de la forêt de Fontainebleau.

MUSÉES DIVERS, GALERIES, ETC.

MUSÉE DE ROUEN. — *Chevreuil poursuivi par des chiens.*

MUSÉE DE NANTES. — *Paysages et combats de loups et de chiens.*

MUSÉE DU MANS. — *Chiens et Gibier.*

MUSÉE DE TOULOUSE. — *Chasse au cerf.*

MUSÉE DE STRASBOURG. — *Le Cerf aux abois.*

MUSÉE DE MELUN. — *Fleurs et Fruits* (donné par M. F. Lajoye).

MUSÉE DE CAEN. — *Chasse au sanglier.*

MUSÉE DE LILLE. — *Portrait d'un carlin.*

MUSÉE DE CHERBOURG. — *Un Aigle saisissant un lièvre.*

GALERIE DU DUC D'AUMALE. — *Hallali du loup.* — *Hallali du renard.* — *Hallali du cerf.* — *Chevreuil.* (Dessins.)

CABINET BURAT. — *Le Renard qui pêche.*

COLLECTION LEBOEUF. — *Deux Intérieurs de parc.*

PRIX DE VENTES

Deux grands tableaux d'architecture. 1737, Vte Verrue. 300 fr. — *Doguins et Oiseaux.* Même Vte, 200 fr. — *Combat d'aigles et de cygnes et Aigles fondant sur des moutons.* 1756, Vte duc de Tallard, 260 fr. — *Un Faisan, un Lapin et une Perdrix.* 1766, Vte Julienne, 66 fr. — *Sept Canards vivants et Chien aboyant un renard.* 1770, Vte Lalive de Jully, 501 fr. — *Chien couché près d'un lièvre et d'une perdrix.* Même Vte, 368 fr. — *Deux natures mortes. Perroquet et Poissons.* 1777, Vte prince de Conti, 900 fr. — *Moutons, Vaches, etc.* 1852, Vte M., 350 fr. — *Deux Chasses.* 1852, Vte duc de Stackpoole, 1,205 fr. — *Quatre Chasses* (coll. Montigny-Lencoup). Même Vte, 900 fr. — *Quatre Dessus de porte* (coll. Montigny-Lencoup). Même Vte, 5,100 fr. — *Trois Panneaux.* 1855, Vte baron Comailles, 1,250 fr. — *Chasse au canard.* 1856, Vte Baroilhet, 260 fr. — *Oiseaux dans un paysage.* Même Vte, 260 fr. — *Le Renard qui pêche.* 1856. Vte X., 200 fr. (Cab. Burat.) — *Deux Intérieurs de parc.* 1858, Vte d'Arbaud de Jouques, 14,000 fr. — *Oiseau de proie s'abattant sur des canards sauvages et Hérons surpris par un caniche.* 1858, Vte Febvre, 591 fr. — *Chienne allaitant ses petits.* 1859, Vte Castellani, 1,500 fr. — *Canard, Lièvre et accessoires* (deux pendants). 1860, Vte X., 455 fr. — *Chienne truitée en arrêt.* 1860, Vte R., 700 fr. — *Épagneul noir.* 1860, Vte Forsteim, de Wurtzbourg, 150 fr. — *Lévrier et Canards sauvages.* 1860, Vte R., 225 fr. — *Lévrier dans un paysage.* Même Vte, 235 fr. — *Portrait en pied d'un gentilhomme.* 1861, Vte X , 405 fr. — *Portrait d'un chasseur.* Même Vte, 325 fr. — *La Visite à la ferme.* 1862. Vte comte de Pembroke, 1,110 fr.

DESSINS

Renard forcé par un chien (à la plume et au bistre). 1776, Vte Neyman, 146 fr. — *Louis XV à la chasse au cerf* (plus de 50 fig., 32^c—54^c). 1782, Vte de madame Lancret, 12 fr. — *Un Renard.* 1855, Vte Thibeaudeau, 19 fr. — *Une Antilope.* Même Vte, 39 fr. — *Un Sanglier,* Même Vte, 60 fr. — *Un Loup pris au piége.* Même Vte, 35 fr. — *Un Chien courant.* Même Vte, 20 fr. (Ces dessins passent pour avoir été exécutés pour servir de modèle à Louis XV, dont Oudry fut le maître de dessin.) — *Paysage.* 1859, Vte F. V., 44 fr. — *Allée d'arbres.* Même Vte, 61 fr. — *Pont rustique.* Même Vte, 58 fr.

Plusieurs peintres ont fait de très-belles copies et de bonnes imitations d'Oudry. Je citerai les suivants :

OUDRY

(JACQUES-CHARLES)

FILS DE JEAN-BAPTISTE

Né en 1720, mort en 1778.

Ce peintre copia son père avec assez de bonheur. On le reconnaît pourtant à un ton général trop bleuâtre et à une touche saccadée. Quant à son dessin, il est plus irrésolu et moins profond dans la connaissance de l'anatomie des animaux.

BOEL

(PIERRE)

Né à Anvers en 1625, mort à Paris en 1677.

Boël imita Oudry et Sneyders. Ce qu'il nous a laissé, d'après les ouvrages d'Oudry, ne manque pas de hardiesse; mais sa couleur générale est plus rousse, et ses groupes pèchent par leur mauvais agencement.

BERNAERD

(NICAISE)

Né à Anvers en 1618, mort à Paris en 1678.

On reconnaît les copies faites par ce peintre à leur touche grossière, à leur couleur froide et grise. Son dessin est assez correct, ses compositions sont bien ordonnées; mais ses lumières papillotent, et ses animaux n'ont pas ce naturel particulier au talent d'Oudry.

BOULE

Mort aux Gobelins, où il était employé.

On confond quelquefois les tableaux de Boule avec ceux d'Oudry; cependant les tons des premiers sont plus lavés, et l'exécution en est pauvre et timide.

BOUCLE

(VAN)

La manière de cet artiste rappelle plutôt Sneyders qu'Oudry. Ses œuvres sont en général peu vigoureuses et maniérées; la touche en est moins franche et plus grenue.

HUET PÈRE

(JEAN-BAPTISTE)

Né vers 1745.

Quelques copies de cet artiste passent dans le commerce pour être de la main d'Oudry. Elles sont reconnaissables à leur touche sèche et chantournée, à leur dessin maigre et anguleux.

Son fils Nicolas a aussi copié Oudry, mais avec des défauts entièrement opposés à ceux de son père. Leur ton faïence, leur touche grasse mais trop flou, et leur dessin ballonné, suffisent pour empêcher de s'y tromper.

OCTAVIEN

(FRANÇOIS)

Né à Rome, mort à Paris en 1736.

Bien que quelques-uns de ses ouvrages aient assez de mérite pour être classés parmi ceux d'Oudry, la plupart en sont bien éloignés. Ses à-plats sont flasques, sa touche est molle, et son dessin pèche par un caractère irrésolu.

RESTOUT

(JEAN)

Né à Rouen en 1692, mort à Paris en 1768.

Si l'on retirait aux œuvres de Restout une exécution et un dessin trop anguleux, qui rappellent plus le marbre dégrossi par le maillet du sculpteur que les formes de la nature, on aurait de lui de belles masses et de beaux détails.

Le système qu'il avait adopté, d'accuser les plans par des formes droites et carrées, fit aussi l'objet de ses leçons : il recommandait à ses élèves les angles et les pointes. Ces démonstrations, souvent répétées par le professeur, lui attirèrent, ainsi qu'à ses élèves, la dénomination de l'*École des pointus*.

Le pinceau de Restout est plutôt celui d'un praticien que celui d'un maître. Ses draperies ne sont pas de bon goût, son coloris est lourd et souvent de mauvaise qualité; mais la belle intelligence des illusions de l'optique, qu'il possédait au plus haut degré, fait souvent excuser ses défauts.

Ses tableaux de moyenne dimension, les seuls en quelque sorte que les amateurs puissent acheter, et les seuls aussi qui se produisent dans le commerce, sont très-rares. Il est vrai de dire que cette rareté n'en augmente guère la valeur. Leur taux moyen varie de 250 à 1,000 fr. Le musée du Louvre en possède deux qui proviennent de deux églises de Paris.

MUSÉES DIVERS, GALERIES, ETC.

MUSÉE D'ORLÉANS. — *L'Annonciation.*

MUSÉE DE ROUEN. — *Présentation au Temple.* — *Portrait de don Louis Baudoin.*

MUSÉE DE BORDEAUX. — Deux compositions.

MUSÉE DE MARSEILLE. — *Jésus-Christ donnant les clefs à saint Pierre.*

MUSÉE DE RENNES. — *Télémaque racontant ses aventures à Calypso.* — *Saint Pierre délivré de prison* (dessin au crayon rouge, lavé au bistre, mis au carreau).

MUSÉE DE CAEN. — *Le Repas chez Simon le Pharisien.* — *Portrait d'un moine prémontré.*

MUSÉE DE NANCY. — *Portrait présumé de Boffrand, architecte du duc Léopold.*

MUSÉE DE BORDEAUX. — *Le Prophète Ézéchiel.* — *Présentation de Jésus au Temple.*

MUSÉE DE LILLE. — *Jésus à Emmaüs.*

PRIX DE VENTES

Les Pèlerins d'Emmaüs (esquisse du tableau peint pour Saint-Germain-l'Auxerrois). 1761, Vte de Vence, 162 fr. — *Armide faisant détruire le palais de Renaud.* 700 fr. — Deux compositions tirées de la Fable. 1773, Vte de Chévigné, 3,600 fr. — *Repos de la Sainte Famille.* 1845, Vte Fesch, 129 fr. 25 c. — *Jésus au Jardin des oliviers* (à M. l'abbé Lefebvre, curé de Saint-Sever, à Rouen). Est. 1,000 fr.

HALLÉ

(NOËL)

Né à Paris vers 1711, mort en 1781.

Ce disciple de Jean Restout est fils de Gui Hallé. Il est un de ceux qui ont le mieux retenu les leçons du maître. Il est encore plus heurté, plus *pointu*. Si Restout paraît avoir dévoilé dans ses tableaux les vices secrets du type de son école, sous le pinceau de Hallé ils sont poussés jusqu'au ridicule.

Sur la fin de sa vie il essaya de corriger sa manière aiguë, mais il ne réussit qu'à tomber dans un excès contraire.

D'après cela, il n'est pas difficile de reconnaître les copies et les imitations que Hallé a faites d'après Restout. J'ajouterai encore que la couleur de Hallé est plus opaque et plus rouge que celle de ce dernier.

CHARDIN

(JEAN-BAPTISTE-SIMÉON)

Né à Paris en 1699, mort en 1779.

Chardin a peint le portrait, des scènes composées de peu de figures, les attributs des arts, des fruits, des animaux, souvent même des futilités, avec toute la fougue, tout l'entraînement des talents supérieurs. Son pinceau est si mâle, si énergique, son coloris si juste et si vrai, ses moyens d'exécution tellement absorbés par la force des prestiges de l'illusion, qu'il s'annonce dans les moindres choses comme un génie créateur [1].

Après avoir été très-appréciés, puis délaissés, les tableaux de Chardin ont repris une faveur aussi grande que méritée auprès des amateurs. Depuis quelques années ils se payent au poids de l'or.

Le musée du Louvre en possède de beaux échantillons, savoir :

MUSÉE DU LOUVRE

Intérieur de cuisine. Ce tableau et le suivant ont été donnés par Chardin pour sa réception à l'Académie). — *Fruits sur une table de pierre et Animaux.* — *La Mère laborieuse.* Coll. Louis XIV. — *Le Bénédicité.* Coll. Louis XIV. — *Ustensiles de cuisine,* son pendant, *Le Singe antiquaire.* 1852, vendus par M. Laneuville, 3,000 fr. — *Un Lapin, une Gibecière et une Boîte à poudre.* 1852, Vte Boilly, 700 fr. — *Les Attributs des Arts plastiques.* Coll. Louis XIV.— On ne sait ce que sont devenues les deux autres compositions faites pour le château de Choisy. Elles représentent les attributs des sciences et ceux de la musique.

1. Voir l'article VANLOO, au sujet de sa coopération à la restauration de la galerie de François Ier, au palais de Fontainebleau.

MUSÉES DIVERS, GALERIES, ETC.

Musée de Rouen. — *Nature morte.*

Musée de Dijon. — *Portrait de Rameau.*

Musée de Nantes. — *Un Portrait.*

Musée de Melun. — *La Nourrice* (donné par M. Viardot).

Musée de Rennes. — *Nature morte,* dessin au pastel (attribué).

Musée de Cherbourg. — *Provisions de bouche et Ustensiles de ménage.*

Dulwich College. — *Scène familière.*

Cabinet de M. le comte de Nattes. — *Mitron riant de la malice qu'il vient de faire et le Jeune dessinateur.*

Galerie du duc d'Aumale. — *La Leçon de lecture.*

Collection Wilhorgne de Buchy. — *Femme faisant de la tapisserie.*

Collection C***. — *Portrait en pied du duc de Richelieu.* — *Portrait du marquis de Lally-Tollendal.* — *Portrait d'homme.*

PRIX DE VENTES

			fr.	
Jeune Dessinateur vu de dos	1745.	Vte Laroque	50.	
—	1770.	Vte Sully	360.	
—	1846.	Vte Saint	725.	En Angleterre.
La Fontaine	1745.	Vte Laroque	200.	
—	1773.	Vte Lempereur	205.	
—	1842.	Vte d'Harcourt	601.	
La Blanchisseuse	1745.	Vte Laroque	200.	
Le Touton	D°	d°	25.	
—	1845.	Vte Cypierre	605.	
La Pourvoyeuse	} 1845.	Vte de Laroque	161.	
La Gouvernante	} 1851.	Vte Giroux	1,339.	
L'Ouvrière en tapisserie	1745.	Vte Laroque	50.	
—	1842.	Vte d'Harcourt	465.	
—	1846.	Vte Saint	610.	
Aveugle tenant sa sébile, accompagné de son chien	1737.	Vte Heineken	96.	
Dame jouant de la serinette (43^c—51^c)	1761.	Vte comte de Vence	550.	
—	1782.	Vte de Menars	631.	
—	1859.	Vte d'Houdetot	4,010.	
Le Bénédicité (51^c 1/2—62^c)	1770.	Vte Fortier	900.	} Ce tableau est l'une des répétitions de celui du Louvre, mais avec quelques changements.
—	1793.	Vte Choiseul-Praslin	212.	
Nature morte	1773.	Vte Lempereur	56.	} Pendant du *Touton.*
—	1770.	Vte de Jully	380.	
Intérieur où une femme tourne le robinet d'une fontaine	1780.	Vte de Senneville	175.	
La Gouvernante (43^c—35^c)	} 1780.	Vte Chardin	30.	} Ce tableau a beaucoup d'analogie avec celui du Louvre, quelque un peu plus grand sur la hauteur.
La Mère laborieuse (48^c—40^c 1/2)				

			fr.	
Servante écurant un poêlon	1782.	Vᵗᵉ DE MENARS...........	419.	Aujourd'hui aux héritiers Marcille.
Marchand de vin rinçant un broc (35ᶜ—43ᶜ)	1810.	Vᵗᵉ SYLVESTRE...........	121.	
Deux tableaux de *Volailles et Ustensiles* (39ᶜ—31ᶜ)	1782.	Vᵗᵉ DE LA FRESNAYE......		
Deux Lièvres (62ᶜ—51ᶜ)	1782.	Vᵗᵉ Mᵐᵉ LANCRET.........	8.	
Un Chirurgien portant secours à un blessé (esquisse faite au premier coup pour servir d'enseigne, bois, 72ᶜ 1/2—38ᶜ)	1783.	Vᵗᵉ PH. LE BAS	100.	
La Mère laborieuse (répétition du tableau gravé par Lépicié, 46ᶜ —88ᶜ)........................	1783.	Vᵗᵉ BELISARD............	123.	
Intérieur de cuisine, avec figures...	1810.	Vᵗᵉ SYLVESTRE	100.	
Deux *Tables* où sont représentés *deux Oiseaux morts*, *un jambon et d'autres objets*	Dᵒ	dᵒ	37.	
La Tricoteuse	Dᵒ	dᵒ	24.	
Deux pendants composés de *Prunes,* de *Pêches,* de *Raisins,* etc., etc...	Dᵒ	dᵒ	34.	
Trois tableaux, *Poissons, Fruits, Ustensiles de ménage,* etc........	Dᵒ	dᵒ	32.	
Portrait de Chardin en bonnet de nuit, robe de chambre et lunettes. *Portrait de Marguerite Pouget, femme de Chardin*	Dᵒ	dᵒ	24.	
Les Grâces	1820.	Vᵗᵉ DENON	280.	
—	1846.	Vᵗᵉ SAINT	501.	Coll. Lacaze.
Portrait de M. Geoffrin	1820..	Vᵗᵉ DENON	600.	
—	1858.	Vᵗᵉ X................	805.	
Le Jeune dessinateur .... *L'Ouvrière en dentelles*	1828.	Vᵗᵉ P. H. LEMOYNE......	40.	*Le Jeune dessinateur* est probablement le même tableau cité plus haut et qui est actuellement en Angleterre.
Le Nœud d'Épée. .... *La Toilette.*	1843.	Vᵗᵉ MANNEMARE	1,030.	
La Leçon de lecture.	1845.	Vᵗᵉ CYPIERRE...........	486.	
Jeune Fille endormie.	Dᵒ	dᵒ	205.	
Petit Prince de Monaco	Dᵒ	dᵒ	308.	
Intérieur de ménage et son pendant.	1845.	Vᵗᵉ MEFFRE	466.	Chippendal.
Nature morte	1846.	Vᵗᵉ SAINT	301.	Coll. Lacaze.
Le Salon d'un amateur	1853.	Vᵗᵉ DUGLERÉ...........	685.	
Nature morte	Dᵒ	dᵒ	260.	
Même sujet	Dᵒ	dᵒ	175.	
Instruments de musique (1ᵐ,49—95ᶜ).	1855.	Vᵗᵉ BAROILHET...........	1,990.	Payé 100 fr. par M. Baroilhet. — Acheté par M. Marcille.
Bassin en cuivre .... *Cruche égrugeoir.*	1855.	Vᵗᵉ DEVERRE	900.	
La Maîtresse d'école.	Dᵒ	dᵒ ...	1,525.	
Bouilloire en cuivre sur un chaudron.	Dᵒ	dᵒ	1,500.	
Son pendant....	Dᵒ	dᵒ	900.	
Nature morte.	1856.	Vᵗᵉ X................	355.	Cab. Burat.
Nature morte.	1856.	Vᵗᵉ BAROILHET...........	300.	
Nature morte.	Dᵒ	dᵒ	345.	
Nature morte.	Dᵒ	dᵒ	1,700.	

1. 16

			fr.	
La Brodeuse.....................	1836.	Vᵗᵉ BAROILHET............	330.	
Le Gobelet d'argent (76ᶜ—61ᶜ)......	Dᵒ	dᵒ	2,000.	
—	1860.	Vᵗᵉ BAROILHET............	950.	
Jeune Dame prenant du chocolat...	1858.	Vᵗᵉ PILLOT...............	385.	Contesté.
L'Académie de dessin.............	1859.	Vᵗᵉ F. V...............	66.	Répétition en petit du tabl.
Objets de cuisine..	1859.	2ᵉ Vᵗᵉ DEVERRE.........	192.	de la Vᵗᵉ Saint.
La Toilette et son pendant.......	1859.	Vᵗᵉ RATTIER.............	1,700.	Ces tableaux ont été attri-
Deux Lapins morts...............	1859.	Vᵗᵉ D'HOUDETOT..........	600.	bués à De Troy.
Un Pot et de la viande........... ⎱	Dᵒ	dᵒ	500.	
Ustensiles de cuisine............ ⎰				
Jeune Femme caressant un petit				
chien	Dᵒ	dᵒ	405.	
Portrait de madame de Graffigny..	1860.	Vᵗᵉ E. N...............	175.	
Verres et Brioches (79ᶜ—62ᶜ)......	1860.	Vᵗᵉ BAROILHET............	400.	
Ustensiles de cuisine (39ᶜ—31ᶜ)....	Dᵒ	dᵒ	460.	
Intérieur de cuisine (39ᶜ—31ᶜ)....	Dᵒ	dᵒ	460.	
Le petit Chaudron de cuivre rouge				
(16ᶜ—26ᶜ)...	Dᵒ	dᵒ	135.	
Femme lisant.................	1860.	Vᵗᵉ R.............	320.	Contesté.

DESSINS

Dame dessinant (à la sanguine)....	1855.	Vᵗᵉ NORBLIN	130.	
Sujet de trois figures (aux trois				
crayons)	Dᵒ	dᵒ	175.	Thibeaudeau.

On tenta vainement de lutter contre Chardin, cet heureux déposi-
taire des secrets de la nature; la concurrence ne servit qu'à faire trouver
son talent plus merveilleux, et à couvrir de ridicule ses rivaux et ses
imitateurs, dont voici les principaux :

DE LA PORTE

(ROLAND)

Né à Paris en 1724, mort dans la même ville en 1793.

C'est surtout dans les intérieurs de cuisine et les sujets de nature morte que ce peintre
s'est exercé. Les contrefaçons, qui servent quelquefois à égarer les amateurs, se distinguent à leur manque de clair-obscur, à leur touche plus léchée et à leurs contours un
peu maigres.

JEAURAT DE BERTRY

(NICOLAS-HENRI)

Vivait encore en 1793.

Quelques analogies peintes par Jeaurat étant désignées habituellement sous le nom de Chardin. il est bon de rappeler la différence qui existe entre ces deux peintres.

Autant Chardin excelle dans le clair-obscur, autant Jeaurat est cru et sec. Son dessin est charpenté carrément, son ton général un peu farineux; ses expressions sont souvent triviales, quelquefois même grotesques.

Depuis une soixantaine d'années, Chardin a été beaucoup copié : mais, quoique patinées avec art, ces contrefaçons ne peuvent tromper un œil intelligent. La plupart d'entre elles représentent des scènes familières, avec une lumière assombrie et un glacis jaunâtre particulier aux faussaires.

NATOIRE

(CHARLES - JOSEPH)

Né à Nîmes en 1700, mort près de Rome en 1777.

Peintre assez gracieux et élève de Le Moyne. Ses tableaux pèchent par le manque de style, la froideur et le petit goût du dessin. Ce qui ne les empêche pas d'être assez recherchés, surtout ceux dans le genre de Boucher.

Natoire est représenté au Musée du Louvre par trois tableaux dont les amateurs font un certain cas. Dans les ventes publiques il s'en rencontre peu et ils ne sont pas aussi chers qu'ils devraient l'être. Les plus beaux ne montent guère au delà de 1,000 fr. à 1,500 fr.

Voici les titres sous lesquels sont catalogués les trois tableaux du Louvre.

Vénus demandant des armes pour Énée. Prov* de l'Acad. de peinture. — *Les Trois Grâces.* Anc. coll. de la Couronne. — *Junon.* Même coll.

MUSÉES DIVERS, GALERIES, ETC.

MUSÉE DE RENNES. — *Saint Étienne prêchant l'Évangile.* — *Tête de femme* (pastel). — *Tête de femme* (pastel). — *Tête de femme* (au crayon rouge).

MUSÉE DE ROUEN. — *Un Guerrier.*

MUSÉE DE NANTES. — *Didon se donnant la mort.*

MUSÉE DE NÎMES. — *Saint Jean-Baptiste* (copie d'après le Guide).

MUSÉE DE BORDEAUX. — *Vénus et Vulcain.* — *Vénus et Énée.*

COLLECTION DELONGPRÉ. — *Projet de plafond,* sujet mythologique.

PRIX DE VENTES

Adam et Ève. 1765. Vte Villette père, 532 fr. — *Triomphe de Bacchus.* 1770, Vte Lalive de Jully, 865 fr. — *Triomphe d'Amphitrite.* Même Vte. — *L'Adoration des Rois.* 1773, Vte Lempereur, 999 fr.; 1784, 2e Vte Randon de Boisset, 1,799 fr. — *Vénus caressant l'Amour.* 1778, Vte Natoire, 313 fr. — *Martyre de saint Sébastien.* Même Vte, 1,810 fr. — *Le Départ d'Adonis pour la chasse* (94^c—1^m,18). 1784, Vte de Vougé, 800 fr. — *Le Temps qui découvre la Vérité* (ovale en long, 96^c1/2—1^m,28). 1797, Vte de La Reynière, 152 fr. — *Le Bain de Diane,* 10 figures (1^m,21—88^c 3/4). Vte Godefroy; 1821, Vte Dubreuil Lenoir, 326 fr. — *Psyché et l'Amour.* 1845, Vte Cypierre, 275 fr. — *La Moisson* (4 fig.). Même Vte, 405 fr. — *La Nativité.* 1845, Vte Fesch, 341 fr. — *Les Muses.* 1857, Vte Montebello, 490 fr. — *Jeune Femme regardant un portrait en médaillon.* Même Vte, 370 fr. — *Diane et Endymion.* Même Vte, 420 fr. — *Dame de la Cour sous la fig. d'Ariane.* 1861, Vte Saint-Fal, 355 fr. — *Le Réveil de Vénus.* 1862, Vte Cte de Pembroke, 1,700 fr. — *Diane à la chasse.* Même Vte, 725 fr. — *L'Enlèvement d'Europe.* Même vente, 1,000 fr. (Vendu 200 il y a trois ans.)

Natoire eut quelques imitateurs, parmi lesquels on distingue :

PIERRE

(JEAN-BAPTISTE-MARIE)

Né à Paris en 1713, mort dans la même ville en 1789.

Pierre fut élève de Natoire et de de Troy. Il s'appliqua d'abord à reproduire les œuvres de Natoire pour devenir ensuite le copiste de Boucher. Le ton criard de ses pastiches dans le goût de Natoire, sa touche mesquine, ses carnations d'un rouge briqueté, laqueux dans les ombres, font reconnaître la fraude à la première inspection.

BRIARD

(GABRIEL)

Né à Paris en 1725, mort dans la même ville en 1777.

Élève de Natoire, il est parvenu à le copier avec une telle vérité qu'on les confond souvent l'un avec l'autre. Sa touche est grasse, mais moins ferme que celle de son maître ; les carnations sont rosées, mais les tons un peu *appliqués* et non passés l'un dans l'autre, sont un signe distinctif pour l'expert.

Sans ces différences assez graves pour l'observateur attentif, ses tableaux grossiraient le nombre de ceux de Natoire.

LA TOUR

(MAURICE-QUENTIN DE)

Né à Saint-Quentin en 1703, mort dans la même ville en 1788.

Ce peintre eut un talent unique pour le portrait au pastel. Il n'embellissait rien; simples et vrais dans l'imitation des formes et du coloris, ses tableaux sont un miroir très-fidèle de la ressemblance et de la vérité. Une représentation exacte des traits caractéristiques et des habitudes de ses personnages, tout y fait illusion, jusqu'aux mains, dessinées avec un grand goût et savamment étudiées.

La Tour a beaucoup travaillé, mais ses pastels sont presque tous casés dans les collections particulières ou sont restés la propriété des familles dont les chefs se sont fait peindre par cet artiste. On ne rencontre qu'à de rares intervalles des productions de La Tour dans les ventes publiques, où elles sont assez disputées par les amateurs. Malgré la fragilité de ces sortes de peinture, elles atteignent souvent, lorsqu'elles sont capitales, c'est-à-dire lorsque ce sont des portraits de femmes avec des mains, le prix de 600 à 800 fr. Un portrait en buste descend rarement au-dessous de 100 fr.

Voici quelques prix de ventes :

Tête de nègre et Io et Jupiter (pastels). Vte Caylus, 62 fr. — *Portrait d'homme* (pastel). 1846, Vte Saint, 112 fr. — *Portrait de mademoiselle Salé* (pastel). Même Vte, 600 fr. (A M. Véron). — *Portrait de madame de La Popelinière* (pastel). 1856, Vte Baroilhet, 565 fr. — 1859, Vte X..., 555 fr. — *Portrait de femme* (pastel). 1859, Vte M. A..., 445 fr.

MUSÉES DIVERS, GALERIES, ETC.

MUSÉE DE RENNES. — *Portrait du maréchal de Saxe* (pastel).

Musée de Nantes. — *Un Vieillard endormi.* — *Reniement de saint Pierre.*

Musée de Dresde. — *Pastels.* — *Marie-Joséphine, fille d'Auguste III, roi de Pologne.*

La Tour a eu peu d'imitateurs et de copistes; néanmoins les suivants méritent quelque attention :

DUCREUX

(JOSEPH)

Né à Nancy en 1737, mort à Paris en 1802.

Ce peintre a fait des copies et des imitations presque toujours vendues sous le nom de son maître. Ses pastels ont de la force et de l'éclat, mais sa couleur trop laqueuse et ses attitudes peu nobles le trahissent : son dessin est plus maniéré et ses *traînées* de pastel sont moins larges que celles de La Tour.

MARTEAU

(LOUIS)

Né à Paris, mort à Varsovie en 1805.

Les pastels de Marteau ont beaucoup d'analogie avec ceux de La Tour. Sa touche a autant de force et de vérité; mais, soit par l'influence du temps, soit par sa manière de peindre, sa couleur est plus blafarde, ses effets sont moins saisissants, ses contours plus cernés et ses carnations moins fraîches.

BOUCHER

(FRANÇOIS)

Né à Paris en 1704, mort dans la même ville en 1768.

Boucher fut un des plus charmants peintres de l'École française. Adulé d'abord, dédaigné plus tard, il occupe aujourd'hui la place que son talent lui a méritée.

Un goût sévère peut certainement trouver beaucoup à redire dans ses œuvres, mais avec quelle grâce, avec quel coloris il a su faire taire la critique! Ce peintre original semble n'avoir taillé son crayon ou broyé ses couleurs que pour charmer la vue.

A peine sorti de chez Le Moyne, il se forma une manière où le carmin, l'améthyste et le cobalt dominaient. Ses draperies légères, son coloris rose et blanc dans lequel se jouent des tons d'émeraude, en font un talent supérieur et justifient l'engouement que les amateurs ont pour lui depuis une trentaine d'années.

Sa touche est grasse et moelleuse, son dessin effilé presque toujours, et quelquefois lourd. En général, on préfère ses pastorales traitées à la Watteau à ses bergerettes camardes, boursouflées, enluminées du coloris de la toilette.

Quoi qu'on en puisse dire, les imperfections de Boucher sont rachetées par ses nombreuses qualités.

Chacun connaît les revirements de fortune attachés aux œuvres de Boucher. Je ne parlerai pas de ses dessus de porte, qui, après avoir encombré les magasins des marchands et même des brocanteurs, sont devenus extrêmement rares. Je me suis déjà expliqué à ce sujet. Cela suffira, je crois. pour mettre les amateurs sur leurs gardes.

Depuis une trentaine d'années les moindres compositions de cet artiste sont recherchées avec empressement et payées un prix fou.

MUSÉE DU LOUVRE

Le Louvre possède sept tableaux de Boucher, à savoir : *Renaud et Armide*, provenant de l'ancienne Acad. de peinture. — *Diane sortant du bain.* 1851. Vᵉ Cᵗᵉ de Narbonne, 3,955 fr. 1852, vendu par M. Van Cuyck. 3.200 fr. — *Vénus commandant à Vulcain des armes pour Énée*. et quatre dessus de porte, le tout provenant de l'ancienne collection.

MUSÉES DIVERS, GALERIES, ETC.

MUSÉE D'ANGERS. — *La Réunion des Arts.*

MUSÉE DE NANCY. — *L'Aurore et Céphale.*

MUSÉE DE LILLE.— *La Peinture* (allégorie). — *L'Ivresse de Silène.*

MUSÉE DE CAEN. — *Mercure confiant le jeune Bacchus aux Nymphes du mont Nisa.*

MUSÉE DE NIMES. — *Le Jardinier galant* (paysage). — *L'Éducation d'un chien.*

MUSÉE D'ÉPINAL. — *Une Tête de femme* (ovale). — *Une Tête de femme* (dessin).

MUSÉE DE TOULON. — *Amours et Fleurs.* — *Femme nue couchée.*

MUSÉE DE BORDEAUX. — *Un Berger et une Bergère.*

COLLECTION BARKER. — *Vénus et Adonis.*

GALERIE DU DUC D'AUMALE. — *Jeune Mère au repos* (dessin).

COLLECTION DOUGLAS. — *Léda.*

COLLECTION GIBSON. — *Portrait de madame de Pompadour.*

A M. HOLLOND. — *La Vierge et l'Enfant Jésus.*

COLLECTION STEVENS. — Trois *Sujets mythologiques.*

COLLECTION DU MARÉCHAL NARVAEZ. — Sujets mythologiques. *Femme couchée.* Est. 1,500 fr.

CABINET DE M. CHEVALIER (de Paris). — *Portrait de Femme coiffée d'un chapeau de paille.* Ce tableau a été attribué à tort à Nattier et à Van Loo.

A LORD HERTFORD. — *Le Lever du soleil.* — *Le Coucher du soleil.*

COLLECTION EGMONT MASSÉ. — *Le Baiser.*

COLLECTION BURAT. — Plusieurs compositions.

PRIX DE VENTES

			fr.	
Le Départ de Jacob	1761.	Vᵗᵉ DE VENCE	221.	
Les Bergers de La Fontaine	Dᵒ	dᵒ	192.	
Le Lever du Soleil	1766.	Vᵗᵉ POMPADOUR	9,800.	
	1855.	Vᵗᵉ DE COMAILLES	20,200.	A Lord Hertford.
Le Coucher du Soleil (2ᵐ,95—2ᵐ,08)	Vendus par M. MICHEL EUDE en ʼ.		380.	
Une Nativité	1855.	Vᵗᵉ DE COMAILLES	722.	
Noé dans l'Arche	1787.	Vᵗᵉ JULIENNE	1,190.	
Noé offrant un sacrifice				
Paysage avec figures	1769.	Vᵗᵉ LAJOUX	301.	
La Nativité	Dᵒ	dᵒ	33.	Grisaille.
Le Sacrifice de Gédeon	1770.	Vᵗᵉ LALIVE DE JULLY		
—	1777.	Vᵗᵉ CONTI	2,012.	
La Naissance d'Adonis	1770.	Vᵗᵉ LALIVE DE JULLY	1,021.	
La Mort d'Adonis				
Les Amusements champêtres	1770.	Vᵗᵉ BERINGHEM	1,400.	Ovales.
La Musique pastorale				
Paysage avec baigneuses	1772.	Vᵗᵉ LAURAGUAIS	900.	
Les Amours jardiniers	1771.	Vᵗᵉ BOUCHER	160.	Deux pendants.
Adoration des Bergers	Dᵒ	dᵒ	275.	Grisaille.
Adoration des Rois	Dᵒ	dᵒ	351.	Id.
Présentation au Temple	Dᵒ	dᵒ	288.	
Enlèvement d'Orithye par Orphée	Dᵒ	dᵒ	180.	Id.
Deux têtes de femmes	Dᵒ	dᵒ	168.	Pastel.
L'Indiscret (80ᶜ—64ᶜ)	1776.	Vᵗᵉ SORBET	700.	
Pastorale	1777.	Vᵗᵉ RANDON DE BOISSET	1,180.	
Sujet de la Fable	Dᵒ	dᵒ	1,204.	
Vénus chez Vulcain (1ᵐ,15—86ᶜ)	1780.	Vᵗᵉ CHARDIN	420.	
Le Repos de Vénus (59ᶜ 1/4—80ᶜ 1/2)	1780.	Vᵗᵉ PRAULT	1,210.	
La Bergère prévoyante (88ᶜ 3/4— 69 3/4)	1780.	Vᵗᵉ DE CHANGRAN	650.	
La Baigneuse surprise ou Le Fleuve Scamandre (35ᶜ—56ᶜ 1/2)	1782.	Vᵗᵉ Mⁱˢ DE MÉNARS	241.	
Les Quatre Saisons (54ᶜ—72ᶜ 1/2)	Dᵒ	dᵒ	1,402.	
Femme à sa toilette	1784.	Vᵗᵉ RANDON DE BOISSET	1,250.	
—	1784.	Vᵗᵉ DUBOIS	699,	93 c.
Hercule et Omphale	1784.	Vᵗᵉ RANDON DE BOISSET	3,840.	
Rébecca recevant les présents d'A- braham	1791.	Vᵗᵉ LEBRUN	1,240.	
Triomphe de Vénus (grisaille peinte, 25 figures)	1791.	Vᵗᵉ LEBRUN	48.	Coll. Soufflot.
Deux Bergères	1793.	Vᵗᵉ CHOISEUL-PRASLIN	321.	
Paysage	1822.	Vᵗᵉ SAINT-VICTOR	22.	
Le Petit Pont en bois	Dᵒ	dᵒ	12.	
Le Joueur de flageolet	Dᵒ	dᵒ	41.	
La Vierge et l'Enfant	Dᵒ	dᵒ	575.	Act. chez lord Hollond.
Peintre à son chevalet (Portrait de Boucher et de sa famille (32ᶜ 1/2 —40ᶜ)	1828.	Vᵗᵉ P.-H. LEMOYNE	1,220.	Pierre a fait un pendant à ce tableau ; c'est J.-B. Le Moyne travaillant au buste de Louis XV.
Jeunes Filles surprises	1838.	Vᵗᵉ CASIMIR PÉRIER	780.	
Le Triomphe de Galathée	1843.	Vᵗᵉ PAUL PÉRIER	285.	

			fr.	
Naissance de Bacchus...........	1843.	Vte PAUL PÉRIER	2,820.	
Enlèvement d'Europe............				
Retour à la ferme..............	1845.	Vte VASSEROT	810.	
La Nymphe Syrinx poursuivie par le dieu Pan	1845.	Vte CYPIERRE........... ..	900.	
Terpsichore....................	D°	d°	257.	
Euterpe.......................	D°	d°	123.	
Femme nue endormie............	D°	d°	290.	
Les Mystères de la toilette........	D°	d°		
Éliézer et Rébecca.....	1845.	Vte MEFFRE	276	
La Toilette de Vénus............	1846.	Vte STEVENS...	126.	
Vénus et l'Amour...............				
Diane et Calisto................	1851.	Vte PROUSTEAU DE MONT-		
Vénus et Adonis................		LOUIS...............	3,250.	
Les Amours de Vénus...........				
Vénus et les Amours...........				
Mars et Vénus surpris...........	D°	d°	10,500.	
Le Jugement de Pâris.				
Quatre tableaux	1852.	Provenant de l'hôtel RICHE-		
		LIEU.................	15,500.	
Deux scènes pastorales (bois)......	1852.	Vte DU DUC DE STACPOOLE.	12,000.	Coll. Montigny-Lencoup.
Quatre Dessus de porte...........	D°	d° .	5,400.	Id. Id.
Diane contemplant Endymion.....	1853.	Vte DUGLÉRÉ.............	125.	
Jupiter et Calisto...............	1854.	Vte CHAVAGNAC...........	2,825.	Il y a tout lieu de penser que ce sont les tableaux qui ont figuré à la Vte du Mis de Ménars en 1782.
Céphale et Procris....				
Les Quatre Saisons	D°	d°	10,200.	
Daphnis et Chloé.	1855.	Vte DEVENE	260.	
Triomphe de Vénus (plafond)	1856.	Vte BAROILHET..	3,000.	
Le Printemps........	1857.	Vte PATUREAU	14,500.	A lord Hertford.
L'Automne.....				
Jupiter et Calisto...............	1857.	Vte D'ARMAGNAC...	3,000.	
Le Moulin de Charenton..........	1858.	Vte FEBVRE.	700.	
Le Petit Trianon (grands sujets de décors)				
La Beauté enivrant l'Amour......	1858.	Vte PILLOT	750.	
Quatre Dessus de porte...........	D°	d°	720.	
Deux Amours endormis et son pendant...................	1859.	Vte DEVERRE.............	305.	
La Bergère endormie.............	D°	d°	1,115.	
Les Deux Confidentes.				
Laitière suisse (22e—17e).........	1859.	Vte SAINT-MARC	84.	
Deux grands tableaux peints pour Louis XV en 1748.............	1860.	Vte Sir CULLING-EARDLEY, de Londres...........	31,250.	
Léda et le Cygne................	1860.	Vte Cte DE STENHUYSE.....	3,000.	
Madame de Pompadour...........	1860.	Vte RICHARD.............	500.	
Pastorale	1860.	Vte SEYMOUR.............	3,000.	
Le Galant villageois.............	D°	d°	4,100.	
La Musique (75e—94e)	1860.	Vte BAROILHET............	200.	Très-contestés.
La Jolie dormeuse (45e—66e)......	D°	d°	600.	
Vénus et l'Amour...............	1861.	Vte RHONÉ	2,550.	
La Jeune Bergère	1861.	Vte MONTBRUN...........	1,560.	Douteux.
Le Jeune Berger				

			fr.	
Scène champêtre	1851.	V¹ᵉ Dubois	1,050.	Contesté.
Grand paysage avec ruines	1851.	V¹ᵉ X	1,000.	
Madame de Pompadour	Dᵒ	dᵒ	1,000.	Sans attribution (genre Boucher).
Vénus et l'Amour	1852.	V¹ᵉ C¹ᵉ de Pembroke	4,010.	
Scène pastorale	Dᵒ	dᵒ	5,200.	
Portrait de madame de Pompadour	Dᵒ	dᵒ	800.	
Portrait de jeune fille	1852.	V¹ᵉ du Duc de V	230.	
Le Berger galant	} Dᵒ	dᵉ	850.	
Les Pêcheurs	}			

DESSINS

Académie de femme	1768.	V¹ᵉ Rabault	41.
Berger roulant une jeune fille dans une brouette (à la plume et au bistre)	1777.	V¹ᵉ Boisset	449.
Jeune Homme donnant des oiseaux à une jeune fille (à la plume et au bistre, 19ᶜ—24ᶜ 1/2)	1781.	V¹ᵉ Sireul	180.
Les Guetteuses (au crayon noir rehaussé de blanc, 35ᶜ—24ᶜ 1/2)	Dᵒ	dᵉ	915.
Madame de Pompadour vue de trois quarts (pastel, 38ᶜ 1/4—32ᶜ 1/2)	Dᵒ	dᵒ	200.
Femme couchée (à la sanguine, 19ᶜ —30ᶜ)	Dᵉ	dᵒ	90.
Femme nue couchée sur le dos (colorié, 27ᶜ 1/4—32ᶜ 1/2)	Dᵒ	dᵒ	120.
Jeune Fille tenant un lapin, etc. (à la pierre noire, 32ᶜ 1/2—24ᶜ 1/2)	1777.	V¹ᵉ Boisset	119.
—	1781.	V¹ᵉ Sireul	130.
Jeune Femme tenant un chat sur ses genoux	1777.	V¹ᵉ Boisset	239.
Danaé (les deux au pastel et à la pierre noire, rond, diam. 27ᶜ)	1781.	V¹ᵉ Sireul	190.
La Jeune Maîtresse d'école	}		
Le Jeune Maître d'école (les deux au pastel et à la pierre noire, 27ᶜ 1/4 —19ᶜ)	Dᵒ	dᵒ	650.
Jeune Fille endormie (au pastel et à la pierre noire, 24ᶜ 1/2—38ᶜ 1/4)	Dᵒ	dᵉ	92.
L'Adoration des Bergers (à la pierre noire rehaussée de blanc, 19ᶜ— 24ᶜ 1/2)	1777.	V¹ᵉ Boisset	201.
—	1781.	V¹ᵉ Sireul	400.
Les Trois Grâces (à la pierre noire rehaussée de blanc (19 1/2— 24 1/2)	Dᵉ	dᵒ	100.
Femme sortant du bain. — *Deux Tourterelles* (à la pierre noire)	1782.	V¹ᵉ de Mᵐᵉ Lancret	40.
La Belle Bouquetière (à la pierre noire et au pastel)	1783.	V¹ᵉ Blondel d'Azincourt.	172.
Le Repos de Vénus (à la pierre noire)	Dᵒ	dᵒ	143.
Deux Nymphes au bain	Dᵒ	dᵒ	139.
Berger surprenant une Bergère	1859.	V¹ᵉ David	235.

			fr.
Paysanne tenant un panier de fleurs (aux deux crayons mêlés de pastel)	1783.	Vte BLONDEL D'AZINCOURT.	132.
Vénus et l'Amour et un autre à la pierre noire.................	D°	d°	48.
Une Paysanne (à la pierre noire sur papier blanc).................	1784.	2e Vte DE BOISSET........	300.
Naïades et Enfants (au bistre et au pastel).....................	D°	d°	280.
Tête de femme (aux crayons noir et blanc)	D°	d°	413.
Les Trois Grâces (aux crayons noir et blanc).....................	1855.	Vte NORBLIN.............	50.
L'Amour (aux crayons noir et blanc)	D°	d°	250.
Diane et Actéon (aux deux crayons)	1857.	Vte THIBEAUDEAU........	330.
Vertumne et Pomone id.	D°	d°	149.
La Naissance de Bacchus id.	D°	d°	175.
Buste de jeune fille jouant avec un chat (pastel)..................	1859.	Vte X...............	290.
Jeune fille gardant des moutons....	1859.	Vte F. V....	50.
La Batteuse de beurre............	D°	d°	50.
Étude de jeune homme...	D°	d°	180.
Danse champêtre.................	D°	d°	80.
Un Amour......................	1860.	Vte B. N.................	190.
La Rêverie (pastel)	1861.	Vte X.....	175. Douteux.
Vénus et l'Amour (pastel).........	D°	d°	155.
Paysage avec figures.............	1862.	Vte E. BLANC	205.

CHARLIER

(JACQUES)

On le croit élève de Boucher, dont il a fait de très-belles copies. Celles qui sont exécutées sur ivoire trompent journellement, mais il n'en est pas ainsi de ses pastels, ni de ses reproductions à l'huile; ces dernières sont cotonneuses et sans ressort. Les arbres des fonds et même les figures ont une touche peinée et mesquine.

Ces défauts sont moins visibles dans les imitations où le pointillé remplace la touche; aussi les brocanteurs en profitent-ils pour les vendre sous le nom du maître, bien qu'il soit avéré que Boucher a fait peu ou presque point de miniatures.

Il en est de même de cette foule de gouaches qu'on lui attribue à tort.

BEAUDOIN

Né à Paris vers 1719, mort dans la même ville en 1769.

Ce peintre, gendre et élève de Boucher, a exécuté d'excellentes petites gouaches que l'on prend quelquefois pour des Boucher.

Les compositions de Beaudoin sont plus érotiques, plus décolletées, comme on dit aujourd'hui, que celles de son beau-père; son coloris est gris rosé; son dessin est sec et ses effets sont peu sentis; mais ses copies à l'huile n'ont pas les mêmes défauts; sans leur ton vineux et leurs paysages plus lourds, elles se rapprocheraient beaucoup de l'original. C'est à ces deux points qu'elles se reconnaissent, malgré les fausses signatures qui leur sont apposées.

SOLDINI

Florissait en 1755.

Cet imitateur est très-embarrassant à reconnaître et très-peu connu. Sauf un peu de mollesse dans le feuillé de ses arbres repiqué de vigueurs sur les lumières, sauf ses draperies qui affectent une forme anguleuse dans les cassures de plis, il serait souvent très-difficile de reconnaître ses pastorales, qui ont en quelque sorte la même liberté que celles de Boucher.

LE PRINCE

(JEAN-BAPTISTE)

Né à Metz en 1733, mort en 1781.

Le Prince imita Boucher avec assez de bonheur, surtout dans les scènes pastorales. On les reconnaît néanmoins à leurs repiqués et au lavé des plans : son dessin est plus rond et moins savant, sa couleur plus floue et sa touche plus vague.

HUET

(NICOLAS)

Né vers 1770.

Parmi les nombreux pastiches faits par ce peintre, il s'en rencontre qui ont quelque ressemblance avec Boucher, mais en général les paysages en sont mous et les figures d'un dessin roide et cerné.

PARISEAU

(PH. LOUIS)

Florissait en 1770, mort vers 1789.

On doit à cet excellent imitateur de Boucher une foule de dessus de porte à la couleur vineuse et aux contours accentués. Ils se reconnaissent à ces deux signes.

DESHAYES

(JEAN-BAPTISTE)

Né à Rouen en 1729, mort en 1765.

Deshayes, élève de Colin de Vermont et de Restout, puis de Van Loo, fut un assez bon peintre d'histoire; mais forcé de sacrifier au goût du temps, il fit des pastiches et des copies de Boucher, son beau-père. Ses contrefaçons ont un air de liberté qui tromperait facilement si son dessin avait plus de grâce et si sa touche était moins tranchante. Son empâtement, quoique bien nourri, diffère de celui de Boucher. Ce sont la plupart du temps des touches superposées, mais non fondues et passées l'une dans l'autre.

LELIE

(PIERRE)

Né à Paris en 1741, mort dans la même ville en 1810.

Après avoir étudié chez Boucher, Lelie devint son collaborateur, et, plus tard, le continuateur de sa manière. Il est plus lourd dans les fonds de paysage et dans les draperies. Son dessin est plus arrêté et sa couleur est plus grise.

MÉNAGEOT

(FRANÇOIS-GUILLAUME)

Né à Londres en 1744, mort à Paris en 1816.

Ménageot reçut des leçons d'Augustin, de Deshayes, de Boucher et de Vien. Des quatre manières de ses maîtres il s'en fit une à lui qui lui valut une assez grande réputation; ce qui ne l'empêcha pas cependant de reproduire Boucher dans des imitations qui trompent encore aujourd'hui; néanmoins, elles sont caractérisées par des expressions plus douces, des tons plus vaporeux, des draperies moins soutenues et un dessin plus académique.

Il existe encore quelques imitateurs et copistes au nombre desquels on compte : François Boucher fils, mort à Paris en 1781, et dont les tableaux, dans le genre de Lajouë, sont une exagération sèche et empâtée de la manière de son père; — Pierre, dont j'ai déjà fait mention plus haut au sujet de Natoire, et qu'on distingue facilement à sa couleur vineuse et briquetée; — Natoire lui-même, dont les productions ont quelque ressemblance avec Boucher, mais dont le petit goût de dessin et

la couleur froide indiquent de suite l'origine ; — Mettai, cet élève de
Boucher, le père de ces grisailles guindées, à la touche uniforme ; —
Juliard, cet autre disciple de Boucher, dont les paysages faits à l'em-
porte-pièce et les colombiers aigus ont quelque analogie avec ceux du
maître, tout en étant privés de cet esprit et de cette touche dégagée qui
les caractérisent ; — Desbarres, dont les copies, heureusement rares,
parce qu'il a peu vécu, sont aussi lâchées que maniérées ; — Schwiter
et ses imitations assez heureuses, mais dont le caractère a moins d'ampleur.

Je ne parlerai pas de ces dessus de portes, de ces pastorales frottées à l'essence, à la touche mince et aux ombres mesquines, triste produit des fabriques du temps, et dont la profusion a contribué pour
beaucoup à la révolte contre le talent de Boucher. Il serait également
inutile de répéter ce que j'ai dit au sujet des manufactures Tremblin et
Baccut dont les officines étaient situées sur le Pont-Neuf. Boucher a
triomphé du mauvais vouloir de certains exclusifs ; ses qualités supé-
rieures sont reconnues aujourd'hui, et il jouit de la faveur et de l'admiration des connaisseurs.

LES VAN LOO

On pourrait appliquer à toute la famille des Van Loo ce que Diderot disait de Carle : « Ils sont nés peintres comme on naît apôtre. » Aucun d'eux n'a ressenti, dans les écoles publiques qu'ils fréquentèrent, l'impulsion de ce sentiment élevé qui constitue les réputations glorieuses et impérissables ; il semble qu'ils ont été ce qu'ils devaient être : utiles au temps où ils vivaient, aux circonstances dont ils profitèrent, et presque nuls pour la gloire de l'art.

Suivant l'opinion générale, Jean-Baptiste, quoiqu'il eût beaucoup moins d'influence, aurait mieux mérité que son frère Carlo-Andrea, le droit de jouir de la gloire due au talent particulier à cette famille. Le Van Loo d'Espagne a été médiocre ; celui de Prusse l'a encore été bien davantage.

Voici la généalogie de cette nombreuse famille d'artistes, dont une partie est devenue française par la naturalisation et ses effets :

Jean Van Loo, né en 1585 à l'Écluse, en Hollande. (Fils de Charles.)

Jakob Van Loo, né en 1614 à l'Écluse, en Hollande, naturalisé Français vers 1660, mort en 1670. (Fils de Jean.)

Louis Van Loo, né à Amsterdam vers 1641 (avant la naturalisation de son père Jacob Van Loo), mort en 1713.

Jean-Baptiste Van Loo, né à Aix en 1684, mort dans la même ville en 1745. (Fils de Louis.)

Carlo-Andrea Van Loo, né à Nice (alors en Provence) en 1705, mort à Paris en 1765. (Fils de Louis.)

François Van Loo, né vers 1708, mort à Turin en 1739. (Fils de Jean-Baptiste.)

Charles-Amédée-Philippe Van Loo, né à Turin en 1715 ou 1718, mort vers 1788. (Fils de Jean-Baptiste.)

Louis-Michel Van Loo, né à Toulon en 1707, mort en 1771. (Fils de Jean-Baptiste.)

Jules-César-Denis Van Loo, peintre de paysage, né à Paris en 1743. (Fils de Carle.)

D'autres Van Loo ont existé, mais à l'état latent, et sans aucune indication précise. Tels sont : Louis, A. Van Loo fils et Louis Van Loo fils.

VAN LOO

(JEAN-BAPTISTE)

Né à Aix en 1684, mort dans la même ville en 1745.

La réputation de la famille des Van Loo commença avec celle de Jean-Baptiste, qui s'est distingué dans l'histoire et le portrait. C'est à Rome et à Turin qu'il a le plus développé son goût pour l'histoire; il travailla aussi en France, où il fit une multitude de portraits et de travaux d'histoire parmi lesquels il faut remarquer la restauration des cartons de Jules Romain, appartenant à la collection royale, ainsi que la galerie de François Ier au palais de Fontainebleau, où il se fit aider par Carle Van Loo, alors âgé de dix-huit ans, c'est-à-dire vers 1723 [1]. Son

---

1. Chardin fut du nombre des élèves de l'Académie que Van Loo employa à la restauration de ja galerie de François Ier. La convention portait qu'il les défrayerait de tout, qu'il leur donnerait ensuite cent sols par jour (prix honnête pour ce temps-là). Au retour, Van Loo, satisfait de leur travail et de leur zèle, leur donna un bon dîner et leur paya à tous le double du prix convenu. (*Mémoires de l'Académie.*)

Ajoutons que cette restauration fut loin de satisfaire les justes exigences des amateurs. Non-

talent est assez recommandable, eu égard à la propension de son époque
pour le goût maniéré. Sa touche est un peu grenue, mais son exécution
ne manque pas de charme.

VAN LOO

(CARLO-ANDREA)

VULGAIREMENT CARLE VAN LOO

Né à Nice (alors en Provence) en 1705, mort à Paris en 1765.

Carle offre dans ses compositions une image de la décadence italienne; plus méditées que senties, rien ne leur manque du côté technique;
on y remarque même des effets grands et nobles, quelquefois bien conçus et solidement exécutés. La pratique de ce peintre, libre, facile,
s'écartant en tout point de la simplicité du beau uniforme, sur laquelle
reposent toutes les parties constituantes de l'art, influença tellement
l'École française, que depuis lors elle devint toute systématique et con-
ventionnelle.

Cependant, malgré ces défauts, que l'on est autant en droit de
reprocher au siècle qu'à l'artiste, le talent de Van Loo est loin de mériter le dénigrement absurde dont il a été victime. Le goût actuel, moins
exclusif, l'a réhabilité et replacé au rang qu'il doit occuper parmi les
peintres français.

Son dessin est mou et a peu de caractère; ses draperies sont large-

seulement elle ne respecta pas ce qui restait du maître, mais elle devint lourde et terreuse au
point qu'il y a une quinzaine d'années le roi Louis-Philippe en fit enlever une partie par M. Cou-
der, membre de l'Institut; celui-ci dut renoncer à cette nouvelle restauration par suite d'appréciations plus ou moins sévères.

Cette tâche, reprise il y a quelques années par M. Alaux, également membre de l'Institut,
sera-t-elle mieux accomplie? Nous aimons à l'espérer.

ment ordonnées, son coloris est flatteur, parfois factice, son pinceau flou et moelleux.

Quoique Diderot ait affirmé que Carle Van Loo ne savait ni lire ni écrire, on trouvera au *Dictionnaire des Monogrammes* sa signature relevée sur ses productions authentiques.

VAN LOO

(LOUIS-MICHEL)

Né à Toulon en 1707, mort à Paris en 1771.

Élève de son père, Jean-Baptiste Van Loo, Louis-Michel en a suivi les traces. La mort de Ranc, premier peintre du roi d'Espagne, le fit appeler à cette cour.

Il est l'auteur du fameux portrait de Louis XV, en pied, dans le costume de saint Michel, dont il existe tant de copies. Son coloris n'est pas aussi heureux que celui de son oncle Carle, ses chairs sont briquetées, son dessin est un peu ampoulé, et sa couleur criarde.

Les productions des Van Loo paraissent rarement dans les ventes publiques; elles sont, la plupart, passées à l'étranger ou dans les résidences royales, les musées, les manufactures de tapisseries appartenant à l'État, les hôtels des grands seigneurs pour lesquels elles ont été exécutées. Lorsque par hasard elles sont mises à l'enchère, elles y sont accueillies avec beaucoup de faveur, notamment les portraits de femmes.

MUSÉE DU LOUVRE

Le musée de Paris en possède plusieurs : De Jean-Baptiste, deux, *L'Institution du Saint-Esprit* et *Diane et Endymion;* le premier taxé par les amateurs au prix de 10,000 fr., le second évalué 6,000 fr. De Carle Van Loo : *Le Mariage de la Vierge,* estimé 5,000 fr. lors des inventaires officiels de 1810 et de 1816, après avoir été acheté 4,000 fr. à la vente Tolozan (1801); *Apollon faisant écorcher Marsyas,* coté le même prix par les amateurs; *Énée et Anchise,* estimé en 1810 1,500 fr., après avoir été payé en 1729

4,020 fr. à la vente de L.-M. Van Loo, 2,000 à celle de M. Lalive de Jully, et 7,225 à celle du prince de Conti (1777). Ce dernier prix est celui où il est coté actuellement. *Une Halte de chasse*, dont la valeur est indiquée par le chiffre de 4,000 fr.; *Le Portrait de Marie Leczinska*, coté de 10 à 15,000 fr. De Louis-Michel Van Loo : *Apollon poursuivant Daphné*, estimé 2,000 fr.

MUSÉES DIVERS, GALERIES, ETC.

Musée de Versailles. — *Institution de l'ordre du Saint-Esprit.* — *Portrait de Louis XV.*

Musée d'Angers. — *Renaud et Armide.* — *Sainte Clotilde.*

Musée de Rouen. — *L'Adoration des Mages.* — *La Vierge et l'Enfant.*

Musée de Rennes. — *Portrait du maréchal de Brancas.* — *Jeune Saint crucifié* (école du maître). — *Tête au crayon noir et blanc, sur papier teinté.* — *Tête de moine au crayon rouge.*

Musée de Bordeaux. — *Auguste recevant les ambassadeurs de plusieurs peuples barbares.*

Musée de Nancy. — *L'Ivresse de Silène.* — *Portrait de Louis XV.*

Musée de Nimes. — *Portrait de la mère de l'artiste.* — *Portrait de l'artiste.*

Musée d'Épinal. — *Portrait de M. Peyronet.*

Musée de Cherbourg. — *Paysage (effet de neige).* — *La Mélancolie.*

Église de Sainte-Marthe, a Tarascon. — *La Mort de saint François d'Assise.*

Musée de Dresde. — *Pâris et Œnone.*

Musée de Rotterdam. — *Portrait d'un homme et de sa femme.*

Hampton-Court. — *Portrait de Frédérick, prince de Wales.*

Galerie du duc d'Aumale. — *Louis XIV,* d'après Rigaud (dessin). — *Jeune Femme jouant avec des enfants et leur distribuant des perles.*

PRIX DE VENTES

			fr.
Suzanne entre les deux vieillards..	1763.	Vte Carle Van Loo......	5,000.
Esquisse du même sujet...........	Do	do	400.
La Raison..	Do	do	632.
L'Exercice de l'Amour...........	Do	do	695.
Six Esquisses et un Plafond représentant la vie de saint Grégoire...	Do	do	5,000.
Noli me tangere...............	1769.	Vte Cayeux.............	600.
Saint Jean-Baptiste.............	Do	do	61.
Le Christ apparaissant à la Madeleine........	Do	do	600.
—	1772.	Vte Saint-Hubert........	1,600.
Le Contrat de mariage...........	1770.	Vte Lalive de Jully.....	1,200.
Énée et Anchise...............	Do	do	2,000.

			fr.	
Énée et Anchise................	1777.	Vte MICH. VAN LOO.......	4,320.	
—	1777.	Vte CONTI....	7,225.	Act. au Musée de Paris, où
Sainte Clotilde (esquisse)........	1772.	Vte L.-M. VAN LOO.	501.	il a été estimé 1,800 fr.
—	1777.	Vte DU P^ce DE CONTI......	400.	
—	1779.	Vte DE L'ABBÉ JUVIGNY....	360.	
Le Mariage de la Vierge..........	1774.	Vte BOISSET.	6,000.	
—	1782.	Vte BOILEAU.............		
L'Adoration des Bergers..........	1774.	Vte BOISSET.	4,800.	
—	1775.	Vte LEMPEREUR....	3,002.	
Joseph et Putiphar..............	1776.	Vte DE GAGNY.............	1,280.	
Nymphe au bain..	1777.	Vte THÉLUSSON	1,900.	
Femme turque jouant du luth.....	1778.	Vte DES DEUX PONTS.......	1,236.	
Érigone, à mi-corps.............	1778.	Vte JULIENNE.............	302.	
La Résurrection du Christ........	D^o	d^o	1,700.	
Médée et Jason (Mlle Clairon est peinte en Médée et Lekain en Jason)...	D^o	d^o	1,200.	
Bacha faisant peindre sa Maîtresse.	D^o	d^o	5,002.	Coll. de Presle.
—	1801.	Vte ROBIT...............	2,400.	Coll. Denon.
La Résurrection de Notre-Seigneur.	1778.	Vte JULLIENNE...........	1,700.	
—	1783.	Vte BÉLISARD	1,800.	
Vénus et l'Amour..............	1778.	Vte DULAC.	1,500.	
Bethsabé (83^c 1/4—99^c)............	1781.	Vte SOLLIER..	660.	
Les Arts implorant le Destin d'arrêter la Parque prête à couper le fil de la vie de Madame de Pompadour (64^c 1/2—75^c)..........	1782.	Vte DU Mis DE MÉNARS....	2,661.	
Allégorie sur la maladie de Madame de Pompadour...............	D^o	d^o	2,661.	
Les Quatre Arts.....	D^o	d^o	3,100.	
Jupiter et Antiope..............	D^o	d^o	3,151.	
Sara présentant Agar à Abraham (72^c—77^c).................	1787.	Vte Mis DE V.............	1,010.	
—	1791.	Vte LEBRUN...............	450.	
David et Saül (1^m,21—1^m,51).....	1792.	Vte DE LA REYNIÈRE......	800.	
Portrait de Frédéric II..........	1792.	Vte DU DUC D'ORLÉANS....	640.	
Clytie abandonnée par Apollon (83^c —1^m21).................	1838.	Vte SAINT-AUBIN.........	112.	Les chevaux sont de Parrocel.
Amour forgeant des flèches........	1852.	Vte DES HORTIES..........	361.	
Effet de lune.......	1856.	Vte MARTIN.............	301.	
Une Petite fille................	1838.	Vte PILLOT..............	400.	
L'Égrillard..................	D^o	d^o	590.	
Louis XIV à Trianon......	D^o	d^o	595.	
Dame de qualité du siècle de Louis XV	1838.	Vte D'ARBAUD DE JOUQUES.	380.	
Portrait de Marie de Lowendal....	1859.	Vte DEVERRE.............	290.	
La Peinture...	1860.	Vte X^***...............	265.	
Le Sommeil de Diane............	1862.	Vte Cte DE PEMBROKE.....	3,200.	
Quatre portraits d'hommes cuirassés portant la croix de Saint-Louis..	1862.	Vte DU Cte DE MENOU.....	775.	

DESSINS.

Suzanne et les deux vieillards (à la plume)...........	1760.	Vte CHARDIN...............	90.
La Conversation espagnole........	1860.	Vte E. N.................	120.

Au nombre des artistes qui peuvent être considérés comme les imitateurs des Van Loo, on compte :

LAGRENÉE

DIT L'AINÉ

(LOUIS-JEAN-FRANÇOIS)

Né à Paris en 1724, mort dans la même ville en 1805.

Lagrenée ne fut en quelque sorte qu'un rejeton dégénéré de l'école de Carle Van Loo, son professeur ; sauf quelques charmants petits tableaux de genre, sur lesquels du reste s'est établie sa réputation, il est d'une incorrection pitoyable. Son dessin est pauvre et maniéré ; l'heureuse disposition de ses groupes ne parvient pas à effacer le mauvais effet produit par son coloris, faux, tirant sur le rose et sur le gris.

TRÉMOLLIÈRE

(PIERRE-CHARLES)

Né à Chalet en Poitou vers 1703, mort à Paris en 1739.

Les imitations faites par Trémollière joignent à la grâce le vrai et le naturel du coloris. Elles se reconnaissent à leur dessin plus guindé que celui du maître, et à leur touche grenue et uniforme.

VERNET

(CLAUDE-JOSEPH)

Né à Avignon en 1714, mort à Paris en 1789.

Cet artiste eut deux manières distinctes : la première est vigoureuse et rappelle un peu celle de Salvator Rosa qu'il avait beaucoup étudié
en Italie. La seconde est plus française, c'est-à-dire plus claire. Il est
recommandable par un beau génie poétique, une savante perspective
aérienne et linéaire, une connaissance profonde des manœuvres de la
marine, de beaux ciels, de belles masses de fabriques; des sites grandement choisis, ornés de figures bien dessinées, spirituellement touchées; des actions naturelles et vraies, une exécution savante et d'une
merveilleuse facilité.

La quantité des tableaux peints par Joseph Vernet est prodigieuse. En outre des
nombreuses commandes dont il était chargé par l'État et les particuliers, il exécuta une
foule de petites toiles charmantes de simplicité et de touche, actuellement recherchées
par les amateurs et payées depuis 200 fr. jusqu'à 1,500 fr. Ses compositions capitales
apparaissent rarement dans le commerce, étant la plupart classées dans les musées et les
collections particulières, où elles sont évaluées de 10,000 à 25,000 fr., suivant leur importance et leur conservation.

L'extrait suivant donnera une idée du changement survenu entre les prix anciens et
ceux actuels :

« . . . . . Si l'on veut savoir le prix ordinaire de mes tableaux, le voici : de quatre
pieds de large sur deux et demi ou trois de haut, 1,500 fr. chaque. De trois pieds, et la
hauteur en proportion, 1,200 fr. De deux pieds et demi, 1,000 fr. De deux pieds, 800 fr.
De dix-huit pouces, 600 fr., et plus grands ou plus petits; mais il est bon de dire que

je fais beaucoup mieux quand je travaille en grand. » (6 mai 1765. Lettre de J. Vernet à
M. de Marigny, intendant de la maison du roi sous Louis XV.)

Comme on le voit, ces prix sont bien au-dessous de ce que l'on peut offrir aujour-
d'hui à des paysagistes bien inférieurs à Vernet.

MUSÉE DU LOUVRE

Deux vues du port de Marseille. Est. off. (1810), 48,000 fr. les deux. — *Port de
Dieppe.* Est. off. (1810), 24,000 fr. — *Golfe de Bandol.* Est. off. (1810), 24,000 fr.
— *Rade d'Antibes.* Est. off. (1810), 24,000 fr. — *Port-Neuf à Toulon.* Est. off. (1810),
18,800 fr. — *Rade de Toulon.* Est. off. (1810), 18,000 fr. — *Vieux port de Toulon.* Est.
off. (1810), 20,000 fr. — *Ville et port de Bordeaux.* Est. off. (1810), 20,000 fr. — *Ville
et port de Bordeaux.* Est. off. (1810), 20,000 fr. — *Port de Cette.* Est. off. (1810),
15,000 fr. — *Port de Bayonne,* Est. off. (1810), 15,000 fr. — *Port et ville de Bayonne.*
Est. off. (1810), 15,000 fr. — *Port de La Rochelle.* Est. off. (1810), 24,000 fr. — *Port
de Rochefort.* Est. off. (1810), 24,000 fr. (Les quinze tableaux qui précèdent, commandés par le roi au prix de 6,000 fr. chaque, furent estimés. en 1816, par les experts du
Musée, 375,000 fr.) — *Paysage avec animaux.* Coll. Louis XV. Est. off. (1816),
30,000 fr. — *Le Gué.* Coll. Louis XV. Est. off. (1816), 30,000 fr. (Ce tableau, qui a beaucoup souffert, a été repeint il y a cinquante ans par un restaurateur inhabile. En enlevant
la restauration, on retrouverait peut-être le maître.) — *Entrée d'un port vu de la mer.*
Coll. Louis XVIII. Est. off. (1817), 15,000 fr. (Vendu par M. Quatresols de La Hante
(1818) 100,000 fr. avec dix autres tableaux, deux italiens et huit flamands.) — *Siége
de La Rochelle.* Coll. du comte de Brienne. Coll. Louis XV. Est. off. (1810), 6,000 fr. —
Le Pas de Suse. Coll. Louis XV. Est. off. (1816), 6,000 fr. — *Vue de la ville de Dieppe.*
Est. off. (1810), 20,000 fr. — *Marine, le Naufrage, les Pêcheurs* (moins beaux). (Vendus
par M. Bergeret 9,400 fr.) Est. off. (1810), 15,000 fr., (1816), 15,000 fr. — *Paysage
(clair de lune).* Est. off. (1816), 4,000 fr. — *Marine, le Matin ou la Pêche* (commandés
avec les trois suivants par le Dauphin, père de Louis XVI, et payés 4,800 fr.). Coll.
Louis XV. Est. off. (1810), 8,000 fr.; (1816), 8,000 fr. — *Le Midi ou la Tempête.* Coll.
Louis XV. Est. off. (1816), 12,000 fr. — *Le Soir ou Coucher du soleil.* Coll. Louis XV.
Est. off. (1810), 8,000 fr.; (1816), 8,000 fr. — *La Nuit ou Clair de lune.* Coll. Louis XV.
Est. off. (1810), 8,000 fr.; (1816), 8,000 fr. — *Vue du pont et château Saint-Ange.* Coll.
du duc de Choiseul. Cab. de M. Boutin. Est. off. (1816), 2,000 fr. — *Ponte Rotto à Rome.*
Est. off. (1816), 2,000 fr. — *Vue d'un port de mer voilé par une brume.* Coll. Louis XV.
Est. off. (1810), 100,000 fr.; (1816), 80,000 fr. — *Port de mer (effet de soleil),* ovale.
Coll. Louis XV. Est. off. (1816), 15,000 fr. — *Paysage avec rivière.* Coll. Louis XV.
Est. off. (1816), 15,000 fr.

MUSÉES DIVERS, GALERIES, ETC.

MUSÉE DE CAEN. — *Marine (effet de lune).*

MUSÉE DE TOULON. — *Le Torrent.*

MUSÉE DE NANTES. — *Marine (coup de vent).* — *Marine vue entre deux rochers.*

MUSÉE DE NÎMES. — *Vue prise près d'El-Castel.* — *Marine.*

MUSÉE DE BORDEAUX. — *Marine (effet de nuit).*

MUSÉE DE LILLE. — *Marine par un temps calme.*

MUSÉE DE LYON. — *Marine (esquisse).*

MUSÉE DE CHERBOURG. — *Paysage avec laveuses de linge.*

MUSÉE DE ROTTERDAM. — *Port italien au clair de lune.*

MUSÉE DE LA HAYE. — *Une Tempête.* — *Une Cascade.*

PINACOTHÈQUE DE MUNICH. — Plusieurs marines.

MUSÉE DU ROI, A MADRID. — Trois paysages.

MUSÉE DE L'ERMITAGE. — Dix-sept compositions.

NATIONAL GALLERY. — *Vue d'un port.* — *Vue du fort Saint-Ange.*

DULWICH-COLLEGE. — *Vue de Rome.*

GALERIE BORGHÈSE. — Huit paysages ou marines.

MUSÉE DE DRESDE. — *Une Ville en flammes sur le bord d'un fleuve.*

GALERIE ELLESMERE. — *Vue des côtes de Naples* et son pendant.

GALERIE BEDFORD. — *Coucher de soleil.* — *Marine (effet d'orage).*

COLLECTION E. J. IRELAND. — *Paysage avec figures.*

AU DUC DE BUCCLEUC. — Un paysage.

COLLECTION BURLINGTON. — Deux pendants.

A LORD ELGIN. — Une belle composition.

COLLECTION HENDERSON. — Une charmante toile.

COLLECTION SEYMOUR. — *Une Vue avec figures.*

A LORD YARBOROUGH. — Une belle composition.

COLLECTION ROBART. — *Le Port de Gênes.* — Son pendant.

COLLECTION DE M. LE COMTE DE BUDÉ. — *Paysage-Marine.*

CHEZ M. LE BARON DE BRIMONT. — *Site d'Italie.*

CABINET DU COMTE CZERNIN. — Une marine.

COLLECTION CAMPBELL. — *Vue prise à Sorrente.*

COLLECTION M'LELLAN. — *Une Vue d'après nature.*

A M. FURTADO. — Une marine.

COLLECTION MILES. — Une marine.

COLLECTION SUFFOLK. — Trois paysages.

CABINET BURAT. — Plusieurs compositions.

COLLECTION NORTHWICK — Une belle composition.

Collection Shrewsbury. — Une belle composition.

Collection Harford. — Une belle marine et son pendant.

Au marquis d'Exeter. — Une belle composition.

PRIX DE VENTES

			fr.	
Deux pendants....	1752.	Vte Davoust	3,002.	
Deux marines	1763.	Vte Peilhon.............	1,830.	
La Grecque sortant du bain	Do	do	800.	
Un Turc regardant pêcher				
Port de mer........	Do	do	1,858.	
—	1767.	Vte Julienne.............	3,015.	
Vue d'Avignon..................	1763.	Vte Peilhon........	4,000.	
—	1777.	Vte de Boisset...........	4,999	95 c.
Deux marines paysages........	1765.	Vte Villette	3,635.	
Le Jeu de lance	Do	do	6,070.	
Une Tempête.................				
La Vigne Panfili	Do	do	1,302.	
La Vigne Ludovisi....				
Un Incendie..............	Do	do	1,680.	
Vue de Tivoli	1767.	Vte Julienne.............	2,650.	
La Fin d'un orage..............	1770.	Vte Lalive de Jully.....	5,001.	
Port de Civita-Vecchia				
Clair de lune.......	Do	do	500.	
Deux marines	1770.	Vte Baudoin..	810.	
Deux marines........	1773.	Vte Caylus.............	1,700.	Signé : Rome, 1748.
Mer agitée..................	1773.	Vte Lempereur........ ...	2,000.	
Montagnes (soleil couchant)......	Do	do	2,000.	
Naufrage (midi)..............	1774.	Vte Dubarry.............	7,850.	
Naufrage (soleil couchant)				
Marine..................	Do	do	2,350.	
Marine...	1776.	Vte de Gagny...	1,220.	
Une Tempête	1777.	Vte Thélusson	6,101.	
Tempête......................	1777.	Vte de Boisset..........	18,540.	
Calme.............				
Chasse aux canards	Do	do	3,999	95 c.
Coup de vent. — Pêcheurs (30c —				
43c 3/4)......	Do	do	3,300.	
—	1780.	Vte de Changran	4,000.	
Marine....................	1777.	Vte de Conti............	2,101.	
Paysage.....................				
Ville incendiée (clair de lune)......	Do	do	1,600.	
Château Saint-Ange............	Do	do	5,200.	
Ponte Rialto....................				
Deux marines..................	Do	do	5,900.	
Clair de lune..................	Do	do	733.	
Sauvetage d'un vaisseau echoué				
(40c 1/2 - 64c 1/2)..............	1780.	Vte de Senneville.......	2,000.	
Femmes se baignant au bord d'un				
canal (28c 1/2—40c)............	1780.	Vte Chardin.............	1,200.	

			fr.	
Port de mer (soleil couchant) (43e 1/4—61e 1/2).................	1780.	Vte SOUFFLOT.............	4,013.	
Paysage au bord de la mer........	} 1782.	Vte DE MENARS...........	3,500.	
Une Tempête				
Une Tempête (1751)..............	} De	do	6,621.	
Paysage (86e—1m,36)............		do	3,500.	
Les Baigneuses (61e 1/2—80e 1/2)...	1783.	Vte TONNELIER...............	4,701.	Coll. Choiseul et Conti.
Calme	} 1784.	2e Vte DE SENNEVILLE	5,193.	
Tempête (54e--80e 1/2)				
Un Soleil couchant	} 1784.	Vte DE MERLE.............	9,500.	
Effet de pluie (1m,28—1m,60)......				
Clair de lune.....................				
Deux soleils couchants...........				
Une Marine......................				
Une Tempête.....................	1784.	Vte VAUDREUIL.....	68,000.	Ils avaient coûté 80,000 fr.
Un Coup de vent..................				
Le Temple de Tivoli.............				
Un Feu d'artifice (2m,90—1m,98)...				
Tempête...........	} 1788.	Vte DE CALONNE.	7,500.	Exposé en 1787.
Beau Fort				
Temps calme	} 1793.	Vte CHOISEUL-PRASLIN....	5,500.	
Tempête......................				
Marine (soleil couchant)..	De	do	3,001.	
Soleil couchant.................		Vte POPE.............	6,430.	
Tempête (31pouces—41pouces)......	1793.	2e Vte LA REYNIÈRE.......	8,000.	
Vue des environs de Naples.......	1795.	Vte DE CALONNE..........	4,331.	
Paysage	} 1800.	Provt de la Gal. du Pal.-Roy.	4,292.	
Marine......................	De	do	2,617.	
Artémise au tombeau de Mausole (gouache)..................	1801.	Vte TOLOZAN..........	301.	Coll. Conti.
Les Italiennes laborieuses........	1801.	Vte ROUIT	1,900.	
Mer agitée (orage)..............	De	do	2,015.	
Vue de Tivoli	De	do	3,820.	} Peints pour M. Reygnier, consul à Gènes.
Rade de Naples (pendant du précédent)..................	De	do	4,500.	
Port de mer par un temps calme..				
Paysage avec rivières (dessins à la plume et au bistre)...........	} 1803.	Vte POULLAIN............	851.	Coll. Lamure.
Un Naufrage..................				
Port d'Italie par un temps calme (51e 1/4—80e).................	} 1805.	Vte MAURIN	3,902.	Coll. Tolozan.
La Chasse au canard (65e—82e)....	1807.	Vte NOGARET.............	2,800.	
La Ville et le port de Beaucaire (90e 1/2—1m,60).................	1812.	Vte CLOS......	2,160.	
Le Triomphe de Paul-Émile (plus de 125 figures; 4m,21—1m,23).	1812.	Vte VILLERS.............	1,000.	
Incendie dans un port de mer (85e —1m,34).................	1819.	Vte Mlle THEVENIN........	1,003.	
Les Cascatelles de Tivoli..........	1820.	Vte DE LAPERRIÈRE.......	7,053.	
Tempête sur les côtes d'Italie (1m,12 --1m,45).................	1833.	Vte SIROT...............	4,900.	
Une Tempête (1m,92—1m,28)......	1831.	Vte J. LAFFITTE..........	3,090.	
Vue d'une rade (soleil couchant)...	1837.	Vte Duc de BERRY......	1,350.	
Les Cascatelles de Tivoli (pendant du précédent)........	De	do	3,150.	

			fr.	
Paysage	1837.	Vᵗᵉ Duᶜˢˢᵉ DE BERRY	2,030.	
Marine	Dᵒ	dᵒ	2,010.	
Entrée d'un port (soir)	1841.	Vᵗᵉ PERRIGAUX	2,150.	
Vue d'une anse (matin)	Dᵒ	dᵒ	2,400.	
Vue d'une anse	Dᵒ	dᵒ	2,400.	
Entrée d'un port	Dᵒ	dᵒ	2,150.	
Paysage	1844.	Vᵗᵉ X	576.	
Vue prise dans la Sabine }	1845.	Vᵗᵉ FESCH	1,485.	
Site d'Italie }				
Marine	Dᵒ	dᵒ	310.	
Son pendant	Dᵒ	dᵒ	178.	
Une Marine (tempète)	1845.	Vᵗᵉ MEFFRE	420.	Au marquis de Bethisy.
Les Quatre heures du jour (esquisses peintes pour Hubert Robert)	1852.	Vᵗᵉ X	217.	
Paysage montagneux baigné par une rivière	1852.	Vᵗᵉ Cᵗᵉ DE R'''	420.	
Vue de Tivoli	1855.	Vᵗᵉ COLLOT	3,000.	
Marine	Dᵒ	dᵒ	2,325.	
Autre Marine	Dᵒ	dᵒ	920.	
Vue des cascades de Tivoli	1855.	Vᵗᵉ DEVERRE	420.	
Une Tempète	1856.	Vᵗᵉ BAROILHET.	262.	
Tempète	1857.	Vᵗᵉ DE RAGUSE	860.	
Les Baigneuses	Dᵒ	dᵒ	800.	
Incendie d'un port	Dᵒ	dᵒ	235.	
Paysage-marine (58ᶜ—80ᶜ)	1859.	Vᵗᵉ SAINT-MARC	650.	
Pécheurs	1859.	Vᵗᵉ NORTHWICK	3,120.	
Marine (53ᶜ—64ᵗ)	1860.	Vᵗᵉ PIÉRARD	2,800.	
Paysage (96ᶜ—1ᵐ,34)	Dᵒ	dᵒ	160.	
Les Cascades de Tivoli (97ᶜ—1ᵐ,35)	Dᵒ	dᵒ	5,000.	
Cascatelles de Tivoli	1861.	Vᵗᵉ LEROY D'ÉTIOLLES	610.	

Parmi ceux qui ont le plus adroitement copié et imité Joseph Vernet, on distingue :

LACROIX

ÉLÈVE DE JOSEPH VERNET

Lacroix, sur qui les biographes se sont peu étendus, fut un des meilleurs imitateurs de Joseph Vernet; sans sa touche, qui est moins franche, sans ses figures, qui sont moins bien dessinées et touchées d'une façon aiguë, on confondrait souvent ses marines et ses paysages avec ceux du modèle.

ROBERT

(HUBERT)

Né à Paris en 1733, mort dans la même ville en 1808.

Peu d'artistes ont peint avec autant de facilité les ruines et le paysage. Ses tableaux sont d'un excellent goût; il a su y faire ressortir, dans un ton vrai, la trace que les siècles laissent après eux sur le marbre et sur la pierre. Cette manière originale, qui tient beaucoup de son maître Panini, ne se retrouve plus dans les imitations qu'il nous a laissées de Joseph Vernet. Ses paysages avec cascades, ses marines avec fabriques, ont tous un cachet plus lâché que celui du maître. On sent qu'ils sont faits à la hâte et sans méditation. Sa touche est plus tranchante et son dessin plus maniéré; ses figures, dans le genre de Boucher, sont trop croquées et présentent un ensemble disgracieux.

HUE

(J.-F.)

Mort en 1823.

Les marines-paysages de Hue passent souvent pour être de Vernet, quoique leur touche soit plus timide, leur couleur moins pétillante, leur feuillé plus recherché et plus pointillé. Les ciels de ses tableaux sont tout différents de ceux de Vernet, dont les masses à grande tournure, les empâtements parfois cernés, mais toujours gracieux de lignes, ont un caractère inimitable.

CRÉPIN

(LOUIS-PHILIPPE)

Né à Paris en 1772.

Ce peintre, élève de J. Vernet et d'Hubert Robert, les imita tous deux avec beaucoup de bonheur. Ce n'est point assurément d'après la foule des dessus de portes qu'il a exécutés dans les divers hôtels de la capitale qu'il faut juger de son talent, mais d'après ses marines-paysages peintes avec réflexion.

Sa touche est plus aiguë que celle de ses deux maîtres; ses plans sont lavés et se soutiennent d'une manière factice; ses figures ressemblent plus à celles de Robert qu'aux figures de J. Vernet, et sont encore plus mal exécutées que celles de Robert.

18

VIEN

(JOSEPH-MARIE)

Né à Montpellier en 1716, mort à Paris en 1809.

La manière de cet artiste, que l'on considère comme le restaurateur de l'art français, est large et facile ; elle tient à la fois de celles du
Dominiquin et de Le Sueur. Son dessin est correct, son style noble et
simple, son coloris aérien, transparent, sa touche grasse et nourrie ; ses
draperies sont bien agencées, et ses airs de tête d'une gaieté charmante
et d'une excellente exécution.

Ses tableaux de moyenne dimension sont assez rares. La plupart font l'ornement des
musées de France. Celui de Paris en possède quatre, dont deux seulement ont été exper-
tisés en 1816. Le premier, *Saint Germain et Saint Vincent.* est taxé à 4.000 fr.; le second.
l'Ermite endormi, ne dépasse pas 2,000 fr. Quant à ses têtes d'expression et ses dessins.
ils sont innombrables, mais atteignent un faible prix ; les têtes varient entre 100 fr. et
400 fr.; les dessins ne dépassent pas 100 fr.

MUSÉES DIVERS, GALERIES, ETC.

Musée de Rouen. — *Portrait du peintre et de sa femme. — La Colère d'Achille.*
— *Tête de Vieillard. — Invocation à la Vierge.*
Musée d'Angers. — *Le Corps d'Hector ramené à Troie.*
Musée d'Orléans. — *La Résurrection. — Une Tête d'ermite.*
Musée de Versailles. — *Portrait du maréchal Jourdan.*
Musée de Caen. — *Tithon et l'Aurore.*
Musée de Nîmes. — *Jésus-Christ crucifié.*
Église Sainte-Marthe a Tarascon. — *La Résurrection de Lazare. — L'Embar-*

quement de sainte Marthe. de Marie-Madeleine, de Lazare et de Maximin. — Le Débarquement de sainte Marthe à Marseille. — Sainte Marthe prêchant l'Évangile à Tarascon. — Mort de sainte Marthe. — Ensevelissement de sainte Marthe.

PRIX DE VENTES

Suzanne et les deux Vieillards, 1770, Vte Lalive de Jully, 300 fr. — Femme sortant du bain. 1772, Vte Choiseul, 2,650 fr.; 1854, Vte Servatius, 2,050 fr. — Le Coucher de la mariée grecque. 1803, Vte Jourdan, 1,525 fr. — La Charité romaine. 1845, Vte Fesch, 93 fr. — Offrande à Bacchus. 1854, Vte Servatius, 995 fr. — La Mélancolie. 1859, Vte Saint-Marc. — Jeune femme sortant du bain. 1861, Vte Rhoné, 1,520 fr. Est-ce le tableau dont il est parlé plus haut? La Chaste Suzanne, cab. de M. le comte de Nattes. Serait-ce le tableau de la Vte Lalive de Jully?

Parmi les peintres qui ont cherché à imiter sa manière, il faut remarquer :

LEMONNIER

(ANICET-CHARLES-GABRIEL)

Né à Rouen en 1743, mort en 1824.

Élève de Vien, Lemonnier a beaucoup approché de son maître dans ses têtes d'étude ou d'expression; néanmoins, son coloris plus opaque, son dessin plus roide le décèlent assez facilement.

GREUZE

(JEAN-BAPTISTE)

Né à Tournus en Bourgogne en 1725, mort à Paris en 1805.

Greuze, considéré à juste titre comme le peintre des passions de l'âme, n'a pas d'égal dans l'École française; il n'a eu ni devanciers ni successeurs capables de remplir sa place; ses drames larmoyants l'ont fait appeler le *La Chaussée de la peinture*; l'énergie de ses caractères lui a valu le titre du *Hogarth français*. Il a en effet réuni ces deux talents, mais il a été plus vrai et plus original.

Greuze s'est suffi à lui-même; il puisait dans son intarissable génie chacune de ses productions; ses personnages ne sont ni des rois ni des héros, il les a choisis dans les classes du peuple; c'est là qu'il a été étudier les expressions diverses des passions humaines, c'est là qu'il a saisi l'art de parler au cœur, de donner du charme à la vertu et de la faire aimer.

Si le plan de cet ouvrage permettait de donner la biographie de ce peintre si modeste, ce serait assurément une des plus émouvantes pages qu'il soit donné d'écrire, car rien n'égale les péripéties de cette vie agitée, finissant dans la misère après avoir doté son pays de chefs-d'œuvre. Profond moraliste, cet homme extraordinaire, supérieur de beaucoup à ses contemporains du côté du génie, a laissé à la postérité une galerie de scènes morales qui sera toujours estimée des amis des arts. On y admire ses têtes vigoureusement dessinées, remplies d'âme et de verve, et décelant une profonde étude de l'anatomie. Sa composition scénique, ses plans énergiquement accusés, son coloris suave et harmonieux, sa touche légère dans les ombres, vigoureusement empâtée dans les clairs, irrégulière, acérée quelquefois, feront le désespoir des copistes et l'admiration des véritables connaisseurs.

On lui reproche, il est vrai, des draperies lourdes, tranchantes, mais sans réfléchir sans doute que ces négligences proviennent d'un calcul justifié par le résultat. En effet, pour qui connaît la loi des contrastes, il reste avéré que cette lourdeur augmente la légèreté des carnations, et que leur ton laiteux, dans lequel sont passés des frottis bleuâtres et violacés, ajoute à la transparence et à l'éclat des chairs qu'elles accompagnent.

Greuze eut plusieurs manières : la première, contractée chez Grandon, est dure et sèche, mais elle renferme le germe du talent inépuisable qu'il acquit plus tard en la modifiant, et en remplaçant la dureté par l'énergie, la sécheresse par des empâtements savants, accompagnés de tons violacés. C'est là sa seconde manière. La troisième est douce, presque léchée et vineuse, mais dans les chairs seulement, car les draperies, par suite du parti pris dont j'ai parlé plus haut, conservent toujours ce caractère anguleux et empâté qui n'appartient qu'à lui seul.

Greuze a rarement signé ses tableaux ; néanmoins, on trouvera dans le *Dictionnaire des Monogrammes* trois signatures relevées sur des tableaux d'une originalité incontestable.

Quoique Greuze ait beaucoup travaillé, ses œuvres sont excessivement rares dans le commerce, car il faut en défalquer celles qui sont impudemment cataloguées et vendues sous son nom. Ses tableaux, ainsi que ceux de Watteau, eurent leurs bons et leurs mauvais jours. Après avoir joui de l'estime des amateurs, ils furent tellement proscrits par l'École davidienne, que le prix moyen de ses études ne dépassa pas CINQ FRANCS à sa vente (1804)! Ce sont les mêmes que l'on vend actuellement de 500 à 3,000 fr.

Profitant de cette défaveur, les étrangers en firent une ample récolte, principalement les Anglais. Il y a loin de cette proscription à l'engouement actuel. Maintenant les prix de ses œuvres paraissent être à leur apogée.

Le moindre tableau de Greuze est toujours sûr de trouver un acquéreur, le prix en fût-il exagéré. La cote suivante en offrira plusieurs exemples.

MUSÉE DU LOUVRE.

L'Accordée de village, 1774, Vte Randon de Boisset, 9,000 fr.; 1782, Vte Marquis de Marigny, 16,650 fr. Est. off. (1840) 45,000 fr.: (1846) 30,000 fr. Valeur actuelle de 80 à 100,000 fr. — *La Malédiction paternelle,* 1720, Vte de Villeserre. 5,000 fr. Est. off. 40,000 fr. Valeur actuelle 100,000 fr. — *Le Fils puni.* 1785, Vte Marquis de Verri, 21,000 fr.; 1813, Vte Laneuville, 15,000 fr.; 1820, Vte de Villeserre, 5,000 fr. Est. off. 40,000 fr. Valeur actuelle, de 80 à 100,000 fr. — *La Cruche cassée.* 1785, Vte Marquis de Verri, 3,001 fr. Valeur actuelle, de 50 à 60,000 fr. — *Portrait de Greuze tête nue et en robe de chambre bleuâtre.* 1769, Vte Lalive de Jully, 300 fr.; acheté en 1820 de M. Spontini, 2,000 fr. — *Jeune Fille* (étude). — *Jeune Fille* (étude). — *Sévère et Caracalla.* — *Portrait de Jeaurat.* 1724, Vte Fleury, 1,800 fr.

MUSÉES DIVERS, GALERIES, ETC.

Musée de Nantes. — *Portrait de femme.* — *Portrait du Comte de Saint-Morys enfant.* — *Portrait de M. de Saint-Morys en costume du Parlement de Paris.*

Musée d'Angers. — *Jeune Fille.*

Musée de Nîmes. — *Tête de vieille Femme.*

Musée de Lyon. — *Portrait de l'artiste.*

Musée de Montpellier. — *Le Gâteau des Rois.* — *La Prière du matin.*

Musée de Cherbourg. — *Portrait du baron Denon.*

Musée de l'Ermitage. — *Le Paralytique servi par ses enfants.*

Musée de Rotterdam. — *Jeune Femme avec son enfant.*

Cabinet particulier de la reine d'Angleterre. — *Une Mère au milieu de ses enfants.* — Deux autres toiles. — *Une charmante Tête d'expression.*

National Gallery. — *Tête de jeune Fille.*

Au marquis Maison. — *Sainte Marie l'Égyptienne.*

Au comte de Chasseloup-Laubat. — *Étude de jeune fille pour la Fille grondée.*

A M. Heine. — *Jeune Garçon tenant une pomme* (Vte Patureau).

Galerie Lansdowne. — *Tête de jeune Fille.*

Buckingham Palace. — Trois charmantes têtes de jeunes filles.

Hampton-Court. — *Madame de Pompadour.*

Collection Delessert. — *La Lecture de la Bible.* — *Jeune Fille à mi-corps.*

Collection Gilbert de Paris. — *Le Donneur de chapelets.* — *La Blanchisseuse.*

Collection Bonnet. — *Danaé* (coll. Rhoné).

A Sir Th. Kibble. — *Portrait de la Fille de l'artiste.*

A M. R. S. HOLFORD. — *Jeune Fille tenant une colombe.*

AU REV. TH. IDERTON. — *Bacchante.*

COLLECTION BANKES. — *Jeune Fille.*

COLLECTION NORMANTON. — Plusieurs têtes de jeunes filles.

COLLECTION E. W. LAKE. — *L'Enfant boudeur.*

COLLECTION MORRISSON. — Une Étude.

COLLECTION RUSSELL. — *Tête d'Enfant.*

COLLECTION ROBART. — *Jeune Fille.*

COLLECTION BAXALL. — Une charmante composition.

A LORD OVERSTONE. — *Tête de jeune Fille.*

COLLECTION LORD MURRAY. — Quatre toiles charmantes.

COLLECTION LABOUCHÈRE. — *Tête de jeune Fille.*

COLLECTION BARDON. — *Jeune Fille.*

COLLECTION ROTHSCHILD DE LONDRES. — *Jeune Fille rêveuse,* achetée 25,000 fr. à M. le marquis de la Baume-Pluvinel. — Plusieurs têtes d'expression.

CABINET DE M. LE COMTE DE NATTES. — *Portrait de la Fille du peintre.*

COLLECTION LÉON DE LABORDE. — *La Mère bien-aimée.* — *Buste de madame d'Espars, née Pauline de Laborde.* — *Portraits de M. Joseph de Laborde et de sa famille.*

CABINET TRILHA. — *Le Gâteau des Rois* (esq. du tableau du musée de Montpellier).

COLLECTION DUCLOS. — *Portrait du peintre à l'âge de quarante ans.*

GALERIE D'AREMBERG. — *Buste de jeune Fille.*

GALERIE WEYER DE COLOGNE. — *Une Cuisinière plumant des pigeons.* — *Le Père de famille lisant la Bible.*

CABINET DU COMTE DE SCHÉRÉMÉTEFF A SAINT-PÉTERSBOURG. — *Plusieurs Têtes.*

COLLECTION CHAIX D'EST-ANGE. — *Portrait du prince de Talleyrand.*

GALERIE ESTERHAZY. — *Paysanne apportant des provisions à un Ermite.*

GALERIE JAMES DE ROTHSCHILD. — *La Laitière* (pendant de la *Cruche cassée*). — *Le Ménage de l'ivrogne.* — Plusieurs têtes d'expression.

COLLECTION BARING. — *Tête de jeune Garçon.*

A LORD HERTFORD. — *Le Miroir cassé.* — *Tête de jeune Fille* (payé 22,500 fr.). — *Tête d'expression* (collection Hope.) — *La Prière à l'Amour.* — *Le Malheur imprévu.*

COLLECTION IARBOROUGH. — *Une Jeune Fille.*

COLLECTION Mrs MILLS. — *Plusieurs Têtes d'expression.*

COLLECTION MORRISON. — *La Jeune Fille aux fleurs.*

CABINET ADOLPHE FOULD. — *La Petite Fille à la poupée* (étude).

COLLECTION FORSTER. — *La Jeune Fille au chien* (collection Choiseul et Wattson Taylor).

CABINET BURAT. — *Un Portrait.*

COLLECTION WYNN ELLIS. — *La Jeune Fille* (coll^s Coventry et de Morny).

Collection Wombwell. — *La Naïveté,* et une autre composition (ovales).
Cabinet Colmaghi, de Londres. — *Le Navigateur La Pérouse.*
Collection Galton. — *Une Tête d'expression.*
A la Royale Institution d'Édimbourg. — *Un Intérieur rustique.*

PRIX DE VENTES

			fr.	
La Jeunesse studieuse	1764.	Vte J.-B. de Troy	250.	
Le Polisson	Do	do	152.	
Petite Fille lisant la croix de Jésus.	1767.	Vte Julienne	634.	
Le petit Dessinateur	Do	do	180.	
La Lecture de la Bible	1769.	Vte Lalive de Jully	1,750.	
—	1777.	Vte Randon de Boisset	6,750.	
—	1812.	Vte Clos	4,415.	Act. à M. Delessert.
L'Aveugle trompé par sa femme	1770.	Vte Lalive de Jully	2,300.	
—	1793.	Vte Choiseul-Praslin	1,000.	
—	1835.	Vte lord Tornshend	1,395.	Act. chez L. John Cule.
L'Enfant boudeur	1770.	Vte Lalive de Jully	320.	
—	1779.	Vte Trouard	1,200.	Act. chez M. E. W. Lake.
Jeune Garçon s'endormant sur un	1770.	Vte Lalive de Jully	1,540.	
livre ouvert	1793.	Vte Julliot. (En assignats).	10,001.	La Tricoteuse soule.
Jeune Fille qui s'endort en tricotant	1819.	Vte Mlle Thévenin	2,400.	
(64e—54e)	1821.	Vte Lafontaine	3,100.	Do
Le Bijou	1770.	Vte Lalive de Jully	500.	
—	1809.	Vte lord Rendfesham	1,050.	
La Modestie	1770.	Vte Lalive de Jully	1,800.	
Autre buste de femme	1777.	Vte Randon de Boisset	4,800.	
La Modestie seulement	1782.	Vte Lebœuf	2,982.	
La Dévideuse	1770.	Vte Lalive de Jully	950.	
—	1772.	Vte Choiseul	1,600.	
—	1787.	Vte Bandeville	2,605.	
La Jeune fille au chien	1772.	Vte Choiseul	7,200.	
—	1777.	Vte Dubarry	7,200.	
—	1785.	Vte marquis de Verri	7,200.	
—	1795.	Vte Duclos-Dufresnoy	140,000.	En assignats.
—	1802.	Vte Montaleau	8,015.	
—	1832.	Vte W. Taylor	17,734.	Act. à M. Ed. Forster.
La Prière à l'Amour (1m,45—1m,12).	1772.	Vte Choiseul	5,000.	
—	1777.	Vte Conti	5,650.	Un tableau portant à peu
—		Vte Serrville	4,000.	près le même titre s'est vendu 1,950 fr. à la Vte
—	1782.	Vte Lebœuf	3,600.	Dubarry, en 1776, et
—	1784.	Vte Dubois	3,650.	2,081 fr. à celle Dulac.
—	1845.	Vte Fesch	33,880.	Act. au marquis d'Hertford.
La Voluptueuse	1772.	Vte Choiseul	2,500.	
—	1777.	Vte Conti	3,600.	
—	1774.	Vte Paillet	1,081.	
Le Gâteau des Rois	1777.	Vte Thélusson	1,081.	
—	1795.	Vte Duclos-Dufresnoy	6,610.	En assignats.
—	1802.	Vte Montaleau	6,650.	
—	1809.	Vte Emler	7,000.	
—	1815.	Vte Stanley	4,764.	Act. au musée de Montpellier.

			fr.	
Buste de jeune Fille grecque..... ..	1771.	Vte DUBAURY............	100.	
Tête de Savoyarde..............	1775.	Vte marquis DE FELINO...	700.	
Le Malheur imprévu............	1777.	Vte RANDON DE BOISSET..	3,500.	
—	1779.	Vte TROUARD......·....	3,500.	Act. au marquis d'Hertford.
La Blanchisseuse..............	D^o	d^o	3,399.	A M. Gilbert de Paris.
Jeune Fille vue de trois quarts (40e 1/2—32e 1/2)...............	1780.	Vte MAUPERIN............	490.	
La Jeune Fille grondée (40e 1/2 — 49e).....	1781.	Vte DE PANGE............	150.	
Étude (46e—38e)...............	1782.	Vte BOILEAU	750.	
Reproche de Sévère à Caracalla (1^m,28—1^m,60)...............	1783.	Vte TONNELLIER..........	89.	Esquisse du grand tableau.
—	1789.	Vte PARIZEAU		
Jeune Fille tenant un chien dans ses bras et lui posant une couronne de fleurs sur la tête (69e 1/2 —59e 1/2)..................	1784.	Vte LANGRAFF.......... ..	1,000.	
Jeune Femme en buste vêtue en habit de chasse (40e 1/2—30e)......	D^o	d^o	700.	
Les Sévreuses.................	1785.	Vte DUBOIS.............	6,151.	
L'Ermite ou le Donneur de chapelets.	1785.	Vte marquis DE VERRI.	4,020.	
—	1788.	Vte MONTESQUIEU........	2,590.	A M. Gilbert, de Paris.
Jeune Fille en coiffure violette (43e —35e)..................	1788.	Vte Mme LENGLIER.......	191.	
Le Ménage de l'ivrogne (75e—91e 1/2).		Vte VERRI...............		
—	1792.	Vte LA REYNIÈRE........	505.	
—	1858.	Vte PILLOT.............	1,050.	Act. chez M. le baron J. de Rothschild.
La Mélancolie..............	1793.	Vte PRASLIN.............	760.	
L'Enfant gâté	D^o	d^o	2,550.	
—	1797.	Vte DURNEY	1,610.	
La Belle Laitière (ovale, 57e—94e).	1794.	Vte X.............	3,050.	Ce pendant de *la Cruche cassée* est act. chez M. de Rothschild.
—	1821.	Vte LAFONTAINE.........	7,210.	
Les Petits Orphelins (88e 1/2—09e)..	1795.	Vte DUCLOS-DUFRESNOY...	48,500.	En assignats.
—	1845.	Vte FESCH.............	25,000.	D^o
La Petite fille au Bouquet........	1795.	Vte DUCLOS-DUFRESNOY..	9,955.	D^o
La Petite fille au Mouton.........	D^o	d^o ...	23,600.	D^o
Le jeune Géomètre..............	D^o	d^o ...	14,900.	D^o
Thaïs ou la Belle pénitente......	D^o	d^o ...	12,200.	D^o
La Liseuse..................	D^o	d^o	22,900.	D^o
—	1846.	Vte DURAND-DUCLOS...	510.	
La Prière du matin	1795.	Vte DUCLOS-DUFRESNOY.	29,050.	En assignats. — Act. au musée de Montpellier.
Sainte Marie l'Égyptienne........	D^o	d^o ...	84,000.	En assignats sans doute !
—	1851.	Vte ROUSTEAU DE St-LOUIS.	8,600.	Ce tableau a fait partie de la coll. Luc. Bonaparte ; il appartient act. à M. le marquis Maison.
La Dame bienfaisante.......	1795.	Vte DUCLOS-DUFRESNOY...	40,000.	En assignats.
La Prière à l'Amour (ovale, orné de fleurs).	1795.	Vte DE CALONNE........	21,000.	Il existe un sujet plus complet chez lord Hertford.
Un petit Garçon en veste grise, vu à mi-corps...................				
Une petite Fille en casaquin et en tablier rayé...............	1810.	Vte SYLVESTRE..........	270.	
Enfant au berceau (il tient une				

			fr.	
pomme à la main).............	1811.	Vte GAMBA.......	810.	
Buste du Paralytique (59c—51c)..	1814.	Vte AL. PAILLET.........	550.	
L'Écouteuse aux portes...........	1822.	Vte SAINT-VICTOR........	1,551.	Suivant M. Charles Blanc, Greuze, après avoir traité ce sujet pour le duc de Cossé, l'exécuta pour M. Dufresnoy, en y introduisant la Boudeuse; le duc de Cossé le pria d'ajouter cette figure au tableau primitif, ce que Greuze fit au moyen d'une bande de toile rajustée.
Le Gâteau des Rois............	1833.	Vte Mme SIROT.........		
Jeune Fille suppliante (bois, 38c—27c)................	1831.	Vte J. LAFFITTE........	1,559.	
Tête de jeune Fille.............	Do	do	2,400.	
Portrait de L. Jason en cheveux frisés et poudrés (51c—43c)......	1836.	Vte HENRY.............	180.	
La petite Mendiante............)				
Le Sans-souci....,............)	Do	do	1,800.	
Tête de jeune Homme ...	1837.	Vte DE RAGUSE.........	3,000.	Cette étude a servi pour le tableau de la Malédiction paternelle.
Tête de jeune Fille.............	Do	do	4,115.	
Tête de Bacchante (46c—36c 1/2)....	1840.	Vte D'BOIS....	17,000.	
Psyché (bois, 46c—37c 1/2)... ...	1841.	Vte PERREGAUX.........	8,550.	
—	1857.	Vte PATUREAU...........	27,000.	
L'Amour.....................	1841.	Vte PERREGAUX......	7,500.	
Tête de jeune Fille.............	1843.	Vte PERRIER.........	1,720.	
Portrait d'une jeune Fille.......	1843.	Vte X.................	435.	Ce tableau, qui n'avait été vendu que 3,000 fr. en 1843, dans sa pureté virginale, parce qu'il n'avait que peu d'apparence, a été repeint presque entièrement sous prétexte de le terminer.
L'Amour couronné par Psyché....	1843.	Vte Mlle GREUZE......	3,000.	
—	1845.	Vte MEFFRE.........	5,700.	
—	1852.	Vte DE MORNY.........		
La Veuve (portrait).........	1843.	Vte HERIS LEROY........	705.	
Portrait en pied du prince de Talleyrand................	1845.	Vte MEFFRE.........	1,500.	
Portrait en buste de Napoléon Ier ..	Do	do	880.	
La Surprise...................	Do	do	3,700.	A M. Valter de Warren.
Buste de jeune Fille............	Do	do	600.	A M. Mauwson.
L'Enfant au Perroquet	Do	do	660.	
Buste de Femme.............	Do	do	190.	
Tête de jeune Fille.............	1846.	Vte SAINT.............	655.	A M. Giroux.
—	1851.	Vte GIROUX............	1,060.	
Enfant tenant un livre près de sa poitrine................	1845.	Vte CYPIERRE......	1,695.	
Portrait de Greuze............	Do	do	430.	
Jeune Fille à mi-corps......	1851.	Vte GIROUX......	710.	Delessert fils.
Vieille Femme.............	Do	do	475.	
Petite Fille jouant avec sa poupée..	1852.	Vte X..............	3,050.	Signé.
Jeune Fille (figure à mi-corps).....	Do	do	5,355.	
La Surprise............	1852.	Vte COLLOT.........	4,000.	
Épisode de la vie d'un ivrogne....	1852.	Vte comte D'ARJUZON..	8,200.	
Portrait de la sœur de Greuze....	1852.	Vte DE VARANGE........	290.	
Portrait de mademoiselle de La Valvenède (1m,95—1m,57)..........	1853.	Vte GEORGES...........	1,510.	Coll. Pulvis de Londres.
Jeune Fille tenant un chien.......	1855.	Vte COLLOT...........	1,500.	

			fr.	
L'Attention (57ᶜ—47ᶜ)........	1855.	Vᵗᵉ COLLOT..............	1,350.	
Jeune Femme...................	1855.	Vᵗᵉ DEVÈRE.............	800.	
Tête de Bacchante (42ᶜ —43ᶜ)..		Vᵗᵉ AUGUSTIN.............	6,000.	
—	1856.	Vᵗᵉ MARTIN..............	11,000.	
—	1860.	Vᵗᵉ NORZY..............	20,000.	A M. SAY.
Portrait de mademoiselle Olivier...	1856.	Vᵗᵉ FAVANNE.............	1,700.	
Tête d'Enfant (il tient une pomme				A M. Heine. (Serait-ce celui
de la main droite ; 49ᶜ —40ᶜ)	1857.	Vᵗᵉ PATUREAU............	10,900.	de la Vᵗᵉ Gamba en 1811 ?)
Tête d'Enfant (37ᶜ 1/2 —29ᶜ)......	Dᵒ	dᵒ	16,200.	
Loth et ses Filles................	1857.	Vᵗᵉ RICHARD W........ .	9,00.	
Tête de jeune Homme	1857.	Vᵗᵉ duchesse DE RAGUSE..	5,000.	
Tête de jeune Fille..............	Dᵒ	dᵒ ..	4,115.	
Jeune Fille pleurant la mort d'un				
canari......................	1858.	Vᵗᵉ D'ARBAUD DE JOUQUES.	500.	Regardé comme une ancienne copie.
Jeune Femme ayant la tête appuyée				
sur la main gauche (62ᶜ—52ᶜ)...	1858.	2ᵉ Vᵗᵉ HOPE.............	5,600.	
Buste de jeune Garçon..........	1859.	Vᵗᵉ lord NORTHWICK.....	3,510.	
Le Délire de Silène (composition de				
concours)..................	1859.	Vᵗᵉ REBEIL	11.	
Petite Paysanne................	1859.	Vᵗᵉ D'HOUDETOT........	1,910.	
Portrait de madame Tassaert......	1860.	Vᵗᵉ R.............	1,000.	
Jeune Paysan vêtu d'une veste grise				
et d'un gilet jaune (53ᶜ—45ᶜ)....	1860.	Vᵗᵉ LOUIS FOULD........	4,100.	
Portrait du duc de La Rochefoucauld				
et du duc d'Estissac...........	1860.	Vᵗᵉ X...............•....	600.	Contesté.
Portrait de Louis XVI...........	1860.	Vᵗᵉ BAROILHET..	850.	
Tête de jeune Fille..	1861.	Vᵗᵉ X...................	930.	
Portrait de Lavoisier............	1861.	Vᵗᵉ LEROY D'ÉTIOLLES...	1,750.	
Portrait d'Enfant..............	Dᵒ	dᵒ	5,000.	
				⎧ s'il faut en croire le bruit
				⎪ public, ce tableau aurait
Tête de jeune Fille...............	1862.	Vᵗᵉ X.................	6,200.	⎨ subi une révision de plu-
				⎪ sieurs mille francs après
				⎩ la vente.
L'Attente.......................	1862.	Vᵗᵉ comte DE PEMBROKE...	6,750.	
La Comparaison	Dᵒ	dᵒ ...	2,260.	

DESSINS.

Savoyarde montrant à jouer de la			
vielle à son fils (crayons rouge et			
bleu)................	1775.	Vᵗᵉ MARIETTE............	352.
Le Départ de la Nourrice.......... ⎫			
Le Retour de l'Enfant .... ⎬	1777.	Vᵗᵉ BOISSET	1,500.
Le Buste de l'Accordée	1775.	Vᵗᵉ MARIETTE	300.
Buste de la fille à la cruche cassée..	1777.	Vᵗᵉ BOISSET	2,360.
Dix dessins de figures et d'animaux,			
plus une tête de femme à la san-			
guine.....	1783.	Vᵗᵉ PH. LE BAS..........	6.
L'Accordée de village (première pen-			
sée du tableau ; aquarelle ; 32ᶜ 1/2			
—43ᶜ 1/2)...............	1797.	3ᵉ Vᵗᵉ LA REYNIÈRE......	300.
Jeune Femme des halles et sa fa-			
mille	1808.	Vᵗᵉ ROHAN-CHABOT.......	200.
Le Paralytique (8 fig., 78ᶜ—89ᶜ)....	1845.	Vᵗᵉ REVIL	700.
—	1860.	Vᵗᵉ X.........	770.

			fr.	
Le Fils maudit...................	1857.	Vte THIBEAUDEAU.........	30.	Contesté.
La Dame de charité.............	1860.	Vte B. N................	1,120.	
Une Madeleine................ .	1861.	Vte PÉRIGNON...........	100.	
Tête de jeune Fille (pastel)........	1861.	Vte X................	205.	
La Belle-Mère (aux deux crayons)..	Do	do	395.	
Tête de jeune Fille (pastel)........	Do	do	295.	
Le Retour du Banni (à l'encre de				
Chine)......................	1861.	Vte baron D'HOLBACH	70.	
La Marchande de poissons (à l'encre				
de Chine), ...	Do	do ...	200.	
La Belle-Mère (aux deux crayons)..	1861.	Vte X.................	395.	
L'Accordée de village (à l'encre de				
Chine).................	1862.	Vte SIMON	660.	

Peu de peintres ont été aussi copiés et imités que l'a été Greuze. Il l'est encore à satiété, et il en sera de même longtemps, au grand détriment des amateurs futurs. Voici ceux qui, parmi les peintres anciens, l'ont approché de plus près :

LEDOUX

(MADEMOISELLE PHILIBERTE)

Chacun sait que cette artiste fut l'élève chérie de Greuze, et que ses copies ont quelquefois un cachet de *fac-simile*. Néanmoins, en les étudiant avec attention, on découvre des signes assez caractéristiques pour se former une opinion.

Les copies qui sont entièrement de la main de Mlle Ledoux ont un caractère *Vallin*, c'est-à-dire quelque chose de vineux dans les carnations, ainsi qu'une certaine mollesse dans les *retroussis*. Ses têtes ont les cheveux plus cotonneux; les yeux, moins largement entourés, sont dépourvus de ces petites lumières scintillantes que Greuze répandait habituellement sur les paupières ainsi que dans les coins. Les nez et les bouches ont des contours plus indécis, plus vagues; on y cherche en vain ces accrocs de lumière et d'ombre laqueuse que ce maître y indiquait avec tant d'esprit. Les draperies sont plus recherchées, les plis en sont moins hasardés; enfin il règne partout, aux yeux du connaisseur, une indécision et une mollesse qui trahissent la copiste.

Ceux de ses ouvrages qui, exécutés sous les yeux du maître et retouchés par lui, ont un caractère plus magistral, se reconnaissent aussi à l'aide d'un sérieux examen. A côté des points de dissemblance indiqués plus haut, le pinceau du maître se révèle par ses *balafres* et par les méplats ajoutés après coup. Les narines ont presque toujours reçu la touche laqueuse de Greuze, mais cette touche est empâtée, tourmentée; elle n'a plus cette légèreté qui distingue ses œuvres originales. Quelques filets rosés passés autour des yeux et de la bouche, quelques raccrocs pétillants et heurtés, répandus çà et là, sans aucune liaison avec les dessous, indiquent la collaboration du maître et doivent provoquer la défiance de l'acheteur.

Les toiles *authentiques* de cette artiste sont excessivement rares, la spéculation les ayant privées de leurs signatures pour les vendre comme étant de la main du maître.

Une de ses œuvres, peut-être la seule qui existe à Paris, se trouve chez M. le marquis de La Baume Pluvinel. Elle représente une jeune fille la tête appuyée sur un coussin. Son exécution la ferait facilement attribuer à Greuze, si, n'ayant jamais sorti de la famille de La Baume, elle n'avait pas conservé sa signature en toutes lettres.

MME DE VALORY ET MLLE CAROLINE

(FILLES DE GREUZE)

Voici deux élèves de Greuze dont les copies ont été un sujet fréquent de méprise pour les amateurs. Celles de Mme de Valory se reconnaissent à leur dessin cassé et leurs attaches mal ajustées. Un col sec et dur supporte souvent une figure assez caressée, mais dont les méplats sont exagérés. Quant à sa couleur, elle est plus terne, et ses carnations n'ont pas le ton bleuâtre particulier au maître. Ces copies, ainsi que les imitations faites par Grandon, le maître de Greuze, et qui ont absolument le même caractère que ces dernières, sont presque toujours attribuées au pinceau de Greuze, *dans ses premiers temps*.

L'aînée des filles du grand peintre, Mlle Caroline Greuze, est celle qui a le plus approché de la belle manière de son père. Son dessin est si exact, qu'il est permis de supposer que ses copies sont décalquées sur les originaux. Néanmoins, sa touche est plus grattée, ses passages de tons sont moins francs. On reconnaît les glacis ajoutés par son père et les traînées de couleurs relevant certaines parties.

WILLE

(LE FILS)

On doit à ce peintre des copies de scènes familières qui ne sont pas sans mérite, mais dont le pinceau flou sert à déceler le contrefacteur. Son dessin, assez semblable à celui de Lépicié, n'a pas l'ampleur de celui de Greuze ; ses ombres sont plus rousses et ses chairs n'ont pas ces demi-teintes grises et rosées qui sont le cachet de celles du maître.

DONVÉ

Une foule de petites têtes d'expression, dues au pinceau de Donvé, sont vendues journellement sous le nom de Greuze, grâce à la *patine* qu'elles ont reçue de la part de certains brocanteurs. On parvient à les reconnaître, en étudiant leur touche plus aplatie et plus tranchante que celle du modèle. Leurs empâtements sont bien moins nourris et paraissent appliqués en dernier ressort, ce qui peut faire croire à une retouche postérieure. Le dessin des figures de Donvé est plus effilé, il n'a pas cette naïveté charmante et juvénile qui se trouve dans celui de Greuze ; en résumé, ce sont des têtes de femmes appliquées sur des corps de jeunes filles.

ALBRIER

(JOSEPH)

Né à Paris en 1791.

Encore un imitateur dont les contrefaçons ont fait la fortune des brocanteurs, non parce qu'elles offrent un cachet *fac-simile* avec les œuvres de Greuze, mais bien parce que leur touche a quelque chose qui plaît à l'œil. Albrier n'est pas un copiste servile et circonscrit par l'original, sa liberté d'exécution ne révèle pas l'imitateur ; au contraire, ses copies sont faites librement et avec un *brio* ressentant l'originalité.

Cependant on le reconnaît à son empâtement égal et arrondi, à sa touche uniformément placée sur des méplats. Ses ombres, quoique minces et transparentes, n'ont pas cette finesse de frottis, ce *barbouillé* léger particulier à Greuze et qu'il n'obtenait que par des tons passés l'un dans l'autre dans la pâte fraîche et par des glacis à sec. Ses yeux n'ont pas ce *laissé* bordé par une touche fondue, et ils sont rarement dessinés ensemble.

D'ANLOUX

(PH.)

Né à Paris en 1745, mort en 1809.

On doit à cet artiste quelques pastiches assez bien traités, mais dont la touche légère et le frottis général sont des indices certains de la contrefaçon.

TOUZÉ

(J.)

Né à Paris en 1747, mort dans la même ville en 1807.

Ce peintre ingénieux, spirituel dans ses inventions, a fait d'excellents pastiches de Greuze, surtout dans les scènes familières. Son dessin, bien qu'il soit moins correct, a beaucoup d'analogie avec celui du maître ; mais sa touche plus grenue, plus émoussée, sa timidité dans les empâtements, sont les signes qui font reconnaître l'imitateur.

BENAZETCH

Il n'existe aucun détail biographique sur cet artiste, qui fut cependant un des bons imitateurs de Greuze, tant pour la touche que pour la couleur. La plupart de ses tableaux, quoique gravés sous son nom, ont été faussement signés Greuze, et passeraient pour tels si son dessin plus maigre, ses ombres moins transparentes, ne venaient le signaler à l'observateur attentif.

MOUCHET

(FRANÇOIS-NICOLAS)

Né en 1750, mort en 1814.

Mouchet fut élève de Greuze, dont il s'appropria la manière à s'y méprendre au premier coup d'œil, ce qui fait qu'un grand nombre de ses portraits passent pour être de la main de son maître. Ce n'est qu'après examen que l'on y reconnaît des tons laqueux outre mesure, une touche hardie mais aplatie, qui n'a pas appartenu à Greuze.

LÉPICIÉ

(NICOLAS-BERNARD)

Né à Paris en 1720, mort dans la même ville en 1784.

Quelques têtes d'étude faites par Lépicié sont assez souvent vendues comme étant de Greuze. La discordance qui règne dans l'ensemble, l'effet et le coloris, les font facilement reconnaître.

VALLIN

Mort en 1815.

Parmi les productions de ce peintre, beaucoup ont le triste avantage de favoriser la fraude, malgré leur ton vineux et leur touche léchée. Il est vrai que la plupart ont été revues et corrigées par certains artistes qui prostituent leur talent à ce genre honteux, mais très-lucratif.

On parvient à découvrir la contrefaçon en examinant de très-près les passages de tons qui sont maigres et tracés, et souvent accompagnés de traînées de couleur plus pauvres que solides, et sans adhérence avec la pâte première. Ces copies ont généralement le ton violacé particulier à Vallin, et que le glacis du *réviseur* n'a pu faire disparaître entièrement. Les yeux ont un caractère velouté, mourant, plus propre à des Érigones et à des Bacchantes qu'à la naïveté et à l'innocence des têtes de Greuze. Les draperies n'ont pas cette largeur et ce *laissé* du maître.

AUBRY

(ÉTIENNE)

Né à Versailles en 1745, mort dans la même ville en 1781.

Cet artiste, élève de Sylvestre et de Vien, très-inconstant dans ses goûts, fut reçu d'abord à l'Académie en qualité de peintre de portraits; il abandonna bientôt ce genre pour se livrer aux scènes familières; et plus tard, enfin, il tenta de s'élever jusqu'à l'histoire, où il échoua complétement. Les scènes familières et les têtes d'expression sont ce qu'il a le mieux traité.

Son pinceau doux et moelleux a beaucoup d'analogie avec celui de Greuze; sa couleur est cependant moins vaporeuse et ses tons sont plus doux. Son dessin, quoique maniéré, a un certain caractère de liberté qui ferait confondre ses tableaux avec ceux du maître, sans les dissemblances que je viens de signaler.

BROSSARD DE BEAULIEU

(MARIE-RENÉE-GENEVIÈVE)

Née à la Rochelle en 1760.

Cette élève de Greuze a fait, d'après ce maître, quelques copies à l'huile et au pastel. Ces dernières se rencontrent dans le commerce avec la signature apocryphe du maître, quoique leur couleur assombrie les fasse plutôt ressembler à des copies de Santerre ou de Boullongne. Ce qui pourra paraître extraordinaire, c'est que ses tableaux à l'huile sont plus transparents et plus clairs que ses pastels; néanmoins, ses carnations sont plus briquetées que celles de Greuze, et sa touche est plus estompée.

DEDREUX D'ORCY

(PIERRE-JOSEPH)

Né à Paris en 1789.

On a fait beaucoup de bruit au sujet des pastiches de ce peintre qui, de l'avis d'une foule d'amateurs, n'ont ni le cachet ni la prétention d'être considérés comme des contrefaçons. Ils sont le résultat du caprice de l'artiste qui emprunte ses inspirations au maître qu'il affectionne, et non celui d'un calcul commercial, toujours blâmable de la part d'un artiste sérieux; car, en définitive, je dirai comme certains grands coupables traînés en cour d'assises : « S'il n'y avait pas de recéleurs. il y aurait moins de voleurs! »

Les pastiches dont il s'agit sont loin d'induire en erreur; malgré les efforts de l'artiste, il n'a pas encore su trouver ces tons argentés, brillants, que l'on remarque dans les draperies de Greuze. Ses carnations sont plus frottées que légères; en un mot, si le caractère général rappelle un peu l'original, les détails ne supportent pas l'examen.

LANTARA

(SIMON-MATHURIN)

Né à Oncy (Seine-et-Oise) en 1729, mort à Paris, à l'hôpital de la Charité, en 1778.

J'aurais droit de me plaindre des ténèbres qui enveloppent la vie de ce peintre délicieux, si j'étais forcé d'écrire sa biographie; mais heureusement je dois me borner à l'appréciation pure et simple de son talent.

Son coloris diaphane et aérien tire un peu sur le gris. Sa touche simple et pure rappelle assez bien celle de Claude le Lorrain. Son feuillé est d'une légèreté indéfinissable, et ses eaux sont très-transparentes; en un mot, c'est un charmant peintre dont les œuvres sont aussi rares que recherchées.

Lantara peignait fort mal les figures : aussi a-t-il presque toujours emprunté les pinceaux de ses confrères pour animer ses tableaux. Joseph Vernet, Casanova, Taunay, Berré, Théolon et Bernard lui rendirent tour à tour ce service.

Malgré le grand nombre de marines, de clairs de lune, de paysages et de dessins dus au pinceau et au crayon de Lantara, ses productions ne sont pas communes dans le commerce. La plupart sont retenues par le bon goût des amateurs. Le Musée de Paris n'en possède qu'un seul, encore est-il médiocre ; c'est un *Paysage,* effet du matin, acheté 500 fr. à M. Bertrand, en 1846.

MUSÉES DIVERS, GALERIES, ETC.

Musée de Valenciennes. — Deux *Paysages* (dessins).
Musée de l'Ermitage. — Deux petits *Paysages.*

COLLECTION BURAT. — Deux *Paysages*. Est. 1.000 fr.

GALERIE D'ARENBERG. — *Paysage (soleil couchant)*.

PRIX DE VENTES

Paysage sans figures. 1774, Vte Dubarry. 39 fr. 50 c. — Deux *Paysages* (figures de Casanova). Même Vte, 300 fr. — Quatre *Paysages*. 1777, Vte Conti. 450 fr. — Deux *Paysages* (figures et animaux par de Houel; 52^c1/2—51^c1/4). 1780. Vte Caron, 340 fr. — Deux *Paysages* (figures par de Machy; 49^c—56^c). Même Vte, 301 fr. — *Paysage avec rivière* (fig. par Théolon; 36^c1/4—44^c1/4). Même Vte, 102 fr. — *Rivière avec pont et moulin à eau* (51^c1/4—67^c). Même Vte, 184 fr. — *Paysage* (fig. par Casanova). 1791. Vte Castelmore, 310 fr. — *Roches baignées par la mer*. 1793, Vte Choiseul-Praslin, 260 fr. — *Vue des bords de la Seine* (fig. par Swebach; bois, 19^c—24^c3/4). 1807, Vte de Ganay, 179 fr. — *Fraîche Matinée* et *Soleil couchant*. 1812, Vte Solirene, 454 fr. — *Paysage* (fig. par Taunay). 1817, Vte Lapeyrière, 641 fr. — Deux *Paysages*. Même Vte, 460 fr. — *Tempête*. 1823. Vte Saint-Victor, 700 fr. — *Clair de lune*. Même Vte, 143 fr. — *Brouillard du matin*. Même Vte, 500 fr. — *Paysage*. 1829, Vte Vigneron, 2,400 fr. — *La Nappe d'eau*. 1851, Vte Giroux, 320 fr. — *Paysage (effet du matin)* et *Paysage (effet du soir)*, ovales, 1860, Vte X...., 200 fr.

DESSINS

Village au bord d'une rivière (clair de lune) et *Vue des bords de la Marne près Saint-Maur* (à la pierre noire estompée: 32^c1/2—43^c). 1798, Vte Basan père, 180 fr. — *Un Orage* et *Un Clair de lune* (aux crayons noir et blanc; 38^c—54^c). Même Vte, 240 fr. — *Paysage* et *Clair de lune*. 1860, Vte E. N., 451 fr. — *Paysage*. effet de pluie. 1860, Vte X. de Lyon, 50 fr. — Un *Paysage*. 1862. Vte Simon. 52 fr.

LEBEL

Mort à Paris en 1844.

Peu de détails biographiques me sont parvenus sur cet imitateur de Lantara. Je sais seulement que, sans faire sa fortune, il a fait celle de plusieurs brocanteurs en imitant les petits dessins et les peintures microscopiques du maître. Sa touche est cependant plus grasse, plus empâtée que celle de Lantara. Sa couleur est aussi plus chaude, son feuillé plus soutenu. Malgré cela, ses compositions et ses copies ont un charme qui explique l'erreur des amateurs.

Une fatale ressemblance entre ces deux artistes s'est produite jusqu'à la fin : Lebel. ainsi que Lantara, est mort à l'hospice de la Charité.

LALLEMAND

(JEAN-BAPTISTE)

Lallemand s'est plu à imiter Lantara, et il y a réussi avec bonheur. Cependant ses imitations se reconnaissent à leur touche plus estompée et à des empâtements picotés. Leur couleur est bonne, mais moins diaphane.

Dans sa manière propre, Lallemand est plus savant. Il tient le milieu entre Joseph Vernet et Hubert Robert. Ses vues d'Italie sont très-exactes sans être sèches de touche, ses figures sont spirituellement dessinées et bien exécutées; en un mot, c'est un des excellents peintres du XVIIIe siècle.

HUE

(ALEXANDRE)

Fils de J.-F. Hüe, peintre de marines et imitateur de J. Vernet, cet artiste a fait beaucoup de petits paysages-marines qui ont été vendus et se vendent encore pour être de la main de Lantara. Ils ont pourtant moins de finesse, tant dans les ciels, qui sont plus cotonneux, que dans les arbres, dont le feuillé, plus rond et plus piqué, ne rend pas l'effet du maître.

FRAGONARD

(JEAN-HONORÉ)

Né à Grasse en Provence en 1732, mort à Paris en 1806.

Le goût et l'esprit observateur de Fragonard l'appelaient à l'étude des passions vives, surtout à celle de l'amour. L'Arioste, Boccace, La Fontaine furent ses inspirateurs et ses maîtres. Beaucoup de ses sujets sont licencieux, mais ses compositions bien raisonnées. Son pinceau moelleux et plein de fraîcheur tient de ses deux maîtres, Chardin et Boucher. Sa touche est cependant plus timide, son coloris léger, quelquefois dénué de vigueur. Bref, Fragonard est un des plus charmants peintres du XVIIIᵉ siècle.

Il n'est guère de musées et de collections qui ne possèdent quelques tableaux de ce maître gracieux, dont les œuvres sont vivement disputées dans les ventes publiques. La notice qui suit renferme le plus d'indications qu'il m'a été possible de recueillir sur leur valeur.

MUSÉE DU LOUVRE

Le Grand prêtre Corésus. Commandé pour les Gobelins et payé 2,400 fr. à Fragonard. — *Paysage,* acquis de M. de Langeac. Ce tableau a beaucoup souffert du temps et des restaurations inintelligentes qu'on lui a fait subir. — *La Leçon de musique* (esquisse). Donné par M. Walferdin.

MUSÉES DIVERS, GALERIES, ETC.

Musée de Versailles. — *Portrait de Bayard.*
Musée de Nantes. — *Portrait d'un jeune Garçon* (esquisse, contesté).

Musée de Lille. — *L'Adoration des Bergers* (esquisse).

Musée de Rouen. — *Songe de Plutarque.* — *Paysage.*

Musée de Rennes. — *Deux Musiciennes* (dessin à la plume, lavé au bistre).

Galerie du duc de Morny. — *L'Espagnolette.*

Collection Hollond. — *La Fontaine des Amours.* Est. 5,000 fr.

Collection Barroilhet. — *Le Jeu de cache-cache.* — *La Toilette de Vénus.*

Collection Duclos. — *Paysage.* — *Le Sculpteur.* — *Tête de Femme.*

Collection C. Courtois. — *Femme couchée.* — *Jeune Mère et son enfant.*

Collection Walferdin. — Plusieurs charmantes compositions et esquisses.

Cabinet Burat. — Plusieurs sujets galants.

Au baron de Brimont. — *La Bergère surprise.*

Collection de Marcille. — Esquisses et compositions galantes

PRIX DE VENTES

			fr.	
Deux *Paysages*	1774.	Vte comte Dubarry	1,460	
—	1777.	Vte prince de Conti	2,597.	
Trois jeunes Filles	1777.	Vte de Boisset	299,	95 c.
Paysage avec une vache blanche	D°	d°	1,650.	
Une Sultane	D°	d°	1,201.	
L'Amour tenant son arc entouré de roses	1777.	Vte de Conti	363.	
—	1777.	Vte de Boisset	710.	
La Vierge et l'Enfant Jésus	D°	d°	781.	Dans une guirlande de fleurs peinte anciennement par Seghers.
La Visitation (40°1/2—51°)	D°	d°	7,030.	
—	1777.	Vte de Conti	2,501.	
—	1787.	Vte Lambert et du Porail.	6,000.	
—	1795.	Vte de Calonne	2,100.	
—		Vte Grammont.	3,000.	
Une Odalisque (96°1/2—80°)		Vte de Boisset	4,200.	
—	1783.	2e Vte Vassal St-Hubert.	2,700.	
La Joueuse de vielle	D°	d°	850.	
Les Baigneuses	1777.	Vte de Conti	542.	
—	1846.	Vte Saint	207.	
Le Colin-Maillard	1784.	Vte Saint-Julien	500.	
La Balançoire	1845.	Vte Cypierre	751.	
Intérieur rustique (enfant appuyé sur un chien blanc; 49°—56°)	1787.	Vte Lambert et du Porail.		
Esquisse du tableau de *Callirhoé*		Vte Trouard	580.	
Forêt traversée par une rivière	1790.	Vte Morin	160.	
Le Verrou (72°—91°1/2)	1792.	Vte de La Reynière	3,010.	Coll. Véry.
Le Verrou (esquisse du grand tableau; 32°1/2—24°)	1803.	Vte Jourdan	80.	
Hommage rendu à la Nature par les Éléments (59°1/2—49°)	D°	d°	131.	
La Fontaine d'amour (64°—56°)	1807.	Vte Villeminot		
Ne réveillez pas l'enfant qui dort! (43°—38°)	1812.	Vte Clos	600.	

			fr.	
Paysage avec figures.............	1822.	Vᵗᵉ SAINT-VICTOR.........	74.	
L'Annonciation..................	Dᵒ	dᵒ	31.	Esq. terminée.
Le Verrou (32ᶜ1/2—21ᶜ).........	1827.	Vᵗᵉ SAGE................		
Tête d'étude d'après Rembrandt...	1835.	Vᵗᵉ X....................	20.	
—	1846.	Vᵗᵉ SAINT............	570.	
Le Contrat....................	1841.	Vᵗᵉ PERREGAUX..........	100.	A M. Jules Duclos.
La Déclaration				
Le Serment....................	} 1843.	Vᵗᵉ VASSEROT............	1,025.	
Deux Femmes couchées	1845.	Vᵗᵉ CYPIERRE.......	300.	
La Liseuse	Dᵒ	dᵒ	301.	
La Bergère effrayée.............	1846.	Vᵗᵉ SAINT	272.	
Le Serment d'amour.............	Dᵒ	dᵒ	1,100.	Aquarelle. A Mᵐᵉ de Narbonne-Walfredin.
La Fontaine d'amour	Dᵒ	dᵒ	221.	
Paysage avec animaux..........	Dᵒ	dᵒ	181.	
Parc avec statues...............	Dᵒ	dᵒ	126.	
La Jeune Fille..................	Dᵒ	dᵒ	167.	Miniature.
La Visitation..................	1846.	Vᵗᵉ CARRIER.............	172.	Sans doute une esquisse du grand tableau.
Portrait d'un jeune garçon.......	Dᵒ	dᵒ	199.	
Autre Portrait d'un garçon......	Dᵒ	dᵒ	116.	
Les Indiscrets.................	Dᵒ	dᵒ	180.	
L'Heureuse mère (58ᶜ—61ᶜ).......	1855.	Vᵗᵉ BAROILHET........	1,180.	
Sainte Rosalie..................	1855.	Vᵗᵉ DEVERRE............	400.	
Scène d'Intérieur..............	Dᵒ	dᵒ	430.	
Alliance de la France et de l'Angleterre (esquisse).............	1856.	Vᵗᵉ BAROILHET......... ..	90.	
Les Premiers pas de l'Enfance.....	1858.	Vᵗᵉ PILLOT..............	1,605.	
Jeune Dame dans un parc........	Dᵒ	dᵒ	300.	
Petite Fille en chemise (ovale)....	1859.	Vᵗᵉ F. V.................	129.	
Scène de famille (59ᶜ—72ᶜ).......	1859.	Vᵗᵉ SAINT-MARC..........	1,600.	En collaboration avec mademoiselle Gérard.
La Vache blanche (58ᶜ—71ᶜ)......	Dᵒ	dᵒ	3,600.	
Le Repos de la Sainte Famille (esquisse).......................	1859.	Vᵗᵉ M. A.............	700.	
Scène de Famille	1859.	Vᵗᵉ D'HOUDETOT	585.	
Les Soins maternels (44ᶜ—53ᶜ)....	1860.	Vᵗᵉ BAROILHET...........	510.	
Fête de la déesse Flore (pastiche dans le goût italien)..........	1860.	Vᵗᵉ FORSTEIM DE WURTZBOURG.............	63.	
Le Concert champêtre (59ᶜ—49ᶜ) ...	} 1860.	Vᵗᵉ NORZY	1,805.	
Le Repos dans le parc (59ᶜ—49ᶜ) ...				
La Séduction (34ᶜ—26ᶜ)..........	1861.	Vᵗᵉ MONDRUN..........	1,010.	
Paysage avec figures	1861.	Vᵗᵉ X...................	1,000.	
Le Berceau (esquisse)...........	Dᵒ	dᵒ	395.	
Le Retour des champs	1862.	Vᵗᵉ DE PEMBROKE........	810.	

DESSINS.

Le Verrou (à la plume et au bistre).	1777.	Vᵗᵉ DE CONTI.............	800.	
Le Père de famille (au bistre).....	Dᵒ	dᵒ	340.	
Jeune Fille lisant (lavé au bistre)..	1855.	Vᵗᵉ NORBLIN............	146.	
L'Adoration des Mages (lavé au bistre)............................	Dᵒ	dᵒ	96.	
Portrait de F. d'Isembourg, dame de Graffigny (lavé au bistre)....	Dᵒ	dᵒ	89.	
—	1857.	Vᵗᵉ THIBEAUDEAU.........	51.	

			fr,	
Le Jardin enchanté (gouache)	1855.	Vte V. ROQUEPLAN	174.	
Le Bœuf Blanc	1859.	Vte F. V.	66.	
Dites donc, s'il vous plaît?	Do	do	142.	
Enfant habillé en Pierrot	Do	do	320.	Miniature.
Tête de jeune Femme	Do	do	900.	Do
Jeune Homme avec fraise	Do	do	61.	Do
Jeune Homme coiffé d'un chapeau noir	Do	do	111.	Do
Autre portrait	Do	do	305.	Do
La Distribution du pain	Do	do	320.	
Femme couchée sur un lit	Do	do	80.	
La Visite chez la Nourrice	Do	do	125.	
L'Éducation de la Vierge	1860.	Vte E. N.	215.	
Le Maître de danse	Do	do	250.	
Les Suites de l'orgie	Do	do	185.	
Le Lever des Ouvrières	Do	do	105.	
Jeune Fille consultant un nécromancien	Do	do	42.	
L'Heureuse Famille (sépia)	1861.	Vte X	69.	
La Missive d'amour (aquarelle)	1862.	Vte X	50.	

AUBRY

(ÉTIENNE)

Ce peintre, fidèle imitateur de Greuze, le fut aussi de Fragonard, et si son dessin ne fut pas aussi heureux qu'il l'avait été dans ses imitations de Greuze, sa touche vaporeuse, se rapprochant de celle de Fragonard, le dédommagea amplement de cet insuccès.

BENAZETCH

Cet imitateur de Greuze, dont nous avons déjà parlé, a fait aussi de jolis pastiches de Fragonard. Sans une espèce de lourdeur qui lui est particulière, et qui remplace la légèreté des fonds du maître, il serait surprenant de vérité.

VALLIN

Ce peintre, déjà classé, malgré lui, parmi les imitateurs de Greuze, l'est encore parmi ceux de Fragonard. Je dis malgré lui, parce que son talent original n'annonce en rien l'intention de contrefaire ces deux peintres. Il ne doit cette qualification qu'aux brocanteurs avides qui se sont servis de ses tableaux pour les faire retoucher, patiner et signer Fragonard. Heureusement que pour les connaisseurs il reste certains signes qui décèlent la fraude. On y découvre des tons locaux plus vineux que rosés, un dessin plus svelte et des touches plus grenues.

GÉRARD

(MARGUERITE)

Née à Grasse en 1661.

Élève et belle-sœur de Fragonard, elle en devint la copiste et reproduisit la plupart des têtes d'expression qui servent aujourd'hui à tromper les amateurs. Il est facile d'éviter toute méprise à cet égard, en étudiant leurs carnations moins nettes, moins jaunâtres, leurs touches peinées, plus épaisses que solides.

ROBERT

(HUBERT)

Né à Paris en 1733, mort dans la même ville en 1808.

Robert résume en quelque sorte les qualités et les défauts de l'École du XVIIIᵉ siècle, c'est-à-dire la légèreté et l'esprit de la touche joints à une manière trop expéditive, ce qui produit quelquefois la pauvreté dans l'exécution par des *à-plats* souvent répétés; mais elle gagne en transparence et en illusion d'optique ce qu'elle perd en combinaisons de clair-obscur.

J'ai déjà dit, page 272, que plusieurs de ses tableaux ont favorisé la fraude et ont été vendus sous le nom de Joseph Vernet, mais la vraie facture de Robert est extrêmement reconnaissable et d'une originalité sans conteste. Sa touche est vive, spirituelle et pleine de *croustillant*. Sa couleur est naturelle et fraîche, son dessin exact et léger; en un mot, c'est un de nos bons peintres d'architecture et de paysage.

Robert n'a pas eu d'imitateurs à proprement parler. Quelques analogies faites par Lacroix, Hüe fils, lui sont parfois attribuées; mais elles n'ont pas cette facilité dans l'exécution, cette prestesse de touche qui distinguent le maître.

La plupart de ses toiles ont été exécutées pour des décorations intérieures et font l'ornement de beaucoup d'hôtels princiers. Quant à ses tableaux de chevalet, ils jouissent de beaucoup d'estime parmi les collectionneurs; à ce titre, ils sont très-recherchés.

MUSÉE DU LOUVRE

Vue du port de Ripetta (donné par Robert pour sa réception à l'Académie). — *L'Arc de triomphe de la ville d'Orange.* — *La Maison carrée à Nimes.* (Ces deux tableaux furent légués à Louis XVIII par Mme veuve Robert.) — *Ruines Antiques* (ancienne coll.). — *L'Ancien Portique de Marc-Aurèle* (coll. Montesquiou). Est. off. (1816), 1,200 fr. — *Le Portique d'Octavie à Rome* (coll. Montesquiou). Est. off. (1816), 1,200 fr. — *Le Temple de Jupiter* (anc. coll.). — *Temple circulaire* (anc. coll.). — *Sculptures rassemblées dans un hangar* (anc. coll.).

MUSÉES DIVERS, GALERIES, ETC.

MUSÉE DE BORDEAUX. — *Ruines avec figures.* — Autres ruines.

MUSÉE DE ROUEN. — *Marine.* — *Les Cascades de Tivoli.* — *La Grotte du Pausilippe.* — *Réunion de monuments.*

A L'ARCHEVÊCHÉ DE ROUEN. — *La Vue de l'ancien pont de bateaux de Rouen.* — *Le Château de Guillon.* — *La Vue de la ville de Dieppe.* — *L'Entrée du port du Havre* (compromis par de mauvaises restaurations).

MUSÉE DE CHERBOURG. — *Ruines d'un Temple antique.* — Autres ruines.

MUSÉE DE ROTTERDAM. — *Entrée d'un Temple.*

AU PRINCE DE BAUFFREMONT-COURTENAY. — Plusieurs vues des Pyrénées provenant de l'ancienne maison de Boileau, habitée par Robert.

COLLECTION BURAT. — Plusieurs belles compositions.

CHEZ Mme VEUVE BENOIT FOULD, AU CHATEAU DU VAL. — Dix vues d'Italie.

COLLECTION C***. — *Canova sculptant dans une église.*

COLLECTION JULES CLAYE. — Une belle composition.

PRIX DE VENTES

Temple en forme de rotonde et *Grande Arcade.* 1772, Vte Choiseul, 1,999 fr. — Quatre tableaux ornés de figures peintes par Boucher. 1777, Vte Randon de Boisset, 3,599 fr. — *Galerie très-riche en architecture.* 1777, Vte prince de Conti, 2,200 fr. — *La Cascade de Tivoli.* Même Vte, 420 fr. — *Colonnade d'architecture.* 1778, Vte Fitz James, 600 fr. — *Obélisque égyptien* et *Chute d'eau.* Même Vte, 300 fr. — *Ruines d'un Temple* et *Aqueducs* (dessins ovales). 1809, Vte Hubert Robert, 220 fr. — *Vue des jardins de la Villa Madame.* Même Vte, 120 fr. — *Ruines d'un Temple circulaire.* Même Vte, 251 fr. — *Deux pendants.* Même Vte, 400 fr. — *Étude faite à Saint-Cloud.* Même Vte, 42 fr. — *Galerie d'architecture.* Même Vte, 550 fr. — *Ruines avec figures et blanchisseuses.* Même Vte. 222 fr. — *Les Catacombes de Rome* et le *Repas des Cinq cents* (esquisses). Même Vte, 26 fr. — *Le Jet d'eau* et *la Cascade.* 1845, Vte Cypierre, 1,075 fr. — *Vue du moulin de*

Charenton et *Vue d'Italie.* Même Vte, 700 fr. — *La Baigneuse.* Même Vte, 130 fr. — *Vue d'un palais vénitien.* 1845, Vte Meffre, 226 fr. — *Vue d'un grand escalier au milieu d'un parc.* 1846, Vte Saint, 343 fr. — *Le Pont.* 1857, Vte de Raguse, 350 fr. — *La Fontaine et le Manoir.* Même Vte, 645 fr. — *Vue de la galerie du Louvre* (47^c—57^c). 1860, Vte Barroilhet, 600 fr. — *Le Matin* et *Intérieur de ruines.* 1861, Vte Leroy d'Étiolles, 340 fr.

DESSINS.

Les Illuminations. 1809, Vte Hubert Robert, 30 fr. — *La Démolition du Pont-au-Change* (esquisse). Même Vte, 72 fr. — *Les Ruines d'un temple et une grande arcade* (coloriés). Même Vte, 224 fr. — *Ruines* (à la plume et à l'aquarelle). 1858, Vte Seheult, 161 fr. — *Monument de Rome* (effet de nuit, à la sépia). Même Vte, 46 fr.

DEVALENCIENNES

(PIERRE-HENRI)

DIT VALENCIENNES

Né à Toulouse en 1750, mort à Paris en 1819.

Ce peintre, élève de Doyen, forma une école d'où sont sortis la plupart des bons paysagistes de ce siècle. Ses compositions sont savantes et pleines de distinction; son pinceau est gras, sa couleur est dorée, et ses effets sont énergiques, quoique sages.

Les tableaux de ce maître ne sont plus en grande faveur, non pas qu'on méconnaisse leur valeur artistique, mais par suite de l'éloignement actuel pour l'école académique, dans laquelle il est classé en ce moment, quoiqu'il en ait été un des premiers détracteurs. Il y a tout lieu d'espérer que ces préventions auront un terme, et que les œuvres de ce peintre, ainsi que celles de son école, jouiront enfin de l'estime qu'elles méritent.

Le Musée de Paris en possède un seul, *Cicéron découvrant le tombeau d'Archimède,* évalué 2,000 fr. lors des inventaires de 1810 et 1816, mais qui est loin de valoir autant aujourd'hui, s'il faut en croire les amateurs.

Il en est de même du paysage adjugé 950 fr. à la vente Livry, en 1810, et des deux paysages de la vente Godefroy, payés 950 fr. en 1813.

Plusieurs belles toiles de ce peintre sont chez M. le comte de l'Espine et chez le marquis de Béthisy.

Il serait difficile de trouver des imitateurs exacts et *fac-simile* de ce peintre, dont la manière fut plus suivie que copiée servilement; mais deux de ses élèves l'ont approché avec assez d'exactitude pour qu'il soit utile de les mentionner ici.

MILLIN DU PERREUX

(ALEXANDRE-LOUIS-ROBERT)

Cet artiste, élève de Hüe et de Valenciennes. a copié ce dernier avec succès: ses copies sont surtout des études et des morceaux partiels qui se vendent journellement pour être du maître.

Une certaine hésitation dans la touche. un feuillé plus retroussé en sont les marques distinctives.

DEPERTHES

(JEAN-BAPTISTE)

Quelques tableaux de Valenciennes ont été reproduits par ce peintre, son élève, qui ne visa qu'au titre d'amateur, tout en méritant souvent celui d'artiste. Des plans lavés, des arbres un peu plus lourds, des nuages plus cernés, indiquent néanmoins la différence et empêchent de confondre ses ouvrages avec ceux de son maître.

CASTELLAN

(ANTOINE-LAURENT)

Né à Montpellier en 1772.

Castellan a fait quelques copies qui sont plus sèches et plus grises de ton que les tableaux de Valenciennes dont il avait fréquenté l'école.

BRUANDET

(LOUIS)

Né vers 1752, mort en 1803.

Ce peintre est appelé avec raison le *Ruysdaël français*. En effet, ses intérieurs de forêts, le feuillé gras et léger de ses arbres, ses lointains charmants, son imitation vraie et son exécution soignée, ne le cèdent en rien aux meilleurs peintres flamands et hollandais. La plupart des compositions de Bruandet ont reçu des figures de Swebach, de Taunay et autres peintres contemporains.

Les tableaux de Bruandet sont presque tous renfermés dans les cabinets, et sauf ce qu'il appelait ses *après-dîner*, c'est-à-dire de petites toiles de quatre, on n'en rencontre presque plus dans le commerce. Ses productions capitales se payent habituellement de 1,000 fr. à 1,500 fr. Ses petits tableaux varient entre 100 fr. et 500 fr. Ces prix sont loin de la valeur que méritent les œuvres de ce maître.

Le Musée du Louvre possède une *Vue prise dans la forêt de Fontainebleau* achetée à M. Fouquet, en 1846. 1,500 fr.

Musée de Cherbourg. — *Vue prise à la mare d'Auteuil dans le bois de Boulogne.* (Swebach y a représenté une chasse au cerf.)

Musée de Nantes. — *Vue prise dans le Bois de Boulogne* (fig. de François Duval).

Musée de Nancy. — *Un Paysage.*

Musée de Grenoble. — *Un Intérieur de forêt.*

PRIX DE VENTES

Onze petits *Paysages* à la gouache et à l'aquarelle. 1806, Vte Nicolas, 35 fr. — *Paysage.* 1844, Vte X..., 156 fr. — *Intérieur de forêt.* 1845. Vte Cypierre, 151 fr. — *Paysage.* 1846, Vte Saint, 64 fr. — *Lisière d'une forêt.* 1857, Vte de Raguse, 200 fr. — *Vue prise dans la forêt de Fontainebleau* (fig. et anim. de Duval; 80^c—62^c). 1858, Vte de Scheult,

225 fr. — *Une Chasse* (fig. de Swebach; 32ᵉ—24ᵉ). Même Vᵗᵉ, 400 fr. — Deux *Lisières de bois*. 1859, Vᵗᵉ A. Leroux, 350 fr. — *Promenade forestière*. 1861, Vᵗᵉ baron d'Holbach, 116 fr. — *Paysage*. 1860, Vᵗᵉ Ronmy, 160 fr. — *Paysage* avec figures. 1861, Vᵗᵉ X..., 220 fr. — *Intérieur de forêt* (fig. de Duval). Même Vᵗᵉ, 265 fr.

L'empressement avec lequel le public accueillit les ouvrages de Bruandet lui attira une foule d'imitateurs et de copistes, parmi lesquels on remarque à juste titre son élève favori :

BUDELOT

(PHILIPPE)

Né en 1771, mort à Paris en 1841.

Budelot ne doit pas être regardé comme simple imitateur de Bruandet; mais les exigences des mauvais jours et les suggestions des marchands le poussèrent à faire aussi des copies du maître dont l'exactitude a trompé et trompera plus d'un amateur. La manière propre de Budelot est plus sèche que celle de Bruandet; mais dans ses copies elle reprend une souplesse et un laisser-aller qui étonnent. Sans la disposition particulière de ses terrasses et la pointe de son feuillé, trop souvent fait de pratique, on ne saurait en faire la distinction.

Dans ses imitations soignées, Budelot approche encore plus de l'original, quoique ses terrains éboulés y soient plus cernés et plus travaillés, quoique son feuillé y paraisse plus incisif et plus compté; il faut être bon connaisseur pour ne pas s'y méprendre.

Tous les tableaux de Budelot sont ornés de figures peintes par Demay, qui sut imiter Swebach à la perfection.

JOUSSELIN

(MICHEL)

Né à Versailles en 1758.

Les paysages de cet artiste, élève de Bruandet, pour n'être pas entièrement faits dans le goût du maître, n'en sont pas moins très-souvent vendus pour être de sa main. Jousselin est caractérisé par une touche ronde, des fonds plus confus. L'écorce de ses arbres n'a point ces petits réveillons gris et roux que Bruandet savait placer si à propos.

DIEBOLT

Né vers 1753, mort vers 1822.

Ce peintre a laissé les preuves les plus incontestables de la supériorité de ses conceptions et de la force de son exécution. Hardi dans sa manière, qui tient un peu de celles de Vernet et de Crépin, il a affectionné les effets terribles, tels que les orages et les tempêtes. Sa touche est grasse et arrondie, sa couleur chaude et dorée, son dessin et son imitation vrais.

Les tableaux de Diebolt ne sont pas rares; ils ne sont pas chers non plus. Un paysage de moyenne grandeur atteint difficilement 300 fr.

DIEBOLT FILS

(JEAN-MICHEL)

Né en 1779.

Élève de Suvée et de De Marne, Diebolt fils s'appliqua à imiter ce dernier, sans négliger pour cela les ouvrages de son père. Sa touche est plus maniérée, sa couleur plus terne et son dessin plus sec. Ses ciels sont plus lourds et plus feuilletés, ses plans ont moins de transparence, et son feuillé est plus compté.

VIGÉE-LEBRUN

(Mme MARIE-LOUISE-ÉLISABETH)

Née à Paris en 1755, morte dans la même ville en 1842.

Certains biographes prétendent que cette artiste n'eut point de maître, qu'elle suivit seulement les conseils de son père, de J. Vernet et de Greuze. Quoi qu'il en soit, la gloire de Mme Lebrun parcourut l'Europe entière, et son portrait de Marie-Antoinette suffira pour assurer sa réputation et placer son talent à côté de celui des meilleurs peintres de portraits de l'École française.

Sa touche est hardie, sa couleur ravissante, et ses draperies sont un peu laiteuses comme celles de Greuze. Son dessin est correct et plein d'abandon.

Les productions de Mme Vigée-Lebrun sont en tout temps bien accueillies des amateurs : ses moindres toiles sont toujours sûres de trouver acquéreur. Quant à ses portraits capitaux, ils sont presque tous classés dans les musées.

MUSÉE DU LOUVRE.

La Paix ramenant l'Abondance. Prov^t de l'Académie de Peinture. — *Portraits de madame Lebrun et de sa fille* et *Portrait de Robert Hubert* (1^m,5—85^c). Vendus à M. Laborde (1789) 18,000 fr., rendus à Mme Lebrun, en 1804, à son retour de l'émigration, puis légués par elle au Musée en 1842. — *Portrait de J. Vernet.* 1817, Vte Aubert, 2,400 fr. — Autres *Portraits de madame Lebrun et de sa fille* (1^m,30—94^c). Coll. Louis XVIII. — *Portrait de Jean Paisiello* (1^m,30—1^m). Légué par l'artiste au musée de Paris en 1842.

MUSÉES DIVERS, GALERIES, ETC.

Musée de Rouen. — *Portrait de madame Grassini.*

Musée de Bordeaux. — *Hébé.*

Musée du roi a Madrid. — Plusieurs *Portraits de princesses.*

A M. Aussant, de Rennes. — *Portrait du baron de Kessel et de sa femme* (au pastel).

Cabinet Hubert-Saladin. — *Portrait de M. R...*

Collection J. Courtois. — *Portrait de l'artiste.*

PRIX DE VENTES

Vénus liant les ailes de l'Amour. 1819, Vᵗᵉ Mˡˡᵉ Thevenin, 251 fr. — *Portrait de J.-B. Lemoyne* (pastel; 67ᶜ—51ᶜ). 1828, Vᵗᵉ P.-H. Lemoyne (retiré). — *La Pudeur et Une Vestale* (pastels). Vᵗᵉ Lebrun, 1,500 fr. — *Jeune Femme touchant du piano.* 1845, Vᵗᵉ Cypierre, 410 fr. — *La Réflexion ou le Souvenir.* 1846, Vᵗᵉ Saint, 305 fr. — *Portrait de la Duthé* (elle tient un tableau dans les mains). 1857, Vᵗᵉ de Raguse, 530 fr. — *Portrait de Louis XVII* (pastel). 1860, Vᵗᵉ X..., 1,900 fr. — *Jeune Paysanne.* 1862, Vᵗᵉ de Pembroke, 230 fr. — *Portrait de femme.* Même Vᵗᵉ, 2,200 fr. — *Portrait de jeune femme tirant un rideau.* 1862, Vᵗᵉ X..., 3,720 fr. (A M. le marquis d'Hertford.) — *Portrait présumé de Charlotte Corday.* 1862, Vᵗᵉ Lécurieux, 410 fr.

BÉNOIST

(MARIE-GUILHELMINE)

NÉE LAVILLE-LEROUX

Née à Paris en 1768, morte en 1826.

Élève de David et de Mᵐᵉ Lebrun, Mᵐᵉ Bénoist fut fidèle au genre de cette dernière. Leurs portraits, peints dans la même gamme de tons et avec des ajustements semblables, sont souvent pris l'un pour l'autre dans les transactions commerciales. On peut cependant reconnaître les œuvres de Mᵐᵉ Bénoist à leur touche plus lâchée, à leur dessin plus roide et à leurs carnations moins rosées.

D'ANLOUX

(PH.)

Né à Paris en 1745, mort en 1809.

Quelques portraits peints par cet artiste ont assez de ressemblance avec ceux de Mme Vigée-Lebrun pour qu'ils lui soient attribués. On les reconnaît à leur légèreté d'exécution et à leur couleur plus harmonieuse.

AUGUSTIN

(JEAN-BAPTISTE-JACQUES)

Né à Saint-Dié (Vosges) en 1759, mort à Paris en 1832.

Ce peintre charmant ne dut son talent qu'à lui-même. La perfection fut son partage. Ses portraits à l'huile sont aussi remarquables que ses portraits en miniature ou sur émail. Dans les uns comme dans les autres, il règne un dessin correct, sans afféterie, une couleur riche et vigoureuse, un tour de pinceau léger et gracieux, qui pourrait exciter l'envie de plus d'un artiste.

Les miniatures de ce peintre reprennent de la faveur. Elles atteignent des prix assez élevés, bien différents de celui du portrait d'homme de la Vᵗᵉ Saint, en 1846, adjugé 302 fr. Depuis, en 1861, à la Vᵗᵉ Saint-Phal, une miniature représentant le portrait de Mˡˡᵉ Duthé a été vendue 900 fr. Il y a déjà loin de la Vᵗᵉ Saint-Aubin, en 1808, où un dessin aux trois crayons, représentant *Vénus et l'Amour*, a été payé 22 fr.

A M. AUSSANT, DE RENNES. — *Portrait de la reine Marie-Antoinette.*

Mᴹᴱ AUGUSTIN

Mᵐᵉ Augustin reçut de son mari les premiers principes de la peinture, et plus d'une fois, dans la suite, elle fut chargée d'exécuter des répétitions pour les familles : écueil d'autant plus dangereux pour la bonne foi, que souvent la copiste exécuta les accessoires dans les ressemblances dues au pinceau de son mari.

Sa touche est pourtant plus effilée, son pointillé moins régulier et sa couleur générale plus jaunâtre.

FONTALLARD

(JEAN-FRANÇOIS GÉRARD)

Né à Mézières vers 1777, mort à Paris en 1858.

Ce doyen des peintres en miniature, qui, en 1858, était encore plein de santé et d'ardeur pour le travail, fut un des meilleurs élèves d'Augustin; s'il avait eu un dessin un peu moins énergique et moins viril, si sa couleur eût été moins violacée, le maître et le disciple ne feraient qu'un. C'est la même manière, la même touche fine et savante, la même ordonnance et le même goût qui règnent dans leurs ouvrages. Aussi les productions de l'élève se vendent sans peine sous le nom de son maître, et, dans les dernières années de sa vie, l'habile imitateur, malgré son grand âge, était encore accablé de commandes de la part des marchands qui le harcelaient sans cesse.

DESFOSSEZ

(CHARLES-HENRI, VICOMTE)

Né en 1764.

Hall, Greuze, Régnault et Augustin furent ses différents guides; mais il ne s'attacha qu'au genre du dernier, et il réussit assez bien à l'imiter. Ses miniatures paraissent cependant plus vagues et sa touche est plus cotonneuse.

PRUD'HON

(PIERRE-PAUL)

Né à Cluny en 1758, mort à Paris en 1823.

Prud'hon, que l'on a surnommé *le Corrége de la France*, étudia chez Desvoges, peintre médiocre de la ville de Dijon. La vue des grandes œuvres renfermées dans la capitale et un séjour de quelques années en Italie achevèrent de développer en lui un talent véritable, qui fut cependant bien contesté pendant sa vie. Ses premiers tableaux furent à peine remarqués aux Salons, et ce n'est qu'en faisant des vignettes et des miniatures qu'il put subvenir aux besoins de la vie.

Cet artiste a été victime d'un grand nombre de préventions. On prétendait qu'au lieu d'imiter l'antique il copiait la nature; cependant, s'il faut en croire la tradition, Prud'hon n'a jamais peint un tableau d'après nature; il consultait son imagination bien plus que la réalité. On disait encore qu'il ne savait malheureusement pas dessiner. Il est vrai qu'il ne dessinait pas comme ses rivaux : son procédé est tout à fait opposé, mais les résultats en sont bien préférables. Tandis que l'école de David dessinait le trait extérieur, croyant avoir la forme d'une figure, quand elle n'en avait que la ligne géométrique, ou pour mieux dire les limites seules sans la réalité intérieure, Prud'hon commençait d'ordinaire par les grands plans de lumière, par le modelé positif de la forme. Pour la couleur, il s'éloigna bien plus encore de ses contemporains; ses préparations toutes particulières rappellent les ébauches du Corrége, du Parmesan et de l'école de Parme.

Nous avons de lui d'admirables croquis d'après les bas-reliefs de l'antiquité. Il y a bien plus de tournure antique dans la mythologie interpré-
tée par Prud'hon et dans ses compositions allégoriques qui rappellent la
sculpture grecque, que dans tous les pastiches de l'école Davidienne.

Enfin Prud'hon, qui n'est pas sans analogie avec Greuze dans ses
demi-teintes bleutées ou violacées, semblait indigne de figurer parmi
les rangs de la pléiade officielle. Aujourd'hui ces deux peintres sont bien
vengés par la faveur avec laquelle le public accueille leurs tableaux, et
par le prix élevé qu'ils ont atteint. Malheureusement cette réparation
vint un peu tard pour Prud'hon, qui n'en a presque pas profité.

Les tableaux de Prud'hon sont l'objet des recherches de beaucoup d'amateurs, qui ne
laissent jamais échapper l'occasion d'en acquérir. Par malheur les faussaires se sont tellement évertués à le copier, qu'il est rare d'en rencontrer un sur dix qui soit à l'abri du
soupçon.

MUSÉE DU LOUVRE

La Justice divine poursuivant le Crime. — *Le Christ sur la croix* (commandé pour
la cathédrale de Metz). — *L'Assomption de la Vierge* (commandée pour la chapelle
des Tuileries; 6,000 fr.; transportée au Louvre en 1848). — *Portrait du naturaliste
Bruun-Neergaard.* — *Portrait de madame Jarre.*

MUSÉES DIVERS, GALERIES, ETC.

MUSÉE DE DIJON. — *Plafond de la salle des Italiens.*

MUSÉE DE CHERBOURG. — *L'Assomption de la Vierge* (répétition inachevée du
tableau que l'auteur peignit en 1819 pour la chapelle des Tuileries).

MUSÉE DE LILLE. — *Tête de jeune fille.*

GALERIE DU DUC D'AUMALE. — *Une Nymphe.*

COLLECTION BARROILHET. — *L'Impératrice Joséphine* (esquisse). — *La Visite au
Tombeau* (esquisse). — *Un Portrait* (esquisse)

GALERIE DE MORNY. — *Vénus au bain.*

COLLECTION JULES CLAYE. — *Un Buste d'homme.*

COLLECTION CHAIX D'EST-ANGE. — *La Vengeance divine poursuivant le Crime*
(répétition inachevée du tableau du Louvre. Coll. Sommariva).

COLLECTION C***. — *L'Assomption* (esquisse). — *Paysage avec figures.* — *Apollon
et les neuf Muses* (dix petites esquisses). — *Portrait en pied.*

COLLECTION DUCLOS. — Tableau allégorique.

GALERIE WEYER, DE COLOGNE. — *Buste d'une Bacchante* et celui *de Léda.*

PRIX DE VENTES

			fr.	
Le Sommeil de Psyché............	1814.	Vᵗᵉ DE LA MALMAISON....	800.	Commandé par l'impératrice Joséphine à mademoiselle Mayer, et fait par Prudhon. Ce tableau a figuré depuis dans les collections Dubois, marquis Maison et Marcille fils.
L'Assomption de la Vierge (première pensée du grand tableau, 30ᶜ— 19ᶜ)........................	1821.	Vᵗᵉ LAFONTAINE.........	956.	
Vénus au bain................				Jules Duclos.
Minerve éclairant le Génie des sciences et des arts...............	1823.	Vᵗᵉ PRUD'HON............	200.	Grisaille. Ébauche non terminée.
L'Amour riant des pleurs de l'Innocence....................	Dᵒ	dᵒ	1,005.	Esquisse légère. — André Giroux.
—	1845.	Vᵗᵉ CYPIERRE........	2,025.	
Même sujet, grisaille...........	1823.	Vᵗᵉ PRUD'HON..........	700.	
Zéphyre se balançant..........	Dᵒ	dᵒ	605.	
L'Ame brisant les liens qui l'attachent à la terre............		Vᵗᵉ DEVÉRIA..........	1,101.	
—	1813.	Vᵗᵉ DUBOIS...........	18,000.	Marcille fils.
L'Assomption de la Vierge........	1823.	Vᵗᵉ PRUD'HON........	1,500.	
—	1843.	Vᵗᵉ PAUL PÉRIER.......	12,000.	Au marquis d'Hertford. — Même sujet que celui du Louvre.
L'Amour et Psyché.............	1823.	Vᵗᵉ PRUD'HON..........	666.	
La Justice divine poursuivant le Crime..................	Dᵒ	dᵒ	960.	Répétition de celui du Louvre. A M. Chaix d'Est-Ange.
Vénus au bain................	Dᵒ	dᵒ	1,300.	A M. Thévenin.
—	1839.	Vᵗᵉ SOMMARIVA........	1,100.	Au duc de Morny.
—	1845.	Cab. CYPIERRE.		
Andromaque et Pyrrhus........	1823.	Vᵗᵉ PRUD'HON..........	6,000.	Terminé par M. Boisfremont.
Diane invoquant Jupiter........	Dᵒ	dᵒ	605.	Esquisse.—Lassalle, de Paris.
Entrevue des deux Empereurs......	Dᵒ	dᵒ	200.	Esquisse avec paysage.
Quatre esquisses de figures allégoriques et d'ornements (décoration de l'hôtel Saint-Leu, bois, 28ᵉ 1/2 —7ᵉ)...................	1821.	Vᵗᵉ DENON.....	3,660.	
L'Heureuse Mère..........	1833.	Vᵗᵉ DE SAINT........	3,150.	Lord Hertford.
La Malheureuse Mère...........				
La Sagesse enlevant au ciel le Génie des Arts (esquisse avancée).....	1831.	Vᵗᵉ J. LAFFITTE........	1,700.	
Minerve conduisant la Peinture à l'Immortalité.............	Dᵒ	dᵒ	1,631.	Esquisse terminée.
—	1836.	Vᵗᵉ HENRY, retiré à......	1,500.	
L'Amour et Psyché.............	1839.	Vᵗᵉ SOMMARIVA........	7,800.	Esquisse terminée. — A M. Marcille fils.
Psyché enlevée par les Amours.....	Dᵒ	dᵒ	15,450.	
Zéphyre se balançant..........	Dᵒ	dᵒ	21,050.	
Joseph et Putiphar............	1843.	Vᵗᵉ DUBOIS...........	371.	Marcille fils.
Le Choix de l'objet aimé.......	1845.	Vᵗᵉ VASSEROT........	1,450.	
L'Amour séduisant l'Innocence....		Coll. DIDOT...........		Lassalle, de Paris.
1ʳᵉ répétition.................	1846.	Vᵗᵉ DE SAINT........	8,000.	Mᵐᵉ de Narbonne.
2ᵉ répétition.................	1823.	Vᵗᵉ PRUD'HON.......	2,650.	Odiot.
L'Innocence entrainée par l'Amour et suivie par le Repentir........	1850.	Vᵗᵉ THÉVENIN..........	2,000.	

		fr.	
Petits Enfants jouant avec des chiens...................	D° d°	2,000.	
Zéphyre se balançant............	1851. Vte SERVATIUS, retiré à..	6,000.	
La Visite au Tombeau (23e--16e)...	1855. Vte BARROILHET..........	2,800.	
Psyché enlevée par les Zéphyrs (32e ---41e)....................	D° d°	3,880.	
La Mère Malheureuse...........	1856. d°	2,950.	
La Volupté....................	D° d°	220.	Douteux.
Portrait de M. de Chauvelin......	D° d°	300.	D°
Portrait de M. de Sommariva (esquisse)...................	1856. Vte FAVANNE	180.	
Portrait de la princesse Pauline (esquisse en grisaille, 50e—42e)....	1859. Vte X..................	550.	
La Sagesse et la Vérité..........	1859. Vte d'HOUDETOT.........	1,010.	
Les Quatre Saisons.............	1860. Vte X.	16,200.	
Psyché.......................	1861. Vte X..................	400.	
Portrait de mademoiselle Duthé (71e —58e, signé)...............	1861. Vte RHONÉ.............	1,650.	
Portrait d'homme	1862. Vte X.................	500.	
Le Songe du bonheur (esquisse)....	1862. Vte E. BLANC..........	330.	Cab. Brunet-Denon.

DESSINS.

Le Cruel rit des pleurs qu'il fait verser (à la pierre noire)..........	1803. Vte POULLAIN...........	281.	
Innocence et Amour (au crayon noir, 33e—12e)..................	1845. Vte REVIL.	1,250.	
L'Amour rit des pleurs qu'il fait verser......................	1851. Vte THÉVENIN......	515.	Aquarelles.
L'Amour réduit à la raison.......			
La Fileuse			
La Dérideuse (au crayon noir sur papier bleu et rehaussé de blanc).	1857. Vte MONTEBELLO..	3,000.	
Dessin au crayon noir sur papier bleu et rehaussé de blanc.......	D° d°	900.	
Femme nue....................	1859. Vte F. V......	136.	
Deux croquis.................	1859. Vte DAVID............ ..	80.	
Les Trois Parques..............	1860. Vte B........	685.	
Tête d'étude..................	1860. Vte E. N.......... ...	320.	
Innocence et Amour............	1860. Vte X.................	3,750.	Serait-ce le dessin de la Vte Revil?
La Mère heureuse	1860. Vte W.	370.	
Trois dessins au crayon noir, sujets tirés de l'Art d'aimer..........	1861. Vte RHONÉ......	2,230.	
La Distribution des vierges aux Champs-Élysées (au lavis)......	1861. Vte X...	150.	Douteux.

Depuis sa réhabilitation, et en raison de la vogue dont jouissent aujourd'hui ses tableaux, Prud'hon eut beaucoup d'imitateurs et de copistes. On fabriqua des *fac-simile* de toutes les nuances et de toutes les formes. — Heureusement pour les amateurs, ce déluge prud'honien n'est pas dangereux. On reconnaît ses œuvres avec assez de facilité, et, sauf les imitations faites par les peintres que nous allons nommer, il est difficile de s'y méprendre.

MAYER

(Mlle CONSTANCE)

Née à Paris en 1778, morte à Paris en 1821.

Élève chérie de Prud'hon, Mlle Mayer a partagé sa gloire comme elle a partagé ses malheurs. Elle abandonna Suvée et Greuze, ses premiers maîtres, pour s'attacher de préférence à la manière de Prud'hon. Mais, en copiant Greuze, elle contracta quelques retroussis qui, reparaissant presque toujours dans ses imitations de Prud'hon, la décèlent aux yeux de l'observateur. Outre cela, ses ombres sont moins hachées, sa couleur est plus sombre et son dessin plus cerné. Néanmoins, je le répète, il faut une grande attention pour distinguer ses copies et ses imitations.

Comme original, son talent n'est pas sans importance, et les deux tableaux que possèdent le musée du Louvre permettent de s'en faire une idée suffisante, sinon parfaite.

Ces deux tableaux, achetés 2,000 fr. pièce par Louis XVIII, sont estimés plus du double par les amateurs.

RIOULT

(LOUIS-ÉDOUARD)

Né en 1780.

Ce peintre a fait des imitations de Prud'hon tellement fidèles qu'elles sont la plupart classées dans les collections sous le nom du maître. Cependant, Rioult, qui fut l'élève de David et de Régnault, n'a pu se défaire entièrement de la manière de ses premiers professeurs; ses copies ont un certain air de sécheresse, tant pour le dessin que pour la couleur. Dans ses imitations, le vague de Prud'hon ressemble souvent à de la mollesse. Cependant, je suis persuadé que, dans une cinquantaine d'années, lorsque le temps leur aura donné la *vélatoure*, qui, en cachant les défauts, fait rêver des qualités, ses productions embarrasseront bien des amateurs dans leur appréciation.

SWEBACH

(JACQUES-FRANÇOIS-JOSEPH)

DIT FONTAINES

Né à Metz en 1769, mort en 1823.

Ce peintre charmant a composé de très-jolis tableaux de genre ornés de figures, et une infinité de paysages faits par les artistes de son temps.

Sa touche est grasse et spirituelle; son dessin est un peu ballonné, mais en revanche les scènes qu'il a représentées sont vives et parfaitement indiquées, ses animaux bien campés.

Les tableaux de Swebach sont rarement admis dans les collections nationales; en revanche, ils brillent dans les collections particulières, et, par conséquent, jouissent d'une certaine faveur dans les ventes publiques. Ses productions capitales varient entre 500 et 800 fr., ses petites toiles, entre 100 et 250 fr.

MUSÉES DIVERS, GALERIES, ETC.

Musée de Cherbourg. — *Course de chevaux.* — *Trois Chasseurs à cheval* (Swebach fils).

Musée de Lyon. — *Vue prise dans le Tyrol.*

Galerie Pozzo di Borgo. — *Débarquement et Halte de voyageurs* (regardé comme le chef-d'œuvre du maître).

PRIX DE VENTES

Vue d'un camp (bois, 28ᶜ—60ᶜ). 1806, Vᵗᵉ Lebrun, 432 fr.; 1813, Vᵗᵉ Godefroy,

660 fr. — *Les Chevaux de halage*. 1833, Vte Lesuire, 220 fr. — *Postillon devant une auberge*. 1844, Vte X..., 162 fr. — *Fête de village*. 1852, Vte L. de Saint-Vincent, 325 fr. — *Deux Chasseurs au repos* (près d'eux sont leurs chiens). Même Vte, 60 fr. — *Marche militaire au milieu d'un camp*. 1852, Vte X..., 500 fr. — *Choc de cavalerie* et son pendant. 1852, Vte X..., 184 fr. — *Intérieur d'un camp*. 1852, Vte Des Horties, 405 fr. — *Choc de cavalerie*. Même Vte, 209 fr. — *Marche d'artillerie*. 1857, Vte de Raguse, 470 fr.; 1861, Vte Montbrun, 570 fr. — *Bataille*. Même Vte, 670 fr. — *L'Auberge*. Même Vte, 260 fr. — *L'Hôtellerie*. Même Vte, 750 fr. — *Paysage avec figures*. 1859, Vte Castellani, 200 fr. — *La Diligence anglaise* (Édouard Swebach). 1860, Vte Seymour, 460 fr. — *La Levée d'un Camp*. 1861, Vte X..., 961 fr.

DESSINS

Un Campement (au lavis). 1851, Vte X..., 80 fr. — *Voyageurs escortés par des Cosaques* (aquarelle). 1862, Vte X., 30 fr.

Au nombre de ses imitateurs on range :

SWEBACH FILS

(ÉDOUARD)

Sans peindre absolument dans la manière de son père, ce peintre l'a imité d'assez près pour que ses tableaux, la signature aidant, puissent être confondus par les connaisseurs peu éclairés.

Son dessin est plus grêle, sa couleur moins chaude ; sa touche, quoique très-spirituelle, n'a pas l'à-propos et le rendu de celle de son modèle ; enfin il est très-facile de reconnaître ses contrefaçons.

DUPLESSIS-BERTAUX

Mort en 1813.

Duplessis partagea son temps entre la gravure et la peinture. Le genre qu'il s'est formé rappelle un peu Callot pour la composition, mais non pour l'exécution. Ses copies de Swebach sont assez exactes, mais elles pèchent beaucoup par la couleur. On les reconnaît à leurs ombres presque noires et à leurs repiqués de même nuance.

DEMAY

Né à Mirecourt en 1798, mort à Paris vers 1850.

Demay fut un des meilleurs imitateurs de Swebach et de De Marne; bon nombre de ses copies embarrasseront la perspicacité de l'amateur dans quelques années. Sa touche est cependant plus effilée, son dessin moins énergique, et ses ombres sont moins accentuées.

BERTIN

(JEAN-VICTOR)

Né à Paris en 1775, mort dans la même ville en 1842.

Elève de Valenciennes, Bertin fut le fondateur de l'école du paysage historique, dite de l'Empire. S'étant formé un genre distinct de celui de son maître, il eut le bonheur de le voir adopté par le public du temps, malgré la froideur et le compassé qu'on lui reproche.

Après avoir joui d'une grande faveur, les tableaux de Bertin ont beaucoup perdu dans l'estime publique. Il n'est pas rare de voir adjuger des œuvres capitales de ce maître pour 200 à 300 fr., et ses petites toiles pour 50 ou 100 fr. Il ne me semble pas qu'il y aurait témérité à affirmer que cette baisse, qui n'a d'autre raison d'être que dans l'anathème lancé à tort et à travers sur une école jadis célèbre, aura son terme, et que l'on reconnaîtra que les qualités du pinceau de ce maître dépassent de beaucoup ses défauts.

Le musée du Louvre possède de ce maître un tableau assez important, représentant le *Temple de Minerve*. Quant aux toiles qui passent très-inaperçues dans les ventes publiques, elles n'y obtiennent que des prix ridicules. J'en ai réuni quelques exemples :

MUSÉES DIVERS, GALERIES, ETC.

Musée de Versailles. — *Entrevue de Napoléon avec l'Électeur de Saxe.*
Musée de Rennes. — *Intérieur d'une forêt.*
Musée de Cherbourg. — *Paysage avec figures.*
Musée de Lille. — *Deux Paysages.*
Musée de Nantes. — *Un Paysage.*
Collection Jeanne. — *Paysage historique.* (Est., 300 fr.)

PRIX DE VENTES

L'Offrande au dieu Pan (paysage). 1832, Vte de Saint-Vincent, 63 fr. — *Deux Paysages avec Baigneuses.* (Fixés.) 1856, Vte veuve Martin, 75 fr. — *Paysage, vue d'Italie.* 1861, Vte Delafontaine, 275 fr.

Ses imitateurs les plus exacts sont :

MARCHAIS

Quelle que soit l'exactitude avec laquelle ce peintre de mérite a imité et copié Bertin, on le reconnaît à sa couleur plus froide, à sa touche plus acérée. Ses figures sont plus ballonnées et plus lourdes que celles du maître.

BERTIN FILS

(ÉDOUARD)

Les paysages de cet artiste ont plus de fini et parfois plus de grâce que ceux de son père; cependant ils provoquent quelquefois la confusion.

Touche plus grasse, dessous moins lavés, effets plus saisissants, voilà quelles en sont les marques distinctives.

ISABEY

(JEAN-BAPTISTE)

Né à Nancy en 1767, mort à Paris en 1855.

Isabey a été successivement peintre du ministère des relations extérieures, des représentations solennelles de la cour et du cabinet de l'empereur Napoléon Ier, directeur des décorations de l'Opéra, peintre de Louis XVIII, de Charles X, de Louis-Philippe Ier et de Napoléon III. Dans toutes ces différentes positions on le chargea de faire une grande quantité d'ouvrages en miniature, à l'aquarelle ou à la sépia. Son dessin, qui se ressent un peu de celui de David, son maître, a cependant plus de vague dans les têtes. Sa couleur est moelleuse, sa touche légère rappelle les meilleurs maîtres dans le genre qu'il avait adopté.

Ses productions sont assez recherchées, mais elles ont perdu l'excessive faveur qui les accueillit au commencement de ce siècle. En 1834, à la Vte Jacques Laffitte, l'*Escalier de la tourelle du château d'Harcourt*, 49^c sur 32^c 1/2, a été payé 2,000 fr., mais ce prix ne peut servir de guide.

COLLECTION ANDREW JAMES. — *Un Portrait d'Enfant.*

AUBRY

(ÉTIENNE)

Imitateur de Greuze et de Fragonard, le genre adopté par Isabey ne fut point un obstacle pour son pinceau. Je n'énumérerai point ici ses qualités, je dirai seulement, pour établir quelques points de comparaison avec Isabey, que ses portraits sont plus cernés, plus secs, et que ses carnations sont moins rosées.

BORDES

(JOSEPH)

Né à Toulon en 1773.

Les miniatures de cet artiste ont moins de suavité et sont plus grises de ton que celles de son maître Isabey. Son dessin, assez correct, est cependant moins savant et plus effilé.

GÉRICAULT

(JEAN – LOUIS – THÉODORE – ANDRÉ)

Né à Rouen en 1791 , mort à Paris en 1824.

La vie de ce grand artiste est remplie de tribulations, de déceptions de toute nature, et l'on en ferait sans peine une histoire des plus affligeantes.

D'abord élève de Carle Vernet, puis de Guérin, il flotta entre ces deux guides et les suivit tour à tour. On sait par le nombre des croquis de *la Méduse,* dont il a retourné la composition sous mille aspects différents, combien son imagination était vive et féconde.

Son genre est mâle et fier, sa couleur chaude et transparente, sa touche large et empâtée, pleine de ressauts énergiques que nul de ses imitateurs n'a su rendre parfaitement.

Quoique les productions de Géricault soient en très-grand nombre, elles sont rares dans le commerce. C'est à peine si de temps en temps on rencontre une de ces études comme il savait si bien les faire. Ses compositions sont encore plus difficiles à découvrir par la raison qu'elles sont presque toutes classées dans les cabinets d'amateurs et dans les musées. Voici les prix et les estimations que j'ai pu recueillir.

MUSÉE DU LOUVRE

Le Naufrage de la Méduse. 1824, Vᵗᵉ Géricault, 6.000 fr.; 1824, cédé au même prix par M. de Dreux d'Orcy. Val. act., 50,000 fr. — *Le Chasseur de la Garde impériale* et *le Cuirassier blessé.* 1851, Vᵗᵉ du cab. Louis-Philippe, 23,400 fr. — *Le Carabinier.* 1851, Vᵗᵉ Stevens, 4,500 fr. Val. act., 4,000 fr. — *Le Four à plâtre.* 1849, Vᵗᵉ Mosselmann,

1,350 fr. Val. act., 4,000 fr. — *Cheval turc à l'écurie.* Même Vte, 750 fr. Val. act., 4,800 fr. — *Cheval espagnol.* Même Vte, 520 fr. Val. act., 4,300 fr. — *Cinq Chevaux vus de croupe.* Même Vte, 4,400 fr. Val. act., 3,000 fr.

MUSÉES DIVERS, GALERIES, ETC.

Musée de Rouen. — *Étude de cheval blanc.* — *Étude de tête de chevreuil.*

Musée d'Avignon. — Copie de la *Bataille de Nazareth* peinte par Gros (au muséo de Nantes).

Musée de Nantes. — *Officier de chasseurs à cheval de la Garde impériale* (étude pour le tableau du Louvre).

Galerie du duc d'Aumale. — *Lionne et Lionceaux* (dessin).

Collection Duclos. — *Les Chevaux à l'écurie.*

Galerie du duc de Galliera. — *Un Hussard à cheval.*

Cabinet Trilha. — *Chevaux à l'écurie.*

PRIX DE VENTES

			fr.	
Cheval blanc dans une écurie	1827.	Vte N^r Leprince	360.	
Léda et le Cygne	1837.	Vte Ducos		Marcille fils.
Joueurs de flûte	D°	d°		D°
Trois Chevaux au galop	D°	d°	360.	Est. act. 1,500 fr.
Course de chevaux	1837.	Vte Coutant	550.	D° 2,000 fr.
Étude terminée d'un des chevaux de Napoléon	D°	d°	930.	D° 6,000 fr.
Jockey retenant un cheval qui vient de courir	D°	d°	1,150.	D° 4,000 fr.
Cheval rétif	1844.	Vte Schneider	815.	
Cheval espagnol	D°	d°	605.	
Cheval turc	1849.	Vte A. M.	750.	
Le Derviche (étude)	D°	d°	400.	
Le Cuirassier (esquisse)	1852.	Vte Collot	1,800.	
Lanciers	D°	d°	3,000.	
La Vedette (44e—26e)	1853.	Vte Barroilhet	1,000.	
Cheval isabelle effrayé par la foudre	1856.	Vte Martin	600.	
Intérieur d'écurie	D°	d°	455.	
Cheval à l'écurie	1856.	Vte Claye.	515.	
Tête d'homme	D°	d°	40.	
Chevaux à l'écurie	1856.	Vte Barroilhet	210.	
Charge des cuirassiers de la garde impériale	1857.	Vte Richard W...	5,550.	
Première esquisse du Naufrage de la Méduse	1857.	Vte Montebello	1,320.	Moreau.
—	1859.	Vte d'Houdetot	1,060.	ou 1070.
Tête d'homme	D°	d°	510.	
Chevaux morts (étude)	D°	d°	305.	

			fr.	
Femme portant de l'eau (d'après Raphaël)............	1859.	Vte D'HOUDETOT.........	500.	
Cheval arabe.................	D°	d°	550.	
Deux Chevaux à l'écurie.........	1859.	Vte ARY SCHEFFER........	500.	
Nature morte................	1859.	Vte X...................	2,950.	
Le Départ (épisode des courses de Rome, 45°—60°).............	D°	d°	210.	
Chevaux dans une écurie.........	1860.	Vte BARROILHET.........	350.	
Poney double anglais...........	D°	d°	385.	
Cheval à l'écurie.............	D°	d°	385.	
Mazeppa.....................	D°	d°	360.	
Croupes de chevaux............	1860.	Vte SEYMOUR...........	1,000.	
Études de chevaux............	D°	d°	4,000.	
Un Lion.....................	D°	d°	1,300.	
Coqs et Poules................	D°	d°	310.	
Nature morte................	D°	d°	1,450.	
Marie de Médicis.............	1862.	Vte E. BLANC...........	1,180.	
Coq et Poules (étude)...........	D°	d°	410.	Étude d'après Rubens vendue sous le nom de Delacroix à la Vte Ary Scheffer.

DESSINS.

Première pensée du *Naufrage de la Méduse* (à la plume)...........	1857.	Vte RICHARD W.........	330.
Le Baiser (sépia)...............	D°	d°	110.
Palefrenier faisant courir un cheval (sépia).....................	1859.	Vte DAVID.............	89.
Groupe de lanciers.............	1860.	Vte W.............	129.
Palefreniers bouchonnant un cheval...................	D°	d°	117.
La Méduse (croquis de 60°—45°)...	D°	d°	550.
Domestique apportant un chevreuil sur un cheval.................	D°	d°	75.
Chevaux en promenade...........	D°	d°	110.
Études de chevaux............	1861.	Vte VAN OS.........	37.
Cheval de trait (aquarelle)........	1861.	Vte X.................	95.
Charge de cuirassiers (aquarelle)...	1862.	Vte X.................	480.

Ainsi que Prud'hon, Géricault, voué aux gémonies pendant sa vie, a été contrefait et copié avec fureur aussitôt après sa mort. Parmi ceux qui ont le plus approché de sa manière, on distingue :

WOLMAR

Ce peintre a fait de fort belles imitations, en s'inspirant de son modèle et en le copiant en partie. Sa touche est large et vigoureuse, son empâtement savant, quoique plus plaqué et plus émoussé que celui de Géricault; sa couleur est chaude, mais un peu moins transparente; on voit qu'elle est le produit des glacis, et non de la légèreté du travail.

FRANCIS

Francis est plus facile à reconnaître que Wolmar, à cause de sa touche moins large et moins savante, et de sa couleur plus terne. Ses compositions sont remplies de détails, charmants de vérité, mais non applicables au talent de Géricault.

MARCHAND

(DÉSIRÉ)

Né à Paris en 1814.

Élève de Gros et de Waschmutt, ce peintre sut si bien s'assimiler la manière, la touche et la couleur de Géricault, que presque toutes ses compositions se sont vendues sous le nom du maître, après avoir été toutefois privées de leurs signatures et revêtues de celle de Géricault. Elles ont cependant un cachet d'originalité qui devrait mettre l'amateur en garde. Sa touche est ferme et morbide, ses empâtements sont allongés, ses plans solides, mais moins chauds que ceux de l'original. Son dessin est un peu plus rond dans les figures, mais presque aussi savant dans le charpentage des chevaux; on voit qu'il en possède l'anatomie dans ses moindres détails.

Je n'ai placé ce peintre parmi les imitateurs de Géricault que pour obéir aux exigences de mon *Guide*, car, je le répète, son talent est plus original qu'imitatif. Ce sont les trafiquants qui se sont emparés de ses productions pour les transformer tant bien que mal en tableaux du maître. Quant à lui, on voit, à la première inspection, qu'il ne s'en préoccupe en aucune façon. Sa touche est à l'aise, et, si son talent a de l'analogie avec celui de Géricault, c'est une analogie naturelle et non le résultat de l'imitation.

DE DREUX D'ORCY

Né à Paris en 1789.

Cet artiste, collaborateur de Géricault, a fait de très-belles imitations souvent réputées pour être de la main du maître. Ayant travaillé avec lui, notamment dans le tableau intitulé *Suites d'une tempête,* et, à ce qu'on assure, dans quelques parties du *Naufrage de la Méduse,* il est tout naturel qu'il ait été au fait de la facture et de la couleur de Géricault. Cependant, ainsi que pour ses imitations de Greuze, il est facile de reconnaître son pinceau bien moins ferme, ainsi que son dessin moins carré. Sa couleur est peu nourrie, ses fonds sont plus vagues, et ses empâtements plus émoussés.

MIKALOUSKI

Plus peintre d'aquarelle que peintre à l'huile, Mikalouski a fait de très-exactes copies et imitations de Géricault, à tel point que ses productions en ont toutes reçu la signature. Il possède pourtant une touche plus allongée, ses plans sont plus lavés, sa couleur est plus vineuse, et l'on remarque dans ses hachures une manière plus arrondie que celle du maître.

DE LUNA

Encore un aquarelliste dont les productions ont servi au bas commerce pour les faire passer comme originales. Leur couleur terne et plate, jointe à une exécution sèche et pingre, plutôt dans le genre de Carle Vernet, suffit pour mettre à l'abri de toute erreur.

D'autres fraudes ont lieu à l'aide d'études peintes par MM. Lalaisse et Gingembre, et sans doute à leur insu, car ce sont des études de caprice que les trafiquants ont fait retoucher et vendent comme étant de Géricault. On les distingue à leur air de liberté et à leur dessin souvent diamétralement opposé à celui du maître.

———————

MICHALLON

(ACHILLE-ETNA)

Né en 1795, mort en 1822.

Ce peintre reçut les leçons de David, de Valenciennes, de Bertin et de Dunouy, dont il étudia tour à tour les manières pour s'en créer une à lui-même qui aurait surpassé le talent de tous ces paysagistes, si la mort ne l'avait enlevé à l'âge de vingt-sept ans.

Son style est large, son pinceau gras, son dessin correct, sa couleur chaude et vigoureuse, et ses plans sont largement distribués.

Ce que j'ai dit au sujet de Bertin est en partie applicable à la valeur des tableaux de Michallon. Cependant ce dernier était regardé comme un réformateur très-avancé il y a vingt-cinq ans. Le seul paysage que le musée du Louvre possède, et qui fut acheté en 1822 par Louis XVIII, au prix de 2.000 fr., aurait bien de la peine à atteindre aujourd'hui la moitié de cette somme, ainsi que l'atteste *le Paysage,* site italien, adjugé 142 fr. à M. Burat à la Vte X..., en 1853.

RÉMOND

(JEAN-CHARLES)

Né en 1795.

Quoiqu'il fût disciple de Bertin et de Régnault, Rémond a contracté une manière qui bien souvent a fait confondre ses tableaux avec ceux de Michallon.

Ses plans plus frottés et moins soutenus, sa touche moins grasse et son dessin plus académique, sont les signes certains auxquels on le reconnaît.

LEPRINCE

(A.-XAVIER)

Né à Paris en 1799, mort à Nice en 1826.

Leprince fut un des plus gracieux peintres de l'école du XIXᵉ siècle qui se soient distingués dans les paysages animés de figures. Sa touche est grasse et légère ; ses fonds sont pleins de vapeur et de flou ; ses figures, touchées spirituellement, sont gracieusement peintes et bien dessinées.

Après avoir eu beaucoup de succès, les tableaux de ce maître ont éprouvé le sort de bien d'autres, ils ont été négligés par les collectionneurs. Néanmoins leur rareté les maintient à une certaine valeur, bien inférieure cependant à celle qu'ils avaient il y a vingt ans. Ainsi les deux tableaux que possède le musée du Louvre, et qui ont été achetés à Leprince par Charles X, subiraient une dépréciation énorme s'ils étaient soumis en ce moment aux enchères publiques. Le premier, *Embarquement de bestiaux à Honfleur*, a été payé 3,000 fr. ; le second, *Passage du Susten*, 1.500 fr.

Il est permis de croire à un prochain retour de la faveur publique à l'égard des œuvres de cet artiste, et l'on peut affirmer sans crainte que ces prix augmenteront avant peu.

PRIX DE VENTES

Un Écossais. 1827, Vᵗᵉ Leprince, 210 fr. — *Jeune garçon jouant de la vielle.* Même Vᵗᵉ, 260 fr. — *Chasse aux lions.* Même Vᵗᵉ, 445 fr. — *Sapeur rencontrant une laitière.* Même Vᵗᵉ, 330 fr. — *Un Atelier de peintre.* Même Vᵗᵉ, 204 fr. — *Vue prise à Montmartre.* Même Vᵗᵉ, 31 fr. — *Vue prise à Mortfontaine.* Même Vᵗᵉ, 50 fr. — *Vue du château de Pierrefonds.* Même Vᵗᵉ, 32 fr. — *Vue du pont de Batigny.* Même Vᵗᵉ, 91 fr. — *Vue prise du Calvaire, à Fontainebleau.* Même Vᵗᵉ, 19 fr. — *Vue prise à Montavu, près de Grenoble.* Même Vte, 62 fr. — *Corps de garde à l'hôtel de ville* (esquisse). Même Vte, 43 fr. — *Vallée du Drac à Grenoble.* Même Vte, 73 fr. — *Étude de mer prise du Havre.* Même Vte, 41 fr. — *Vue du port du Havre* (étude). Même Vte, 36 fr. — *Étude de mer prise dans le port de Honfleur.* Même Vte, 185 fr. (Cette étude fut faite pour l'exécution du tableau qui est au Louvre.) — *Paysage.* 1844, Vte X..., 184 fr. — *L'Arrivée.* 1856, Vte veuve Martin, 81 fr. — *Les Bonnes à la promenade.* Même Vte, 61 fr. — *Fête de village.* 1859, Vte A. Leroux, 700 fr, — *Proclamation de la Royauté (1815).* Même Vte, 500 fr. — *La Station de la diligence.* 1861, Vte Rhoné, 560 fr.

LEPRINCE

(ROBERT-LÉOPOLD)

Né en 1800.

Frère, élève et imitateur de Xavier Leprince. On lui est redevable de beaucoup de pastiches dont l'exécution est presque identique à celle de son modèle. Cependant ses fonds sont plus lourds, son dessin est plus froid, plus académique; ses compositions n'ont pas le caractère enjoué et vaporeux qui fait le charme de celles de X. Leprince.

LEPRINCE

(GUSTAVE)

Né en 1810.

On rencontre quelquefois dans le commerce des tableaux de cet artiste que les marchands s'efforcent de vendre sous le nom de X. Leprince, en enlevant l'initiale de la signature. Mais ils sont si loin du maître, et pour la manière et pour l'exécution, qu'on ne saurait s'y tromper.

Ici se termine la nomenclature des peintres de l'école française qui ont eu ou des imitateurs, ou des copistes avérés. Sans prétendre qu'aucune erreur, qu'aucun oubli ne se soit glissé dans un travail qui a nécessité de ma part tant de recherches, j'ai cependant tout lieu de le croire aussi exact, aussi complet que possible, du moins en ce qui regarde les artistes d'un certain ordre.

J'aurais pu augmenter cette série d'une trentaine d'analogies plus ou moins heureuses, mais j'ai craint de mettre de la confusion là où la clarté doit se faire jour. Du reste, comme ces analogies ne sont ni frappantes, ni de nature à favoriser la fraude, il m'a semblé préférable de réserver les noms de leurs auteurs pour faire suite à la liste des peintres sans copistes connus ou compromettants.

PEINTRES FRANÇAIS

NON CITÉS DANS LA NOMENCLATURE PRÉCÉDENTE, ET QUI N'ONT EU
NI IMITATEURS NI COPISTES AVÉRÉS OU COMPROMETTANTS.

DEUXIÈME DIVISION

COUSIN

(JEAN)

Né à Soucy, près de Sens, vers 1500, mort vers 1589.

Jean Cousin, que l'on a comparé au Parmesan, est une des premières célébrités qui ont illustré le siècle de la Renaissance. Sous l'écorce
du gothique, les ouvrages de ce grand homme laissent apercevoir les
qualités innées au génie français. On y sent cette souplesse qui le rend
si propre à l'imitation des objets graves et sérieux, et qui dément ce
caractère de frivolité trop souvent reproché à notre nation. Ses pensées
s'annoncent avec noblesse; son exécution se rapproche des bons maîtres
de l'Italie, et non de la manière importée en France par le Primatice.

Ses têtes sont remplies d'expression : il n'y a même pas à lui reprocher
la sécheresse que l'on rencontre chez tous les artistes à la renaissance
du goût.

Les productions de Jean Cousin sont excessivement rares. Le peu qui en existe est
classé dans les musées, d'où elles ne sortiront peut-être jamais. Celui du Louvre n'est pas
le plus mal partagé; il possède le fameux *Jugement dernier*, qui faillit être soustrait de
l'église des Minimes du bois de Vincennes. Ce tableau a été estimé à deux reprises différentes : la première fois, en 1810, il fut coté 20,000 fr.; la seconde évaluation s'élève
à 25,000 fr.

Il est évident que ni l'une ni l'autre de ces expertises n'est exacte, et que ce prix
serait de beaucoup dépassé s'il était permis de soumettre *le Jugement dernier* aux
enchères publiques.

MUSÉES DIVERS, GALERIES, ETC.

Musée de Rennes. — *Jésus aux noces de Cana.* — *Le prophète Balaam et l'Ange*
(dessin à la plume). — *Enfants jouant* (à la plume). — *Études d'écorchés* (à la plume).
Musée de Valenciennes. — Une répétition du *Jugement dernier*.

CLOUET

(françois)

dit JEHANNET

Né à Tours vers 1500, mort vers 1572.

Clouet a exécuté de très-beaux portraits qui, par leur faire minutieux et leur genre gothique, sont de curieux spécimens de la renaissance
de l'art français accouplé à la manière flamande.

Le seul portrait d'homme que la nouvelle notice du musée du
Louvre considère comme authentique (Charles IX) a été estimé
12,000 francs lors des inventaires. Peu d'amateurs acceptent ce prix

comme l'expression de sa valeur. Il vaut évidemment plus, à cause de son authenticité et de son intérêt historique.

MUSÉES DIVERS, GALERIES, ETC.

Musée de Rennes. — *La Femme entre deux âges.*

Musée de Bordeaux. — *Portrait de Femme.*

Musée de Cherbourg. — *Portrait de Femme.*

Musée de Berlin. — *Portrait en pied de François II.* — *Portrait en pied d'Henri III.*

Anc. Collection de Vienne. — *Portrait en pied de Charles IX, roi de France.*

Musée d'Anvers. — *Portrait de François II.*

National Gallery. — *Portraits d'hommes* (coll. Beaucousin).

A la Liverpool Institution. — *Portrait de Marguerite de Navarre.*

A Hampton-Court. — Plusieurs portraits de souverains.

Galerie du duc d'Aumale. — Cinq portraits historiques. — Dix portraits historiques (dessins).

A sir J. Boileau. — *Portrait du roi de Navarre, père d'Henri IV.*

A lord Spencer. — *Marie, reine d'Écosse.* — *François II enfant.*

Collection Bale. — *Un Portrait d'homme.*

A lord Hertford. — *Portrait du comte de Hertford.*

Galerie Stafford. — Plusieurs portraits.

Collection Carlisle. — Une collection de portraits représentant des personnages du temps de Henri II, François II, Charles IX et Henri III.

Collection Ward. — *Portrait de François Ier.*

Collection Darnley. — *Portrait de François, duc d'Alençon.*

Collection Duclos. — *Portrait du duc de Guise* (probablement celui de la Vte Quedeville).

Quelques portraits ont paru dans le commerce, mais ils ont été jugés douteux, et les prix suivants semblent confirmer cette opinion.

PRIX DE VENTES

Portrait de don Juan d'Autriche (bois. 25c—23c). 1850, Vte du roi de Hollande, 230 florins (Enthoven). — *Portrait du chancelier de L'Hospital.* Vte Cottreau, 246 fr. — *Petit Portrait du duc de Guise.* Même Vte, 122 fr.; 1852, Vte Quedeville, 200 fr. — *Portrait du duc de Joyeuse et Portrait de Pibrac.* 1856, Vte Barroilhet, 255 fr. — *Portrait d'Henri III.* 1858, Vte d'Arbaud-Jouques, 235 fr. — *Portrait d'un personnage de la cour de Charles IX* (cuivre). 1861, Vte Delafontaine, 325 fr. — *Portrait de la marquise d'Entragues* (dessin). 1860, Vte E. N., 480 fr.

LES LENAIN

LENAIN

(LOUIS)   Né à Laon en 1583, mort en 1648.

(ANTOINE)   Né à Laon en 1588, mort en 1648.

(MATTHIEU) Né à Laon en 1593, mort en 1677.

Les frères Lenain ont peint le portrait et les sujets grotesques. Leur touche est franche et empâtée, leur coloris vigoureux ; leurs lumières sont vives et pleines de réveillons gris et verts ; leur exécution est d'une facilité surprenante, et l'aspect général de leurs tableaux rappelle les bons faiseurs espagnols.

Les tableaux de ces maîtres sont très-recherchés et payés fort cher par les amateurs.

MUSÉE DU LOUVRE.

Portrait de Lenain. 1777, Vᵗᵉ du prince de Conti, 1,010 fr. — *Le Maréchal à sa forge.* 1772, Vᵗᵉ de Choiseul, 1,008 fr.; 1777, Vᵗᵉ du prince de Conti, 2,460 fr. ; est off. (1810 et 1816), 5,000 fr. — *Procession dans une église.* 1785, Vᵗᵉ Bailly de Breteuil, 1,003 fr.; est. off. (1810), 8,000 fr.; (1816), 4,000 fr.

MUSÉES DIVERS, GALERIES, ETC.

À SAINT-ÉTIENNE-DU-MONT. — *La Nativité.*

MUSÉE DE ROUEN. — *Intérieur rustique.*

MUSÉE DE RENNES. — *Une jeune Femme tenant sur ses genoux un enfant nouveau-né. — La sainte Vierge, sainte Anne et l'Enfant Jésus.*

MUSÉE DE VALENÇIENNES. — *Les Joueurs de cartes* (contesté).

MUSÉE DE NANTES. — *Intérieur rustique.*

MUSÉE D'ÉPINAL. — *Le Déluge.*

Dulwich College. — *Intérieur avec figures.*

Buckingham Palace. — *Un Intérieur.*

A M. Mathew Uzielli. — *Les petits Musiciens.*

Au comte de Dunmore. — *Scène familière.*

Collection de lord Caledon. — *Deux pendants.*

Collection Bale. — *Scène familière.*

Collection Wyndham. — *Les Musiciens.*

Collection M'Lellan. — *Intérieur avec un jeune Garçon.*

Collection de Grey. — Une charmante composition.

Galerie Stafford. — *Un jeune Garçon.*

Collection Neeld. — *Jeunes Garçons dans un paysage.*

Collection Bute. — *Les Artistes à l'étude.*

Au duc de Rutland. — *Un Intérieur.*

Collection Lonsdale. — Trois intérieurs avec figures.

Collection Lacaze. — *Les Buveurs.*

Collection Burat. — Plusieurs compositions.

PRIX DE VENTES

			fr.	
Deux pendants................	1737.	Vte Verrue	110.	
Repas de famille (huit figures)....	1772.	Vte de Choiseul	2,300.	
—	1777.	Vte prince de Conti......	1,010.	
—	1780.	Vte Poullain............	500.	
—	1781.	Vte Sollier............	2,401.	
Deux sujets représentant des paysans devant leurs maisons......	1773.	Vte Aubry	780.	
La Marchande de légumes.........				
Moutons et Vaches sortant de l'étable........	1744.	Vte Dubarry............	1,200.	
La Liseuse....................	Do	do	140.	
Le Joueur de violon............	1777.	Vte de Conti............	1,803.	
La Nouvelle....................				
Le Repas.....................	Do	do	601.	
Une Étable....................	Do	do	325.	
L'Atelier de peinture............	Do	do	500.	A M. Buts.
Tabagie.....................	1778.	Vte Lebrun............	1,680.	
Trois Hommes qui jouent aux dés..	Do	do	306.	
Homme recevant de l'argent (54e—67e).....................	1780.	Vte Caron	250.	
Homme faisant l'aumône (49e—59e 1/4)....................	1781.	Vte du duc de La Vallière.	400.	
La Maison de charité	Do	do .	400.	
Repas de Paysans..............	Do	do .	251.	
Le Peintre dans son atelier......	Do	do .	312.	
Intérieur de cuisine avec six figures (64e—45e).................	1782.	Vte de La Fresnaye		

			fr.
Jésus et les Docteurs	1788.	Vte LANGLIER	80.
Mise au Tombeau	1788.	Vte CALONNE	599.
Un Fumeur	Do	do	36.
Les quatre Évangélistes	Do	do	183.
L'Homme de loi	1793.	Vte VINCENT DONJEUX.....	1,030.
Homme avec une brouette	Do	do	462.
Jeune Fille pinçant de la guitare et			
deux jeunes Garçons l'accompa-			
gnant	1810.	Vte SYLVESTRE	223.
Le Repos	1826.	Vte DENON	315.
Ménage rustique	Do	do	181.
Jésus guérissant les malades	1828.	Vte LEGRAND............	
Les Pèlerins d'Emmaüs	1843.	Vte HERIS LEROY........	215.
Le Concert de village	1843.	Vte P. PERRIER..........	760.
Scène de corps de garde	1844.	Vte CARDINAL FESCH	473.
Le Mangeur d'huîtres	Do	do	682.
—	1857.	Vte MORET...............	1,680.

LES BOULONGNE[1]

BOULONGNE

(LOUIS DE)

DIT LE VIEUX

Né en 1609, mort en 1674.

Chef de la famille des Boulongne, il fut recommandable par la suavité et le moelleux de son pinceau, par la fraîcheur et l'harmonie de son coloris, par la naïveté et la rondeur de son dessin.

1. La découverte du véritable nom de cette famille a souvent exercé la sagacité des biographes : quant à moi, je crois la question jugée sans appel par la publication des documents dus

BOULONGNE

(BON)

Né en 1649, mort en 1717.

La simplicité et la grâce la plus exquise règnent dans les caractères de tête de ce peintre, qui fut en quelque sorte le Protée des Boulongne. Son pinceau est tout à la fois onctueux et tendre.

MUSÉE DU LOUVRE

Jésus à la piscine, prov^t de Notre-Dame de Paris, musée Napoléon. Est. off. (1810), 6,000 fr. — *Le Miracle de saint Benoît*. Anc. coll. de la Couronne. Est. off. (1810), 1,000 fr. — *L'Annonciation*, dito. — *Hercule et les Centaures,* dito.

MUSÉES DIVERS, GALERIES, ETC.

Musée de Bordeaux. — *Portrait d'un fils légitime de Louis XIV.*

PRIX DE VENTES

Diane présentant Adonis à ses nymphes (cuivre, 49^c—69^c 3/4). 1781, Vte duc de La Vallière, 610 fr. — *L'Assomption de la Vierge*. 1845, Vte Fesch, 561 fr. — *La Vocation des fils de Zébédée*. Même Vte, 286 fr. — *Io changée en vache*. Même Vte, 396 fr. — *Mercure endormant Argus*. Même Vte, 242 fr.

aux recherches de M. Anatole d'Auvergne, et dont j'ai déjà parlé à propos de Valentin. Il en résulte évidemment que le nom de Boulongne ne saurait être considéré comme un nom patronymique, puisque son orthographe varie à chaque instant :

Bologne, Bollogne, Boulogne, Boulongne, Boullongne.

Il paraît plutôt être l'indication du pays dont cette famille était originaire, et que l'on affirme être l'Italie. Il reste donc celui de *Rasset*, qui semble être véritablement le nom patronymique de la famille pendant le xviiie siècle et jusqu'à nos jours. Le dernier membre inscrit sur les actes de l'état civil existe peut-être encore à Coulommiers, où il a exercé pendant un demi-siècle l'état de chaudronnier. Les actes de naissance sont ainsi rédigés : Rasset, *dit Boulongne*. Je crois être rationnel en adoptant le nom inscrit dans l'acte de l'état civil, les autres paraissant le résultat d'une corruption de langage.

BOULONGNE

(LOUIS)

Né en 1654, mort en 1733.

Frère de Bon Boulongne, il l'égala en capacités.

Les prix indiqués dans le tableau suivant ne seraient certainement pas couverts si on mettait les œuvres en question à l'enchère. Quant aux petites toiles dues au pinceau de ces peintres, elles sont d'une rareté extrême et, par conséquent, ne peuvent être l'objet d'une appréciation exacte.

MUSÉE DU LOUVRE

Le Centenier, provᵗ de Notre-Dame de Paris, musée Napoléon. Est. off. (1810), 6,000 fr.

MUSÉES DIVERS, GALERIES, ETC.

Musée de Rouen. — *Les Vendeurs chassés du Temple.* — *Jésus et la Samaritaine.*
Musée de Rennes. — *La Femme malade guérie par Jésus-Christ.*
Musée d'Amiens. — *Auguste fermant le temple de Janus.*

PRIX DE VENTES

Les Chercheuses de puces. 1737, Vᵗᵉ comtesse de Verrue, 400 fr. — *L'Enlèvement d'Europe.* Même Vᵗᵉ, 150 fr. (Tableau octogone d'après P. Véronèse.) — *Deux Enfants.* Même Vᵗᵉ, 400 fr. (Copie du Corrège.) — *Suzanne.* Même Vᵗᵉ, 133 fr. 90 c. — *Une Centauresse.* Même Vᵗᵉ, 150 fr. 25 c. — *Le Bain de Diane.* Même Vᵗᵉ, 69 fr. — *Io ou Léda* (d'après le Corrège). Même Vᵗᵉ, 240 fr. — *Un Faune et une Bacchante.* Même Vᵗᵉ, 30 fr. — *Jephté.* Même Vᵗᵉ, 400 fr. — *Vénus sortant de la mer et une Mascarade.* Même Vᵗᵉ, 602 fr. — *Vénus sortant de la mer et la Naissance de Bacchus.* Même Vᵗᵉ, 1,500 fr. — *Un Flûteur et Thalie.* Même Vᵗᵉ, 40 fr. — *Deux bas-reliefs.* Même Vᵗᵉ, 180 fr. — *Neptune.* Même Vᵗᵉ, 400 fr. — *La Naissance de Vénus.* Même Vᵗᵉ, 430 fr. — *L'Enlèvement d'Hélène.* Même Vᵗᵉ, 192 fr. — *Latone et ses enfants.* 1770, Vᵗᵉ Lalive de Jully, 720 fr. — *Famille de Centaures* (1ᵐ,18—95ᶜ 1/2). Vᵗᵉ Blondel de Gagny, 1,300 fr.; 1783, Vᵗᵉ Blondel d'Azincourt, 700 fr. — *Une Femme tenant une corbeille de fruits.* Vᵗᵉ Lauraguais, 600 fr. — *La Visitation.* 1845, Vᵗᵉ Fesch, 478 fr. 50 c.

BAUGIN

(LUBIN)

DIT LE PETIT GUIDE

Né vers 1618, mort vers 1680.

On lui doit d'assez bons pastiches italiens, mais sans caractère précis. Sa touche est grasse et bien nourrie ; son dessin rappelle celui du Parmesan.

Le musée du Louvre possède une *Sainte Famille* qui n'est pas sans mérite. Ses tableaux paraissent très-rarement dans les ventes publiques, encore sont-ils vendus comme des pastiches italiens dont on ignore le nom de l'auteur.

Le musée de Rouen possède un *Saint Barthélemy* qui n'est pas sans valeur artistique.

LES COYPEL

COYPEL

(NOËL)

Né à Paris en 1628, mort dans la même ville en 1707.

Cet artiste s'est acquis une grande réputation par une quantité prodigieuse de tableaux de chevalet et de charmants travaux dans les maisons royales et les édifices publics.

MUSÉE DU LOUVRE

Solon et les Athéniens. Coll. Louis XIV. Est. off. (1810), 2,400 fr.; (1816), 2,500 fr. (Ce tableau et les trois suivants furent exécutés en grand pour la salle des gardes de la reine, à Versailles.) — *Ptolémée Philadelphe.* Coll. Louis XIV. Est. off., (1810), 2,400 fr.; (1816), 2,500 fr. — *Trajan donnant des audiences.* Coll. Louis XIV. Est. off. (1810), 2,400 fr.; (1816), 2,500 fr. — *Prévoyance d'Alexandre Sévère.* Coll. Louis XIV. Est. off. (1810), 2,400 fr.; (1816), 2,500 fr. — *Réprobation de Caïn,* prov¹ de l'Académie de peinture.

MUSÉES DIVERS, GALERIES, ETC.

MUSÉE DE RENNES. — *La Résurrection du Christ.* — *Tête de Vieillard* (dessin au crayon et au pastel). — *Tête de Femme* (au pastel). — *Portrait de Noël Coypel,* dessiné par lui-même, au crayon. — *Amour tenant un flambeau* (aux crayons noir et rouge).— *Apollon* (aux crayons rouge et noir).

MUSÉE DE BORDEAUX. — *Allégorie.*

MUSÉE DU ROI A MADRID. — *Suzanne accusée par les vieillards.*

PRIX DE VENTES

La Madeleine pénitente. 1752, Vᵗᵉ Ch. Coypel, 54 fr. — *Jésus en prière dans le jardin des Oliviers.* Même Vᵗᵉ, 300 fr. — *Le Festin de Bacchus.* 1752, Vᵗᵉ de Vigny, 473 fr. — *L'Enlèvement d'Europe.* 1776, Vᵗᵉ Blondel de Gagny, 2,021 fr.

COYPEL

(ANTOINE)

Né à Paris en 1661, mort en 1722.

On prétend que ce Coypel introduisit le mauvais goût en France, et que nul avant lui n'avait osé emprunter le type français pour représenter des personnages grecs et romains.

MUSÉE DU LOUVRE

Athalie chassée du temple. Coll. Louis XIV. Est. off. (1816), 4,000 fr. — Répétition

du même. Coll. Louis XIV (faite pour les Gobelins).—*Suzanne accusée par les vieillards.*
Coll. Louis XIV. — *Esther et Assuérus,* dito. — *Rebecca et Éliézer,* dito.

MUSÉES DIVERS, GALERIES, ETC.

MUSÉE DE RENNES. — *L'Hymen de Jupiter et de Junon.* — **Vénus donnant des armes à Énée.**

MUSÉE DE MARSEILLE. — *Joseph reconnu par ses frères.*

MUSÉE DE CAEN. — *Portrait de madame de Parabère, maîtresse du Régent.*

MUSÉE DE NANTES. — *Saint Louis à genoux devant la sainte couronne.*

MUSÉE DE CHERBOURG. — Sujet tiré du roman de *Don Quichotte.*

MUSÉE D'ÉPINAL. — *Diane accompagnée de ses nymphes.*

MUSÉE DE LYON. — *La Ville de Lyon* (allégorie).

MUSÉE DE VALENCIENNES. — *Une Vierge chrétienne fuyant les poursuites amoureuses d'un proconsul romain* (contesté).

CABINET DE M. LOUIS NOUGUIER. — *La Toilette de Cléopâtre.*

PRIX DE VENTES

Le Baptême de Jésus-Christ. 1752, Vte Ch. Coypel, 360 fr. — *Minerve prenant soin de l'éducation de Louis XV.* Même Vte, 48 fr. — *Apollon et Daphné.* Même Vte, 60 fr. — *Zéphyre, Flore et Vertumne.* Même Vte, 252 fr. — *L'Apothéose d'Hercule.* Même Vte, 60 fr. — *Médée.* Même Vte, 100 fr. — *Une copie d'après Ostade.* Même Vte, 121 fr. — *Portrait du maréchal de Saxe.* Même Vte, 100 fr. — *Renaud quittant le palais d'Armide* et une esquisse tirée de l'opéra d'*Alceste.* Même Vte, 240 fr. — Esquisse du tableau de l'Oratoire. Même Vte, 240 fr. —*Vénus sur les eaux.* 1757, Vte Heineken, 100 fr. — *Iphigénie* et *Renaud et Armide.* 1769, Vte Prousteau, 1,803 fr. — *Le Baptême du Christ.* 1770, Vte Lalive de Jully, 7,410 fr. — *Une Femme sur un lit tirant un rideau.* Vte d'Azincourt, 112 fr.

COYPEL

(NOËL-NICOLAS)

Né à Paris en 1688, mort en 1734.

Élève de Noël Coypel, son père, il acquit quelque gloire dans le genre historique.

Sa touche est large, sa couleur douce et harmonieuse, son dessin assez correct et son style élégant.

Son œuvre capitale, celle qui lui fit le plus d'honneur, est la peinture de la coupole de la chapelle de la Vierge, à l'église de Saint-Sulpice, à Paris. Elle représente une *Assomption*.

COYPEL

(CHARLES-ANTOINE)

Né à Paris en 1694, mort dans la même ville en 1752.

Fils d'Antoine Coypel, sous lequel il forma son talent, il fut le plus médiocre de tous ceux qui ont porté ce nom.

Ses tableaux de moyenne dimension, les seuls en quelque sorte que les amateurs peuvent acheter, et les seuls aussi qui se produisent dans le commerce, sont très-rares. Les prix suivants donneront une idée de la valeur de ses productions.

MUSÉES DIVERS, GALERIES, ETC.

PALAIS DE COMPIÈGNE. — Une suite de sujets tirés du roman de *Don Quichotte*.
MUSÉE DE NANCY. — *Sainte Famille.* — *Renaud et Armide.*

PRIX DE VENTES

L'Amour précepteur (91ᶜ—72ᶜ). 1781, Vᵗᵉ du duc de La Vallière, 561 fr. — *Le Sacrifice d'Abraham.* 1845, Vᵗᵉ Fesch, 236 fr. — *Jésus guérissant un possédé.* Même Vᵗᵉ, 385 fr. — *Portrait de Molière.* 1850, Vᵗᵉ D'E-pinoy, 1,651 fr. (au docteur Gendrin). — *Portrait en pied de madame de Pompadour.* 1855, Vᵗᵉ Deverre, 870 fr. — *Jeune Fille lisant une lettre.* Même Vᵗᵉ, 595 fr. — Scène tirée de *Don Quichotte* (52ᶜ—63ᶜ). 1859, Vᵗᵉ Saint-Marc, 4,300 fr. — *Roland furieux* (1ᵐ,30—2ᵐ). Même Vᵗᵉ, 3,600 fr. — *Le Triomphe de Galatée.* 1860, Vᵗᵉ R..., 250 fr.

LES PARROCEL

PARROCEL

(BARTHÉLEMY)

Né à Montbrison vers 1628, mort à Brignoles en 1660.

Barthélemy Parrocel, qui fut le chef de cette famille d'artistes, peignit l'histoire avec quelque succès.

PARROCEL

(JOSEPH)

Né à Brignoles en 1648, mort à Paris en 1704.

Désigné par Charles Le Brun pour peindre quelques batailles sur les murs des réfectoires de l'hôtel des Invalides, il ne se montra pas un rival bien dangereux pour Van der Meulen. On remarque toutefois dans ses œuvres un coloris chaud et brillant, une touche parfois trop accentuée mais pleine de verve, des effets de lumière vifs et piquants, quoique trop répandus. Quant à son dessin, il manque de correction.

PARROCEL

(PIERRE)

Né à Avignon en 1664, mort à Paris en 1739.

Il nous a laissé plusieurs portraits et quelques tableaux historiques où règne un dessin gracieux, joint à une touche ferme et à un coloris harmonieux et vrai.

Ses toiles sont assez rares à Paris. On les trouve la plupart dans le Languedoc, la Provence et l'ancien comtat d'Avignon, où Pierre Parrocel a longtemps séjourné.

PARROCEL

(IGNACE)

Né à Avignon en 1668, mort à Mons en 1721.

Ayant adopté le genre de son oncle, Ignace ne tarda pas à l'imiter avec beaucoup de bonheur, bien que sa couleur soit plus noire et sa touche moins égale.

Presque tous ses tableaux ont été exécutés pour décorations intérieures, aussi paraissent-ils très-rarement dans le commerce où ils sont vendus sous le nom de Joseph Parrocel, son oncle.

Ses œuvres capitales sont presque toutes dans les Pays-Bas et en Autriche.

PARROCEL

(CHARLES)

Né à Paris en 1688, mort dans la même ville en 1752.

Élève de La Fosse et peintre de batailles de Louis XV, son dessin est plus exact que celui de son père, Joseph Parrocel ; son coloris, plus sage et moins papillotant ; ses empâtements sont plus solides.

Comme membres de cette nombreuse famille, je citerai encore : Louis Parrocel, qui s'est distingué dans l'histoire ; — Étienne Parrocel, peintre médiocre, et qui traita la même partie ; — et enfin Joseph-Ignace Parrocel, qui s'adonna aux batailles, mais dans un goût moins élevé que celui de ses ancêtres.

Les petites toiles des bons Parrocel sont assez rares et jouissent de l'estime des amateurs. Elles varient entre 100 et 500 fr. Parmi celles que possédait le musée du Louvre, *le Passage du Rhin* a été estimé 1,000 fr. en 1816. Ce tableau est, je crois, au musée de Versailles.

MUSÉES DIVERS, GALERIES, ETC.

MUSÉE DE VERSAILLES. — *Siége de Tournay.* — *Siége d'Oudenarde.* — *Combat de Melle.* — *Prise de Maestricht.* — *Combat de Leuze.* — *Siége de Charleroi.* — *Siége de Saint-Guillain.* — *Siége de Namur.* — *Bataille de Lawfeld.* — *Arrivée de l'ambassadeur turc aux Tuileries.* — Même sujet avec modifications.

MUSÉE DE LYON. — *Une Bataille.* — *Halte de cavaliers.*

MUSÉE DE MARSEILLE. — *Saint François Régis.* — *Le Couronnement de la Vierge par l'Enfant Jésus* (par Pierre).

MUSÉE DE RENNES. — *Repos de la Sainte Famille* (dessin au crayon rouge).

MUSÉE DE NANTES. — *Moines guérissant des possédés.*

MUSÉE DE NÎMES. — *L'Immaculée Conception.*

MUSÉE D'ÉPINAL. — *Combat de cavalerie* (par Joseph). — **Josué arrêtant le soleil** (par Charles).

MUSÉE DE CAEN. — *Paysage.* — *Sobieski devant Vienne.*

Musée de Lille. — *Marche de cavalerie.* — *Paysage.*

Musée de Bordeaux. — *Josué ordonne au soleil de s'arrêter.*

Musée de Vienne. — *Deux Batailles* (par Ignace).

Collection E. Phipps. — *Une Bataille.*

Collection Burat. — Plusieurs compositions.

PRIX DE VENTES

Esquisse du plafond de l'église des Bénédictins (forme ronde). 1782, Vte Parrocel, 14 fr. — Esquisse de deux coupoles (forme ronde). Même Vte, 14 fr. — *Vénus retenant Adonis.* Même Vte, 45 fr. — *Bacchante endormie.* Même Vte, 28 fr. — *Les Grâces et la Toilette de Vénus.* Même Vte, 120 fr. — Sujets tirés de l'histoire de Diane (deux pendants. Même Vte, 61 fr. — *La Vierge et l'Enfant Jésus.* Même Vte, 36 fr. — *Grande réunion d'enfants* (plus de mille figures; dessin à la plume et à l'encre de Chine). Même Vte, 96 fr. — *Josué* (bataille, dessin), 1782, Vte Boileau, 51 fr. — *Combat de cavaliers.* 1861, Vte baron d'Holbach, 290 fr.

CORNEILLE

(MICHEL)

Né à Paris en 1642, mort en 1708.

Bon peintre du siècle de Louis XIV; sa couleur rappellerait beaucoup celle des Carrache, si des rehaussés trop violets ne venaient en détruire l'harmonie. On regarde comme son œuvre capitale la voûte de la seconde chapelle à gauche dans le dôme des Invalides, qu'il a peinte à fresque en concurrence de Boulongne.

Sa touche est ferme, son dessin plein de correction et d'ampleur.

Ses toiles de chevalet sont très-rares; l'une d'elles, le *Portrait de Molière*, a été adjugée 520 fr. à la Vte Talma. Depuis, *Énée sacrifiant aux mânes d'Anchise* a été payée 291 fr. à la Vte Fesch, en 1845.

Le duc d'Aumale possède une de ses belles toiles, le *Repentir du grand Condé.*

MUSÉES DIVERS, GALERIES, ETC.

Musée de Nimes. — *Sainte Geneviève de Paris priant pour les pestiférés.* — *La Résurrection du Christ.*

Musée de Bordeaux. — *Baptême de Constantin.*

Musée de Nantes. — *Le Dimanche des Rameaux.*

Musée de Rennes. — *La Fuite en Égypte* (dessin rond à la plume, lavé au bistre). — *Jésus-Christ apparaissant à saint Pierre sur le bord de la mer de Tibériade.*

LICHERIE

(LOUIS)

Né à Dreux vers 1642, mort en 1687.

Ce peintre est recommandable par sa bonne exécution, la fraîcheur et l'harmonie de son coloris. Le dessin de ses têtes est un peu maniéré, mais ce défaut est racheté par la vérité des expressions.

Le musée du Louvre ne possède qu'un tableau de ce maître; il fut évalué au prix bien élevé de 2,500 fr.

On voit au musée de Cherbourg une *Sainte Famille accompagnée de sainte Élisabeth et de saint Jean-Baptiste.*

LEBLOND

(JEAN)

Né à Paris en 1645, mort dans la même ville en 1719.

Bon peintre d'histoire, faible de dessin, mais d'un coloris assez agréable.

Malgré ces qualités, ses tableaux sont peu payés.

LES DE TROY

DE TROY

(FRANÇOIS)

Né à Toulouse en 1645, mort en 1730.

Ce peintre a plus de droits que tout autre à inspirer de l'intérêt aux femmes, dont il savait si bien dissimuler les défauts et faire ressortir les beautés. Sa touche est franche; ses effets sont pleins de vérité, mais papillotants; son dessin possède un certain caractère de distinction et de naturel que l'on admire.

DE TROY

(JEAN-FRANÇOIS)

Né à Paris en 1679, mort à Rome en 1752.

Élève de son père, François de Troy, il eut une grande réputation à cette époque de décadence. Son dessin pèche par l'incorrection; sa couleur est agréable, mais encore plus papillotante que celle de son père.

Quant aux autres de Troy, ils ne méritent aucune mention sérieuse.

Les portraits des De Troy ne sont pas rares; ils ne sont pas chers non plus. Les amateurs préfèrent avec raison ceux du père à ceux du fils.

MUSÉE DU LOUVRE

Henri IV recevant des chevaliers de l'ordre du Saint-Esprit.

MUSÉES DIVERS, GALERIES, ETC.

Musée de Rouen. — *Portrait de la duchesse de La Force.* — **L'Ascension.** — *L'Assomption.* — *Nunc dimittis.*

Musée de Rennes. — *Portrait d'une jeune Femme vêtue de satin blanc.* — *Portrait d'Homme.* — *Portrait de Femme.*

Musée de Marseille. — *La Peste de Marseille.* — *Une Liseuse.*

Musée de Nîmes. — *Une Faucheuse endormie.*

Musée de Valenciennes. — *Portrait de Jean de Julienne.*

Musée d'Épinal. — *Moïse sauvé des eaux.*

Musée de Cherbourg. — *Portrait de François Dorban, architecte.*

Musée de Nancy. — *Diane au bain.*

Musée de Grenoble. — *Portrait de la duchesse de Bourgogne, mère de Louis XV.* — *Portrait de Femme tenant un enfant sur ses genoux.*

Musée de Berlin. — *Jeune Fille prenant une tasse de café.*

Musée de Dresde. — *Portrait du duc du Maine.*

Cabinet Le Brun-Dalbane. — *L'Atelier d'un peintre.* (Cette composition capitale est d'une excellente exécution.)

Galerie du duc d'Aumale. — *Le Déjeuner d'huitres* (coll. Louis-Philippe).

PRIX DE VENTES

Une Dame ornant l'épée d'un chevalier et la *Toilette d'une dame.* 1762, Vᵗᵉ Chauvelin, 620 fr. — *Suzanne entre les deux vieillards* et *Loth et ses filles.* 1770, Vᵗᵉ Jully, 951 fr. — *L'Enfant Jésus méditant sur la croix.* 1764, Vᵗᵉ J.-B. de Troy, 156 fr. — *Un Mezzetin.* Même Vᵗᵉ, 21 fr. — *Portrait de Mouton.* 1770, Vᵗᵉ de Jully, 501 fr. — *Diane et Actéon.* 1773, Vᵗᵉ Vigny, 473 fr.; Vᵗᵉ Juvigny, 603 fr. — *Le Chasseur d'oies* et *Une Charrette remplie de bois, dont un cheval s'abat.* Vᵗᵉ Boucher (inventaire), 400 fr.; Vᵗᵉ Trouard, 799 fr. — *Armide et Renaud.* Vᵗᵉ Lempereur, 1212 fr.; Vᵗᵉ Conti, 821 fr. — *Louis XIV recevant les ambassadeurs de Siam.* 1855, Vᵗᵉ Deverre, 520 fr. — *La Dame de charité.* 1858, Vᵗᵉ X..., 360 fr. — *Flore et Zéphyr.* Même Vᵗᵉ, 190 fr. — *Déjeuner champêtre.* 1858, Vᵗᵉ comtesse de Jumilhac, 500 fr.

FERDINAND FILS

(LOUIS-ELLE)

Né à Paris en 1648, mort à Rennes en 1717.

Petit-fils de Ferdinand Elle, il adopta son prénom, ainsi que l'avait fait ce dernier lorsqu'il vint s'établir en France en quittant Malines, son pays natal. Les portraits exécutés par Ferdinand fils ont un caractère qui plaît à beaucoup d'amateurs. Leur touche est bonne et leur couleur vraie et légère.

Le Louvre possède un bel échantillon du talent de ce peintre; il représente le *Portrait de Samuel Bernard*, peintre en miniature.

MUSÉES DIVERS, GALERIES, ETC.

Musée de Rouen. — *Un Guerrier du siècle de Louis XIV.*

Musée de Rennes. — *La Présentation de la Vierge au Temple.* — *Le Christ en croix.* — *Une Tête* (dessin au crayon rouge). — *La Présentation au Temple* (dessin au crayon, rehaussé de blanc).

SANTERRE

(JEAN-BAPTISTE)

Né à Magny en 1650, mort en 1717.

Santerre fut un des meilleurs rejetons de l'école des Boulongne; mais sa rébellion contre le système académique l'empêcha de jouir pendant sa vie de toute l'admiration dont il était digne.

Ses compositions sont pleines de sensibilité, ses attitudes délicieuses; son dessin est régulier, son pinceau flou, son coloris clair, tendre et harmonieux.

On peut se faire une idée parfaite du talent exquis de Santerre en parcourant le musée du Louvre qui possède deux de ses productions, dont une capitale comme composition. Les petites toiles de ce peintre sont vivement disputées dans les ventes publiques, où elles paraissent rarement. Lorsqu'elles sont incontestables, elles atteignent facilement 1,200 à 1,500 fr. Ses compositions sont d'une valeur plus élevée, ainsi qu'on le verra dans les renseignements suivants :

MUSÉE DU LOUVRE

Suzanne au bain, prov¹ de l'Acad. de peinture. Est. off. (1810 et 1816), 15,000 fr. — *Portrait de Femme en costume vénitien,* prov¹ de l'anc. coll. de la Couronne.

MUSÉES DIVERS, GALERIES, ETC.

Musée de Rouen. — *Une Cantatrice.* — *Deux Bacchanales.* — *Sainte Anne conduisant la Vierge au temple.*

Musée de Nantes. — *Cuisinière grattant une carotte.* — *Jeune Fille endormie couchée sur son ouvrage* (effet de nuit).

Musée d'Épinal. — *Une sainte Cécile.*

Musée de Bordeaux. — *Une Cuisinière.*

Au comte Prosper de Chasseloup-Laubat. — *Suzanne au bain.* (Répétition en petit et avec quelques changements du tableau du Louvre.)

Cabinet Burat. — Plusieurs compositions.

PRIX DE VENTES

Une Pèlerine et une Femme en habit de cour. Vᵗᵉ Julienne, 1,301 fr. — *Chanteuse en habit de satin blanc.* 1770, Vᵗᵉ Lalive, 1,520 fr. — *La Coupeuse de choux* (1ᵐ,04—83ᶜ 1/2). 1776, Vᵗᵉ Blondel de Gagny, 7,000 fr.; Vᵗᵉ Poullain, 3,215 fr.; 1808, Vᵗᵉ Rohan-Chabot, 2,400 fr. — *Adam et Ève* (1ᵐ,28—1ᵐ,73 3/4). 1776, Vᵗᵉ de Gagny, 12,400 fr.; 1776, Vᵗᵉ Beaujon; 1801, Vᵗᵉ Tolozan, 3,007 fr. — *Esquisse du précédent* (96ᶜ—77ᶜ). 1783, Vᵗᵉ Dazincourt, 1,400 fr. — *Portrait de l'auteur* (toile cintrée, 1ᵐ,60—86ᶜ). 1782, Vᵗᵉ de Mᵐᵉ Lancret, 98 fr. — *La Vierge et l'Enfant.* 1845, Vᵗᵉ Fesch, 506 fr.; 1847, Vᵗᵉ Moret, 760 fr.

I.   23

ALLEGRAIN

(ÉTIENNE)

Né à Paris en 1653, mort dans la même ville en 1736.

Bon paysagiste dans la manière du Poussin et de Francisque Millet; mais il ne peut être rangé parmi leurs imitateurs qu'à un degré bien éloigné.

Terrasses bien disposées, compositions pleines de goût, arbres ravissants de variété et de légèreté, tout plaît et charme l'œil dans les ouvrages d'Allegrain.

Malgré ces qualités, les tableaux d'Allegrain ne sont pas recherchés par les amateurs; ainsi, *deux Paysages* n'ont pu dépasser 130 fr. à la V¹ᵉ Marchand. Un autre *Paysage* a été payé 220 fr. à la V¹ᵉ Fesch, en 1845.

Le musée du Louvre possède deux échantillons de ce maître.

Voici ceux qui se trouvent à Versailles :

Jardins de Versailles (Parterre du nord). — Bosquet de l'île Royale. — Bosquet de la fontaine de l'obélisque. — Parterre des Quatre-Pucelles. — Ancien emplacement de l'obélisque. — Cascade du grand Trianon. — Jardins de Versailles (Salle des Empereurs).

VIVIEN

(JOSEPH)

Né à Lyon en 1657, mort en 1735.

Ce peintre fit de beaux portraits à l'huile et au pastel. Au mérite de la ressemblance il joignait celui d'une franche exécution.

Le musée de Rouen possède un beau *Portrait d'homme;* celui de Cherbourg, le *Portrait de François Girardon;* la Pinacothèque de Munich, un excellent *Portrait de Fénelon.*

Un *Portrait de Lenôtre* a été adjugé 180 fr. en 1856 à la Vte Baroilhet.

MARTIN

(JEAN-BAPTISTE)

DIT MARTIN DES BATAILLES, DIT L'AINÉ

Né à Paris en 1659, mort en 1735.

Le talent de Martin, élève de La Hyre et de Parrocel, a beaucoup d'analogie avec celui de Van der Meulen, peintre flamand. Toutefois son dessin, quoique correct, est moins châtié, sa couleur moins tendre et sa touche plus heurtée.

Il existe un autre Martin que l'on suppose être fils ou cousin de celui-ci, et dont il sera parlé à son ordre chronologique.

Martin a beaucoup travaillé, mais la plupart de ses productions décorent les résidences royales et les châteaux particuliers. Ses tableaux de chevalet sont rares et très-recherchés lorsqu'ils sont bien conservés : témoin le *Portrait de Louis XIV à cheval,* payé 2,300 fr. à la Vte Moret, en 1859, ainsi que le *Paysage historique* de la collection de Longpré. Les seuls spécimens qu'on puisse étudier avec fruit se trouvent actuellement au musée du Louvre et à celui de Versailles, car les peintures qu'il a exécutées dans les réfectoires de l'hôtel des Invalides sont à peu près perdues pour la science par suite d'anciennes restaurations auxquelles il faut joindre un *nettoyage* récent, exécuté avec une ineptie désolante par un *marchand de couleurs.*

Voici les désignations des compositions qui se trouvent dans les différents musées.

MUSÉE DU LOUVRE

Le Siége de Fribourg.

MUSÉES DIVERS, GALERIES, ETC.

Musée de Versailles. — *Jardins de Versailles* (Bassin de Neptune). — *Cour d'honneur de Versailles.* — *Étangs de Montboron.* — *Vue de la pièce d'eau des Suisses.* — *Château de Vincennes.—Fontaine d'Apollon à Versailles.— Vue du château de Meudon.* — *Vue du château de Chambord.* — *Vue du château du grand Trianon.* — *Vue du château de Versailles.* — *Vue du château de Saint-Hubert.* — *Vue du château de Marly.* — *Vue du château de Fontainebleau.* — *Château de Saint-Germain.* — *Château du grand Trianon.* — *Jardins de Versailles* (Bosquet des bains d'Apollon). — *Château de Marly.* — *Prise d'Ypres.* — *Prise de Lewe.* — *Camp de Fontarabie.* — *Départ du roi après le lit de justice.* — *Prise de Doesbourg.* — *Prise de Naerden* (d'après V. der Meulen). — *Sacre de Louis XV à Reims.*

Anc. Galerie de Chantilly. — *Siége de Courtrai.* — *Siége de Bergues-Saint-Vinox.* — *Siége de Mardick.* — *Prise de Furnes.* — *Reddition de Dunkerque.* — *Prise d'Ager en Catalogne.* — *Siége de Constantine levé par l'armée espagnole.* — *Bataille de Lens.* — *Prise de Besançon.* — *Prise de Lichtenau.* — *Reddition de Spire.* — *Siége de Philipsbourg.* — *Prise de Worms.* — *Prise d'Oppenheim.* — *Reddition de Mayence.* — *Bataille de Rocroi* (ordre de bataille). — *Bataille de Rocroi.* — *Prise de Sierck.* — *Bataille de Fribourg.* — *Prise de Dourlac.* — *Reddition de Bingen.* — *Prise de Baccharach.* — *Prise de Creutznach.* — *Prise de Landau.* — *Prise de Neustadt.* — *Siége et prise de Rottembourg.* — *Bataille et reddition de Nordlingen* (quatre tableaux). — *Reddition de Dinkelsbuhl.* (Des copies sont à Versailles.)

Musée de Rouen. — *Vue de Rouen.* — *Siége de Belgrade.* — *Reddition de Belgrade.* — *Entrée du prince Eugène dans Belgrade.* — *Bataille devant Belgrade.* — *Bataille livrée par le grand Condé.*

Musée de Caen. — *Siége de Besançon par l'armée de Louis XIV.*

Musée de Valenciennes. — *Combat de cavalerie.*

Galerie du duc d'Aumale. — Onze tableaux de batailles provenant de la décoration du château de Chantilly.

A M. Hesselbein. — *Le Siége d'Anvers* (composition très-capitale et d'une conservation parfaite).

GALLOCHE

(LOUIS)

Né à Paris en 1670, mort en 1761.

Bon peintre de l'école des Boulongne. Il traita l'histoire et le portrait avec beaucoup de bonheur. Son dessin, bien que maniéré, est assez correct. Sa touche est ronde, mais agréable.

Ses tableaux se vendent peu cher.

MUSÉE DE RENNES. — *Saint Pierre en captivité.*

MARTIN

(PIERRE - DENIS)

DIT LE JEUNE

Né vers 1672, mort vers 1729.

Suivant plusieurs biographes, ce peintre serait le cousin de Martin dit l'aîné; suivant d'autres, ce serait son frère. Aucun document précis ne permettant de se prononcer pour l'une ou l'autre de ces hypothèses, je me bornerai à dire que son talent a beaucoup d'analogie avec celui de Martin l'aîné, bien que sa couleur soit plus tendre et son dessin moins heurté.

Le Louvre possède de lui *Louis XV à la chasse au cerf dans les rochers d'Avon, à Fontainebleau.* On lui attribue aussi les copies de Martin l'aîné qui sont à Versailles.

Il est peu recherché par les amateurs.

GILLOT

(CLAUDE)

Né à Langres en 1673, mort en 1722.

Claude Gillot reçut les leçons de Jean-Baptiste Corneille, dit le vieux. Sa touche serait spirituelle sans sa lourdeur et la rondeur de son empâtement. Ses ajustements sont d'une exécution agréable, mais ils manquent de grâce et de finesse. Ses figures sont communes de dessin ; elles n'ont pas ces rehaussés pétillants qui firent la réputation artistique de ses élèves Watteau et Lancret.

Peu d'amateurs collectionnent les productions de Gillot, qui ne peuvent être placées que comme curiosités auprès de celles de ses élèves. Les plus belles et les mieux conservées ont de la peine à atteindre 200 ou 300 fr.

MUSÉE DE RENNES. — *Une Femme à laquelle des Amours ont mis un bandeau et qu'ils entrainent* (dessin au crayon rouge). — *Le Repos de la Sainte Famille* (dessin à la plume).

CHASTELIN

Né en 1674, mort à Paris en 1755.

Les œuvres de ce charmant paysagiste sont très-rares ; elles représentent presque toujours des vues prises d'après nature dans les environs de Paris. Son feuillé est très-fin, mais un peu sec ; ses ciels sont légers et ses premiers plans bien terminés.

Ses ouvrages sont peu recherchés et très-peu payés.

CHAUFOURRIER

(JEAN)

Né en 1675, mort à Paris en 1757.

Le talent de cet artiste a beaucoup d'analogie avec celui du précédent. Comme lui, il peignit des vues des environs de Paris, mais avec une touche plus large et une couleur plus vaporeuse.

CAZES

(PIERRE-JACQUES)

Né à Paris en 1676, mort dans la même ville en 1754.

Bon peintre d'histoire, recommandable par l'harmonie de son coloris, la bonté de sa touche; mais son dessin est un peu trop rond.

Le musée de Rouen possède *Jésus au milieu des docteurs.*

Un de ses tableaux, *Adam et Ève dans le Paradis terrestre,* a été payé 2,399 fr. à la Vte du prince de Conti, en 1777; deux autres, *la Toilette de Vénus* et *Vénus et Adonis,* ont été moins heureux à la Vte du marquis de Changran, en 1780 : ils ne dépassèrent point 175 fr.

GUESLAIN

(CHARLES-ÉTIENNE)

Né en 1685, mort à Paris en 1765.

Peintre de portraits assez estimés, qui rappellent la belle manière des maîtres du siècle de Louis XIV. Sa touche est facile, mais son dessin est un peu grêle.

LAJOÜE

(JACQUES)

Né à Paris en 1687, mort en 1761.

Auteur de vues d'architecture et de paysages pour décorations, dont la touche et la composition sont également belles. Très-souvent Watteau et Lancret les enrichirent de figures plus esquissées que ter-minées. La touche de Lajoüe est ronde et bien accentuée, sa couleur un peu froide, mais assez agréable. En somme, ses tableaux sont loin d'être aussi mauvais que le prétendent certains critiques, qui sans doute l'ont jugé sur les œuvres de l'artiste suivant.

Voici quelques prix de vente : *Fontaine monumentale*, 146 fr., Vte M...; quatre *Dessus de portes*, figures de Pater, 200 fr., en 1857.

BOYER

(MICHEL)

Né au Puy-en-Velay en 1688, mort en 1744.

Ses tableaux ont souvent été confondus avec ceux de Lajoüe, dont il a exagéré la manière. Sa touche est plus heurtée, ses effets sont papillotés et son dessin est moins correct.

LE MOYNE

(FRANÇOIS)

Né à Paris en 1688, mort dans la même ville en 1737.

Longtemps le genre de ce peintre fut le type de l'École du XVIIIe siècle. Élève de Robert Tournières et de Louis Galloche, il sut donner à son pinceau une physionomie neuve et ingénieuse. Son coloris est clair, aérien, harmonieux, quelquefois fade et rose, mais toujours touché avec autant de goût que de légèreté; ce qui produit un très-bel effet en voûte, comme il est facile de le reconnaître en étudiant son salon d'Hercule au palais de Versailles.

La plupart des productions de Le Moyne sont d'une dimension qui ne permet pas leur achat aux amateurs. Le peu de tableaux de chevalet dus à son pinceau paraissent rarement dans les ventes, et sont toujours très-vivement disputés par les amateurs.

MUSÉE DU LOUVRE

Hercule assommant Cacus, prov¹ de l'Acad. de peinture. Est. off. (1816), 400 fr. — *Adam et Ève*. 1752, V¹ᵉ Davoust, 5,000 fr.; 1777, V¹ᵉ de Conti, 6,999 fr. 95 c.; V¹ᵉ Poullain, 5,751 fr.; 1797, V¹ᵉ La Reynière, 4,020 fr. — *La Transfiguration*. 1770, V¹ᵉ Lalive de Jully, 400 fr.; V¹ᵉ de Nogaret, 220 fr. (Esq. du plafond des Jacobins de la rue du Bac.) — *L'Assomption*. 1774, V¹ᵉ Randon de Boisset, 6,000 fr. (Esq. du dôme de l'Assomption.) — *Diane et Calisto*. 1777, V¹ᵉ prince de Conti, 4,401 fr.; V¹ᵉ Boileau, 910 fr.

MUSÉES DIVERS, GALERIES, ETC.

Musée de Rennes. — *Une Tête* (au pastel).

Musée de Nancy. — *La Continence de Scipion*.

Musée d'Épinal. — *Le Déluge* (très-belle esquisse).

Collection Lacaze. — *Hercule et Omphale*.

PRIX DE VENTES.

			fr.	
Hercule et Omphale / *Vénus sortant du bain*	1762.	V¹ᵉ Gagny	1,601.	
Portrait du peintre avec sa palette.	1770.	V¹ᵉ Jully	15.	
La Fécondité.	Dᵒ	dᵒ	400.	
Narcisse se mirant dans l'eau		V¹ᵉ Conti	4,220.	
Un Plafond		V¹ᵉ Lebrun	800.	
Les Noces de Cana / *Entrée de Jésus-Christ à Jérusalem* (tableaux faits pour les Cordeliers d'Amiens)	1778.	V¹ᵉ Le Moyne	3,000.	
La Chananéenne / *La Madeleine aux pieds de Jésus-Christ* (1ᵐ,51—1ᵐ,51)	1784.	V¹ᵉ de Vouge	4,300.	
La Cène (1ᵐ,60—2ᵐ,56 1/2)	1788.	V¹ᵉ Mᵐᵉ Lenglier	501.	
Hercule et Omphale (1ᵐ,76—91ᶜ1/2)	1792.	V¹ᵉ de La Reynière	12,000.	Sans doute en assignats.
Combat de Tancrède (1ᵐ,60—2ᵐ,67).	Dᵒ	dᵒ	10,500.	Dᵒ
Persée délivrant Andromède (1ᵐ,76 —91ᶜ1/2).	Dᵒ	dᵒ	8,000.	Dᵒ
Renaud et Armide (1ᵐ,28—1ᵐ,92)..	Dᵒ	dᵒ	15,000.	Dᵒ
Le Temps découvrant la Vérité (1ᵐ,45 —1ᵐ,76)	Dᵒ	dᵒ	12,000.	Dᵒ
La Baigneuse (1ᵐ,76—1ᵐ,45)	Dᵒ	dᵒ		
Le Temps détruisant la Calomnie.	1797.	3ᵉ V¹ᵉ de La Reynière	1,680.	
Hercule.	Dᵒ	dᵒ	1,350.	
Pygmalion	Dᵒ	dᵒ	650.	
Persée et Andromède...	Dᵒ	dᵒ	1,200.	
La Cène (l'une des deux compositions peintes pour les Cordeliers d'Amiens, 1ᵐ,60—2ᵐ,56)	1802.	V¹ᵉ Laborde de Méreville.	1,000.	Lebrun
Jésus guérissant les malades (12 fig., 80ᶜ—51ᶜ)	1808.	V¹ᵉ Saint-Aubin	160.	
Persée et Andromède	1811.	V¹ᵉ Sainte-Foix	280.	

		fr.	
Pygmalion, sous la fig.^{re} de Louis XV, regardant madame de Pompadour.	1811. Vte SAINTE-FOIX	500.	
Une Baigneuse...................	D° d° ......\....	600.	Coll. La Reynière.
Adam et Ève...................	D° d°	600.	
Hercule et Omphale.............	D° d°	500.	
Tancrède et Clorinde............	D° d°	303.	Coll. La Reynière et Robit.
La Physique (4 figures, ovale, 64^c 1/2 —66^c)	1821. Vte DUBREUIL LE NOIR....	130.	
Paysage avec bergers et animaux..	Vte du duc DE DEUX-PONTS.	1,980.	
Paysage.....................	1845. Vte FESCH...............	467, 50 c.	
Son pendant..................	D° d°	390, 50 c.	
L'Innocence allumant le flambeau de l'Amour	1855. Vte DEVÈRE.............	1,640.	

DESSINS

La déesse Hébé	1775. Vte MARIETTE.............	80.	Pastel.
Tête de Femme................. } *Tête d'Homme ....* }	D° d°	360.	{ Aux trois crayons. { Pastel.

AUTREAU

(LOUIS)

Né à Paris en 1692, mort dans la même ville en 1750.

Bon peintre de portraits dans le genre de Rigaud. Touche grasse, couleur un peu grise, dessin maniéré.

Ses tableaux se payent peu cher.

TOCQUÉ

(LOUIS)

Né à Paris en 1695, mort dans la même ville en 1772.

Tocqué travailla sous la direction de Nicolas Bertin et devint très-habile dans le portrait. Sa mise en scène est simple et exempte de l'afféterie du temps, son dessin naturel et plein de correction, sa touche fine, légère et spirituelle, et sa couleur, un peu grise, n'en est pas moins agréable à l'œil. Ses ajustements sont bien traités, ses étoffes habilement peintes et ses plis jetés avec adresse.

Les portraits peints par ce maître sont très-recherchés en ce moment. Malheureusement, comme beaucoup ont été détruits ou négligés sous le rapport de la conservation, ils sont très-rares. Leurs prix varient entre 200 fr. et 600 fr.

Le Louvre possède trois portraits assez estimés.

MUSÉES DIVERS, GALERIES, ETC.

Musée de Marseille. — *Portrait du comte de Saint-Florentin.*

Musée de Nantes. — *Portrait d'une Dame en costume du milieu du XVIII*ᵉ *siècle.*

A M. de Sahune. — *Un Portrait d'homme.*

Collection Burat. — *Portrait du duc de Richelieu.* — *Portrait d'une dame tenant un médaillon.*

Collection Jubinal. — *Portrait d'une princesse de Savoie.*

PRIX DE VENTES

Portrait de mademoiselle Geoffrin. 1843, Vᵗᵉ Cypierre, 380 fr. — *Portrait d'une dame tenant un médaillon.* 1852, Vᵗᵉ X..., 65 fr. (à M. Burat). — *Portrait du Dauphin, fils de Louis XV.* 1855, Vᵗᵉ Deverre, 360 fr. — *Portrait d'une princesse royale.* Même Vᵗᵉ, 200 fr. — *Portrait du duc de Richelieu.* 1855, Vᵗᵉ N. Roqueplan, 450 fr. (à M. Burat). — *Portrait d'une princesse de Savoie.* Même Vᵗᵉ, 445 fr. (à M. Jubinal). — *Portrait de femme.* 1859, Vᵗᵉ Deverre, 78 fr.

MANGLARD

(ADRIEN)

Né à Lyon en 1695, mort à Rome en 1760.

Ce peintre de marines-paysages fut le maître de Joseph Vernet. Ses compositions ne valent certainement pas celles de son élève. Manglard est sec de touche et d'une couleur fausse; c'est la mauvaise contrefaçon de Van der Kabel.

Le prix de ses tableaux varie entre 100 et 250 fr. En 1780, à la Vte Caron, un *Port de mer* fut payé 151 fr.

Le Louvre en possède deux, dont un est contesté.

JEAURAT

(ÉTIENNE)

Né à Vermanton (Yonne) en 1697, suivant M. Horsin Déon, et à Paris en 1699, suivant M. le docteur La Chaise; mort à Versailles en 1789.

Ce peintre de scènes familières, élève de Vleughels, est souvent confondu soit avec Edme Jaurat le graveur, soit avec Jeaurat de Bertry, son neveu. Une de ses productions, *le Déménagement d'un peintre,* suffirait seule à le classer convenablement parmi les charmants peintres du xviiie siècle, si l'estime des amateurs ne lui était pas acquise depuis bien longtemps. Son pinceau est un peu sec, mais sa couleur est chaude et son dessin assez correct.

Malgré toutes ces qualités, ses tableaux se payent peu cher dans les ventes publiques où ils paraissent rarement.

Le musée du Louvre possède *Diogène brisant son écuelle*, celui de Rennes une *Nature morte*, et celui de Saint-Pétersbourg une *Scène familière*.

Voici quelques adjudications :

Le Mari jaloux. 1855. Vᵗᵉ Deverre, 165 fr. — *Le Billet doux.* Coll. de Longpré. Est., 500 fr. — *La Lanterne magique*, charmant dessin. 1769. Vᵗᵉ Cayeux, 48 fr.

SUBLEYRAS

(HUBERT)

Né à Uzès en 1699, mort en 1749.

L'esprit et la sensibilité se trouvent réunis dans les ouvrages de cet estimable peintre, du côté de la pensée et même du dessin. Il n'annonce pas un grand caractère, mais sous ce rapport, comme sous celui du coloris, il est toujours en harmonie avec son sujet. Personne n'a peut-être été plus favorisé que lui des dons de la nature, et cependant rien, dans son exécution, ne montre qu'il ait abusé jamais de cette conception vive et élevée, de cette facilité qui coulait chez lui comme de source.

Excellent peintre qui, après avoir joui de la faveur publique, est trop oublié en ce moment.

MUSÉE DU LOUVRE

La Messe de saint Basile. Coll. Louis XVI. 1777, Vᵗᵉ Randon de Boisset, 6,799 fr. 95 c. Vᵗᵉ Natoire, 8,106 fr. — *Le Serpent d'airain.* Est. off. (1816), 3,000 fr. — *La Madeleine chez Simon.* 1802. Provᵗ du couvent d'Asti, près Turin. Est. off. (1810), 20,000 fr.; (1816), 20,000 fr. — Esquisse du précédent. 1787, Vᵗᵉ Subleyras, 8,101 fr.; est. off. (1816), 3,000 fr. — *L'Empereur Théodose et saint Ambroise.* Anc. coll. de la Couronne. Est. off. (1810), 1,000 fr.; (1816), 1,000 fr. — *Miracle de saint Benoît.* Anc. coll. Est. off. (1810),

1,000 fr.; (1816), 1,000 fr. — *Le Faucon* (prov.^t des conquêtes de 1809, inv. de l'Empire). 1774, Vte Randon de Boisset, 300 fr.; Vte Trouard, 550 fr.; 1776, Vte Saint-Aignan, 761 fr. — *Les Oies du frère Philippe*. Même Vte, 750 fr.; Vte Natoire, 761 fr. — *Martyre de saint Pierre* (13 figures). 1776, Vte Saint-Aignan, 1,501 fr.; Vte Natoire, 2,301 fr. — *L'Ermite Luce*. Même Vte, 471 fr.

MUSÉES DIVERS, GALERIES, ETC.

MUSÉE DE ROUEN. — *Le Cardinal Bentivoglio.*

MUSÉE DE NIMES. — Une composition contestée.

MUSÉE DE NANTES. — *L'Ermite* (répétition exacte, quant à la composition, du tableau qui est au Louvre).

MUSÉE DE DRESDE. — *Jésus-Christ à la table de Simon le Pharisien; la Madeleine lui répand du baume sur les pieds.*

GALERIE VALEDEAU A MONTPELLIER. — Plusieurs esquisses.

CABINET BURAT. — *La Jeune Fille amenée à son confesseur.* — Autres compositions.

CABINET DUMONT, DE CAMBRAI. — *Le Martyre de saint Érasme* (d'après le Poussin).

AU DUC DE SUTHERLAND. — *Portrait du pape Benoît XIV.*

COLLECTION SHREWSBURY. — *Simon le Magicien.*

GALERIE STAFFORD. — *Portrait du pape Benoît XIV.*

PRIX DE VENTES

La Jument du compère Pierre et un Bal (30^c—21^c 3/4). 1784, Vte de Saint-Julien, 2,200 fr. — *Le Frère Luce.* 1809, Vte Hubert-Robert, 242 fr.; 1814, Vte Alex. Paillet, 67 fr. (Répétition en petit du tableau du Louvre.) — *Diane et Endymion.* 1845, Vte Fesch, 209 fr. — *Vieille Femme italienne amenant une jeune fille pour la confesser à un moine.* 1859, Vte Saint-Marc, 800 fr. (à M. Burat). — *Le Faucon.* Même Vte, 700 fr. — *La Courtisane.* Même Vte, 300 fr.

DROUAIS

(HUBERT)

PÈRE DE FRANÇOIS-HUBERT DROUAIS

Né à la Roche en 1699, mort à Paris en 1767.

Habile dans le portrait, mais plus sec que son fils, il fut en quelque sorte le praticien de de Troy, d'Oudry et de Nattier.

Son œuvre se compose de portraits à l'huile, en miniature et au pastel ; ils sont peu recherchés, surtout lorsqu'ils n'ont pas un intérêt historique.

GRAVELOT

(HUBERT-FRANÇOIS DANVILLE)

Né à Paris en 1699, mort en 1773.

Disciple de Restout, Gravelot se créa une manière à lui en joignant à celle de son maître des réminiscences de Van Loo et de Boucher. Son dessin, quoique maigre dans les formes, ne manque pas de beauté ; sa couleur est fade et rose.

DUMONT

(JEAN)

DIT LE ROMAIN

Né en 1700, mort vers 1738.

On trouve peu de goût, peu de grâce et peu de délicatesse dans les ouvrages de ce peintre. Son pinceau est souvent lourd et sec, mais son dessin est assez convenable pour les sujets familiers dont il s'est quelquefois occupé.

Les travaux de ce peintre ne sont guère recherchés. Il est rare qu'ils se payent plus de 100 à 200 fr. dans les ventes publiques.

MUSÉE DE RENNES. — *Sujet inconnu* (étude au crayon rouge). — *Un Homme assis* (idem). — *Une Femme appuyée sur un fauteuil* (idem). — *Une Femme assise* (idem).

FRONTIER

(JEAN-CHARLES)

Né à Paris en 1701, mort à Lyon en 1763.

Peintre d'histoire et de portraits d'un talent fort ordinaire. Sa couleur est un peu terne et son dessin manque de correction.

AVED

(JACQUES-JOSEPH-ANDRÉ)

Né à Douai en 1702, mort en 1766.

Les œuvres d'Aved ne jouissent plus de la même réputation, et ne sont plus recherchées avec autant d'empressement que par le passé. Son pinceau est mâle et son exécution large; mais son coloris est lourd dans les lumières, peu transparent dans les ombres, et ses attitudes sont, en général, d'un mauvais choix.

Le musée du Louvre possède un de ses plus beaux portraits, celui de Mirabeau. Il a été acquis de Mme de Villeneuve, en 1830, pour la somme de 800 fr., grâce à son importance historique, car la valeur commerciale des productions d'Aved varie entre 100 et 300 fr. Le musée de Valenciennes possède le portrait de Mme de Tencin.

Un beau *Portrait du stathouder Guillaume IV* se trouve au musée d'Amsterdam.

LENFANT

(PIERRE)

Né à Anet en 1704, mort à Paris en 1787.

Assez bon paysagiste et meilleur peintre de batailles, avec une couleur plus pâle que celle de Martin. Sa touche est légère, mais cotonneuse, et son dessin ballonné, comme on peut le voir dans plusieurs de ses ouvrages exposés au musée de Versailles.

DONAT NONOTTE

Né à Besançon en 1707, mort en 1783.

Donat, élève de Le Moyne, réussit dans le portrait, mais il y déploie trop de naïveté. Sa touche est pauvre, son dessin sans tournure et sa couleur peu riche.

DESCAMPS

(JEAN-BAPTISTE)

Né à Dunkerque en 1711, mort à Rouen en 1791.

Ces dates, extraites des registres de l'Académie, sont en désaccord avec celles indiquées par les biographes; les uns le disent né en 1714, les autres en 1717; quoi qu'il en soit, il fut plus célèbre par son livre intitulé *Vie des peintres flamands, allemands et hollandais,* que par les productions de son pinceau. Le peu qu'il nous a légué représente des scènes familières assez bien dessinées, mais d'une couleur fade et sans ressort.

Le Louvre possède un de ses *Intérieurs de cuisine,* avec figures. Le *Portrait du peintre* peint par lui-même est au musée de Rouen.

OLIVIER

(MICHEL-BARTHÉLEMY)

Né à Marseille en 1712, mort à Paris en 1784.

Cet artiste a exercé son pinceau dans divers genres, spécialement dans les scènes familières, ou, comme on disait alors, dans les modes du temps. Le vague de son coloris est racheté par une exécution précieuse. Sans sa touche un peu aride et sèche, il serait digne d'être placé à côté des meilleurs peintres galants.

DESCHAMPS

(JEAN-BAPTISTE)

Né à Rouen en 1713, mort dans la même ville en 1793.

Émule du précédent, mais bien plus faible.

PÉRONNEAU

(JEAN-BAPTISTE)

Né en 1715, mort à Amsterdam en 1783.

Peintre de portraits très-estimés. Sa touche est un peu molle, mais son coloris vague et ses ajustements bien traités le font rechercher par les amateurs.

HUTIN

(CHARLES)

Né à Paris en 1715, mort à Dresde en 1776.

Ce peintre fait partie de ceux dont il est peu fait mention dans l'histoire; on sait seulement qu'il exécuta des pastorales dans le genre de Boucher. Sa touche pauvre et sa couleur sans ressorts ne permettent pas de l'assimiler aux imitateurs du peintre de la Régence.

EISEN

(CHARLES)

Né à Paris en 1721, mort dans la même ville en 1780.

Van Loo et Boucher sont les maîtres qui ont formé Charles Eisen. Les ouvrages de ce peintre, excellent dessinateur, sont d'une invention féconde et ingénieuse; on lui reproche de n'avoir pas la grâce qui fait excuser les défauts de ceux qu'il a imités.

MUSÉES DIVERS, GALERIES, ETC.

MUSÉE DE VALENCIENNES. — *Vision de la Madeleine.*

MUSÉE DE BORDEAUX. — *Un Berger et une Bergère.* — *L'Oiseleur.* — *Danse villageoise.* — *Repos de villageois.*

PRIX DE VENTES

Gabrielle et Henri IV. 1852, Vᵗᵉ Charles Ledru, 250 fr. — *Le Bilboquet.* 1855, Vᵗᵉ Deverre, 490 fr. — *Concert dans un salon.* Même Vᵗᵉ, 600 fr. — *L'École des Garçons* et *l'École des Filles.* 1857, Vte de Raguse, 700 fr. — *Jeune Femme tenant sur ses genoux un singe habillé en marquis.* 1861, Vte Saint-Fal, 290 fr.

DESSIN.

Intérieur de famille (au lavis). 1855, Vte Norblin, 106 fr.

MACHY

(PIERRE-ANTOINE DE)

Né à Paris vers 1722, mort en 1807.

Ce peintre a fait d'excellentes vues dans le genre de Servandoni, son maître. Sa touche est grasse et large, ses parties d'architecture sont légèrement touchées et bien dessinées, son paysage est vrai et bien composé.

Le musée du Louvre possède un *Temple en ruines.*

MUSÉES DIVERS, GALERIES, ETC.

Musée de Valenciennes. — *Ruines d'un Temple,* vue intérieure.
Musée de Rouen. — *Galerie d'ordre ionique.* — *Ruines.* — Plusieurs édifices.
Musée de Saint-Pétersbourg. — *Paysage avec architecture.*

La valeur de ses tableaux est bien baissée, ainsi qu'on le verra par les prix suivants :

PRIX DE VENTES

L'Inauguration de la place Louis XVI. 1776, Vte Blondel de Gagny, 1,700 fr. — *Vue du Louvre* et *Vue de la Monnaie.* Vte Thélusson, 1,300 fr. — *Paysage architectural* (figures de Loutherbourg). Vte Grammont, 2,400 fr. — *Vue de la place Louis XV.* 1860, Vte Odiot, 700 fr. — *Vue de la place de la Concorde sous Louis XVI.* 1860, Vte M., 201 fr. (Serait-ce le même tableau que le précédent?) — *Vue de la porte Saint-Martin sous Louis XV.* 1860, Vte P. Vienne, 325 fr.

BACHELIER

(JEAN-JACQUES)

Né en 1724, mort en 1806.

Peintre assez médiocre, plus connu par son prétendu secret de la peinture à la cire que par ses productions *picturales*. Sa touche est grêle et sa couleur peu harmonieuse.

Le musée du Louvre possède *Cimon allaité par sa fille.*
Voici quelques adjudications :
Deux tableaux représentant *des Oiseaux.* 1766, Vte Pompadour, 96 fr.; *Vase de fleurs.* Même Vte, 200 fr. —*Chiens et perdrix; Épagneul et faisans.* 1845, Vte Cypierre, 300 fr.; *Chien-loup couché dans un paysage.* Même Vte, 102 fr.

DROUAIS

(FRANÇOIS-HUBERT)

Né à Paris en 1727, mort dans la même ville en 1775.

Élève de Nonotte, Carle Van Loo, Natoire et Boucher, ce peintre ne tarda pas à dépasser son père Hubert Drouais, qui lui avait donné les premières leçons. Ses portraits obtinrent un succès qui s'est prolongé jusqu'à nos jours, tant il paraît légitime.

Sa touche est grasse et fondue, sa couleur fraîche et naturelle; son dessin un peu rond est néanmoins très-gracieux.

Ses portraits et ses têtes de fantaisie sont très-recherchés par les amateurs de l'École française, témoin la vente Pembroke, où ils ont été vivement disputés.

Le Louvre ne possède que deux portraits de ce peintre : celui de Charles X âgé de six ans, et celui de madame Clotilde de France, depuis reine de Sardaigne, âgée de quatre ans.

MUSÉES DIVERS, GALERIES, ETC.

COLLECTION WILHORGNE DE BUCHY. — *Portrait de madame de Lespinasse.*

PRIX DE VENTES

Jeune Dessinateur et *Jeune Fille jouant avec un chat* (49e—59e). 1782, Vte Menars, 1,220 fr. — *Portrait en pied de madame de Pompadour.* 1845, Vte Cypierre, 1,219 fr. — *Madame de Pompadour* (buste ovale). Même Vte, 225 fr. — *La Toilette.* Même Vte, 420 fr. — *Portrait de madame de Pompadour.* 1855, Vte Deverre, 500 fr. — *Portrait de madame Du Barry.* Même Vte, 705 fr. — *Portrait du comte de Provence enfant* (en colonel général des Suisses). Même Vte, 205 fr. — *La Jeune Fille au perroquet.* 1859, Vte Deverre, 230 fr. — *Jeune Garçon en costume Louis XVI* et *Jeune Fille debout.* 1862, Vte du comte de Pembroke, 4,200 fr. — *Petit Garçon tenant dans ses bras un épagneul noir.* Même Vte, 2,500 fr. — *La Petite jardinière* et le *Petit Dénicheur d'oiseaux.* Même Vte, 5,470 fr. — *Une petite Fille blonde tenant un chat.* Même Vte, 2,150 fr. (Serait-ce le tableau de la Vte Menars ?) — *Une autre petite Fille pose sur la tête d'un petit chien une couronne de fleurs.* Même Vte, 3,500 fr. — *Portrait d'Homme poudré vêtu d'un habit rouge et jeune Femme en costume de bergère.* Même Vte, 1,900 fr. — *Jeune Garçon en habit gris tenant une pomme à la main.* Même Vte, 1,300 fr.

TARAVAL

(HUGUES)

Né en 1728, mort à Paris en 1785.

Fils de Thomas-Raphaël Taraval, peintre de la cour de Stockholm, sa manière procède beaucoup de celle adoptée par Le Moyne. Sa touche est bien accentuée, sa couleur fraîche et vigoureuse à la fois; son dessin est effilé et plein de grâce.

Un de ses plus beaux spécimens est au Louvre : nous voulons dire *le Triomphe de Bacchus*, qui fait partie de la décoration de la galerie d'Apollon; nous citerons aussi le beau plafond du grand salon de l'hôtel de M. le comte Duchâtel, où Taraval a peint *l'Amour présentant Psyché à l'Olympe*.

Ses tableaux de chevalet sont rares; il en est de même de ses portraits et de ses petites toiles de genre, dont la valeur varie entre 200 et 500 fr.

CARESME

(JACQUES-PHILIPPE)

Né vers 1728, florissait en 1762.

Charmant peintre de genre et de pastorales en petit; son dessin est un peu rond et sa couleur trop bleuâtre.

A LA CATHÉDRALE DE BAYONNE. — *L'Annonciation* et la *Naissance de la Vierge*.

Deux petites compositions de ce maître se sont vendues 547 fr. à la Vte X..., en 1862.

AMAND

(JACQUES-FRANÇOIS)

Né en 1730, mort à Paris en 1769.

Pâle imitateur de Vien, ses œuvres, d'ailleurs peu connues, sont dignes de l'oubli dans lequel elles sont tombées.

LAVREINCE

(NICOLAS)

Né vers 1730.

Nicolas Lavreince s'est distingué par la grâce qui règne dans ses compositions. Il fit quelques scènes familières en petit, suivant les modes du temps. Sa touche est douce et contenue, son dessin effilé, mais naturel ; sa couleur un peu pâle, son exécution pleine de détails charmants.

Les œuvres de Lavreince sont peu communes chez les amateurs et dans le commerce, ce qui explique l'empressement des acheteurs lorsqu'il en paraît dans les ventes publiques. Ses compositions capitales se payent de 1,000 à 1,500 fr. ; ses petites toiles varient entre 200 et 400 fr,

COLSON

(JEAN-FRANÇOIS-GILLES)

Né à Dijon en 1733, mort en 1803.

Peintre de portraits assez médiocres, mais dont les ajustements sont bien traités.

BOISSIEU

(JEAN-JACQUES DE)

Né à Lyon en 1736, mort dans la même ville en 1810.

Cet artiste, élève de Léonard et de J. Frontier, a produit plusieurs tableaux et un grand nombre de dessins et d'eaux-fortes à la manière flamande. C'est en quelque sorte l'Hobbema français pour la manière noire et l'eau-forte. Ses compositions à l'huile sont un peu sèches d'exécution, mais elles sont ornées de délicieuses figures où l'expression naturelle s'allie à la plus aimable ingénuité.

Ses tableaux sont excessivement rares et presque toujours payés de 500 à 1,000 fr. Le paysage que possède le musée du Louvre a été acheté 2,000 fr. à la Vᵗᵉ Salé, en 1849.

MUSÉES DIVERS, GALERIES, ETC.

MUSÉE DE LYON. — *Jeune Femme pinçant de la mandoline.* — *Portrait de Montgolfier* (dessin). — *Le Ballon* (id.). — *Portrait de M. de La Salle* (id.). — *Portrait du frère de Boissieu* (id.). — *Une Vue* (à l'encre de Chine).

MUSÉE DE VALENCIENNES. — *La Prière.*

MUSÉE DE NANTES. — *Paysage.* — Autre paysage.

PRIX DE VENTES

Le Petit courrier (tableau à l'huile, 20ᶜ—38ᶜ). 1843, Vᵗᵉ Revil, 520 fr.

Voici maintenant quelques prix de ses dessins :

Vue de l'île Sainte-Barbe, près de Lyon (à la plume). 1774, Vᵗᵉ Pelt, 50 fr. — *Quatre paysages avec figures* (à l'encre de Chine). 1775, Vᵗᵉ Mariette, 130 fr. — *Tête de Femme* et *Tête d'Homme* (à la sanguine). Même Vᵗᵉ, 120 fr. — *Intérieur de forêt* (à la mine de plomb). 1798, Vᵗᵉ Basan père, 206 fr. — *Un Paysage* (à l'encre de Chine, 19ᶜ—27ᶜ). Même Vᵗᵉ, 259 fr. — *Vue de la fontaine de l'Orsieri* et *Vue de l'Arbresle* (lavés à l'encre

de Chine). Même Vte, 200 fr. — Deux points de vue de l'île Barbe (à l'encre de Chine).
1801, Vte Tolozan, 325 fr. — *Le Coteau de Fourvières* et *l'Église primatiale de Lyon*
(à l'encre de Chine). Même Vte, 270 fr. — *La Récréation champêtre*. 1845, Vte Fesch,
511 fr. 50 c. — *Vue du château de Madrid* (à la plume). 1855, Vte Norblin, 165 fr. —
Cinq Paysans (dessin au bistre). 1860, Vte W., 400 fr. — *Forêt sur le bord d'une*
rivière (sépia). 1861, Vte Van Os, 36 fr. — *Vue des environs de Lyon.* 1862, Vte Simon, 430 fr. — *Vue de la porte de Vaise à Lyon.* Même Vte, 360 fr. *Les Charpentiers.*
Même Vte, 155 fr. — *L'Île Barbe.* Même Vte, 82 fr. — *La Soirée villageoise.* Même Vte,
251 fr. — *Un Paysage.* Même Vte, 83 fr. — *Une Vache couchée.* Même Vte, 25 fr. — *Un*
Ane broutant un chardon. Même Vte, 21 fr. — *Entrée d'un village.* Même Vte, 430 fr.
— *Vue d'une porte de Lyon.* Même Vte, 100 fr. — *Un paysage.* Même Vte, 41 fr.

THÉOLON

(ÉTIENNE)

Né à Aigues-Mortes en 1739, mort à Paris en 1780.

Si l'on cherche la grâce et la transparence du coloris, accompagnées
du goût et de la légèreté de touche, on les trouvera dans les ouvrages de
Théolon, élève de Vien.

Le Louvre possède un *Portrait de vieille femme* qui fut estimé très-largement
8,000 fr. — Dans les ventes publiques, ses petites têtes d'expression varient entre 100 et
400 fr. Ses compositions capitales (et elles sont rares) atteignent quelquefois 8,000 fr. Une
Tête de vieille femme a été adjugée 200 fr. à la Vte Gréverath (cab. Burat).

LOUTHERBOURG

(JACQUES-PHILIPPE)

Né à Strasbourg en 1740, mort à Londres en 1814.

La marine, les batailles et le paysage pastoral ont tour à tour exercé le pinceau de ce charmant peintre, dont le nom a été effacé, mais à tort, de la liste de l'École française au profit de l'École d'Allemagne. Sa touche est grasse et vraie, son coloris velouté et aérien ; son dessin ne manque pas de naturel et de grâce.

Les tableaux de Loutherbourg sont très-répandus, tant à cause de leur prix relativement modéré, que par suite de leur petite dimension, qui permet de les placer partout. Voici les prix de quelques-uns :

MUSÉES DIVERS, GALERIES, ETC.

MUSÉE DE BORDEAUX. — Deux *Paysages avec figures.*

MUSÉE D'ÉPINAL. — *Paysage, effet de clair de lune.*

A LA REINE VICTORIA. — *Paysage avec figures.*

HÔPITAL DE GREENWICH. — *Victoire de lord Howe* (1er juin 1794).

VERNON GALLERY. — *Le Lac du Cumberland.*

DULWICH COLLEGE. — Plusieurs paysages avec animaux et figures.

COLLECTION WYNDHAM. — *L'Avalanche dans les Alpes* (Vte Northwick).

CABINET BURAT. — *Le Départ.* — *Un intérieur d'écurie.*

PRIX DE VENTES

Bataille. 1770, Vte Lalive de Jully, 200 fr. — *Marine.* 1774, Vte Dubarry, 600 fr. — *La Partie de campagne* et les *Plaisirs champêtres* (35c—43c 1/4). 1780, Vte Roland, 300 fr. — *Marine par un temps d'orage.* 1784, Vte Dubois, 3,400 fr. — *Gros de cavalerie.* 1812, Vte Clos, 350 fr. — *Four à chaux.* 1823, Vte Saint-Victor, 100 fr. — *Paysage* (ovale). Même Vte, 150 fr. — *Paysage architectural avec figures et animaux.* Vte Grammont, 2,400 fr. (Paysage de Machy.) — *Les Accidents de la route* et le *Repas des champs.* 1845, Vte Vasserot, 422 fr. — *Intérieur d'écurie.* (1853), 108 fr. (cabinet Burat). — *Paysage pastoral.* 1856, Vte Martin, 540 fr. — *Effet de clair de lune.* 1857, Vte de Raguse, 540 fr. — *Le Départ.* 1857, Même Vte, 795 fr. (à M. Burat). — *Halte de chasse* (80e—64e). 1859, Vte Saint-Marc, 795 fr. — *L'Avalanche.* 1859. Vte Northwick, 6,006 fr. — *L'Agneau chéri.* 1862, Vte Lécurieux, 160 fr.

DESSINS

Marche d'animaux au clair de la lune (rehaussé de blanc). Vte Boisset, 741 fr. — *Intérieur d'écurie* (rehaussé de blanc). 1803, Vte Mesnard de Lisle, 370 fr.

CALLET

(ANTOINE-FRANÇOIS)

Né en 1741, mort en 1823.

Ce peintre s'adonna à l'histoire, mais ce fut dans les portraits à l'huile et au pastel qu'il excella. Sa touche est ferme et pleine d'originalité, sa couleur suave et son dessin assez correct.

MUSÉES DIVERS, GALERIES, ETC.

MUSÉE DE VERSAILLES. — *Portrait de Louis XVI.* — *Bataille de Marengo* (allégorie). — *Bataille d'Austerlitz* (allégorie). — *Reddition d'Ulm.*

MUSÉE DE VALENCIENNES. — *Portrait en pied de Louis XVI, en costume royal.*

MUSÉE DE NIMES. — *La Condamnation de Séjan, favori de Tibère.*

On possède peu de renseignements sur le nombre de ses productions. Les deux seuls que j'aie pu réunir s'arrêtent à 1785. Les voici :

PRIX DE VENTES

Enlèvement de Proserpine et *Ariane et Bacchus.* 1785, Vte La Borde, 500 fr. — *Jupiter et Antiope* et *Hercule et Omphale* (67e—1^m,36). Même Vte, 500 fr.

BERTHELEMY

(JEAN-SIMON)

Né à Laon en 1743, mort en 1811.

Élève de Noël Hallé, ce peintre a quelque ressemblance avec Le Moyne. Son dessin est grêle, sa couleur pâle et vaporeuse.

Au musée de Versailles, *Bonaparte visitant les fontaines de Moïse*, et *l'Entrée de l'armée française à Paris*. — Au palais de Fontainebleau, plusieurs décorations.

TAILLASSON

(JEAN-JOSEPH)

Né à Blaye en 1746, mort en 1809.

Élève de Vien et membre de l'ancienne Académie. Ses têtes sont très-expressives, mais son coloris est un peu lourd.

VINCENT

(FRANÇOIS-ANDRÉ)

Né à Paris en 1746, mort en 1816.

Autre élève de Vien et, comme Taillasson, membre de l'ancienne Académie. Ses compositions historiques lui acquirent une grande célébrité. On y remarque un dessin pur, des draperies heureuses, un coloris juste, mais peu agréable.

Le musée du Louvre possède deux de ses tableaux : le premier représente *Zeuxis choisissant ses modèles* et *Henri IV rencontrant Sully blessé*.

MUSÉES DIVERS, GALERIES, ETC.

MUSÉE DE VERSAILLES. — *Bataille des Pyramides.*
MUSÉE DE ROUEN. — *Portrait de Houel.*
MUSÉE DE VALENCIENNES. — *David vainqueur de Goliath.*
MUSÉE DE BORDEAUX. — *La Leçon de labourage.*
COLLECTION DE R. B. SCOTT. — *Un Paysage.*

DAVID

(JACQUES-LOUIS)

Né à Paris en 1748, mort à Bruxelles en 1825.

David puisa les premières notions de la peinture dans l'atelier de Vien, le maître qui commençait alors l'œuvre de la restauration de notre École. David, recherchant comme artiste les principes du beau et entraîné par son siècle vers l'idéal, donna parfois à la nature vivante les formes de la sculpture antique. Ses derniers ouvrages se font cependant remarquer par leur tendance à plus de simplicité et de naturel.

Après avoir joui d'une faveur immense, exclusive, les œuvres de David, même les plus belles, se vendent actuellement à vil prix. Tel tableau qui, il y a cinquante ans, se serait vendu 20,000 fr., a de la peine à trouver un acquéreur au prix de 1,000 fr. De l'avis de beaucoup d'amateurs, il y a autant d'exagération dans le dédain actuel qu'il y en eut dans l'enthousiasme passé. Il est donc plus que certain que les œuvres de David reprendront une valeur raisonnable, à laquelle leur donnent droit des qualités incontestables.

MUSÉE DU LOUVRE

Léonidas. — *Les Sabines* (payés 100,000 fr.). — *Les Horaces.* — *Bélisaire.* — *Les Licteurs.* — *Le Combat de Minerve contre Mars.* — *Pâris et Hélène.* — *Portraits du Pape Pie VII, de l'Artiste, de M. et Mme Pécoul.* — *Portrait de Mme Récamier.* 1826, 1re Vte David, 6,180 fr. — *Figure académique.* 1835, 2e Vte David, 201 fr.

MUSÉES DIVERS, GALERIES, ETC.

MUSÉE DE VERSAILLES. — *Passage des Alpes par le premier Consul.* — *Sacre de l'empereur Napoléon Ier.* — *Distribution des aigles.*

MUSÉE DE ROUEN. — *Portrait en pied de Mme Vigée-Lebrun.*

MUSÉE DE MONTPELLIER. — *Portrait du docteur Leroy.*

MUSÉE DE CHERBOURG. — *Philoctète abandonné dans l'île de Lemnos.*

MUSÉE DE LYON. — *Portrait de la Maraîchère de David.*

MUSÉE DE TOULON. — *Portraits des deux filles de Joseph Bonaparte.*

MUSÉE DE NANTES. — *Mort de Cléonice* (esquisse).

A L'INTENDANCE SANITAIRE DE MARSEILLE. — *Saint Roch.*

COLLECTION HAMILTON. — *Portrait de Napoléon Ier* (exécuté pour le duc d'Hamilton).

COLLECTION SHREWSBURY. — *Bélisaire* (exécuté en 1780, vendu à lord Shrewsbury par Mme Létitia).

GALERIE D'ASPLEY. — *Portrait de Napoléon Ier.*

CABINET DU PRINCE JOUSSOUPOFF, A SAINT-PÉTERSBOURG. — *Sapho et Phaon.*

CABINET BURAT. — *Portrait de l'artiste.*

A Mme LA MARQUISE DE VÉRAC. — *La Mort de Socrate.*

PRIX DE VENTES

Les prix suivants constateront la décadence dont je viens de parler, mais qui s'est heureusement arrêtée à la vente Northwick, en 1859.

La Mort d'Hector (esquisse terminée, 43^{c}1/4—35^c). 1808, Vte Choiseul-Praslin, 1,220 fr. — *Première pensée du tableau de Brutus* (papier collé sur toile, 24^{c}1/2—32^{c}1/2). 1812, Vte Villers, 400 fr. — *Portraits du Pape et du cardinal Caprara.* 1834, Vte J. Laffitte, 6,300 fr. — *L'Amour et Psyché.* 1839, Vte Sommariva, 2,300 fr. — *Saint Jérôme.* 1845, Vte Fesch, 220 fr.; 1857, Vte Moret, 680 fr. — *Portrait d'André Chénier.* 1852, Vte L. de Saint-Vincent, 72 fr. — *Tête d'étude.* 1855, Vte Hope, 200 fr. — *Bélisaire.* 1859, Vte Northwick, 2,730 fr. — *Portrait du peintre* (signé 1791). 1861, Vte Delafontaine, 1,560 fr. — *Portrait de Mme de Polignac.* 1861, Vte X., 330 fr. — *Groupe de trois femmes* (sépia). 1862, V^{ta} Van Os, 32 fr. — *Étude pour le Léonidas*, Bruxelles, 1817 (dessin à la plume). 1862, Vte X, 22 fr.

I.

25

LUSURIER

(CATHERINE)

Née vers 1750, morte à Paris en 1781.

On doit à cette artiste de beaux portraits dont la touche et le dessin sont pleins d'énergie. Sa couleur, quoique fade, est assez naturelle, son exécution est fine et spirituelle, surtout dans les ajustements; en un mot, c'est une excellente élève de Jean-Germain Drouet.

Le musée du Louvre possède un de ses portraits; c'est celui de son maître.

DROLLING

(MARTIN)

Ne en 1752, mort à Paris en 1847.

Cet artiste, sans s'attacher particulièrement à aucun maître, s'est formé lui-même. Il s'est principalement adonné au genre d'intérieur. Son dessin est vrai, sa touche sage, sa couleur lumineuse et bien répartie.

MUSÉE DU LOUVRE

Intérieur de cuisine, acheté 4,000 fr. par Louis XVIII. Est. 5,000 fr. en 1847.

MUSÉES DIVERS, GALERIES, ETC.

MUSÉE DE LYON. — *Le bon Samaritain.*
CABINET BURAT. — *Le petit Commissionnaire* et plusieurs autres compositions.

PRIX DE VENTES

La Cruche cassée. 1840, Vte Livry le jeune, 385 fr. — *Famille de Villageois écoutant a lecture d'une lettre.* 1811, Vte Jauffret, 60 fr. — *La Lecture* (esquisse). 1827, Vte X. Leprince, 21 fr. — *Petite Fille dessinant.* 1852, Vte Jolivard, 276 fr. — *Le petit Commissionnaire.* 1859, Vte A. Leroux, 1,150 fr. (A M. Burat.) — *Le Départ pour le marché* (13^c^—11^c^) et *le Fermier* (13^c^—11^c^). 1860, Vte Norzy, 500 fr. — *Le Bonjour.* 1861, Vte baron d'Holbach, 129 fr. — *Intérieur villageois.* Même Vte, 250 fr. — *La Piqûre* (daté 1795). 1861, Vte X..., 785 fr. — *La Fille repentante.* 1862, Vte Vernet, 501 fr. — *Jeune garçon tenant un violon* (daté 1800). 1862, Vte X., 365 fr.

RÉGNAULT

(LE BARON JEAN-BAPTISTE)

Né à Paris en 1754, mort dans la même ville en 1829.

Élève de Bardin; un des meilleurs peintres de l'École historique, émule de David.

Ses productions reprennent quelque faveur. Voici les titres de celles que possède le musée du Louvre.

MUSÉE DU LOUVRE

Le Christ descendu de la croix. — *L'Éducation d'Achille par le centaure Chiron.* — *Pygmalion et Vénus.* — *L'Origine de la peinture.*

MUSÉE DE VERSAILLES. — *Réception des drapeaux autrichiens.* — *Mariage de Jérôme Bonaparte.* — *Bataille de Marengo.*

PRIX DE VENTES

Alcibiade et Socrate. 1830, Vte Regnault, 1,751 fr. — *Io et Jupiter.* Même Vte, 1,700 fr. — *Jupiter et Danaé.* Même Vte, 1,760 fr. — *La Toilette de Vénus.* Même Vte, 4,000 fr. — *Persée* (étude). Même Vte, 400 fr. — *Le Christ descendu de la croix.* Même Vte, 1,400 fr. (Réduction du tableau qui est au Louvre.) — *L'Éducation d'Achille.* Même Vte, 1,500 fr. (Réduction du tableau qui est au Louvre.) — *Mort de Cléopâtre.* Même Vte,

951 fr. — *Les trois Grâces*. Même Vte, 2,100 fr. — *Syrinx*. Même Vte, 1,640 fr. — *Enlèvement d'Orythye*. Même Vte, 3,000 fr. — *Hercule délivrant Alceste*. Même Vte, 2,800 fr. — *L'Amour et l'Hymen*. Même Vte, 1,550 fr. — *Achille tendant son arc*. Même Vte, 1,100 fr. — *Tête de jeune fille*. 1855, Vte Deverre, 152 fr. — *Sujet allégorique, Femme imposant le silence à l'Amour* et *Femme caressant le menton de l'Amour*. 1857, Vte de Raguse, 202 fr.; Même Vte, 180 fr. — *Alcibiade et Socrate*. 1859, Vte Saint-Marc, 800 fr. 1862, Vte Hersent, 460 fr., à M. Burat. — *Guerrier grec chez des courtisanes*. 1862, Même Vte, 440 fr. — *Portrait en buste du peintre*. Même Vte, 100 fr.

PERRIN

(JEAN-CHARLES-NARCISSE)

Né à Paris en 1754, mort vers 1831.

Bon peintre d'histoire, élève de Doyen et de Durameau. Ses compositions sont sagement dessinées, et sa couleur peu éclatante est pleine d'harmonie.

TAUNAY

(NICOLAS-ANTOINE)

Né à Paris en 1755, mort dans la même ville en 1830.

Ce charmant paysagiste, élève de Casanova, réunit toutes les qualités de l'École historique, et n'en a point les défauts. Sa touche est grasse et spirituelle, sa couleur naturelle et vive; ses figures sont naïves et bien dessinées.

Les productions de Taunay se sont peu ressenties de l'éloignement des amateurs pour l'École historique; aussi se sont-elles presque toujours vendues avec facilité. Depuis quelques années, elles sont recherchées avec un empressement qui, s'il continue, doublera bientôt de valeur les ouvrages dont j'ai recueilli les prix.

MUSÉE DU LOUVRE

Extérieur d'un hôpital militaire. — Prise d'une ville. — Pierre l'Hermite prêchant la première croisade. Coll. Louis-Philippe. 1847, Vᵗᵉ Saint. 517 fr. — *Prédication de saint Jean.* Acheté, en 1820, par Louis XVIII, 3,000 fr.

MUSÉES DIVERS, GALERIES, ETC.

MUSÉE DE VERSAILLES. — *Attaque du château de Cossaria. — Le général Bonaparte visitant le champ de bataille de Rivoli. — Combat de Nazareth. — Combat d'Ebersberg. — Entrée de la Garde impériale à Paris. — L'Armée française traversant les défilés du Guadarrama. — Entrée de l'Armée française à Munich. — L'Armée française descendant le mont Saint-Bernard.*

MUSÉE DE NANTES. — *Henri IV et Sully, après la bataille d'Ivry.*

MUSÉE DE CHERBOURG. — *Des Bergers de l'Arcadie se disputant sur la flûte l'honneur d'être couronné par une bergère.*

PRIX DE VENTES

Religieux distribuant des aumônes (38ᶜ1/4—30ᶜ). 1784, Vᵗᵉ Langraff, 800 fr. — *Vue d'Italie* (59ᶜ1/4—46ᶜ). 1797. 3ᵉ Vᵗᵉ de la Reynière, 152 fr. — *Le Taureau furieux.* 1804, Vᵗᵉ Fouquet, 204 fr. — *Baladins sur un théâtre* et *un Arracheur de dents* (38ᶜ—27ᶜ). 1843, Vᵗᵉ Godefroy, 760 fr.; 1834, Vᵗᵉ Laffitte, 2,500 fr. — *Le Proscrit.* 1843, Vᵗᵉ Saint, 176 fr. — *Deux sujets de l'histoire de Paul et Virginie.* 1852, Vᵗᵉ Des Horties, 73 fr. — *La Partie de billard.* 1852. Vᵗᵉ L. de Saint-Vincent, 229 fr. (Cab. Burat.) — *La Bénédiction des troupeaux.* 1857, Vᵗᵉ de Raguse, 695 fr. — *Épisode de chasse* et *Vue d'une fontaine.* Même Vᵗᵉ, 740 fr. — *Un Hôpital militaire.* Même Vᵗᵉ, 535 fr. — *Le Chemin rustique* et *le Retour à la ferme.* Même Vᵗᵉ, 590 fr. — *Marche d'animaux.* Même Vᵗᵉ, 185 fr. — *Paysage boisé et Bestiaux.* Même Vᵗᵉ, 106 fr. — *Scène de carnaval.* 1857, Vᵗᵉ Richard W., 2,200 fr. — *Fête de la Fraternité.* 1859, Vᵗᵉ A. Leroux, 700 fr. — *Vente de tableaux en plein vent.* Même Vᵗᵉ, 420 fr. — *Une Bataille sous Henri IV.* 1864, Vᵗᵉ baron d'Holbach. 265 fr. — *Paysage avec animaux.* Même Vᵗᵉ, 146 fr.

LEFÈVRE

(ROBERT)

Né à Bayeux en 1756, mort à Paris en 1831.

Élève de Régnault et un des meilleurs peintres de son époque.

Au musée du Louvre, *l'Amour désarmé par Vénus;* à Versailles, le *Portrait de Napoléon Ier*, celui d'*Augereau* et du *maréchal Oudinot.*

MUSÉES DIVERS, GALERIES, ETC.

Musée de Toulon. — *Portrait de Louis XVIII en pied.*
Musée de Caen. — *Portrait de Malesherbe.*
Musée de Cherbourg. — *Portrait de Louis XVI.*
Musée d'Anvers. — *Portrait de Van Daël.*
Une Nymphe, un Satyre avec trois Amours ont été adjugés 200 fr. à la Vte Cypierre en 1845.

DUNOUY

(ALEXANDRE-HYACINTHE)

Né à Paris en 1757.

Dunouy se forma sous Briand. Le paysage historique fut sa partie privilégiée, et il l'a traitée avec une touche pétillante, une couleur vraie et beaucoup d'exactitude dans le dessin.

Les tableaux de Dunouy sont peu recherchés depuis une vingtaine d'années. Il est rare qu'ils se payent plus de 200 fr. dans les ventes publiques. Versailles possède les suivants :

Entrevue de Napoléon Ier et du pape Pie VII dans la forêt de Fontainebleau (en collaboration avec De Marne). Au musée de Cherbourg. *Vue d'une prairie*, figures par Xavier Leprince.

VERNET

(ANTOINE-CHARLES-HORACE)

CONNU SOUS LE NOM DE CARLE VERNET

Né à Bordeaux en 1758, mort à Paris en 1835.

Élève de son père, Claude Joseph, Carle Vernet excella dans les chasses et dans les batailles, et fut l'auteur d'une foule de petites compositions, de dessins et de lithographies.

Ses tableaux ont été enveloppés dans l'anathème lancé sur l'École historique; mais il est plus que probable qu'ils sortiront victorieux de cet injuste dédain. Déjà ils sont recherchés par quelques amateurs, et cette réhabilitation ne tardera pas à être générale.

Le musée du Louvre ne possède qu'un tableau de cet excellent peintre : il représente *une Chasse au daim* dans la forêt de Meudon; il provient de la coll. Charles X et fut payé 8.000 fr. à l'artiste.

MUSÉES DIVERS, GALERIES, ETC.

MUSÉE DE VERSAILLES. — *Napoléon donnant l'ordre avant la bataille d'Austerlitz.* — *Prise de Pampelune.* — *Bataille de Marengo.* — *Napoléon sommant la ville de Madrid de capituler.*

MUSÉE D'AVIGNON. — *Course de chevaux libres.*

PRIX DE VENTES

Camp de Cosaques. 1845. Vte Cypierre. 220 fr. — *La Bataille de Vienne.* 1844. Vte Schickler. 950 fr. — *Le Four à plâtre.* Même Vte. 2.050 fr. — *Deux Chevaux de hussards.* Même Vte. 600 fr. — *Une Villageoise.* Même Vte. 371 fr. — *Chasse au sanglier.* 1862. Vte F.... 550 fr. — *Louis XVIII rentrant en France* (aquarelle). 1862. Vte X.. 57 fr.

BIDAULT

(JEAN-JOSEPH-XAVIER)

Né à Carpentras en 1758, mort à Montmorency en 1846.

Comme Dunouy, Bidault se fit remarquer dans le paysage historique. Sa touche est correcte, mais un peu monotone.

Ses tableaux sont très-peu recherchés. Le dernier vendu n'a pu dépasser 150 fr. à la V⁵ de Raguse en 1857.

MUSÉES DIVERS, GALERIES, ETC.

MUSÉE DE LYON. — *Un Clair de lune.* — *Oiseaux morts.* — *Nature morte.*
MUSÉE DE CHERBOURG. — *Paysage montagneux.* — *Paysage avec figures.*
Un Paysage (dessin). 1862. Vᵗᵉ Simon. 26 fr.

MALLET

(JEAN-BAPTISTE)

Né à Grasse en 1759.

Mallet étudia chez Simon Jullien, Prud'hon et Mérimée. On admire sa touche spirituelle et les empâtements bien nourris qui règnent dans ses œuvres, et surtout dans ses gouaches. Sa couleur, un peu froide, est cependant agréable; son dessin est assez correct.

Ses productions sont assez recherchées par les amateurs: elles se vendent habituellement de 100 à 500 fr.

MUSÉES DIVERS, GALERIES, ETC.

MUSÉE DE CHERBOURG. — *Geneviève de Brabant dans sa prison.* — *Les Parques et les Amours filant à l'Hymen des jours embellis de fleurs.*

PRIX DE VENTES

Préparatifs de la Fête-Dieu. 1852. Vte L. de Saint-Vincent, 300 fr. — *Jeune Femme allaitant un enfant.* Même Vte, 81 fr. — *L'École de jeunes filles.* Même Vte. — *La Toilette de nuit de la mariée.* Même Vte. — *Jeune Femme debout devant la statue de l'Amour.* 1855. Vte Devère, 50 fr. — *Jeune Femme à genoux devant l'autel de l'Amour.* Même Vte. — *Le Retour à la maison paternelle.* 1855, Vte Hope, 182 fr. — *Deux Scènes d'intérieur.* Même Vte, 208 fr. — *L'heureux Ménage.* 1856, Vte Martin, 181 fr. — *Baigneuses* (dessin à l'aquarelle). 1858, Vte Scheult, 37 fr. — *La Bonne Mère.* 1859. Vte M.A..., 700 fr. — *Les Adieux* (gouache). Même Vte, 70 fr. — *Les premiers Pas de l'enfance* (gouache). Même Vte, 80 fr. — *Deux gouaches.* 1860. Vte E. N., 255 fr. — *Intérieur.* 1860, Vte Richard. 146 fr.

BOILLY

(LOUIS-LÉOPOLD)

Né à la Bassée, près de Lille. en 1761. mort à Paris en 1845.

Ses figures d'expression sont très-estimées des amateurs; il en est de même de ses tableaux de genre. Sa touche est grasse et pleine de légèreté; son dessin est correct, et sa couleur douce et harmonieuse.

Le musée du Louvre possède *l'Arrivée de la diligence*, tableau acquis par Louis-Philippe en 1845 pour la somme de 2,000 fr.

Les tableaux de Boilly se vendent très-bien. Ses compositions capitales varient entre 1,500 et 2.000 fr.; ses petites toiles se maintiennent entre 100 et 400 fr.

MUSÉES DIVERS, GALERIES, ETC.

MUSÉE DE BORDEAUX. — *Portraits en pied de Mme Tallien et de Mme Récamier.*
MUSÉE DE LILLE. — *Esquisse d'un portrait.*

Musée de Cherbourg. — *Le sculpteur Houdon dans son atelier.*
Cabinet Burat. — Plusieurs compositions.
Collection Duclos. — *L'Effroi.*

PRIX DE VENTES

Une Mère jouant avec son enfant et son pendant (dessins). 1806, V¹ᵉ Pillon, 180 fr. — *Un Trompe-l'œil* (54ᶜ—70ᶜ). Même V¹ᵉ. 200 fr. — *L'Expérience d'électricité.* 1810, V¹ᵉ Lafontaine, 100 fr. — *La Lutte galante.* (1843), 172 fr. — *L'Arrivée d'une diligence.* 2,000 fr. (Au Louvre.) — *La Main chaude.* 1852, V¹ᵉ comte de R., 460 fr. — *Le Billet doux.* 1852, V¹ᵉ X., 401 fr. — *Banquet des Girondins.* 1852, V¹ᵉ Ledru, 367 fr. — *Jeune Garçon qui met du rouge à une jeune Fille.* 1853, V¹ᵉ Wailly, 130 fr. (A M. Burat.) — *Jeune Fille portant un enfant.* 1855, V¹ᵉ Deverre, 41 fr. — *Intérieur de cour.* 1857, V¹ᵉ de Raguse, 400 fr. — *Scène dans le genre du Verrou de Fragonard.* Même V¹ᵉ, 830 fr. — *La jeune Ménagère.* 1858, V¹ᵉ Pillot, 400 fr. — *Le Déjeuner.* Même V¹ᵉ, 400 fr. — *La Marmotte.* 1859. V¹ᵉ M. A..., 1,990 fr. (Gal. de la duchesse de Berry.) — *Le Jeu de billard* (dessin). 1859, V¹ᵉ David, 56 fr. — *La Souris prise.* 1861. V¹ᵉ L. de Madrid, 630 fr. — *Le Nid d'oiseaux* (40ᶜ—32ᶜ). Même V¹ᵉ, 310 fr. — *Les Agioteurs du Palais-Royal* (33ᶜ—47ᶜ). Coll. Binois. 1864, V¹ᵉ Dupire (de Valenciennes), 600 fr. (A M. Salomon fils). — *Le Coucher* (40ᶜ—34ᶜ). 1864, V¹ᵉ Monbrun. 460 fr.

BACLER D'ALBE

(LOUIS-ALBERT, BARON DE)

Né à Saint-Pol en 1761, mort à Sèvres en 1824.

Peintre habile et bon dessinateur. Plusieurs de ses tableaux font partie du musée de Versailles. Voici leur désignation :

Musée de Versailles. — *Bombardement de Vienne.* — *Bivouac d'Austerlitz.* — *Bataille d'Arcole.* — *Bataille de Novi.*

GAUFFIER

(LOUIS)

Né à La Rochelle en 1761, mort à Florence en 1801.

Un des bons élèves de H. Taraval, mais dont le dessin et la couleur sont plus académiques.

En 1862, à la Vᵗᵉ X.... le *Portrait de l'artiste, de sa femme et de sa belle-mère*, sur une même toile, a été vendu 290 fr.

Musée de Cherbourg. — *Le berger Faustule, portant Rémus et Romulus.*

GIRODET DE ROUCY TRIOSON

(ANNE-LOUIS)

Né à Montargis en 1767, mort à Paris en 1824.

Élève de David; dessin pur et savant, coloris un peu blafard.

Les tableaux de Girodet ne trouvent plus que de rares amateurs; mais tout porte à croire qu'ils seront bientôt délivrés de l'injuste oubli qui pèse sur eux.

Le musée du Louvre en possède trois, qui sont :

Scène du Déluge. — Le Sommeil d'Endymion. — Atala au tombeau. Ils ont été achetés 50,000 fr. par Louis XVIII.

MUSÉES DIVERS, GALERIES, ETC.

Musée de Versailles. — *La Révolte du Caire. — Napoléon recevant les clefs de Vienne.*

Musée de Lyon. — *Tête de jeune Femme.*
Musée de Cherbourg. — *Portrait d'Homme en buste.*

PRIX DE VENTES

Pygmalion. Vte Sommariva, 14,000 fr. — *Tête de Vierge.* 1841, Vte Perregaux, 3,155 fr. — *Le Christ mort.* 1845, Vte Cypierre, 42 fr. — *Portrait de Napoléon.* 1852, Vte Ledru, 100 fr. — *La belle Élisabeth.* Vte Girodet, 9,500 fr.; 1857, Vte Richard W., 3,100 fr. (Modèle de prédilection de Girodet.) — *Hippocrate refusant les présents d'Artaxerxès* (esquisse). 1862, Vte R., 260 fr. — *Buste de Raphaël* et *Buste de Michel-Ange* (dessins). Même Vte, 180 fr. — *La Mort d'Annibal* (aquarelle). 1862, Vte X., 13 fr. — *Quatre Têtes d'étude.* 1863, Vte X..., 23 fr.

MEYNIER

(CHARLES)

Né à Paris en 1768, mort en 1832.

Disciple de Vincent, membre de l'Institut. Touche large, beaux caractères de têtes.

Ses productions partagent l'injuste oubli qui atteint les tableaux de cette École. Le musée du Louvre possède son *Phorbas et Pésibée,* payé 6,000 fr. en 1816, et qui n'atteindrait peut-être pas aujourd'hui le tiers en vente publique, témoin la Vte Raguse, en 1857, où *le Repos* s'est vendu 61 fr.

MUSÉES DIVERS, GALERIES, ETC.

Musée de Versailles. — *Le Maréchal Ney remettant les drapeaux de l'arsenal d'Inspruck. — Retour de Napoléon dans l'île de Lobau.*
Musée de Rennes. — *Alexandre le Grand cédant Campaspe au peintre Apelles.*
Musée de Bordeaux. — *Érato inspirée par l'Amour.*

GERARD

(FRANÇOIS, BARON)

Né à Rome d'un père français en 1770, mort à Paris en 1837.

Exécution supérieure, bon pinceau, belle harmonie ; expression juste et variée, dessin correct.

Encore une victime de la réaction contre l'École de l'Empire. Les prix que j'ai recueillis paraîtront fabuleux en raison de la dépréciation qui pèse aujourd'hui sur les productions de ce peintre de premier ordre. Tout porte à croire qu'un heureux revirement se prépare.

MUSÉE DU LOUVRE.

Entrée d'Henri IV à Paris. — *L'Histoire et la Poésie.* — *Portrait de M. Isabey et de sa fille.* — *Psyché et l'Amour.* Coll. Le Breton. 1822, Vte du général Rapp, 22,100 fr. Coll. Louis XVIII. — *Daphnis et Chloé.* 1825, vendu par Gérard, 25,000 fr. Coll. Charles X. — *Portrait de Canova.* 1843, Vte Dubois, 627 fr. Coll. Louis-Philippe. — *Quatre Victoires déroulant une draperie.* 1852, Vte du duc d'Orléans, 1,680 fr.

MUSÉES DIVERS, GALERIES, ETC.

MUSÉE DE VERSAILLES. — *Bataille d'Austerlitz.* — *Portrait de Joachim Murat.* — *Entrée d'Henri IV à Paris.* — *Philippe de France déclaré roi d'Espagne.* — *Signature du Concordat* (aquarelle). — *Proclamation de la lieutenance générale du Royaume à l'hôtel de ville de Paris.* — Copie de *Louis XVII aux Tuileries.* — Copie du *Sacre de Charles X à Rheims.* — Copie du *Portrait de Louis XVIII.*

MUSÉE DE LYON. — *Corinne au cap Misène.*

MUSÉE D'ANGERS. — *Portrait de La Reveillère Lepeaux.*

MUSÉE DE TOULOUSE. — *Portrait de Louis XVIII.*

A L'INTENDANCE SANITAIRE DE MARSEILLE. — *La Peste* (allégorie).

MUSÉE DE DRESDE. — *Napoléon Ier revêtu du costume de son couronnement.*

COLLECTION WELLINGTON. — *Portrait de Louis XVIII.*

PRIX DE VENTES

Bélisaire (répétition du grand tableau, bois). 1811, Vte Jauffret, 2,005 fr. — *Portrait de mademoiselle George* (62^c— 52^c). 1826, Vte Denon, 2,010 fr. — Collection de quatre-vingt-quatre esquisses de personnages célèbres. 1837, Vte Gérard, 11,050 fr. — *Portrait de l'artiste.* Même Vte, 650 fr. — *Portrait du père de l'artiste.* Même Vte, 299 fr. — *Portrait de Charles X.* Même Vte, 500 fr. — *Portrait de la duchesse de Berry.* Même Vte, 431 fr. — *Corinne* (réduction). Même Vte, 550 fr. — *Les Funérailles de Philopœmen.* Même Vte, 201 fr. — *Hylas et la Nymphe.* Même Vte, 3,650 fr. — *Portrait de Bonaparte, premier consul.* Même Vte, 2,000 fr. — *Napoléon en habit impérial.* Même Vte, 850 fr. — *Portrait de Joseph Bonaparte.* Même Vte, 271 fr. — *Portrait de Marie-Louise.* Même Vte, 290 fr. — *Portrait de Canova.* Même Vte, 1,210 fr. — *La chaste Susanne.* Même Vte, 1,330 fr. — Petite répétition de *Bélisaire.* 1839, Vte Sommariva, 3,750 fr. — *Portrait de la reine Hortense.* 1846, Vte Saint, 51 fr. — *Portrait de la reine de Naples, madame Murat.* Même Vte, 102 fr. — *Portraits du roi Jérôme et de sa femme* (esquisse). Même Vte, 21 fr. — *Les trois Ages.* 1850, Vte Deverre, 1,200 fr. — *Portrait de l'Impératrice Joséphine.* 1862, Vte Lécurieux, 2,100 fr.

DESSINS

Portrait de M. Neergaard (lavé au bistre). 1826, Vte Denon, 201 fr. — Sujet allégorique. 1825, Vte du baron Gros, 150 fr. — *Prise de Lyon* (à la plume). Même Vte, 70 fr. — *Massacre d'une famille grecque.* Même Vte, 400 fr. — *Psyché consultant l'oracle.* 1837, Vte Gérard, 200 fr. — Vingt-quatre têtes d'études et croquis d'après les principaux personnages du temps. Même Vte, 300 fr.

GROS

(LE BARON ANTOINE-LOUIS)

Né à Paris en 1771, mort dans la même ville en 1835.

Pinceau plein de hardiesse, de fougue et d'éclat; couleur riche, exécution prompte et facile; manière pleine de verve et de grandiose; dessin animé mais souvent peu correct : telles sont les qualités distinctives de Gros, élève de David.

Le goût des amateurs est bien changé : tel tableau de Gros qui se vendait 5,000 fr. il y a quarante ans, ne trouverait peut-être pas aujourd'hui acquéreur à 500 fr.

MUSÉE DU LOUVRE

Le général Bonaparte visitant le champ de bataille d'Eylau et *Bonaparte à Jaffa,* payé chacun 16,000 fr. — *François Ier et Charles-Quint visitant les tombeaux de Saint-Denis,* payé 10,000 fr.

MUSÉES DIVERS, GALERIES, ETC.

MUSÉE DE VERSAILLES. — *Bataille d'Aboukir.* — *Bataille des Pyramides.* — *Entrevue de Napoléon et de François II.* — *Capitulation de Madrid.* — *Portraits de Masséna et du duc de Bellune.* — *Louis XVIII quittant le palais des Tuileries en 1815.* — *Revue de la garde royale à Rheims.*

MUSÉE DE NANTES. — *Combat de Nazareth.*

MUSÉE DE BORDEAUX. — *L'Embarquement de la duchesse d'Angoulême.*

Portrait du Premier consul (bois, 43^c—30^c). 1826, Vte Denon, 1,100 fr. — *Portrait du prince de Talleyrand.* 1859, Vte d'Houdetot, 500 fr. (Contesté quoique fort beau.)

GUÉRIN

(LE BARON PIERRE-NARCISSE)

Né à Paris en 1774, mort à Rome en 1833.

Élève de J.-B. Régnault. Bon peintre d'histoire ; touche peu facile, mais dessin très-correct.

Le Louvre possède *le Retour de Marcus-Sextus,* — *L'Offrande à Esculape,* — *Phèdre et Hippolyte,* — *Andromaque et Pyrrhus,* — *Énée et Didon,* — *Clytemnestre.*

A la Vte Choiseul-Praslin, en 1808, il s'est vendu 4,025 fr. une *Scène galante* (43^c—35^c), qui n'atteindrait certainement pas ce prix en ce moment, par suite de l'injuste prévention des amateurs.

GRANET

(FRANÇOIS-MARIUS)

Né à Aix en Provence en 1775, mort dans la même ville en 1849.

Excellent peintre d'intérieur, dont les tableaux sont oubliés à tort, après avoir joui de la faveur du public.

Le musée du Louvre en possède cinq compositions.

MUSÉES DIVERS, GALERIES, ETC.

MUSÉE DE LYON. — *Chœur des Capucins de la place Barberini, à Rome* — *Interrogatoire de Savonarole.*

COLLECTION J. COURTOIS. — *Réunion de moines.*

PRIX DE VENTES

Le cloître Saint-Étienne-du-Mont à Paris. 1834, Vte J. Laffitte, 1,500 fr. — *L'église Notre-Dame, à Paris* (96e 1/2—1^m,12). Même Vte, 1,800 fr. — *Tentation de saint Antoine.* 1855, Vte de Raguse, 290 fr. — *Nef de la chapelle d'un couvent de Capucins.* 1861, Vte X., 320 fr. — *Moine peignant* (aquarelle). 1861, Vte d'Ar., 690 fr. (Coll. Seymour.) — *La Commission* (aquarelle). 1863, Vte Demidoff, 430 fr.

FORBIN

(LOUIS-NICOLAS-PHILIPPE-AUGUSTE, COMTE DE)

Né à La Roque d'Antheron (Bouches-du-Rhône) en 1777, mort à Paris en 1841.

On doit à cet artiste des intérieurs recommandables par la composition et l'exécution, faits quelquefois en collaboration du peintre précédent.

VAFFLARD

(PIERRE-ANTOINE-AUGUSTIN)

Né à Paris en 1777, mort vers 1835.

Coloris froid et laqueux, touche grenue, dessin d'une exactitude sèche et rigoureuse.

Versailles possède un de ses tableaux capitaux : *les Français renversant la colonne de Rosbach.*

ROEHN

(ADOLPHE-EUGÈNE-GABRIEL)

Né à Paris en 1780.

Charmant peintre de genre dont la plupart des tableaux ont été gravés et lithographiés. Ceux de genre historique sont moins recherchés.

Voici deux adjudications récentes :

Intérieur de corps de garde et son pendant. 1857, Vte de Raguse, 300 fr. — *Le Départ pour le marché.* 1860, Vte Odiot, 610 fr.

JACQUES

(NICOLAS)

Né à Jarville, près Nancy, en 1780, mort à Paris en 1844.

Élève de David et d'Isabey, cet artiste se distingua dans la peinture en miniature, qu'il traita largement et sans les petits moyens employés même par les maîtres en ce genre.

Son dessin est d'une grande pureté de lignes, sa touche est douce et contenue, sa couleur naturelle et tendre, enfin ses œuvres sont classées sur le même rang que celles d'Isabey et de Saint, quoique s'en distinguant essentiellement et avec avantage.

Presque tous ses portraits sont en la possession des familles impériales et royales ; ils ne paraissent que très-rarement dans les ventes publiques. Voici les principaux :

Portraits de l'empereur Napoléon Ier, de l'impératrice Joséphine et de tous les membres de la famille impériale, — de la reine Hortense et de ses enfants, — du grand-duc de Bade et de la grande-duchesse Stéphanie, — du prince Oscar de Suède, — du roi Léopold de Belgique, alors prince de Saxe-Cobourg. (Ce portrait fut celui qui décida le choix de la princesse Charlotte.)

Portraits du duc d'Orléans, depuis Louis-Philippe, et de tous les membres de la famille royale, — de Mme de Lavalette (c'est le portrait devenu historique), — de Mlle Mars, — de Mme Gavaudan, — de Mme Rigaut, — de Mlle Rachel, — de Cuvier, — de Benjamin Constant, — de Cherubini, etc., etc.

A la vente de Jacques, un portrait du duc d'Orléans, depuis Louis-Philippe, fut acheté 1,200 fr. par ordre du roi.

JONCHÉRIE

Né vers 1780.

Bon peintre d'intérieurs dans le goût de Drolling, Jonchérie avait un talent tout particulier pour représenter la nature morte ; malheureusement, ayant presque toujours travaillé pour le commerce, il existe peu de bons tableaux de sa main.

PAU DE SAINT-MARTIN

Né à Mortagne vers 1780.

Ce peintre de paysages et d'animaux a joui avec raison d'une excellente réputation. Sa touche est bonne, sa couleur naturelle, son feuillé est un peu rond, mais bien exécuté.

Le musée de Rouen possède un charmant paysage de ce maître, peu recherché en ce moment.

BOUTON

(CHARLES-MARIE)

Né à Paris en 1781, mort dans la même ville.

Excellent peintre d'intérieurs historiques. Effets saisissants, couleur harmonieuse et énergique, pinceau large, dessin correct et belle entente de la perspective aérienne et linéaire.

Après avoir joui de beaucoup de faveur, puisque son tableau représentant *Charles Édouard découvert dans sa retraite* (1ᵐ,77—1ᵐ,34) a été payé 6,100 fr. à la Vᵗᵉ Lafontaine, en 1821, il paraît avoir perdu l'estime des amateurs.

PAULIN GUÉRIN

(JEAN-BAPTISTE)

Né à Toulon en 1783.

Paulin Guérin peignit l'histoire et le portrait. Ses ouvrages, quoique peu recherchés, ne sont pourtant pas sans mérite.

Voici la liste d'une partie de ses ouvrages officiels :

MUSÉE DE VERSAILLES. — *Épisode de la révolte du Caire.* — *Portrait d'Aubert du Bayet.* — *Portrait de Villaret-Joyeuse.* — *Portrait du comte d'Hédouville.* — *Portrait du contre-amiral de La Touche.* — *Portrait du général Aubert du Bayet.*— *Portrait du comte d'Hédouville.* — *Portrait de l'amiral Truguet.* — *Portrait du maréchal Bessières.* — *Portrait du maréchal Lannes.* — *Portrait de Joachim Murat.* — *Portrait de Kléber.* — *Portrait de Pierre de Rieux.* — *Portrait de Gaspard de Coligny.* — *Portrait du duc de Coigny.* — *Portrait du maréchal Marmont.* — *Portrait du maréchal Suchet.*

MUSÉES DIVERS, GALERIES, ETC.

MUSÉE DE RENNES. — *Ulysse en butte au courroux de Neptune.*

MUSÉE DE VALENCIENNES. — *La Mort du maréchal Lannes* (esquisse).

HAMPTON-COURT. — *Portrait de Louis XVIII.*

DESTOUCHES

(PAUL-ÉMILE)

Né à Dampierre en 1794.

Bon peintre d'histoire, excellent peintre de genre, dont les tableaux ne sont pas vendus aussi chers qu'ils devraient l'être.

MUSÉE DE CHERBOURG. — *Schéhérazade, accompagnée de sa sœur, raconte au sultan Schariar une aventure des Mille et une Nuits.*

PRIX DE VENTES

Scène de Figaro. 1834, Vte J. Laffitte, 2,000 fr. — *Le Ménage.* 1855, Vte Asse, 1,300 fr. — *L'Heureuse Pensée.* Même Vte, 960 fr. — *La Bouquetière.* Même Vte 1,500 fr. — *Le Gange.* Même Vte, 1,900 fr. — *La Correspondance.* Même Vte, 1,900 fr. — *Le Souvenir.* Même Vte, 850 fr.

PIGAL

(EDME-JEAN)

Né à Paris en 1794.

Peintre de genre assez estimé. Son dessin est un peu maigre, mais ses expressions sont pleines de naturel et de naïveté.

MALBRANCHE

Né à Caen en 1790, mort dans la même ville en 1838.

Malbranche s'est rendu célèbre par ses compositions représentant des effets de neige et d'automne, tant sa couleur est d'une vérité frappante, sa touche spirituelle et large, son dessin correct et naturel.

Malgré ces qualités, les productions de cet artiste n'atteignent pas un grand prix dans les ventes publiques.

Musée de Caen. — Trois charmants paysages.

Musée de Valenciennes. — *Les Patineurs* (effet de neige).

La *Vue de la ville de Caen* a été payée 400 fr. en 1839; un *Effet de neige*, 100 fr. en 1851; un autre *Effet de neige*, 240 fr. dans la même année. Une composition à peu près semblable a paru à la Vte Forstheim de Wurtzbourg; elle a été payée 22 fr.

Mme veuve Dubuse, à Rouen, possède un bel *Effet de neige avec figures*.

PEINTRES ÉTRANGERS

CLASSÉS HABITUELLEMENT PARMI LES ARTISTES FRANÇAIS

SOIT PAR ERREUR, SOIT A CAUSE DE LEUR LONG SÉJOUR EN FRANCE.

TROISIÈME DIVISION

J'ai cru devoir classer dans un chapitre spécial les peintres étrangers compris à tort dans l'École française, comme Bonington, Demarne Grimou et autres, non comme une concession faite à l'habitude, mais pour faciliter les recherches des amateurs. Je n'ai pas voulu continuer à donner ces fausses attributions, surtout après avoir revendiqué, comme je l'ai fait, en faveur de notre École, l'honneur de posséder Nicolas Poussin et autres grands artistes que les Italiens ont rangés parmi leurs compatriotes, *sous prétexte qu'ils se sont formés et qu'ils ont exercé longtemps leur talent en Italie*. Toutefois, je le répète, pour ménager des habitudes contractées, et, il faut le dire, entretenues, sinon provoquées, par presque tous les livrets du musée du Louvre, je donne dans ce chapitre les noms de tous les artistes. français par le talent, mais d'origine et de contrées différentes.

DUBOIS

(AMBROISE)

Né à Anvers en 1543, mort à Fontainebleau en 1614.

Ce peintre fut en quelque sorte le fondateur de l'école dite *de Fontainebleau*, où l'on mit en pratique les leçons des grands maîtres italiens
appelés en France par François Ier. Suivant le livret du musée, des
nombreux ouvrages qu'Ambroise exécuta à Fontainebleau, il ne reste
plus que quelques peintures dans la chapelle haute de Saint-Saturnin.
La galerie de Diane, entièrement décorée par cet artiste, fut détruite
sous l'Empire; on n'a pu en recueillir que de légers fragments qui,
remis sur toile et restaurés sous le règne de Louis-Philippe, ont été
replacés au château en 1840.

La couleur de Dubois est vive et transparente, son dessin rond
mais bien accentué, sa touche large et spirituelle.

Les œuvres de ce maître sont excessivement rares; malgré cela, elles sont peu
recherchées.

Le Louvre n'en possède qu'une seule, *Chariclée subissant l'épreuve du feu*. Elle
provient de la chambre à coucher de la reine mère à Fontainebleau.

PETITOT

(JEAN)

Né à Genève en 1607, mort en 1691.

Bordier, sous lequel Petitot se forma, lui fit partager ses travaux. Pendant quelque temps ils rivalisèrent d'efforts; puis, sur les conseils de Van Dyck, Jean abandonna celui qui avait été son guide, et se mit à peindre sans collaborateur.

Cet artiste fit faire un pas immense à la peinture en émail. Son dessin est d'une finesse dont rien n'approche; ses carnations et son coloris sont admirables de vérité et de fraîcheur.

Ses portraits sont très-recherchés et se payent fort cher lorsqu'ils sont bien conservés. Ils varient de 500 à 1,500 fr., suivant leur importance historique et la valeur des bijoux ou tabatières sur lesquels ils ont été exécutés, témoin ceux de la Vte Demidoff.

MUSÉES DIVERS, GALERIES, ETC.

MUSÉE DE NANTES. — *Portrait du marquis de Becdelièvre* (miniature sur émail).
AU DUC DE PORTLAND. — *Un Portrait.*
COLLECTION STIRLING. — *Un Portrait.*
COLLECTION HENDERSON. — Un charmant portrait.
A MISS BURDETT COUTTS. — Plusieurs beaux portraits historiques.

PRIX DE VENTES

Trois Portraits de Louis XIV à différents âges (ovales). 1782, Vte de Menars, 400 fr. — *Portraits de Marie-Anne et de Marie-Thérèse d'Autriche.* Même Vte, 586 fr. — *Portrait de madame de Fontanges.* 1783, Vte Bélisard, 445 fr.— *Portrait de madame de Grignan* (avec une bordure d'or). Même Vte, 280 fr. — *Portrait de la princesse de Condé.* Même Vte, 200 fr. — *Portrait de Louis XIV* (émail). 1806, Vte de Saint-Martin,

232 fr. — *Portrait de Louis XIV* (peint sur émail). 1859. Vᵗᵉ Humann, 255 fr. — *Portrait du duc d'Anjou* (id.). 1862. Vᵗᵉ X., 1,571 fr. — *Portrait d'Anne d'Autriche* (id.). Même Vᵗᵉ. 1.000 fr. — *Portrait d'Anne de Bourbon* (id.). Même Vᵗᵉ. 615 fr. (contesté.) — *Portrait de Marie-Anne de Blois* (id.). Même Vᵗᵉ, 810 fr. — *Portrait du duc de Bourgogne* (id.). Même Vᵗᵉ, 245 fr. — *Portrait de madame de Chevreuse* (id.). Même Vᵗᵉ, 350 fr. — *Portrait de madame Deshoulières* (id.). Même Vᵗᵉ. 1.485 fr. — *Portrait de la duchesse de La Rochefoucauld* (id.). Même Vᵗᵉ, 1.426 fr. — *Portrait du duc de La Rochefoucauld* (id.). Même Vᵗᵉ, 810 fr. — *Portrait de madame de La Vallière* (id.). Même Vᵗᵉ, 2,700 fr. — *Portrait de Louis XIV* (id.). Même Vᵗᵉ, 820 fr. — Autre *Portrait de Louis XIV* (id.). Même Vᵗᵉ, 670 fr. — Autre *Portrait de Louis XIV* (id.). Même Vᵗᵉ, 425 fr. — *Portrait du maréchal duc de Luxembourg* (id.). Même Vᵗᵉ, 550 fr. — *Portrait du duc du Maine* (id.). Même Vᵗᵉ, 501 fr. — *Portrait de Marie-Thérèse* (id.). Même Vᵗᵉ, 1,325 fr. — *Portrait du cardinal Mazarin* (id.). Même Vᵗᵉ, 1,150 fr. — *Portrait de la duchesse de Mazarin* (id.). Même Vᵗᵉ, 250 fr. — *Portrait de madame la duchesse de Montespan* (id.). Même Vᵗᵉ, 1,965 fr. — *Portrait de mademoiselle de Montpensier* (id.). Même Vᵗᵉ, 1,410 fr. — *Portrait d'une Princesse palatine* (id.). Même Vᵗᵉ. 375 fr. — *Portrait de Perrault* (id.). Même Vᵗᵉ, 1.660 fr. — *Portrait de madame de Thiange* (id.). Même Vᵗᵉ, 800 fr. — *Portrait du maréchal de Turenne* (id.). Même Vᵗᵉ, 305 fr. — *Portrait du duc de Vendôme* (id.). Même Vᵗᵉ, 1,410 fr.

Il eut peu de véritables imitateurs, du moins je n'en connais que deux qui méritent ce nom. Les voici :

BORDIER

Né à Genève dans le xviiᵉ siècle.

Contre l'ordinaire des imitateurs, qui presque toujours sont les élèves du peintre copié, ce fut le propre maître de Petitot qui l'imita.

Voyant la faveur obtenue par son disciple, Bordier chercha sa manière de peindre les têtes et les mains, et, sans une certaine maladresse dans les attaches et la mise-ensemble des traits, on pourrait s'y méprendre.

GUERRIER

xviiiᵉ siècle.

Cet habile émailleur fut un des meilleurs imitateurs de Petitot; néanmoins ses carnations vineuses établissent entre eux une différence. Sa touche est plus grenue et son dessin moins naturel.

CHAMPAIGNE

(PHILIPPE VAN)

Né à Bruxelles en 1602, mort à Paris en 1674.

Il semble que l'histoire des peintres serait incomplète si l'on n'y voyait pas figurer le nom de Philippe de Champaigne, et non de Champagne, ainsi que la plupart l'écrivent. Les uns le placent dans les rangs de l'École française; les autres, eu égard à son origine, le considèrent comme un peintre flamand, et ils ont raison. J'ai suivi leur exemple.

Champaigne est admirable dans les sujets composés de peu de figures ou dans le portrait; tout y est mis en œuvre pour séduire; son coloris est flou, suave et frais, vigoureux et transparent; mais ses caractères ont peu de force et d'énergie.

Il est moins savant dans les grandes scènes, qui manquent d'unité.

Ses compositions capitales sont peu répandues dans le commerce. En revanche, ses petites toiles et ses portraits sont en grande faveur parmi les collectionneurs.

Le musée du Louvre en possède les magnifiques échantillons suivants :

MUSÉE DU LOUVRE

La Cène. 1767. Vte de Julienne. 400 fr.; 1777. Vte du prince de Conti, 3,390 fr.; est. off. (1810), 12,000 fr.; (1816), 20,000 fr. — *Jésus chez Simon,* prov^t de l'église de la Madeleine en Cité. Est. off. (1810). 20,000 fr.; (1816), 30,000 fr. — *La Pâque.* Est. off. (1810), 12,000 fr.; (1816), 20,000 fr. — *Le Christ mort.* Est. off. (1810). 3,000 fr.; (1816), 4,000 fr. — *L'Apparition de saint Gervais.* Est. off. (1810), 90,000 fr.; (1816), 50,000 fr. — *La Translation de saint Gervais.* Est. off. (1810), 70,000 fr.; (1816), 60,000 fr. — *Saint Philippe.* Est. off. (1816), 1,500 fr. — *Les Religieuses.* Est. off. (1810), 30,000 fr.; (1816). 800 fr. — *Le Désert* (paysage). Est. off. (1816). 6,000 fr. — *Paysage* (pendant du précédent). Est. off. (1816), 6,000 fr. — *Portrait de Louis XIII.* Est. off. (1816), 6,000 fr. — *Portrait du cardinal de Richelieu.* Est. off. (1816), 6,000 fr. (Ces deux portraits proviennent de l'hôtel de Toulouse.) — *Portrait d'Arnauld d'Andilly.* Est. off. (1816), 4,000 fr. — *Portrait de Ph. de Champaigne.* Est. off. (1810, 1816), 4,000 fr. — *Portrait d'une jeune fille de cinq ans.* Est. off. (1816). 800 fr. — *Portrait d'un homme vêtu de noir.* Est. off. (1816), 1,500 fr. — *Portrait d'une jeune fille* (Nº 92). — *Portrait de femme.* — *Portrait de François Mansard.* — *Portrait de Claude Perrault.* — *L'Éducation d'Achille (tir de l'arc).* — *L'Éducation d'Achille (courses de chars).* — *La Vierge au pied de la croix.* Est. off., 4.000 fr.

MUSÉES DIVERS. GALERIES. ETC.

MUSÉE NAPOLÉON III. — *Portrait de l'artiste.*

MUSÉE DE VERSAILLES. — *Portrait de Gaston de Foix.* — *Sacre de Louis XIV à Reims.* — *Louis XIV recevant son frère, le duc d'Anjou, chevalier du Saint-Esprit.*

MUSÉE DE ROUEN. — *Portrait de Pierre Corneille.* — *Un Concert d'Anges.*

MUSÉE DE MARSEILLE. — *L'Apothéose de la Madeleine.* — *L'Assomption.*

MUSÉE DE GRENOBLE. — Sept compositions capitales.

MUSÉE DE VALENCIENNES. — *Portrait d'un seigneur mort.*

MUSÉE DE DIJON. — *La Présentation de Jésus au Temple.*

MUSÉE DE TOULOUSE. — *Le Christ descendu de la croix.* — *Louis XIII.*

MUSÉE DE LILLE. — *L'Annonciation.* — *Le bon Pasteur.* — *L'Adoration.*

MUSÉE DE RENNES. — *La Madeleine pénitente.* — *Tête de vieillard* (dessin aux deux crayons).

MUSÉE DE LYON. — *Invention des reliques de saint Gervais et de saint Protais.* — *La Cène.* — *L'Adoration des Bergers* (attribuée au père de l'artiste).

MUSÉE DE CAEN. — *Martyre de saint André.* — *L'Annonciation.* — *La Samaritaine.* — *Une Tête de Christ.* — *Le Vœu de Louis XIII.* — *Portrait du cardinal de Richelieu* (contesté, attribué au père de l'artiste).

MUSÉE DE NANTES. — *Le Souper à Emmaüs.* — *Portrait en pied de Suger, abbé de Saint-Denis.* — *Les Pèlerins d'Emmaüs voyageant avec le Christ* (attribué). — *Communion de saint Louis de Gonzague* (attribué). — *Saint Louis de Gonzague baisant les pieds de l'enfant Jésus* (plusieurs figures; attribué).

MUSÉE DE NANCY. — *Ecce Homo.* — *La Charité.* — *Saint Paul* (attribué au père de l'artiste).

MUSÉE D'ÉPINAL. — *L'Adoration des Bergers.* — *Portrait d'un homme du siècle de Louis XIV.*

MUSÉE DE STRASBOURG. — *L'Adoration des Mages.* — *L'Annonciation.*

MUSÉE DE BORDEAUX. — *Le Songe de saint Joseph.*

MUSÉE DE CHERBOURG. — *L'Assomption de la Vierge.* — *Un portrait d'Homme.*

Musée de Bruxelles. — *Saint Charles Borromée.* — *Sainte Geneviève.* — *Saint Joseph.* — *Saint Étienne.* — *Saint Ambroise.* — *La Présentation au Temple.*

Ancienne Galerie de Vienne. — *Adam et Ève pleurant la mort d'Abel.* — *Femme mourante repoussant son enfant qui veut la téter.*

Musée de Munich. — *Portrait de Turenne.*

Musée de Saint-Pétersbourg. — *Moïse.*

Musée de Turin. — *Portrait de Marie-Christine de Bourbon, duchesse de Savoie.*

Musée de La Haye. — *Portrait de Joseph Govaerts.*

Galerie Duchatel. — *Portrait de madame de Longueville.*

Collection de M. le marquis Colbert-Chabannais. — *La Mère Angélique et la Mère Agnès* (composition à peu près identique à celle du Louvre).

Au comte de Mortemart. — *Portraits allégoriques.*

Galerie du duc de Galliera — *Un Trait de la vie du Sauveur.*

Cabinet Trilha. — *Portrait d'un cardinal.* — *Portraits de deux enfants de la famille de Valory.*

Au marquis de la Baume-Pluvinel. — *Portrait d'Homme avec des vêtements noirs* (Vte du comte de Noé).

Au duc de Sutherland. — *Portrait d'Homme.*

Cabinet Burat. — *Portrait d'un docteur.* — *La mort d'Abel.*

Au marquis d'Hertford. — *L'Adoration des Bergers.*

Collection Lacaze. — *Le Prévôt des Échevins de Paris entouré de sept personnages.* — *Portrait du président de Mesme.*

Galerie Bedford. — *Portrait de Colbert.*

Collection Hamilton. — *Saint Étienne.*

Collection Spencer. — *Portrait de Robert Arnaud d'Andilly.*

Galerie Stafford. — *Un Portrait d'Homme.*

PRIX DE VENTES

			fr.
Saint Augustin terrassant l'Hérésie.	1762.	Vte Chauvelin	145.
Moïse tenant les Tables de la loi (89c			
—89c)	1770.	Vte Lalive de Jully	1,481.
—	1808.	Vte Choiseul-Praslin	3,761.
—	1845.	Vte Fesch	1,347.
Jésus-Christ et la Samaritaine (49c			
—59c)	1787	Vte Lambert et du Porail	
Le Christ au milieu des apôtres (1m,12			
—1m,40)	1801	Vte Robit	2,090.
Portrait d'Homme tenant une orange			
de la main gauche (91c 1 2 —			
72c 1/2)	1806.	Vte Lebrun	2,001.
La Crèche (10 figures, 2m,24 —			
1m,60)	1803.	Vte Grandfre	3,001.

			fr.	
Portrait en pied du cardinal Riche-				
lieu (2ᵐ,62 — 1ᵐ,71)	1811.	Vᵗᵉ GAMBA	288.	Répétition du portrait qui est au Louvre.
—	1830.	Vᵗᵉ HENRY	250.	
—	1845.	Vᵗᵉ FESCH	412.	
Portrait	1844.	Vᵗᵉ X***	229.	
L'Annonciation	1845.	Vᵗᵉ FESCH	2,035.	
Même sujet	Dᵒ	dᵒ	1,012.	
Vision de saint Joseph	Dᵒ	dᵒ	643.	
Même sujet	Dᵒ	dᵒ	352.	
Jésus en croix	Dᵒ	dᵒ	880.	
Le Christ mort	Dᵒ	dᵒ	363.	
Saint Bruno en prière	Dᵒ	dᵒ	473.	
Ecce agnus Dei	Dᵒ	dᵒ	1,001.	
La Mort d'Abel	Dᵒ	dᵒ		
—	1857.	Vᵗᵉ MORET	700.	A M. Porat.
Huit Membres du parlement	1851.	Vᵗᵉ SÉBASTIANI	1,900.	
Un Christ	1853.	Vᵗᵉ VIGNERON DE LAHAYE.	760.	
La Vierge	Dᵒ	dᵒ	800.	Derrière ce tableau se trouve écrit : *A Mesdames de Sainte-Catherine à Paris.*
Jésus rendant la vue aux aveugles . .	1854.	Vᵗᵉ CHAVAGNAC	2,020.	
Portrait de de La Porte	1861.	Vᵗᵉ DELAFONTAINE	205.	
Portrait du frère de de La Porte . .	Dᵒ	dᵒ	175.	
Moïse tenant les Tables de la loi . . .	1861.	Vᵗᵉ LEROY D'ETIOLLES	4,300.	Serait-ce le tableau de la Vᵗᵉ Fesch ?
Vierge assise au pied de la croix		Vᵗᵉ D'AUTHEVILLE	121.	
Portrait d'Antoine Arnauld	1862.	Vᵗᵉ HERSENT	405.	

DESSINS

Portrait du Poussin (au crayon				
noir)	1803.	Vᵗᵉ POULLAIN	104.	Coll. Pelletan.
Portrait d'Homme	1860.	Vᵗᵉ E. N	79.	

Voici les principaux imitateurs de Ph. de Champaigne.

ALIX

(JEAN)

Né à Paris en 1615.

Ce disciple de Champaigne a fait de bonnes copies d'après les tableaux de son maître. Sa touche est excellente, mais sa couleur est plus terne, ce qu'il faut attribuer soit à une mauvaise confection de teintes, soit à la manière qu'il avait adoptée. Son dessin est plus rond et ses empâtements sont plus pauvres que ceux de son maître.

CHAMPAIGNE

(JEAN-BAPTISTE VAN)

Né à Bruxelles en 1643 ou 1645, mort en 1688.

Les ouvrages de Jean-Baptiste montrent évidemment qu'il s'était proposé de suivre en tous points la route qu'avait tenue son oncle dans la peinture. On y retrouve le même mode d'exécution, mais si faiblement qu'il serait difficile de s'y méprendre. Ses effets sont piquants, mais son coloris est peu heureux. Pinceau flou, touche molle, dessin roide et sans goût, tout en lui décèle le contrefacteur.

PLATTENBERG

DIT PLATEMONTAGNE

Né à Anvers en 1600, mort en 1666.

Ce fils de **Mathieu** Plattenberg a imité d'assez loin son maître Philippe Van Champaigne. Ses copies blafardes et froides, son dessin incorrect et sa touche timide, sont des défauts suffisants pour exciter la défiance des acheteurs.

DUGHET

(GASPARD)

VULGAIREMENT GASPRE DUCHER, ET MIEUX ENCORE GUASPRE POUSSIN

Né à Rome en 1613, mort en 1675.

Encore un de ces excellents peintres qu'on a souvent classés à tort parmi les artistes français, quoique nés à l'étranger.

Ainsi que je l'ai déjà dit en l'étudiant comme analogue de son beau-frère, Nicolas Poussin, beaucoup de ses paysages produisent une certaine confusion, surtout lorsque ce dernier y a placé des figures.

Néanmoins, comme imitateur, il ne peut tromper un œil exercé; toutefois sa manière trop vigoureuse, qui lui nuit à ce titre, n'est pas sans charme. Ses grandes lignes ont une bonne tournure; sa touche est vive, accentuée et spirituelle, sa lumière pétillante, son dessin correct et magistral; ses effets, bien ménagés, sont quelquefois un peu outrés. Enfin, comme peintre original, Gaspard Dughet est avantageusement classé dans l'opinion des amateurs.

Grâce à une extrême facilité, qui n'excluait pas la bonne exécution, son œuvre est considérable; aussi presque toutes les galeries de l'Europe et beaucoup de collections particulières en possèdent quelques fragments et les exposent avec honneur.

MUSÉE DU LOUVRE

Paysage (voyageurs se reposant). 1816. V⁺ Rigo. 5.000 fr.; Est. off. (1816), 6,000 fr.

MUSÉES DIVERS, GALERIES, ETC.

Musée Napoléon III. — *Les Quatre Saisons* (cinq sujets, fresques transportées sur toile). — *Un Orage.*

Musée de Lyon. — *Agar.*

Musée de Rennes. — *Paysage* (dessin à la plume).

Musée de Cherbourg. — *Environs de Rome*, paysage (les figures sont du Poussin).

Musée de Bordeaux. — *Paysage.* — *Paysage avec figures.*

Musée de Nantes. — *Trois Paysages.*

Musée du Roi, a Madrid. — *La Madeleine.* — Plusieurs paysages dont un *Effet d'orage.*

Musée de l'Ermitage. — *Le Chasseur.* — *Le Pêcheur.* — *La Cascade.*

Musée de Dresde. — *Paysage avec baigneurs.* — *Effet d'orage.* — *Une Forêt.* — Plusieurs compositions classiques.

Pinacothèque de Munich. — *Deux Paysages italiens.*

Musée de Berlin. — *Un Paysage* (attribué à tort à Glauber).

A Vienne. — *Le Tombeau de Cécilie Metella.* — *Le Temple de Vesta.* — Plusieurs *Paysages historiques.*

Musée d'Amsterdam. — *Les Bords d'une rivière.* — *Paysage.*

Musée de La Haye. — *Un Paysage.*

Musée de Turin. — *Deux Paysages.*

A l'Académie des Beaux-Arts, de Venise. — *Paysages historiques* avec figures de Nicolas Poussin.

A Florence. — *Paysages classiques avec figures.*

A Rome. — Plusieurs vues d'après nature avec figures de Nicolas Poussin.

National Gallery. — *Abraham préparant le sacrifice.* — *Vue près d'Albano.* — *Énée et Didon* et trois autres compositions.

Institution royale d'Edimbourg. — Une composition poétique.

Musée Fitzwilliam, a Cambridge. — *Un Paysage poétique.*

Dulwich College. — Plusieurs *Paysages historiques.*

A Windsor Castle. — Deux charmants *Paysages.*

Cabinet particulier de la Reine d'Angleterre. — *Un Paysage poétique.*

Collection Hamilton. — Une composition poétique. — *Un Paysage.*

Galerie Ellesmère. — *Vue de Tivoli.* — *Paysage montagneux.*

Collection Th. Baring. — *Les Disciples d'Emmaüs.* — Un autre *Paysage.*

Galerie Westminster. — Un beau *Paysage.* — *Une Vue prise à Tivoli.*

Collection Suffolk. — *Deux Paysages.* — *Le Temple de la Sibylle à Tivoli.* — *La Fuite en Égypte.*

I. 27

COLLECTION RADNOR. — *Deux charmants Paysages.*

COLLECTION MILES. — *Deux Vues de Tivoli.* — *Trois Paysages avec figures.*

COLLECTION STAFFORD. — *Paysage poétique.*

COLLECTION MARTIN. — *Vue du Temple de la Sibylle à Tivoli.* — *Un autre Paysage.*

COLLECTION HOARE. — *Un Paysage.*

COLLECTION HOLFORD. — *Quatre Paysages avec figures.*

COLLECTION SIR CULLING EARDLEY. — *Paysage avec figures.*

A MRS. FORD. — *Paysage par un temps d'orage.* — *Destruction de Niobé* (figures de N. Poussin).

COLLECTION MACKINNON. — *Deux beaux Paysages.*

A LORD FORESTER. — *Paysage avec figures.*

COLLECTION MORRISON. — *Un Paysage poétique.*

AU DUC DE RUTLAND. — *Les Pèlerins d'Emmaüs dans un paysage.* — *Son pendant.* — *Un beau Paysage.*

CABINET BOOTH. — *Un Paysage.*

COLLECTION CARLISLE. — *Trois Paysages.*

AU DUC DE BEDFORD. — *Deux beaux Paysages.*

COLLECTION LONSDALE. — *Deux Paysages avec figures.*

COLLECTION NELTHORP. — *Un Paysage* (attribué au Poussin).

AU DUC DE PORTLAND. — *Un Paysage.*

COLLECTION IARBOROUGH. — *Un Paysage poétique.*

A LORD HERTFORD. — *Une Vue d'Italie* (payée 10.480 fr.).

COLLECTION M'LELLAN. — *Paysage avec figures.*

A MISS ROGERS. — *Un Paysage historique.* — *Un Paysage classique.* — *Un autre Paysage.*

COLLECTION INGRAM. — *Un beau Paysage.*

COLLECTION WYNN ELLIS. — *Apollon et Daphné dans un paysage.* — *Deux autres Paysages.*

COLLECTION BUTE. — *Deux charmants Paysages.*

COLLECTION HARFORD. — *Un Paysage.*

AU DUC DE NEWCASTLE. — *Un Paysage.*

A LORD HARRY VANE. — *Un Paysage.*

COLLECTION MUNRO. — *Un Paysage historique.*

COLLECTION WINDHAM. — *Un beau Paysage.*

COLLECTION DEVONSHIRE. — *Une Vue de Tivoli.*

COLLECTION SPENCER. — *Un beau Paysage.*

COLLECTION DAVENPORT-BROMLEY. — *Deux beaux Paysages* (coll. Methuen).

COLLECTION WARD. — *Un grand Paysage.*

CABINET DU COMTE CZERNIN. — *Deux Paysages.*

GALERIE DU DUC D'AUMALE. — *Paysage.* — *Vue d'une ville près de Rome :* paysage avec Pan et Syrinx. (Dessins.)

COLLECTION C***. — *Paysage.* — *Paysage* avec figures du Poussin.

CABINET DUMONT, DE CAMBRAI. — *Une Vue d'Italie.*

PRIX DE VENTES

Paysage avec figures et animaux par N. Poussin (1ᵐ,2—1ᵐ,31). 1791, Vᵗᵉ Lebrun, 4,350 fr. — *Paysage* (49ᵉ—64ᵉ) Même Vᵗᵉ, 110 fr. — *Deux Paysages.* 1809, Vᵗᵉ Lebrun, 4,081 fr. (Il est probable que ce sont les deux tableaux de la vente faite par le même en 1791. Ils auront été retirés.) — *Paysage.* 1810, Vᵗᵉ Lebrun, 601 fr. — *Deux Paysages.* 1810, Vᵗᵉ Sylvestre, 161 fr. — *Un Paysage.* Même Vᵗᵉ, 151 fr. — *Paysage.* 1822, Vᵗᵉ Lapeyrière, 8.000 fr. — *Paysage.* 1823. Vᵗᵉ Stᵗ-Victor, 3,000 fr. (provᵗ de la gal. Falconière). — *La Conversion de saint Paul.* 1845, Vᵗᵉ Fesch, 1,620 fr. — *Deux tableaux.* Même Vᵗᵉ, 871 fr. — *Site d'Italie.* Même Vᵗʳ, 2.484 fr. — *Paysage* (90ᶜ—1ᵐ,34). 1830, Vᵗᵉ du roi de Hollande, 350 fr. — *Deux Paysages.* 1859, Vᵗᵉ Northwick, 15,080 fr. — *Paysage,* effet d'orage. 1859, Vᵗᵉ Morel, 1,000 fr. (Vᵗᵉ Fesch.) — *Un Paysage classique.* 1860, Vᵗᵉ sir Culling Eardley, 2.875 fr. (à M. Rutley). — *Six Paysages* faisant pendant. 1861, Vᵗᵉ Dubois, 134 fr.

MILÉ ou MILET

(JEAN-FRANCISQUE)

Né à Paris en 1666, mort en 1723.

Milé a tellement approché du genre de Gaspard Dughet dans certains paysages historiques, que les faussaires ont eu peu de chose à faire retoucher à ses tableaux pour les vendre sous le nom du chef de genre.

C'est en donnant des vigueurs à ses plans plus harmonieux, en glaçant avec des roux sa couleur plus grise, en donnant plus de piquant à ses lumières, que les trafiquants de mauvaise foi sont parvenus à ce résultat.

Quelques tableaux d'Allegrain et de Van Bloemen, dit *l'Orizzonte,* ont encore servi à fabriquer des Gaspard Dughet, mais le piège est trop grossier pour que les amateurs puissent s'y laisser prendre.

FLEMAËL ou FLEMALLE

(BERTHOLET)

Né à Liége en 1614. mort à Paris en 1675.

Nommé professeur à l'Académie française, grâce à la protection de Séguier et de Colbert, il exécuta quelques peintures de décoration aux Tuileries.

Artiste de grand talent, ses compositions sont heureuses, son coloris est plein de vigueur; sa touche un peu cotonneuse est rachetée par la correction et le grand genre de son dessin.

Les œuvres de Flemaël sont très-peu répandues dans le commerce. Un grand tableau représentant le *Massacre des Innocents*, portant 44 pieds sur 57, a été adjugé au prix de 335 florins à la Vte Fraula, en 1738.

VLEUGHELS

(NICOLAS)

Né à Anvers en 1669, mort à Rome en 1720.

Fils de Philippe Vleughels, bon paysagiste anversois, né en 1620, mort à Paris en 1694, Nicolas Vleughels excella dans le genre plutôt que dans l'histoire. Son talent le fit nommer directeur de l'Académie française à Rome, ce qui est sans doute la cause de l'erreur de beaucoup de biographes au sujet de sa nationalité.

Sa touche est grasse et exquise; son dessin correct, sa couleur petillante et pleine de force, même dans les petits sujets qu'il paraît avoir affectionnés.

Ses tableaux sont assez estimés par les amateurs. Leurs prix varient entre 100 et 300 fr., ainsi qu'il résulte des adjudications suivantes :

Deux pendants. 1735, Vte Verrue, 215 fr. — Quatre tableaux ronds. Même Vte, 180 fr. — *Télémaque dans l'île de Calypso* (deux pendants). Même Vte, 340 fr. — Deux tableaux dont l'un représente *Galathée sur les eaux*. Même Vte, 150 fr. — *Diane et ses Nymphes*. Même Vte, 140 fr. — *Le Jugement de maître Pierre*. 1855, Vte Deverre, 76 fr.

CABINET BURAT. — *Deux Femmes de Venise*.

GRIMOU

(JEAN-ALEXIS)

Né en 1680 à Romont, canton de Fribourg, mort à Paris en 1740.

Voici encore un artiste qu'en sa qualité de Suisse je suis forcé, quoique à regret, d'exclure de la nomenclature des peintres français.

Le talent de Grimou a eu deux phases distinctes. La première offre une grande analogie avec la manière de Watteau, la seconde tient de celle de Raoux. On sent néanmoins qu'il a dû beaucoup étudier Rembrandt et Van Dyck. Ces manières mixtes ne permettent pas de le classer parmi les copistes de Watteau. Il n'y a que les trafiquants de mauvaise foi qui se servent de cette analogie pour tromper les amateurs novices.

Son autre mode est moins estimé, car s'il rappelle Raoux sous le rapport des carnations, il n'a ni la même finesse de dessin, ni la même noblesse dans les traits.

Ses productions représentant des têtes de fantaisie, chanteuses, joueuses d'instrument et pèlerines, sont les plus recherchées. Ce sont celles aussi qui prêtent le plus à la supercherie, et que l'on vend souvent pour être de la main de Watteau.

Sa manière de peindre grassement, sa touche pleine de goût, légère dans les ombres, empâtée dans les clairs, prête singulièrement à la confusion. Heureusement que certaines duretés dans les retroussis vigoureux, certains contours briquetés, peuvent le faire reconnaître aux amateurs.

Grimou a peu travaillé; aussi ses tableaux sont rares chez les amateurs et dans le commerce. où leurs prix varient entre 200 et 500 fr.

Le musée du Louvre en possède cinq, assez inégaux dans leur conservation et dans leur exécution.

MUSÉE DU LOUVRE

Portrait de l'artiste. — Un Buveur. — Une Pèlerine. — Deux Portraits de militaires.

MUSÉES DIVERS, GALERIES, ETC.

MUSÉE DE NIMES.— *Portrait d'une jeune Fille.*

MUSÉE DE BORDEAUX. — *Un Capucin. — Un jeune Pèlerin. — Une Musicienne.*

MUSÉE DE GRENOBLE. — *Tête de jeune Homme.*

MUSÉE DE DRESDE. — *Un jeune Garçon jouant du fifre.*

DULWICH COLLEGE. — *Portrait de Femme.*

COLLECTION DUCLOS. — *Portrait d'Homme.*

A LORD ELLESMÈRE. — Copie du *Bon Pasteur,* d'après Murillo.

A M. FURTADO. — *Une Femme tenant un masque.*

A M. ADOLPHE FOULD. — *Une Tête de jeune Femme.*

PRIX DE VENTES

Jeune Fille à sa fenêtre. 1845, Vte Fesch, 33 fr. — *Espagnol vu à mi-corps.* Vte Lebrun, 200 fr. — *Jeune Femme coiffée d'une toque et Jeune Femme coiffée en cheveux.* 1852, Vte Saint-Vincent, 185 fr. — *Un Musicien.* 1857, 250 fr.

CASANOVA

(FRANÇOIS)

Né à Londres en 1730, mort à Brühl, en Autriche, en 1805.

Élève de Guardi et de Simonelli, Casanova a peint des paysages, des batailles, des animaux et des scènes familières, à l'imitation des peintres hollandais.

On remarque dans ses œuvres une touche grasse et pleine de fermeté, un dessin svelte et assez correct, une couleur chaude et dorée, légère dans les ombres, bien empâtée dans les lumières.

Les tableaux de Casanova ont perdu de leur valeur, à cause de leur mauvaise confection qui les a fait *craqueler,* dans les parties nobles surtout. Néanmoins, ils sont affectionnés par les amateurs qui, lorsqu'ils sont à peu près conservés, les payent encore de 100 à 500 fr.

Le musée du Louvre en possède d'assez beaux échantillons; savoir :

MUSÉE DU LOUVRE.

Le premier des trois Combats de Fribourg. — La Bataille de Lens. — Deux Paysages avec animaux.

MUSÉES DIVERS, GALERIES, ETC.

MUSÉE DE VERSAILLES. — *Portrait de Macdonald.*

MUSÉE DE ROUEN. — *Halte militaire. — Escarmouche.*

MUSÉE DE NANCY. — *Le Départ pour la pêche. — La Promenade. — La Chasse. — Halte de chasse.*

MUSÉE D'ANGERS. — *Deux Scènes militaires.*

Musée de Rennes. — *Des Voyageurs sont surpris par un orage; l'un d'eux est foudroyé.* — *Un Arbre écrase dans sa chute un cavalier qui cherche à passer un torrent.* — *Des Voyageurs montés sur un char attelé de quatre chevaux sont précipités dans un précipice.* — *Attaque de voleurs pendant la nuit,* effet de lune. (Ces quatre tableaux ornaient une salle du pavillon de Luciennes appartenant à Mme Du Barry.)

Musée de Bordeaux. — *Une Reconnaissance de cavalerie.*

Musée de Lyon. — *Combat de Fribourg.*

Musée de Nantes. — *Cavaliers turcs en marche vers une ville.* — *Combat de cavaliers.* — *Pendant du précédent.*

Cabinet Burat. — *Un Champ de bataille.*

Dulwich College. — *Halte de cavaliers.*

PRIX DE VENTES

Le Lever et le Coucher du soleil. 1774, Vte Dubarry, 1,020 fr. — *Deux Marines.* 1776, Vte Testard, 830 fr. — *Deux Batailles.* 1776, Vte Blondel de Gagny, 312 fr. — *Marche d'armée.* Même Vte, 410 fr. — *Deux Batailles.* Même Vte, 320 fr. — *Paysage orné d'animaux.* 1777, Vte Thélusson, 1,357 fr. — *Deux Batailles.* 1777, Vte Randon de Boisset, 1,100 fr. — *Bataille.* 1777, Vte Conti, 1,740 fr. — *L'Escorte d'équipage et Repos des soldats.* 1778, Vte Rémond, 470 fr. — *Le Départ pour la chasse et La Curée.* 1779, Vte Juvigny, 1,700 fr. — *Un Campement et Convoi militaire* (91^c—1^m,45). 1780, Vte de Senneville, 800 fr. — *Paysage avec figures* (64^c1/2—54^c). 1781, Vte de Pange, 203 fr. — *Bataille au pied de deux tours* (1^m,28—1^m,921/2). Même Vte, 770 fr. — *Une Bataille.* 1783, Vte Bélisard, 240 fr. — *Paysage.* 1793, Vte Choiseul-Praslin, 258 fr. — *Bataille.* 1797, Vte Heineken, 500 fr. — *Cavalier faisant relever un cuirassier* (38^c1/4—32^c). 1811, Vte Gamba, 117 fr. — *Paysage avec figures.* 1823, Vte Saint-Victor, 144 fr. — *Halte de cavaliers.* Même Vte, 90 fr. — *Les Suites de la bataille.* 1846, Vte Saint, 160 fr. — *Un Champ de Bataille.* 1853, Vte Norblin, 250 fr. (A M. Burat; coll. Saint.) — *Convoi militaire.* 1857, Vte de Raguse, 161 fr. — *Seigneur espagnol à cheval et Dame de qualité à cheval.* 1859, Vte d'Houdetot, 505 fr. — *Marche d'animaux.* 1862, Vte X., 160 fr.

DESSINS

Deux Paysages (à l'encre et au bistre; 46^c—73^c). 1798, Vte Basan père, 380 fr. — *Choc de cavalerie* (à la plume et au bistre; 54^c—85^c). Même Vte, 190 fr. — *Déroute de cavaliers* (à la plume et au bistre; 75^c—96^c). Même Vte, 300 fr. — *Deux Batailles* (au bistre). Vte Boisset, 800 fr. — *Homme à cheval.* 1849, Vte A, M., 215 fr. — *Choc de cavalerie.* 1852, Vte des Horties, 185 fr. — *Six Sujets de chasse* (gouache). 1855, Vte Norblin, 53 fr. — *Choc de cavalerie* (gouache). Même Vte, 230 fr. — *Choc de cavalerie* (lavis). Même Vte, 76 fr. — *Deux Batailles* (en frise). Même Vte, 70 fr. — *Deux Batailles.* 1860, Vte E. N., 71 fr.

ROSLIN

DIT LE SUÉDOIS

Né en Suède en 1733, mort à Paris en 1793.

Roslin excellait dans l'imitation des étoffes et autres accessoires, mais il n'eut aucun sentiment de l'art de peindre les têtes. Presque toutes celles qui font partie des portraits dus à son pinceau, sont mal dessinées, coloriées de rouge et de blanc, plates et sans effet.

Ses tableaux sont peu recherchés : ils se vendent de 100 à 200 fr.

DEFRANCE

(LÉONARD)

Né à Liége en 1735, mort en 1805.

Ce peintre charmant étudia dans l'atelier de Jean-Bernard Coclers, peintre hollandais, qui habita longtemps Liége. Il peignit en quelque sorte tous les genres, mais celui où il excella fut l'histoire en petit, c'est-à-dire en figures de 10 à 15 centimètres. Ses compositions sont bien ordonnées ; son exécution est sage et légère, son dessin naïf, mais correct ; sa couleur vaporeuse et ses effets bien entendus annoncent un grand talent dans la perspective aérienne.

Ses productions capitales sont aussi rares que recherchées des amateurs. Elles s'adjugent presque toujours entre 300 et 800 fr. — *Une Salle d'auberge*, Vte Soult, 420 fr.

MUSÉES DIVERS, GALERIES, ETC.

MUSÉE DE NANTES. — *Paysage.*
MUSÉE DE RENNES. — *Buveurs dans une grange.*

DE MARNE ou DEMARNE

(JEAN-LOUIS)

DIT DEMARNETTE

Né à Bruxelles en 1744, mort à Batignolles en 1829.

D'après le classement que je crois le plus rationnel, j'ai placé De Marne parmi les peintres étrangers, quoique presque tous les biographes l'aient rangé au nombre des peintres français.

Ses tableaux ont joui d'une certaine réputation, mais un peu en baisse depuis quelques années. Sa touche est ronde, mais agréable; son coloris vrai, vif et naturel; son dessin, un peu maniéré dans les figures, est très-juste dans le paysage.

Après avoir joui d'une grande faveur, les tableaux de De Marne ont été peu recherchés par les collectionneurs. Il est plus que probable que cet oubli ne durera point. Déjà ils reprennent un mouvement ascensionnel, ainsi qu'on en jugera par le tableau suivant :

MUSÉE DU LOUVRE

Une Route. 1815, vendu par Demarne, 1,200 fr. Salon de 1814. Coll. Louis XVIII. — *Une Foire à la porte d'une auberge et le Départ pour une noce de village*. Mêmes provenances, 1,200 fr. Salon de 1814.

MUSÉES DIVERS, GALERIES, ETC.

MUSÉE DE VERSAILLES. — *Entrevue de Napoléon et du pape Pie VII dans la forêt de Fontainebleau*. (En collaboration avec Dunouy.)

Musée de Lyon. — *Paysage.*

Musée de Bordeaux. — *Halte de voyageurs.*

Musée de Cherbourg. — *Le Déjeuner des Faneurs.* — *Vue prise sur le bord de la mer; avec figures.* — *Citadins faisant un goûter avec du lait.*

Musée de Grenoble. — *Une Foire de village.* — *Un Homme faisant danser un chien.*

Galerie Pozzo di Borgo. — *Repas de paysans.*

Cabinet de M. le comte de Nattfs. — *La Balançoire.*

Cabinet Burat. — *Une Scène familière.* — *Plusieurs Paysages.*

PRIX DE VENTES

			fr.	
Le Retour du militaire	1804.	Vte Fouquet	201.	
Paysage avec vaches et moutons (96e 1/2—77e)	1805.	Vte Maurin	750.	
Prise de l'île de Grenade	1810.	Vte Lafontaine	101.	
Le Taureau échappé (bois, 51e - 67e)	1822.	Vte Lafontaine		
Le Champ de blé	1833.	Vte Lesuire	360.	
Un Paysage	1813.	Vte Heris Leroy	340.	
Le Retour du marché (50e- 72e)	1845.	Vte Revil	499.	
Le Départ pour le marché	1845.	Vte Cypierre	1,090.	
Cour de ferme au bord d'une rivière.	D°	d°	180.	
Intérieur de forêt	D°	d°	275.	
Un Paysage	1845.	Vte Vasserot	210.	
La Fontaine gothique	1846.	Vte Saint	427.	
Chaumière entourée d'arbres	D°	d°	385.	Vendu 3,000 fr.
Vue prise au bord de la mer	D°	d°	595.	
Le Bac	1851.	Vte Thevenin	850.	
Le Champ de blé	1852.	Vte des Horties	200.	
Le Départ pour la ville	1852.	Vte X	375.	
Paysage arrosé par une rivière	D°	d°	351.	
Paysage avec moulin à eau et des blanchisseuses	D°	d°	370.	
Le Passage du gué	1822.	Vte comte de R.	320.	
Bergère faisant boire son troupeau.	1852.	Vte Ch. Lebru	165.	
Le Repos du troupeau	1852.	Vte de Saint-Vincent	101.	
Paysage avec figures et animaux	D°	d°	192.	
La Vivandière	1852.	Vte Turenne	103.	
Paysage	1852.	Vte X	701.	
Scène familière	1853.	Vte Wailly	130.	Cab. Burat.
Un Paysage	1856.	Vte Martin	1,010.	
Route bordée par un canal (relai d'une diligence)	1857.	2e Vte Varange	500.	
Le Petit Poucet et ses frères frappant à la porte de l'Ogre	D°	d°	300.	Anc. coll. Perrier aîné.
Les trois Paysannes	1857.	Vte de Raguse	388.	
Enfants jouant à la balançoire	D°	d°	185.	

			fr.
Le passage du gué................			
Berger et Bergère gardant une vache	1857.	Vte DE RAGUSE...........	600.
et une chèvre..................			
Une Foire aux bestiaux...........	D°	d°	555.
L'Ermitage (10°—32°)............	1858.	Vte SEREULT.....	285.
Marée basse....................	1859.	Vte M. A.............	100.
Paysage marine.................	1859.	Vte DE V.............	200.
Paysage avec animaux...........	1860.	Vte ODIOT..............	205.
Paysage avec figures.............	1860.	Vte SEYMOUR...........	1,200.
Route des environs de Paris......	D°	d°	1,400.
Troupeau au pâturage......... .	D°	d°	3,000.
Le Déjeuner des moissonneurs.....	D°	d°	610
Plage normande (40 figures).......	1861.	Vte SAINT-PAL...........	580.
L'Approche de l'orage.......... ...	1861.	Vte RHONÉ...........	700.
Deux Paysages (dessins)..........	1862.	Vte SIMON.............	106.
La Fête du village..............	1863.	Vte PALU, DE POITIERS ...	
Les Baigneuses..	D°	d°	

Parmi les peintres qui ont le plus adroitement copié De Marne, on distingue :

LAJOYE

(N.)

Né à Saint-Chabraix (Creuse) en 1773, mort à Paris en 1835.

Les copies et les contrefaçons de De Marne, exécutées par Lajoye pour les besoins du commerce, ont souvent servi à tromper les amateurs. Pour les reconnaître, il faut faire attention à leur couleur crue et bleuâtre, à leur dessin ballonné et maniéré, à leur touche maigre et mesquine dans les demi-teintes, et boursouflée dans les lumières.

LAJOYE

(HONORINE)

Cette artiste, fille du précédent, a aussi fait des copies de De Marne, ainsi que des fixés dans le genre de son père : ils sont encore plus faux de tons.

DEMAY

Né à Mirecourt en 1798, mort à Paris vers 1847.

Excellent peintre de figures et d'animaux, qui s'était formé sans maître, et que j'ai déjà cité en parlant de Sweback. Ses imitations, faites comme celles du précédent, sur la commande des marchands, tromperaient à s'y méprendre si le feuillé de ses arbres et les méplats de ses figures n'étaient pas plus accentués que ceux de De Marne. Sa couleur est aussi plus blafarde, et ses ciels sont moins minutieusement traités.

DIÉBOLT

(JEAN-MICHEL)

Né en 1779.

Un grand nombre des paysages de ce peintre ont été signés et vendus comme étant de De Marne lui-même. La couleur générale est pourtant moins froide : les terrains sont moins travaillés, les arbres plus frottés, ce qui devrait servir à reconnaître la supercherie,

Comme original, le talent de ce peintre est très-recommandable.

SPAENDONCK

(GÉRARD VAN)

Né à Tilburg (Flandre) en 1746, mort à Paris en 1822.

Excellent peintre de fleurs dont les tableaux ont eu beaucoup de succès, tant à cause de leur finesse d'exécution que pour leur arrangement gracieux.

Le goût a bien changé à l'égard des productions de Van Spaendonck. Néanmoins leur valeur remonte depuis quelques années ainsi qu'on peut en juger :

Bouquet de fleurs. 1821. Vᵗᵉ Lafontaine, 2,550 fr. — *Grappe de raisins rouges sur marbre blanc.* 1856, Vᵗᵉ Cypierre, 465 fr. — *Fleurs sur une table en marbre.* 1856, Vᵗᵉ Martin, 500 fr. — *Fleurs et Fruits.* 1861, Vᵗᵉ Rhoné, 2,000 fr. — *Bouquet de fleurs.* 1862, Vᵗᵉ X., 680 fr. (A M. Burat.) — *Bouquet de pivoines, tulipes et oreilles d'ours.* Même Vᵗᵉ, 3,280 fr.

Musée du Louvre. — *Fleurs et Fruits* (coll. Louis XVI). Est. off., 8.000 fr.

Musée de Lyon. — *Un beau Vase rempli de différentes roses.* — Une autre composition.

Les tableaux de son frère, Cornille Van Spaendonck, sont quelquefois vendus comme étant de Gérard, quoique leur touche moins légère, leur empâtement plus brossé, soient un signe certain de contrefaçon.

SUVÉE

(JEAN-BAPTISTE)

Né à Bruges en 1743, mort à Rome en 1807.

Quelques biographes l'appellent Joseph Bernard ou Joseph Benoît; d'autres, et c'est le plus grand nombre, le nomment Jean-Baptiste. Quoi qu'il en soit, ce peintre n'eut pas une grande réputation, et son plus beau titre de gloire est d'avoir formé plusieurs bons artistes français.

Ses ouvrages sont arides et pauvres d'exécution; son dessin est assez naturel, sa touche est grenue et son coloris un peu lourd.

Voici les prix de la vente faite après son décès :

Cornélie (46°—59°). 1807, Vte Suvée, 80 fr. — *La Naissance de la Vierge* (esquisse, 49°—64°). Même Vte, 56 fr. — *La Nativité* (67°—46°). Même Vte, 120 fr. — *L'Été* (esquisse, 43°—46°). Même Vte, 53 fr. — *La Visitation* (2^m,40—1^m,45). Même Vte, 80 fr. — *Le Baptême du Christ* et *la Délivrance de saint Pierre* (dessins au crayon noir). Même Vte, 26 fr. — *L'Ange Raphaël* et *la Famille Tobie* (esquisse du grand tableau, carré, 43° 1/2). Même Vte, 56 fr.

REDOUTÉ

(PIERRE-JOSEPH)

Né à Saint-Hubert en 1759, mort à Paris en 1840.

Ce peintre reçut les premières leçons de son père, Charles-Joseph Redouté, et les compléta par l'étude de la nature. Peu d'artistes ont rendu le velouté des fleurs avec autant de vérité et de bonheur. Il a su donner une touche discrète à ses tableaux à l'huile, aussi bien qu'aux nombreuses aquarelles qu'il a exécutées. Sa couleur un peu pâle se soutient par des raccrocs de vigueur et des glacis transparents qui rendent ses fleurs presque égales à la nature.

Ses toiles sont assez recherchées par les amateurs.—*Un Bouquet de fleurs* (aquarelle), 1862, Vte X., 28 fr. — *Un Bouquet de fleurs* (idem). 1863, Vte Demidoff, 330 fr.

Au nombre de ses imitateurs on compte :

REDOUTÉ

(HENRI-JOSEPH)

Né à Saint-Hubert en 1766.

Frère et élève du précédent, Henri attrapa si bien son genre, que leurs ouvrages iraient de pair s'il avait su mieux disposer ses groupes et leur donner moins de maigreur.

Sa couleur s'éloigne aussi de celle de son frère, surtout dans les roses, qui sont un peu plus vineuses.

BESSA

(PANCRACE)

Né à Paris en 1772.

Les fleurs de Bessa, élève de Redouté, sont plus vigoureuses que celles de son maître. Sa manière plus flamande se rapproche davantage de celle de Van Spaendonck, son premier guide.

DAËL

(JEAN-FRANÇOIS VAN)

Né à Anvers en 1764. mort à Paris en 1840.

Cet excellent peintre de fleurs et de fruits est très-estimé des amateurs. Sa touche est exquise et d'une extrême finesse. Sa couleur est légère et pleine de ressorts, son dessin vrai et son pinceau onctueux.

Ses tableaux figurent rarement dans les ventes publiques; lorsqu'ils y paraissent par hasard, ils atteignent souvent des prix élevés, mais moindres que le *Vase de fleurs et de fruits*, portant 42ᶜ—1ᵐ,2, payé par M. Van Marke de Liége 8,100 fr. à la Vᵗᵉ Beceleare, en 1860.

Le Louvre possède trois tableaux de ce maître; ils représentent des *Fleurs* et des *Fruits*.

MUSÉES DIVERS, GALERIES, ETC.

Musée de Lyon. — *La Tubéreuse cassée.* — *Corbeille de fleurs.*

Cabinet Le Brun Dalbane. — *Un Vase contenant diverses espèces de roses.*

Cabinet Burat. — *Fleurs et Insectes.*

Au vicomte de L'Espine. — *Fleurs et Fruits, Roses.*

PRIX DE VENTES

Bouquet de Roses dans un vase. 1859, Vᵗᵉ Rattier, 380 fr. — *Fleurs et Fruits* (85ᶜ—67ᶜ). 1860, Vᵗᵉ Piérard, 2,180 fr. — *Vase de fleurs.* 1861, Vᵗᵉ X., 5,300 fr. — *Bouquet de fleurs.* 1861, Vᵗᵉ Leroy de Gaussendries, à Bruxelles, 1,900 fr. (A M. F. Leroy.) — *Fleurs à l'entrée d'un parc.* 1861, Vᵗᵉ Van Os, 410 fr. — *Fleurs et Insectes.* Même Vᵗᵉ, 300 fr. (A M. Burat.)

ROBERT

(LOUIS-LÉOPOLD)

Né en 1794 à la Chaux-de-Fonds (canton de Neuchâtel), mort à Venise en 1835.

Je n'essayerai pas de retracer la vie et la fin lamentable de ce grand artiste dont les œuvres jouiront longtemps de l'admiration générale. Son coloris est vif et harmonieux, son dessin plein de caractère et sa touche ferme et empâtée.

Le musée du Louvre possède ses œuvres les plus capitales. Celui de Nantes en a quatre petites toiles.

MUSÉES DIVERS, GALERIES, ETC.

MUSÉE DE NANTES. — *L'Ermite du pont Epomeo.* — *Les Baigneuses de l'Isola di Sora.* — *Les petits Pêcheurs de grenouilles dans les marais Pontains.* — *Une Religieuse debout.* (Étude d'après nature.)

GALERIE DU DUC D'AUMALE. — *Femme napolitaine pleurant sur les ruines de sa maison.* (Gal. du roi Louis-Philippe.)

GALERIE BENOIT FOULD. — *Le Retour des champs.* (Est. 10,000 fr.)

GALERIE DU DUC DE GALLIERA. — *Un Enterrement à Rome.*

GALERIE SUERMONDT. — *Portrait d'une jeune Fille de la campagne romaine.*

CABINET DU COMTE DE SCHÉRÉMÉTEFF A SAINT-PÉTERSBOURG. — *Trois Études.*

PRIX DE VENTES

Un Chevrier et une jeune Fille. 1837, Vᵗᵉ baron Gérard, 1,250 fr. — *Intérieur de l'église Saint-Laurent hors les murs de Rome* (46ᶜ—35ᶜ). 1855, Vᵗᵉ Baroilhet, 3,500 fr. *Le Brigand blessé* (46ᶜ—37). 1857, Vᵗᵉ M. V. J., 4,400 fr. (Coll. Duchesse de Berry.) — *Les Religieuses* (61ᶜ 1/2 — 49). 1860, Vᵗᵉ Beceleare, 4,000 fr. (A M. Durand Rueil.) — *Une Composition* (46ᶜ 1/2 — 38ᶜ). Même vente, 980 fr. — *Cour d'un vieux palais aux environs de Rome* (45ᶜ—36ᵉ). 1860, Vᵗᵉ Baroilhet, 500 fr. — *Femme italienne.* 1862,

Vte du prince T., 2,400 fr. — *Un dessin.* 1862, Vte Garnaud, 110 fr.— *Les Moissonneurs*
(sépia). 1863, Vte Demidoff, 2,800 fr. — *La Famille éplorée* (idem). Même Vte, 3,320 fr.

Léopold Robert n'a pas eu d'imitateurs proprement dits, mais
quelques talents analogues ont pu venir en aide à la mauvaise foi.
L'artiste dont le nom suit en offre l'exemple.

LESCOT

(Mme HORTENSE-VICTOIRE)

ÉPOUSE DE M. HAUDEBOURT, VULGAIREMENT Mme HAUDEBOURT-LESCOT

Née à Paris en 1784, morte en 1845.

Élève de Lethière, elle fit une multitude de tableaux de genre qui ont eu du succès.
Quelques-uns ont même servi à faire des *études* vendues sous le nom de Léopold Robert.
Sa touche est grasse, sa couleur chaude et bien nourrie : on la reconnaît à son dessin
roide et sec, et à ses à-plats d'une pauvreté extrême.

Suivant le plan que je me suis tracé, c'est ici que doivent s'arrêter
les études spéciales que j'ai entreprises sur nos peintres nationaux. Sans
prétendre, je le répète, qu'aucune omission ne se soit glissée dans un
travail si étendu, j'ai pourtant tout lieu de le croire aussi exact, aussi
complet que possible, du moins en ce qui regarde les artistes d'un certain mérite.

C'est, maintenant, dans la *Table analytique* et dans le *Répertoire
général* placés dans le troisième volume qu'il faudra chercher les renseignements commerciaux relatifs aux imitateurs et aux copistes dont je me
suis occupé dans ce volume. Il en sera de même pour les peintres qui
n'ont pas été compris dans cette nomenclature, soit à cause de leur peu
de talent, soit parce qu'ils n'ont pas eu de copistes pouvant faciliter les
fraudes.

APPENDICE

A L'ÉCOLE FRANÇAISE.

Comme je l'avais prévu, il m'est parvenu de nombreux renseignements pendant l'impression de l'École Française; les voici par ordre alphabétique.

Quant à ceux que je pourrai recueillir ultérieurement, ils prendront place dans l'Appendice général du troisième volume.

BOILLY (Louis-Léopold). — Page 393.

La Mère de Famille. 1863. Vte Pallu, de Poitiers, 1,780 fr.

BOUCHER (François). — Page 249.

COLLECTION GIGOUX. — *Femme couchée sur une draperie.*

COLLECTION DE LA SALLE. — *Nymphe endormie* (dessin à la sanguine).

COLLECTION J. CLAYE. — Une charmante composition.

Projet d'éventail (dessin). 1864, Vte Van Os, 64 fr. — *Paysage avec figures* (gouache). 1862, Vte E. Blanc, 205 fr.

BOURDON (Sébastien). — Page 169.

MUSÉE DE LYON. — *Saint Jean-Baptiste dans le désert.* — *Portrait d'un Militaire cuirassé.* — *Le Passage dangereux.*

MUSÉE DE GRENOBLE. — *La Continence de Scipion.*

Musée de Lille. — *Le Christ entouré d'Anges.* — *Repos de Colporteurs.*
Institution royale de Liverpool. — *Une Bacchanale.*
Collection Ingram. — *Moïse frappant le rocher.*
Collection Bute. — *Un Paysage historique.*
Collection Hoare. — *Le roi Midas.*
Le Repos en Égypte. 1860, Vte X. de Lyon. 55 fr.

BOURGUIGNON (Jacques-Courtois, dit le . — Page 186.

Musée de Cherbourg. — *Choc de cavalerie.*
Une Bataille. 1860, Vte X. de Lyon, 157 fr.

CALLOT (Jacques). — Page 132.

Musée de Valenciennes. — *La Tentation de saint Antoine.*
Collection Baring. — *Scène familière.*

CHARDIN (Jean-Baptiste-Siméon). — Page 239.

Collection Laperlier. — *Le Déjeuner au cervelas.*
Collection J. Claye. — Deux charmantes compositions.
Jeune Femme accroupie (dessin à la sanguine). 1861, Vte Van Os, 32 fr.

DESPORTES (François). — Page 206.

Musée de Grenoble. — *Le Cerf aux abois entouré d'une meute.* — *Fleurs, Fruits et Animaux.* — Deux autres tableaux contestés.
Gibier, Fruits et Légumes. 1859, Vte G. de Marseille, retiré à 2,301 fr.

FRAGONARD (Louis-Honoré). — Page 294.

L'Amant pressant. 1863, Vte Pallu, de Poitiers. 4,550 fr.

GÉRICAULT (Théodore). — Page 324.

Un Marché aux Chevaux (aquarelle). 1863, Vte Demidoff. 1740 fr.— *Chevaux tirant un fourgon* (idem). Même Vte, 890 fr. — *Chevaux percherons* (idem). Même Vte, 700 fr.

GREUZE (Jean-Baptiste). — Page 276.

Musée du Louvre. — *Portrait de M. Howard* (acquis à la Vte Jousselin).
La Réconciliation (dessin). 1860, Vte W., 400 fr. — *Le Testament déchiré.* Même Vte, 285 fr. — *Un portrait de Chanoine* (dessin). 1862, Vte Simon, 70 fr. — *Portrait d'une Cuisinière française.* 1862, Vte Weyer de Cologne, 4,660 fr. 50 c. — *La Dame de Charité.* 1863, Vte Demidoff, 49,000 fr. — *Un jeune Garçon.* 1863, Vte Pallu, 4,000 fr. — *Une jeune Fille.* Même Vte, 7,900 fr.

JOUVENET (Jean). — Page 196.

Musée de Lille. — *Jésus guérissant les malades.* — *La Résurrection de Lazare.*

LA FOSSE (Charles de). — Page 193.

Musée de Cherbourg. — *Les Derniers moments de la Vierge.*
Musée de Lille. — *Jésus donnant les clefs du paradis à saint Pierre.*

LA HIRE (Laurent de). — Page 161.

Musée de Grenoble. — *La Fraction du pain.* — *Jésus apparaissant à la Madeleine.*
Musée de Valenciennes. — *Ruines.*

LANCRET (Nicolas). — Page 219.

Collection Bubat. — *Louis XIV en pèlerin.*
Collection Lacaze. — *Le Gascon puni.*
A M. Rouval. — *Un Souper sous la Régence.* (Est., 800 fr.).
Le Loisir des Comédiens (coll. d'Alligre). 1862, Vᵗᵉ X., 1,590 fr.

LARGILLIÈRE (Nicolas). — Page 200.

Musée de Lille. — *Portrait de Jean Forest.*
Musée de Cherbourg. — *Deux portraits d'Hommes.*
Cabinet Dumont, de Cambrai. — *Un portrait d'Homme.*
Collection J. Claye. — *Portrait d'Homme.*
Collection Pinard. — *Portrait du Peintre, de sa Femme et de sa Fille.*

LA TOUR (Maurice-Quentin de). — Page 247.

Musée de Valenciennes. — *Portrait d'Homme.* — *Portrait de Femme.*
Portrait de Watelet (pastel). 1860, Vᵗᵉ W., 355 fr.

LE BRUN (Charles). — Page 180.

Musée de Cherbourg. — *L'Assomption de la Vierge.*
Musée de Grenoble. — *Saint Louis priant en faveur des pestiférés.*
Musée de Lille. — *Hercule assommant Cacus.*

LE MOYNE (François). — Page 301.

Narcisse. 1862, Vᵗᵉ X., 250 fr.

LE SUEUR (Eustache). — Page 174.

Musée de Cherbourg. — *Jésus enseignant sa doctrine aux Juifs.* — *Figure emblématique de la Justice divine.*

Musée de Grenoble. — *La Famille de Tobie remerciant Dieu.*

Collection Miles. — *La Mort de Germanicus.*

Galerie Devonshire. — *La Reine de Saba visitant Salomon.*

Au marquis d'Exeter. — *La Madeleine et le Christ.*

Collection Shrewsbury. — *Le Crucifiement.*

LOO (Carle Van). — Page 259.

A l'église des Petits-Pères a Paris. — Six tableaux représentant les principaux épisodes de la *Vie de saint Augustin.* — *Louis XIII et Richelieu aux pieds de la Vierge* (connu sous le nom du *Vœu de Louis XIII*).

LORRAIN (Claude Gelée, dit le). — Page 147.

Musée de Bordeaux. — *Paysage.*

Musée de Grenoble. — *Deux Paysages.*

Buckingham Palace. — *Une Marine.*

A Windsor Castle. — Quatre belles compositions.

Au duc de Cleveland. — Une belle composition payée 45,000 fr.

Collection Bale. — *Un Paysage.*

Collection Morisson. — *Un Paysage avec les Israélites dansant autour du Veau d'or.* — *Paysage avec Europe.*

Collection Hopetoun. — *La reine de Saba dans un beau paysage.*

Collection Carlisle. — *Un Paysage.*

Collection Labouchère. — *Un beau Paysage.*

Collection Seymour. — *Un Paysage avec le Repos en Égypte.*

Collection Wynn Ellis. — Une belle composition. — *Une Marine.* — *Vue du Forum.* — *Le mont Hélicon.* — *Un Paysage avec rivière.* — *Un Paysage avec figures.*

Collection Wellington. — *Une Marine.*

Collection Radnor. — *Une Marine.* — *Un Paysage avec ruines et aqueduc.*

Collection Baring. — *Un Paysage.* — *Jacob, Laban et Rachel dans un paysage.* *Une Marine.* — *Un Paysage.* — *Énée.*

Galerie Devonshire. — *Le Livre de Vérité*, avec cet en-tête :

Audi 10 dagosto 1677
Ce présent livre aupartien a moy que je faict durant
ma vie Claudio Gilléc Dit le lorains
A Roma ce 23 aos. 1680.

MÊME GALERIE. — *Une Marine* (n° 159 du *Livre de Vérité*).

COLLECTION HOLFORD. — *Deux Paysages avec figures.*

COLLECTION HOARE. — *Le Lac Nemi.*

AU MARQUIS DE LANDOWNE. — *Une Marine.*

COLLECTION WYNDAM. — Une belle composition. — *Une Marine.*

A LORD HERTFORD. — Une belle composition.

COLLECTION MILES. — *Un beau Paysage.* — *Temple d'Apollon.* — *Énée.* — *Un Paysage* (coll. Hope). — *Un port de mer.*

COLLECTION SCARSDALE. — *Une Vue du Tibre.*

COLLECTION SHREWSBURY. — *Tobie et l'Ange dans un paysage.*

AU MARQUIS D'EXETER. — *Le Repos de la Sainte Famille.* — *Deux beaux Paysages.*

COLLECTION CAMPBELL. — *Une Marine.*

COLLECTION M'LELLAN. — *Deux beaux Paysages avec figures.*

COLLECTION LEICESTER. — *Un Paysage.* — *Une Marine.* — *Apollon et Admète.* — *Le Temple de la Sibylle.* — Son pendant. — *Deux Paysages avec figures.*

AU DUC DE BUCCLEUCH. — *Deux beaux Paysages.*

AU DUC DE RUTLAND. — Cinq *Paysages*, dont l'un représente *la Fuite en Égypte.*

COLLECTION MUNRO. — *Deux beaux Paysages.*

COLLECTION IARBOROUG. — *Un Paysage avec un pont.*

COLLECTION SUFFOLK. — Deux charmants *Paysages.*

AU DUC DE BEDFORD. — *Vue du Château de Saint-Ange.*

COLLECTION DE GREY. — *Deux beaux Paysages.*

COLLECTION ROGERS. — *Un Paysage* (n° 41 du *Livre de Vérité*).

COLLECTION INGRAM. — *Un Paysage avec ruines et monuments.*

GALERIE STAFFORD. — *Paysage avec figures.*

COLLECTION BUTE. — *Un beau Paysage.* — *Une Marine.*

COLLECTION FITZWILLIAM. — *Un Paysage avec figures.*

MIGNARD (LES). — Page 164.

MUSÉE DE LYON. — *Portrait de Mignard peignant de la main gauche.* (Nicolas).

MUSÉE DE LILLE. — *La Fortune* (allégorie). — *Une Vierge.* — *Le Jugement de Midas.*

COLLECTION CARLISLE. — *Portrait de Descartes.*

COLLECTION SPENCER. — *Portrait de Julie d'Angennes.*

CABINET DUMONT, DE CAMBRAI. — *Les Trois Ages.*

COLLECTION J. CLAYE. — *Les Enfants de France sous la garde de Mme de Maintenon.*

OUDRY (JEAN-BAPTISTE). — Page 232.

MUSÉE DE LILLE. — *Portrait d'un Carlin.*

NATTIER (Jean-Marc). — Page 229.

Musée de Valenciennes. — *Portrait du duc de Boufflers.*

MONNOYER (Baptiste). — Page 190.

Musée de Lille. — *Deux Vases de fleurs.*
Collection J. Claye. — *Un Bouquet.*

Un Tableau de fleurs. — 1860, Vte X, de Lyon, 180 fr.

PATER (Jean-Baptiste-Joseph). — Page 223.

Musée de Valenciennes. — *La Soirée.* — *Le Nid de Tourterelles.* — *Saint Christophe* (dessin à la plume).
Galerie James de Rothschild. — *La Cueillette de roses.* — *Le Musicien.*
Galerie de Morny. — *Une Assemblée galante dans un parc.*
Collection Lacaze. — *L'Assemblée galante.* — *La Toilette.*
Collection Henri Didier. — *Le Repas dans la campagne.*
Les Loisirs champêtres. 1863, Vte Demidoff, 17,800 fr.

PERRIER (François). — Page 129.

Musée de Lyon. — *David rendant grâce à Dieu d'avoir tué Goliath.*

PETITOT (Jean). — Page 409.

Portrait de Turenne. 1863, Vte Demidoff, 4,625 fr. — *Portrait de Louis XIV.* Même Vte, 6,520 fr. — Autre *Portrait de Louis XIV.* Même Vte, 4,800 fr. — *Portrait de Catinat.* Même Vte, 4,605 fr. — *Portrait du grand Dauphin.* Même Vte, 4,240 fr. — *Portrait d'Homme.* Même Vte, 4,250 fr. — *Portrait du cardinal de La Rochefoucauld.* Même Vte, 800 fr. — *Portrait de la duchesse de Bourgogne.* Même Vte, 6,520 fr. — *Portrait de Femme.* Même Vte, 2,520 fr. — *Portrait de mademoiselle de La Vallière* (contesté). Même Vte, 4,800 fr. — *Portrait de la duchesse de Montpensier.* Même Vte, 4,200 fr.

POUSSIN (Nicolas). — Page 434.

Musée de Nantes. — *Ravissement d'un saint* (coll. Clarke de Feltre).
Musée de Lille. — *Moïse sauvé des eaux.*
Musée de Cherbourg. — *Vue prise dans les environs de Rome, avec figures.* — *Pyrame et Thisbé.*
Musée de Lyon. — *Une Bacchanale.*
Musée de Nîmes. — *Paysage.*
Musée de Bordeaux. — *Sainte Famille.* — *Sacrifice à Priape.* — *Berger gardant un troupeau.*

Institution royale de Liverpool. — *Paysage arcadien.*

Galerie Devonshire. — *Jéhovah dans sa gloire.* — *Un Paysage d'Arcadie.* — *Sainte Famille.* — Deux autres compositions.

Au duc de Bedford. — *Bethsabée.* — *Moïse.*

Collection Ward. — *La Prédication de saint Jean.*

Collection Listowell. — *Jupiter et Antiope.*

A lord Hertford. — *La Danse des Saisons.*

Collection Neeld. — *Bacchus.*

Collection Bute. — Deux beaux *Paysages.*

Galerie Stafford. — *Une Sainte Famille.* — *Une Bacchante et un Satyre.*

Collection Rogers. — *Un Paysage.*

Collection Darnley. — *Deux Nymphes.* — *Une Bacchanale.* — *Pyrrhus.*

A lord Ashburnham. — *Une Bacchanale.*

Collection Holford. — *Une Vue d'Italie.*

Collection de Grey. — Un beau *Paysage avec Diogène.*

Au marquis d'Exeter. — *Le Christ.* — *L'Assomption de la Vierge.*

Collection Radnor. — *Le Départ des Israélites pour l'Égypte.* — Un beau *Paysage.*

Cabinet Booth. — *Des Enfants dans un paysage.*

Collection Campbell. — *Un Paysage avec figures.*

Collection Hamilton. — *La Mise au Tombeau.*

Collection Hoare. — *L'Enlèvement des Sabines.*

Collection Munro. — *Vénus et Adonis.* — *Architecture avec figures.*

Collection Cowper. — *Portrait du sculpteur Du Quesnoy.*

Collection Miles. — Un très-beau *Paysage historique.*

Collection Leicester. — Trois belles compositions.

Collection Scarsdale. — *Renaud et Armide.*

Collection Ingram. — *La Vierge, l'Enfant Jésus, saint Jean et sainte Élisabeth.*
L'Adoration des Bergers. 1862, Vte Weyer de Cologne, 405 fr. 90 c.

RESTOUT (Jean). — Page 237.

Musée de Lille. — *Jésus à Emmaüs.*

Cabinet Dumont, de Cambrai. — *Deux Chartreux dans un paysage.*

RIGAUD (Hyacinthe). — Page 203.

Musée de Cherbourg. — *Portraits du financier Montmartel et de sa Femme.*

Collection Orford. — *Portrait de Louis XIV.*
Portrait d'un Homme de guerre. 1860, Vte X. de Lyon, 150 fr. — *Portrait de Bossuet* (dessin). 1862, Vte Simon, 240 fr.

TAUNAY (Nicolas-Antoine) — Page 388.

Deux charmantes compositions. 1863. Vte Pallu, de Poitiers, 1,119 fr.

TOURNIÈRES (Robert). — Page 210.

Collection Bute. — *Un Gentilhomme et sa Femme*.

VALENTIN (Moïse). — Page 157.

Musée de Lille. — *Soldats jouant aux dés la tunique du Christ.*
Musée d'Anvers. — *Le Brelan.*
Collection Martin. — *Jacob et Joseph.*
Collection Campbell. — *L'Enfant prodigue.*
Collection M'Lellan. — *L'Incrédulité de saint Thomas.*
Collection Lonsdale. — *Soldats en querelle.*

VERNET (Joseph) — Page 266.

Marine-paysage. 1863. Vte Demidoff. 4,000 fr.

VIEN (Joseph-Marie). — Page 274.

Musée de Bordeaux. — *La Circoncision* (esquisse).

VOUET (Simon). — Page 124.

Musée de Lyon. — *Saint Paul faisant l'aumône.*
Musée de Nantes. — *Apothéose de saint Eustache.* — *La Paix.* — *La Salutation angélique.* — *Un Moine ressuscitant un mort.*
Musée d'Épinal. — *Le Christ porté au Tombeau.* — *L'Histoire sous la figure d'une femme.*
Musée de Nancy. — *Une Nymphe foulant aux pieds les armes de l'Amour.* — *Les Amours jouant avec les armes d'Énée; Vénus essaye un de ses traits.*
Musée de Lyon. — *Le Christ en croix.*
Musée de Grenoble. — *La Tentation de saint Antoine.* — *Repos en Égypte.*
Musée de Cherbourg. — *Cérès foulant aux pieds les attributs de la guerre.*
Une Madone. 1859. Vte G. de Marseille. 350 fr.

WATTEAU (Antoine) — Page 212.

Musée de Valenciennes. — *Conversation sous les arbres d'un parc.* (Ce tableau a été très-fatigué par une mauvaise restauration.) — Quatre dessins à la sanguine sur papier bleu.

COLLECTION RICHARD WALLACE. — *Arlequin et Colombine ou l'Indiscret.*

GALERIE JAMES DE ROTHSCHILD. — *Les Artistes de la Comédie-Italienne* (fatigué par une mauvaise restauration).

COLLECTION DE LA SALLE. — Trois charmantes compositions.

COLLECTION LACAZE. — *L'Indifférent.* — *La Finette.* — *Le Gilles.* — *L'Heureuse Chute.*

COLLECTION DE GONCOURT. — Deux feuilles d'études (dessins).

COLLECTION J. CLAYE. — *Le Conteur.*

COLLECTION BAROILHET. — *Une Naïade* (portrait présumé de madame de Julienne . *Tête de jeune Fille.* 1862. V Simon, 185 fr.

FIN DU TOME PREMIER.

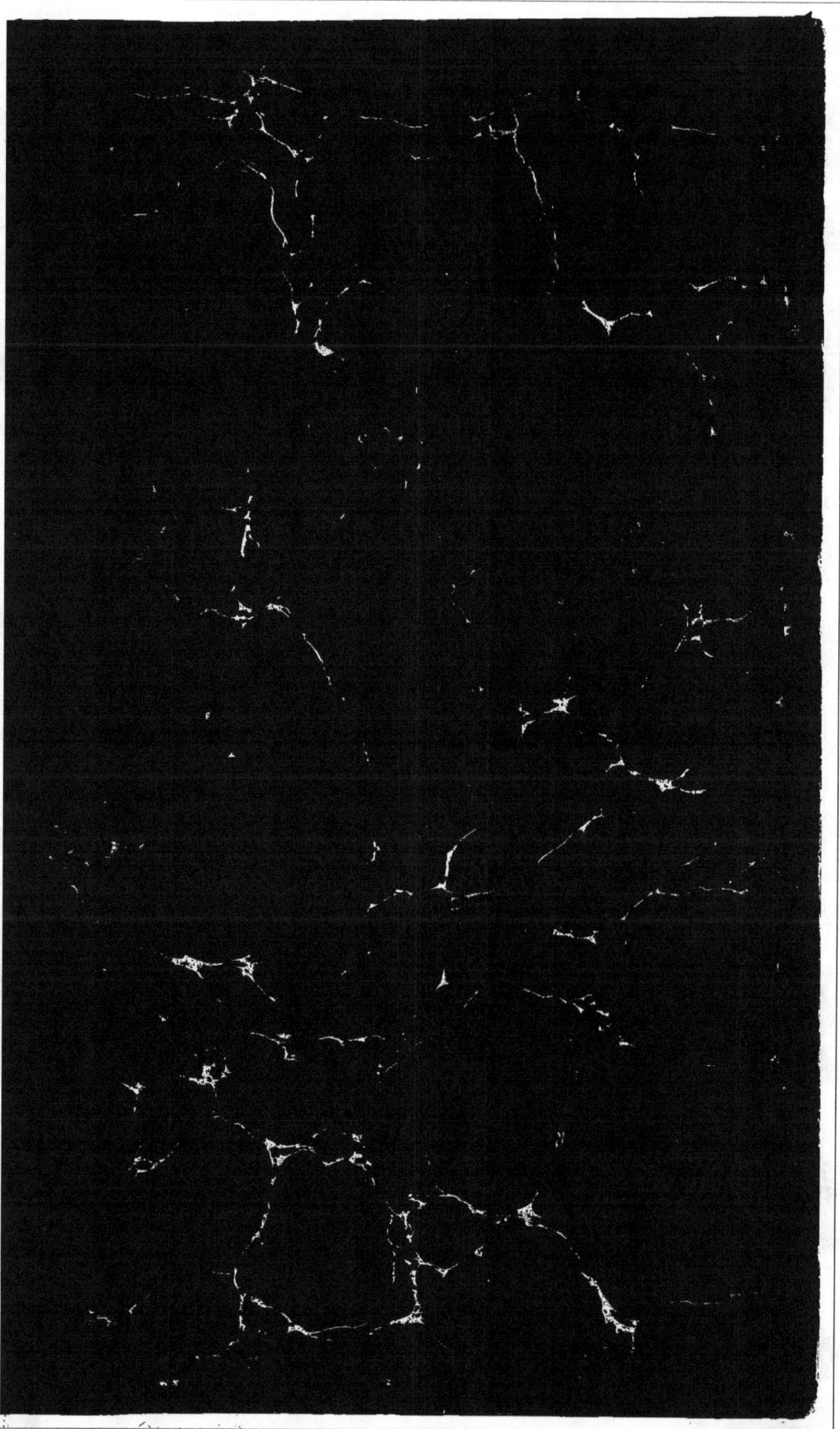